形狀

資訊、生物、策略、民主以及所有事物背後隱藏的幾何學

SHAPE

The Hidden Geometry of
Information,
Biology, Strategy, Democracy,
and Everything Else

Jordan Ellenberg

喬丹・艾倫伯格——著　蔡丹婷——譯

推薦

很難明白這其實很簡單

洪萬生（台灣數學史學會理事長）

本書作者喬丹·艾倫伯格在他的前一本普及書籍中，深入淺出地說明「數學教你不犯錯」，現在他的科普對象擴大成無所不在的「幾何學」，譬如「流行病傳播的幾何學、美國混亂政治過程的幾何學、職業棋士的幾何學、人工智慧的幾何學、英語的幾何學、財金的幾何學、物理的幾何學、甚至詩的幾何學」。儘管這些都是資訊、生物、策略、民主和所有事物背後隱藏的材料，就其繽紛多元的表面現象來看，的確有令人難以下手之處。然而，艾倫伯格在本書的論述與敘事，卻足以印證他對於「機器學習」vs.「人類學習」的（「先天」）強烈對比所給出的評論：「很難明白這其實很簡單」。當然，這句話是針對機器學習而發。

以著名的奇偶問題——也就是判斷X與O組成的字串中X的數量是奇數還是偶數為例，「標準的神經網路建構都把這題目學得很糟」。還有，如將機器學習應用在目前極夯的自駕車上，那也讓我們不無憂心。艾倫伯格的評論值得引述如下：「自駕車也許有95%的機率能做出正確選擇，但這不代表它在往永遠做出正確選擇的路上已走了95%；剩下的5%，也就是那些異常情況，也許正是人類散漫的大腦，比任何當前或近期可能出現的機器，更善於解決的問題。」

或許散漫的大腦更有品味，至於專擅演算法的機器則是完全「不解風情」。這應該也部分解釋了何以本書所引述的西洋棋冠軍拒絕與機器下棋。這是因為儘管「樹形幾何告訴你如何能贏；但不能告訴你是什麼讓一場遊戲變得美麗。那是更奧妙的幾何學，目前還不是電腦能依靠短短幾條規則一步步推出來的」。

當然，奉機器學習為圭臬者可能懷疑莫非艾倫伯格這個數學書呆子之淺見。不過，他就學哈佛大學期間，師承名師馬祖爾（Barry Mazur）主修代數數論，但是卻在研一下學期，選修了從魔術師變成哈佛數學系教授的戴康尼斯（Persi Diaconis）之「洗牌幾何」課程，可見他並非不食「人間煙火」。事實上，在本書第十四章，我們看到他發現「數學如何破壞民主（又如何加以挽救）」，其中更值得注意的，是他對於民主（或反民主）運作的投入瞭解，試圖運用很簡單的數學，解剖政黨競爭的爾虞我詐（他教職所在的威斯康辛州恰好就是「惡名昭彰」的搖擺州）。另一方面，在本書中，他也使用了許多篇幅，說明諾貝爾獎得主羅斯醫生如何利用隨機漫步過程來模擬蚊子的飛行，從而類比到疫病的傳播時間與路徑。「只要蚊子的密度夠低，魔法數字R0就會降到1以下，也就代表病例數會一週比一週少，疫情也會呈指數衰減。你不必防止所有的傳播；只要防止足夠的傳播就行了。」因此，針對目前還正在肆虐全球的COVID-19，他的建議與許多專家的看法一致：「我們不需要追求零擴散，雖然這樣當然很好，但不太可能。流行病的控制並不追求完美主義。」

最後，回到本文的主題。我想數學普及作家向讀者介紹很多高度抽象數學甚至只是一般數學知識時，也經常「很難（讓人）明白這其實很簡單」。這個難度涉及作家的數學洞識，有時還需輔以數學史洞識，至於敘事素養則更是不可或缺。本書作者學養博雅，又常能在卑之無甚高論的大眾問題日常中，發現極有意義的數學問題（譬如氣球戳破後有幾個洞？），再加上他擁有創意寫作的專業訓練，同時又十分關注數教育改革議題，因此他在書中總能適時地分享極有價值的點滴心得。譬如，論及海龍公式（本書譯成希羅公式）時強調：「長度的守恆暗示了三角形面積的守恆，因為兩個三角形如果邊長相等，就意謂著這兩個三角形全等，因此有同樣的面積；或者你可以運用亞力山卓的希羅那道優美古老的公式，那告訴你如何以邊長表示面積。」類似這樣的觀察，當然也可充實中學數學及通識教學內容。

再有，本書有關美國選舉制度及疫病（特別是 COVID-19）的數學問題（本書歸類為「幾何學」）之說明，一定可以讓關注或參與類似活動的博雅君子「感同身受」。中學教師也可以在課堂上引進這些例子及其說明，來強調數學並非遠在天邊的彩虹，而是就在我們身邊，與日常生活的推論密不可分。

因此，我要鄭重推薦本書。這是一部極成功的普及書寫作品（作者想必投注相當的心力），值得我們普及作家仿效，更值得教師引入教育現場，充當閱讀良伴。最後，我要引述作者對〈美國獨立宣言〉的備註，作為我這篇「掛一漏萬」的推薦文之結語：

> 「我們認為下面這些真理是不證自明的」不是傑佛遜的話；他的獨立宣言第一版草稿寫的是「我們認為下面這些真理是

神聖而無可否認的」。是富蘭克林刪去幾個字後換成「不證自明」，使得這份宣言少了些聖經味，多了點歐幾里得味。

富蘭克林刪得好！「神聖而無可否認」vs.「不證自明」當然有著強烈對比，然而，「細節」之於風雅，或許就是本書作者關注之所在。

目次

RABBI ELIEZER
ANDREY MARKOV
KARL PEARSON
automated language generation
Google
HILDA HUDSON
random walk
GOD
epidemics
PAUL ERDŐS
RONALD ROSS
card shuffling
St. Louis exposition of 1904
Small worlds
HENRI POINCARÉ
graphs
JAMES SYLVESTER
poetry
Calling different things by the same name
eigenvalues
differential equations
Φ
Virahanka-Fibonacci
reasoning well from badly drawn figures
MARION TINSLEY
gradient descent
artificial intelligence
trees
checkers
Nim

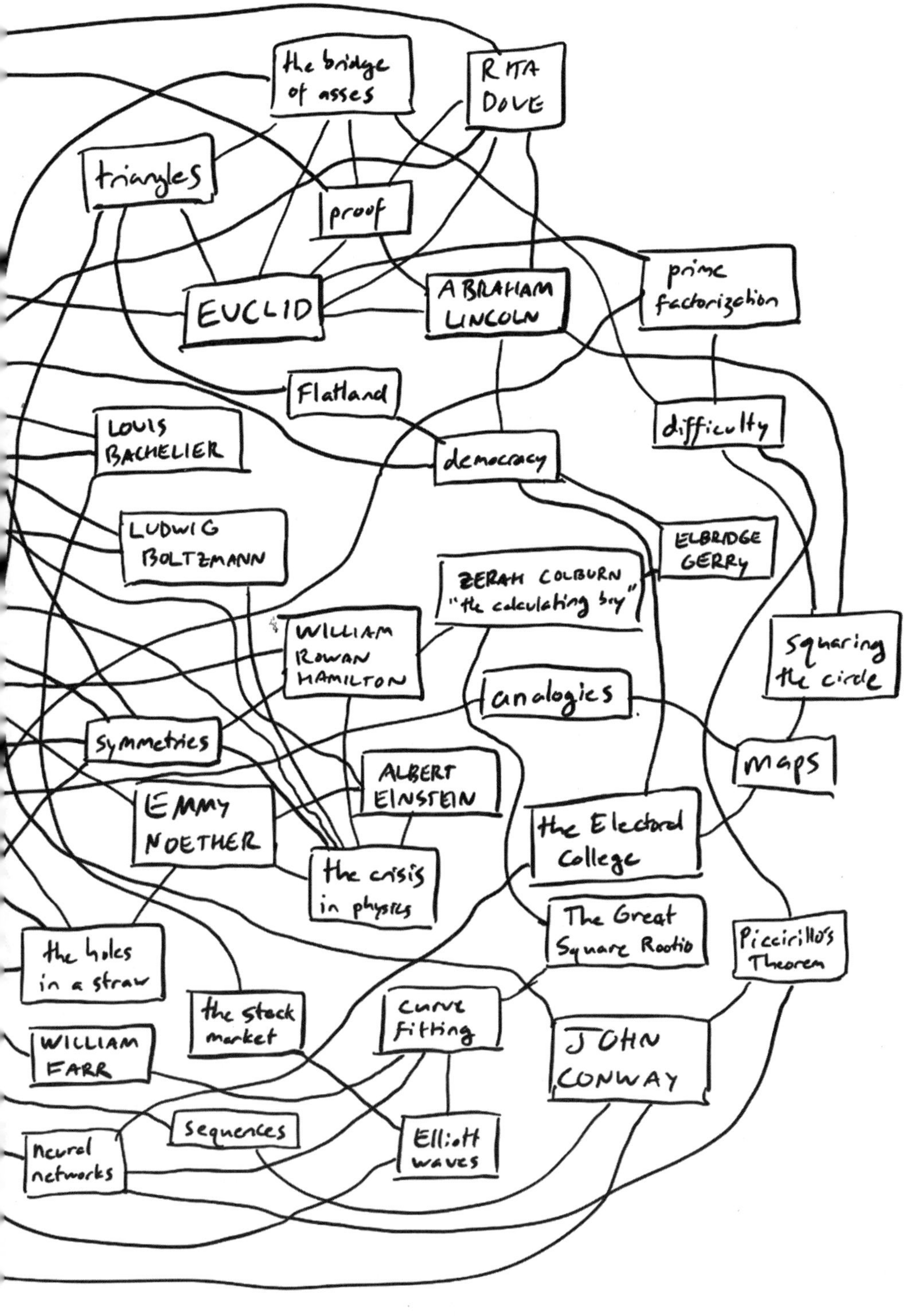
the bridge of asses
RITA DOVE
triangles
proof
prime factorization
EUCLID
ABRAHAM LINCOLN
Flatland
difficulty
LOUIS BACHELIER
democracy
LUDWIG BOLTZMANN
ELBRIDGE GERRY
ZERAH COLBURN "the calculating boy"
WILLIAM ROWAN HAMILTON
squaring the circle
analogies
symmetries
maps
ALBERT EINSTEIN
EMMY NOETHER
the Electoral College
the crisis in physics
The Great Square Rootio
Piccirillo's Theorem
the holes in a straw
the stock market
curve fitting
JOHN CONWAY
WILLIAM FARR
sequences
Elliott waves
neural networks

前言

物體的位置及其樣貌

我是一位公開談論數學的數學家，這似乎會觸動人們心底的某些開關，他們會告訴我一些關於數學的事，這些事他們許久不曾對人提起，又或許是初次吐露。有時是令人難過的故事：數學老師苛薄、任意地踐踏孩子的自尊。有時是比較快樂的故事：孩提時代一次靈光一閃、茅塞頓開的經驗，成年後想再次重溫這種體驗卻難以複製（其實這也挺讓人難過的）。

通常這些故事都是關於幾何學。在人們的高中記憶裡，幾何學就像是大合唱中突兀走音的音符般鮮明，有些人恨透了幾何學，說從上了幾何學開始就再沒弄懂過數學；也有人說幾何學是數學裡他們唯一能理解的部分。幾何學是數學裡的芫荽（即香菜），大多數人不是愛極就是恨極。

幾何學為何如此特別？其實幾何學很原始，更是我們的身體本能。從我們呱呱墜地的那一刻起，就能分辨物體的位置和樣貌。我並不是要說人類的所有重要特性，都可以追溯到我們的狩獵採集祖先。他們住在大草原上衣不蔽體，靠狩獵採集維生，不過他們對於形狀、距離和位置的概念，一定早在相關語言出現之前就發展出來了。當南美神祕主義者（以及其他南美地區以外的仿效者）喝下迷幻聖茶死藤水後，第一件碰上的事——好吧，在不可抑制的嘔吐之後碰上的第一件事——就是感知到純粹的幾何形式：如古典清真寺繁複格柵組成的二維圖案，或是完全三維的畫面，比如六面體聚集成跳動的蜂巢……這代表即使在我們的理智退場，幾何學依然存在。

讀者們，有件事我要先坦誠：一開始我根本不喜歡幾何學。怪吧？畢竟我現在可是一名數學家，做幾何學就是我的工作！

我參加數學校隊巡迴賽那時，情況卻截然不同。沒錯，有這麼一個巡迴賽。我們高中的隊名叫「地獄天使」，每次入列時我們都身穿黑色T恤，扛著大型手提音響播放修路易斯樂團（Huey Lewis and the News）的〈循規蹈矩才叫酷〉（Hip to Be Square）。在巡迴賽時，我的隊友都知道，只要是「證明角APQ與角CDF相等」之類的題目，我就會磨磨蹭蹭。不是我沒練過這類題目，但我總是用最笨的方法，也就是在圖的各個點上標出數字坐標，然後為了計算出三角形的面積和邊長，琢磨好幾張紙的代數和數字運算，只要能避開一般的幾何證明法就好。有時候我能解對，有時候解錯，但每次都把自己搞得灰頭土臉。

要是有所謂天生的幾何感，那我絕對是負值。你可以給小寶寶做以下的幾何測試：給他們看成對的圖片，大多數圖片組是成對的相同形狀，不過每隔兩次右邊形狀改以反向呈現。寶寶會盯著反向圖形較久，好像知道哪裡**有問題**，好奇的天性使他們格外注意這類圖形。花較長時間盯著鏡像圖形的寶寶，到幼稚園時數學和空間推理測試的分數會較高，在想像形狀及其旋轉或相連的樣子時也比較快速。我呢？完全沒有這種能力。知道加油站刷卡機上那個小小的方向示意標誌吧？那圖形對我毫無意義，我的大腦沒辦法把那個平面圖案翻譯成立體動作。每一次我都得嘗試四種可能——磁條朝上往右刷、磁修朝上往左刷、磁條朝下往右刷、磁條朝下往左刷——直到機器終於恩准讀取我的卡，賣我一些汽油。

不過一般而言，幾何學還是被視為計算能力的關鍵核心。NASA的數學家凱薩琳・強森（Katherine Johnson），因為成為小說及電影《關鍵少數》（*Hidden Figures*）中的主人翁而出名，其中描寫了她在飛航研究部門中一鳴驚人的事蹟：「那些男士都有數學碩士學位；他們把學過的幾何學都忘光了……而我還記得。」

魅力無邊

威廉・華茲沃斯（William Wordsworth）在其自傳式長詩〈序曲〉（The Prelude）中，描寫了一則有點異想天開的故事：一名船難倖存者被沖上岸到了無人島，身邊只有一本歐幾里得的《幾何原本》（*Elements*），這本幾何公設（axiom）[1]與命題（proposition）之書，在兩千五百年前使得幾何學成為正式學科。那船難的倖存者運氣真好，雖然又餓又沮喪，但能藉著歐幾里得的書自我解慰，埋首研究一個接一個的證明，用樹枝在沙上描摹出圖形。中年的華茲沃斯寫出年少敏感又詩意的華茲沃斯的相同感受。詩人這麼寫著：

1　譯注：從人們的經驗中總結出的幾何常識事實，不證自明的原則，在其他科目中又譯為公理。

魅力無邊
這些抽象言語對那憂困
不堪意象煩擾之心

（喝死藤水的人也有類似感受——它會使大腦重新開機，讓心智脫離自以為受困的無盡迷宮。）

華茲沃斯的船難幾何學故事，最奇怪之處在於它是出於真人真事，華茲沃斯則是借用，甚至有幾句原樣搬抄自約翰·牛頓（John Newton）的回憶錄。1745年約翰還是個年輕的奴隸商學徒，不是因為船難，而是被他老闆拋棄在獅子山的大蕉島，幾乎無事可做也沒食物可吃。這座島倒也不是個無人島，有非洲奴隸和約翰住在一起，但他的痛苦來自一名掌管食物的非洲女子。「一個在她自己國家裡頗有影響力的人，」約翰這麼描述她，然後用茫然不解的驚訝語氣寫道：「這名女子（我不知道為什麼）很奇怪，打從一開始就對我抱有偏見。」

幾年後約翰差點死在海上，信了教，成為聖公會牧師，寫下〈奇異恩典〉（詩裡對沮喪時該看哪本書有完全不同的見解），最後反對奴隸買賣，並成為大英帝國廢除奴隸制的主要推手。但在大蕉島上，沒錯，他帶著一本書——艾薩·克巴羅（Isaac Barrow）版本的《幾何原本》，在灰暗時刻他投身於抽象世界的安慰。「如此我通常能騙過我的悲愁，」他寫道：「並幾乎遺忘我的感受。」

華茲沃斯挪用約翰·牛頓的沙地幾何故事，並不是他唯一一次對幾何學大發興致。與華茲沃斯同時代的托馬斯·德昆西（Thomas De Quincey），在他的《文學舊事》（*Literary Reminiscences*）中寫道：「華茲沃斯深深仰慕優美的數學，像是高等幾何學。這份仰慕背後的祕密，就在抽象世界與感性世界之間的對立。」華茲沃斯在學校時數學很糟，但他與年輕的愛爾蘭數學家威廉・盧雲・哈密頓（William Rowan Hamilton）發展出一段互相欣賞的友誼，有些人認為就是哈密頓讓華茲沃斯起意在〈序曲〉中加入對牛頓的描述（艾薩克・牛頓〔Isaac Newton〕，不是約翰・牛頓）：「那心靈，永遠地／航行在陌生的思想之海，孤獨地。」

哈密頓從小就對所有形式的學術知識著迷，包括數學、古代語言和詩，但童年時遇見「美國算術男孩」澤拉・科爾本（Zerah Colburn）後，激發了他對數學的興趣。科爾本出身佛蒙特州一個普通的農場家庭，六歲時他父親阿比亞發現他坐在地上，無師自通背誦著九九乘法表，後來證實這男孩有著超強的心算能力，在新英格蘭前所未見（他與家族中所有男性一樣，手腳都是六根指頭）。科爾本的父親帶他去見過多位要人，包括麻州州長埃爾布里奇・傑利（Elbridge Gerry，稍後會在大不相同的情境下再次提起此人），他向阿比亞建議說，只有在歐洲，才有人懂得並培養這男孩的特殊才能。科爾本父子在 1812 年橫越大西洋，之後科爾本接受非正規教育，並在歐洲各地被展出賺錢。在都柏林，與他一起出現的是巨人、白子和哈妮威小姐（這名美國女子會用腳趾頭表演各種靈巧技藝）。1818 年，十四歲的科爾本參加一場算術比賽，對手是與他旗鼓相當的愛爾蘭數學少年哈密頓，哈密頓在比賽中「光榮離場，不過他的對手才是贏家」。但科爾本沒有繼續深造數學，他的興趣純粹只在心算，他研讀《幾何原本》時覺得很簡單但「枯燥無味」。哈密頓兩年後再見到算術男孩時，詢問他算術的方法（哈密頓回憶說：「他的第六根指頭沒了，完全不留痕跡」，原來科爾本請了一名倫敦外科醫師將之切除），才發現科爾本對自己的算術方法為何有效一知半解。在放棄進修之後，科爾本轉戰英國戲劇舞台沒成功，又搬回佛蒙特州，餘生擔任牧師。

哈密頓在 1827 年認識華茲沃斯，那時他才二十二歲，已被任命為都柏林大學教授兼愛爾蘭皇家天文學家，華茲沃斯則是五十七歲。哈密頓在寫給姐姐的信中如此描述這次的會面：年輕數學家和年長詩人「一起午夜漫步了許久許久，除了星光和我們燃燒的思想及字句，別無他伴。」從這些字句的風格可以看出，哈密頓還未放棄他對詩的企圖，他開始寄送自己寫的詩給華茲沃斯，後者的回應親切但挑剔。沒多久哈密頓就宣布放棄寫詩；事實上，他還寫了一首詩來表達心意。在一首名為〈給詩〉的詩中直接對繆思女神說話，他也把這首詩寄給華茲沃斯。到了 1831 年，他又改變心意，寫了另一首〈給詩〉表達自己寫詩的決心，也把這首詩寄給了華茲沃斯。華茲沃斯的回應是經典的委婉說詞：「你寄來篇篇詩語，我接之欣喜，我們都樂於接到你的詩作；但我們擔憂此舉可能誤導你偏離科學之路，那才是你的命定之途，將為你帶來榮耀並造福大眾。」

在華茲沃斯的圈子裡，不是每個人都像他和哈密頓一樣，樂見感性與冷涼孤高的理智交互作用。1817 年末，在畫家班傑明・羅伯特・海登（Benjamin Robert Haydon）家中的一次晚宴上，華茲沃斯的朋友查爾斯・蘭姆（Charles Lamb）喝醉後開始取笑華茲沃斯，說牛頓（科學家）「這傢伙什麼都不信，除非與三角形的三個邊一樣清楚」。約翰・濟慈（John Keats）也加入指控牛頓，認為他證明三稜鏡也能展示彩虹的光學效果，剝奪了彩虹的浪漫。華茲沃斯跟大家一起笑，但想來他閉緊了嘴以免引起爭端。

德昆西對華茲沃斯的描繪，進一步宣傳了當時還未出版的〈序曲〉中另一幕數學場景，當時的詩甚至還有預告片，德昆西興奮地預告這幕場景是「優美的最佳範例」。場景中，華茲沃斯在讀《唐吉訶德》（*Don Quixote*）時睡著了，夢到一名騎駱駝橫越荒漠的貝都因人，這名阿拉伯人手裡拿著兩本書，其中一本書——因為是在夢裡——不只是書，還是一塊重石，而另一本書是閃亮的貝殼（幾頁後，才透露那貝都因人原來就是唐吉訶德）。把貝殼書湊近耳朵，它會傳出世界末日預言，至於那本石書，又是歐幾里得的《幾何原本》。但此時不再是一冊小小的自助用書，而是與漠然恆常宇宙連繫的方式：這本書「以最純粹的羈絆，結合靈魂與靈魂／以理智，擺脫空間或時間侵擾」。德昆西會喜歡這種迷幻風格並不奇怪，他曾是個神童，後來染上鴉片酊的惡習，並將迷離時所見寫成《一個英國鴉片吸食者的自白》（*Confessions of an English Opium-Eater*），成為 19 世紀初轟動一時的暢銷書。

華茲沃斯描寫出隔著一段距離看幾何學的刻板印象。欣賞，是的，不過是我們對奧運體操選手做出一般人辦不到的各種翻滾扭轉動作時的那種欣賞。最著名的幾何詩也是如此，在埃德娜·聖文森特·米萊（Edna St. Vincent Millay）的十四行詩〈獨歐幾里得見美赤身裸體〉中，[2] 米萊筆下的歐幾里得是個超凡脫俗的人物，他在「一個神聖又糟糕的日子」因洞察之光而頓悟。不像我等凡夫俗子，米萊這麼說：若是我

2　1922 年，在米萊寫下這首詩的 1922 年，歐幾里得早就不孤單了；多虧愛因斯坦（Einstein），非歐幾里得幾何就像美揭去了外衣，不但被發現、還被釐清是空間背後真正的幾何學，這點我們將在第十三章提到。我不知道米萊是否知道這一點，還故意安排不合時宜的角色，但我的詩歌學者朋友告訴我，她應該不關注最新的數學物理。

們夠幸運，還能聽到美急急遠去的廊間跫音。

別誤會我的意思，那不是這本書要談的幾何學——身為數學家，幾何學的尊崇地位讓我獲益不少。當別人以為你的工作神祕、永恆又高高在上時，感覺的確不錯。「今天過得如何？」「噢，神聖又糟糕，一如往常。」

但越是強調這觀點，就越讓人們視學習幾何為責任，還帶著一股受人尊敬的好東西有的淡淡黴味。就像歌劇一樣，這樣的欣賞不足以支持這個行業，現在有很多新歌劇，但你說得出名號嗎？不能。你一聽到「歌劇」兩個字，就想到穿著皮草的女中音放聲唱著普契尼（Puccini），說不定還是黑白畫面。

現在也有許多新幾何學，但就像新歌劇一樣，不那麼為人所知。幾何學不是歐幾里得，早就不是了，它不是散發教室臭味的文化遺產，而是一門活生生的學科，正以前所未有的速度前進著。在接下來的章節裡，我們將邂逅新幾何學：流行病傳播的幾何學、美國混亂政治過程的幾何學、職業棋士的幾何學、人工智慧的幾何學、英語的幾何學、財金的幾何學、物理的幾何學、甚至詩的幾何學。（很多幾何學家都與威廉·盧雲·哈密頓一樣，偷偷夢想著成為詩人）。

我們生活在一個有待開拓的幾何新興城市，範圍遍及全球，幾何學並不是遠在時空之外，而是就在我們身邊，與日常生活的推論密不可分。它美嗎？是的，但並非裸身，幾何學家看到的美是穿著工作服的。

第一章

「我投歐幾里得一票」

1864年，康乃迪克州諾里治的傑皮・格里佛（J. P. Gulliver）牧師，回想起和林肯（Abraham Lincoln）的一次對話，談論這位總統是如何養成辯才無礙的說話技巧。林肯說，源頭就在幾何學。

> 在我研讀法律期間，我不斷遇到**證明**（*demonstrate*）這個詞，一開始我以為自己明白它的意義，但很快就確定自己並不清楚……我查了韋伯字典，上面寫著「肯定的證據」「無可質疑的證據」，但我想不出那會是怎樣的證據。我認為有許多事都已被證實無可質疑，無需藉助我所謂「證明」這種非比尋常的推理過程。我查閱所有能找到的字典和參考書，但一無所獲，這就好比試圖對盲人定義什麼是**藍色**。最後我告訴自己：「林肯，要是你不瞭解**證明**的意義，就永遠當不成律師。」於是我放下在春田市的工作，回到父親的房子，一直待到我能立刻說出歐幾里得六冊書中的每個命題。那時我才明白「證明」的意義，才又回去研讀法律。

格里佛完全贊同。他回道：「一個人要想把話說好，首先得要能對自己在說的東西下個定義。好好研究歐幾里得，能掃除半數給這世上帶來混亂不幸的胡言亂語，讓世上少掉一半的災禍。我常在想，歐幾里得是最適合放進聖書會 (Tract Society)[1] 書目的書了，如果人們願意去讀就太好了，那才叫做恩典。」格里佛告訴我們林肯大笑並同意道：「我投歐幾里得一票。」

和遭遇船難的約翰・牛頓一樣，林肯在人生低谷時以歐幾里得作為慰藉；在 1850 年代擔任過一任眾議員後，林肯的仕途似乎走到盡頭，打算當個普通的巡迴律師過活。他早期擔任勘測員時學過粗淺的幾何學，現在決心補上這個空缺。他的執業合夥人威廉・亨頓（William Herndon）經常得在巡迴途中與林肯在鄉下旅館擠一張床，他回憶起林肯的學習方式時說，當自己倒頭大睡時，長腿掛在床邊的林肯會熬到深夜、就著燭光埋首於歐幾里得。

一天早上，亨頓在辦公室裡見到神思恍惚的林肯：

> 他坐在桌前，桌上散放著大量白紙、大張厚紙、圓規、尺、不知多少支鉛筆、幾瓶不同顏色的墨水，還有一大堆各式文具和書寫用品。他顯然正苦陷於某個高深計算當中，因為四散的紙張上全是一串串排列優美的數字。他全神貫注到連我進去都沒怎麼抬頭看。

那天林肯直到下午才起身，告訴亨頓自己正試著化圓為方，也就

1　譯注：非營利福音派組織，旨在出版和傳播基督教文學。

是他在試著建構出與已知圓面積相等的正方形。而所謂的「建構」，用歐幾里得的方式來說，就是只用一把直尺和一個圓規這兩種工具，在紙上畫出正方形。他整整花了兩日來解那道問題，亨頓回憶道：「幾乎到了筋疲力竭的地步。」

> 有人告訴過我，化圓為方其實是不可能的，但當時我並不知道，我想林肯也不知道。他試圖確立這個命題，但以失敗告終，辦公室裡的人想著他可能對此多少有些在意，所以都很有默契地避而不談。

化圓為方是個古老的題目，惡名昭彰的程度我想林肯應該早有所聞；「化圓為方」作為比喻困難或不可能的任務，已有很長的歷史。但丁（Dante）在〈天堂〉（Paradiso）裡曾提過：「就像幾何學家竭盡心力試圖化圓為方，卻苦求不得思路，我也是如此。」在希臘這個一切開始的地方，對某個人把一件事小題大作的標準反應是：「我又不是在要求你化圓為方！」

沒有任何理由讓人必須化圓為方——這個題目本身的困難度和名氣就是動機。從古至今躍躍欲試的人們就開始試著化圓為方，直到1882年費迪南得・馮・林德曼（Ferdinand von Lindemann）證明不可能做到為止（即使如此，仍有些死硬派依然堅持；好吧，現在也有這樣的人）。17世紀的政治哲學家湯瑪斯・霍布斯（Thomas Hobbes）對自身心智能力的信心，用「過度」兩字已不足以形容，他認為自己攻克了這道題目。根據他的傳記作者約翰・奧布里（John Aubrey），霍布斯直到中年才意外愛上了幾何學：

> 在某位紳士的圖書室裡，歐幾里得的《幾何原本》攤開著，那是第一冊第 47 題，然後霍布斯讀了那個命題。天啊，他說（他有時會口呼聖誓作為強調），這怎麼可能！接著讀了後續證明，提到要參照另一命題，於是他又讀了那道命題，而那裡又提到要參照另一命題，那道他也讀了。如此反覆，直到他確信那真實無誤為止，這使他愛上了幾何學。

霍布斯不斷發表他的新嘗試，並與當時英國主要的數學家爭執不休。當時有人去信指出他的其中一個建構並不正確，他宣稱相等的 P 和 Q 兩點，其實與第三點 R 的距離有著些微差距；分別是 41 與 41.012。然而霍布斯回擊說，他的點夠大，足以涵蓋如此微小的差距。他直到過世為止都在告訴別人，他已經成功化圓為方。[2]

1833 年，一名不知名評論者在審訂幾何學教科書時，對於典型化圓為方者的形容，精準描繪了兩世紀前的霍布斯，以及現今 21 世紀的「智力病理學家們」[3]：

> 他們知道的幾何學當中有些部分，是專家學者們早已公認無法做到的。然而，聽聞知識權威如此誤導人類心智，他們打算以無知來抗衡：萬一有任何略知該主題的人居然還有別的

2 霍布斯與那些對他極具耐心的數學批評者之間漫長而令人捧腹的論戰，在阿米爾．亞歷山大（Amir Alexander）所著的《無窮小》（*Infinitesimal*）一書第七章中有加以講述。

3 譯注：病理學的研究方法之一是對屍體採樣研究病因，這裡指徒勞鑽研已失去意義的題目。

事要做，而不是一心一意聽他們揭露隱藏的真相，那麼這個人就是老頑固，是在掩滅真理之光。

林肯的性格就可愛多了：有足夠的企圖心去嘗試，也有足夠的謙遜去接受自己沒能成功。

林肯從歐幾里得學到：只要你夠仔細，以無可質疑的公設（axiom）為基礎，透過嚴謹的推演步驟，就能一層一層豎立起高聳穩固的信念與共識之塔，或者說是不證自明的真理；不認為這些真理不證自明者，自不在討論之列。在林肯最著名的蓋茲堡演說中，我聽到了歐幾里得的迴響。他在演講中說美國的特徵是「奉行人人生而平等的主張」。這裡的「主張」（proposition），與歐幾里得的「命題」（proposition）用了同一個字詞語，後者指的是依不證自明的公設推演而得的邏輯事實，讓人無可否認。

林肯不是第一個在歐幾里得的用語中尋找民主政治基礎的人，同樣熱愛數學的還有湯瑪斯．傑佛遜（Thomas Jefferson）。1859 年在波士頓舉辦的傑佛遜生日宴上，林肯因未能出席而寫信致意請人在宴上朗讀，信中內容說道：

一個人可以對於自己很有信心，認為自己能說服任何講理的孩子歐幾里得較簡單的命題為真；但儘管如此，對那些否認定義和公設的人而言，他的說服將會徹底失敗。而傑佛遜秉持的原則，本身就是自由社會的定義和公設。

傑佛遜年輕時在威廉與瑪麗學院（William and Mary）學過歐幾里得，

從此對幾何學的評價甚高。[4] 在擔任副總統期間，傑佛遜曾如此答覆一封維吉尼亞學生關於他的學術研究計畫的來信。他回覆說：「對所有人來說最可貴的是三角學，人們幾乎每天都會為了生活的目的用到它。」（雖然他認為多數高等數學「不過是奢侈品，實在美味的奢侈品，但想找個職業維持生計的人不可沉溺其中」）

1812 年，傑佛遜退出政壇，寫信給繼任總統的約翰．亞當斯（John Adams）：

> 我放棄了報紙，換成塔西佗（Tacitus）與修斯底德（Thucydides）、牛頓與歐幾里得；我發現自己快樂多了。

現在我們可以看出兩位熱愛幾何學的總統真正的差別。對傑佛遜而言，歐幾里得是高雅貴族必要的古典教育，是希臘羅馬歷史學家和啟蒙時期科學家教育的一部分；對自學成才的林肯而言則非如此。這時候格里佛牧師再度登場，他回憶起林肯如何追憶童年：

> 我還記得有天在聽到鄰居與父親談話後，我走進自己的小小臥室，那晚我有大半時間都在來回踱步，想弄明白對我來說他們言談中晦暗不明的部分到底是什麼意思。每當我苦思某個念頭時，儘管我努力想要入睡，但直到我找到答案為止，

4 不過，「我們認為下面這些真理是不證自明的」，不是傑佛遜的話；他的獨立宣言第一版草稿寫的是「我們認為下面這些真理是神聖而無可否認的」。是班傑明．富蘭克林 (Ben Franklin）刪去幾個字後換成「不證自明」，使得這份宣言少了些聖經味，多了點歐幾里得味。

我都難以安歇。就算找到答案，我還要把它一遍遍地翻來覆去，直到我能以最淺白的語言陳述出來，讓我認識的所有男孩都能聽懂才肯罷休。我就是有這股勁，它也始終對我不離不棄，直到如今我在思索一件事時，也一定得搞清楚它東西南北的界線究竟到哪裡我才能感到安心。也許你在我的言語中察覺到的特質，就來自於此吧。

這不是幾何學，但這是幾何學家的心智習慣：不會將就於一知半解，而是會凝鍊想法，回溯背後的每一步推理，就像霍布斯看著歐幾里得所做的感到驚嘆那樣。林肯認為，這種系統化的自我覺察，是脫離混淆晦暗的唯一途徑。

不同於傑佛遜，對林肯來說，歐幾里得式思維不是專屬於紳士或受過正式教育的人，林肯就非這兩者之一。那是一棟手劈斧鑿的心智木屋，倘若搭建得宜，就能承受任何挑戰。在林肯孕想的國家中，任何人都能擁有這種思維。

僵硬形式

林肯對於美國民眾擁有幾何學素養的願景，如同他其他許多美好的立意一般，從未完全實現過。在 19 世紀中期，幾何學已從學院下移到公立高中，但典型課程依然是將歐幾里得當成博物館裡展示的文物，那些證明被用來記憶、背誦，甚至只供人欣賞，至於這些證明是如何被**想出**的完全沒有提及，寫出這些證明的人也幾近消聲匿跡：當時一名作家曾說：「許多年輕人讀完六冊《幾何原本》，才意外得知歐幾里得並非學科的名稱，而是這門學科的創建者。」這就是教育的悖論：我們將最敬仰的放進箱盒裡，使之變得暗淡沉悶。

平心而論，歷史上的歐幾里得並沒有什麼可說的，因為我們對歷史上的歐幾里得所知不多。他生活在西元前 300 年左右，在北非大城亞力山卓工作，就這樣，我們就只知道這些。他的《幾何原本》集結了當時希臘數學所知的幾何學知識，同時也為數論打下基礎。大多數材料是歐幾里得之前的數學家就已知道的，最革新的部分則是建立了龐大知識體的結構。從幾條幾乎無可質疑的公設，[5] 一步一步推演出關於三角形、線、角和圓形的全套定理。在歐幾里得之前——若真有一位歐幾里得，而非一群有幾何頭腦的亞力山卓人以此筆名寫作的話——從未有人使用過這樣的結構。之後它成了任何有價值的知識和思想的典範。

當然，幾何學還有另一種教法：強調創新、試圖把學生放到歐幾里得模擬艙，讓他們寫出自己的定義，看看有何成果。教科書《創造性幾何學》（*Inventional Geometry*）的立意就是：唯一真實的教育就是自我教育。因此別看其他人的建構，書中說：「直到你發現自己的建構，不要感到焦慮或是與同學比較，因為每個人都有自己的學習步調，只要你樂在其中，就有機會學得精通。」全書 446 頁，裡面有一連串的謎題與題目，有些很直接了當，像是「你能用兩條線做出三個角嗎？你能用兩條線做出四個角嗎？你能用兩條線做出四個以上的角嗎 ？」

5　除了一條以外，即「平行公設」（parallel postulate）；但平行公設難題，以及從這難題引領出非歐幾里得幾何的漫漫兩千年旅程，其他書籍已有詳述，本書不再贅述。

而作者警告其中有些題目其實無解，只是為了讓你體驗身為真正科學家的處境。而其中有些，比如開門見山的第一題，根本沒有明確的答案：「將一個立方體的一面平貼桌面放置，另一面朝向你，請說出你覺得哪一邊是長，哪一邊是寬，哪一邊是高。」總之就是那種傳統主義者批評現代教育弊病之所在的「兒童本位」探索法，只不過這本書出版於 1860 年。

幾年前威斯康辛大學數學圖書館收到大量舊的數學教科書，是過去百年威斯康辛州學童所使用、[6] 而後因新教科書推出而被淘汰的版本。翻閱這些陳舊的書籍，你會看到教育上的各種爭議以前都發生過，而且不只一次。現在我們視為新奇的——像是要求學生自己想出證明的數學書，與學生日常生活有所連結、好讓問題與我們息息相關的數學書，旨在促進社會進步或有其他意圖的數學書——都不是新東西，而且在當時也被視為異類。毫無疑問，將來有一天這些內容又會再次變得新奇。

順帶一提，《創造性幾何學》在前言中提到，幾何學「在所有人的教育中都佔有一席之地，女性也不例外」。——該書作者威廉·喬治·史賓塞（Willam George Spencer）是早期男女同校制的推動者。19 世紀對於女性和幾何學的一般看法，從與喬治·艾略特（George Eliot）[7] 和史賓塞教科書同年出版的作品《弗洛斯河上的磨坊》（*The Mill on the*

6 其中一本基礎算術書，最後被使用的年代是 1930 年左右。我在書頁的邊緣發現幾個鉛筆寫的小字，「翻到 170 頁」——在 170 頁又是另一項指令，「翻到 36 頁」，在那裡又是另一項新指令，然後接連不斷，直到我翻到最後一頁，那裡寫著：「你是笨蛋！」被早已入土的十歲小孩捉弄了。

7 在此應相關提及「喬治·艾略特」是瑪麗·安·伊芳斯（Mary Ann Evans）的筆名。

Floss）中可見一斑（但並非讚揚）。「女生做不來歐幾里得，她們行嗎，先生？」一名書中人物這麼問校長史特林，他回答：「她們有許多膚淺的小聰明，卻無法深入任何事情。」史特林代表的是以諷刺、誇張手法呈現的傳統英國教學理念，也就是不辭辛勞背誦大師是怎麼做的，而這正是史賓塞極力對抗的。相較之下，緩慢紊亂的建構理解過程不只被英國教學理念給忽略，還被積極防堵著。「史特林先生不會用簡化及解釋去削弱閹割學生的心智。」歐幾里得是有男人味的奎寧水，必須正面忍受，如同烈酒或冰水澡。

然而在數學研究的最高領域，對史特林之流的不滿卻與日俱增。英國數學家西爾維斯特（James Joseph Sylvester）的幾何學和代數（以及對英國學術的僵化死板之深惡痛絕）我們稍後會談，他就認為歐幾里得應該被藏起來「不要直接被學童碰上」，亦即幾何學應該透過與物理的關連來教授，強調運動的幾何學，再輔以歐幾里得的靜態形式。西爾維斯特寫道：「傳統及中世紀教學模式中最欠缺的，就是對於幾何學的活潑興趣。在法國、德國和義大利，以及我在歐洲大陸所到的每一處，心智與心智直接交流的方式，是我們形式化且僵硬的學術機構全然陌生的。」

看啊！

現在我們不再要求學生背誦歐幾里得了，在 19 世紀末，教科書開始納入練習題，要求學生自己建構出對幾何命題的證明。1983 年，哈佛校長查爾斯．艾略特（Charles Eliot）召開的教育全體會議十大委員會（Committee of Ten），肩負改革並標準化美國高中教育的任務，將這項改變化為條例；並認為高中幾何學的重點應放在在訓練學生養成嚴謹推理的心智習慣上。這想法如此深入人心，以致 1950 年一份針對五百名美國高中教師的調查，問及教授幾何學的目標時，最常見的回答「建立清晰思考與精確表達的習慣」，得票數是「提供有關幾何學的事實及原理」的兩倍。換言之，我們不是要把所有關於三角形的已知事實塞給學生，而是要讓他們發展出一種心智紀律，讓學生能自行依據初始原理建立起這些事實。這樣的學校會很適合「小小林肯們」。

但培養這種心智紀律是為了什麼？難道是因為這些學生們，有一天會遇上有人請他們確鑿地證明多邊形的外角和是 360 度？

我一直很期待遇上這種事，但始終沒等到。

教導孩子寫證明的終極理由，不是因為這世界充滿了證明，而是這世界充斥著**非證明**，大人需要知道這之間的差異。一旦你熟稔了真品，就不會輕信非證明了。

林肯明白這之間的差異，他的友人兼律師同僚亨利．克萊．惠特尼（Henry Clay Whitney）回憶道：「我曾多次目睹他撕下謬論的面具，扯下謬論及其編造者的臉皮。」我們經常遇到披著可信外衣的非證明，除非我們格外警覺，否則很容易被它們突破防線。這類故事隨處可見，就數學來說，當一個作者的句子開頭是「顯然」，他其實要說的是「這對我來說很明顯，也許我應該查證一下，但我有點糊塗，所以乾脆就說這很明顯。」報章雜誌權威的類似句子則是這麼開頭：「當然，大家都同意。」只要看到這種句子，你應該竭盡全力**不去相信**所有人都同意其後的句子。畢竟這意謂著有人要求你將一件事視為公設，如果有什麼事是我們能從幾何學歷史中學到的，那就是你不該將一條新公設納入書中，除非徹底證實它的確有其價值。

同樣地，若有人說他們是「按照邏輯來說」時，你一定要心存懷疑。如果他們說的是經濟政策，或譴責某個文化人士的行為，或要求你在關係上讓步，而不是三角形全等的問題，那他們就絕不是「按照邏輯來說」。因為在他們運作的情境中，邏輯推理——如果真有用到的話——無法脫離其他一切的糾纏。他們要你把一連串武斷表達的意見，誤當成是一項定理的證明。但如果你曾經從貨實價實的證明過程中體驗過那種鮮明的頓悟感，你就永遠不會再上當。叫那自以為很講邏輯的傢伙去化圓為方吧。

惠特尼寫道，林肯最獨特的地方，不是他擁有過人的智力。惠特尼筆帶遺憾地寫著，許多公眾人物都非常聰明，但其中有好人也有壞人。不是的：林肯最特別之處在於，「要林肯虛偽地與人辯論，在道德上是不可能的；他不會這麼做，就像他不會去偷盜一樣；用偷盜，或用不合邏輯或險惡的推理去劫掠別人的東西，對他來說本質上是一樣的。」林肯從歐幾里得學到的是「誠正」（或者早已存在於林肯心裡，只是與他在歐幾里得中發現的契合），這項原則指的是一個人不會說某件事，除非他徹徹底底證明了自己有這麼說的資格。幾何學是一種誠實的形式，人們也許可以稱林肯為「幾何的亞伯」（林肯的綽號是「誠實的亞伯」）。

我和林肯看法分歧的地方，在於他會扯下謬論編造者的臉皮。但我認為一個人最難誠實面對的就是自己，所以我們應該花最多的時間和力氣，去檢視我們自己編造的謬論。你應該時常戳戳自己的信念，就像去戳鬆動的牙齒一樣，或者更恰當地說，是你不確定為何鬆動的那些牙齒。若有不穩固的地方，無需感到羞愧，只要鎮定地退回你確定穩固的地方，重新評估接下來該怎麼走即可。

理想上，這是幾何學應該教會我們的，但西爾維斯特抱怨過的「僵化形式」還沒有消失。實際上，如同數學作家兼漫畫家兼說故事人班·歐林（Ben Orlin）所說，我們在幾何學課堂上教導孩子的是：

證明就是把你早就知道的事實，用難以理解的方式寫出來。

歐林舉出的證明案例是「直角全等定理」（right angle congruence theorem），即斷定任兩個直角彼此相等。九年級生會被要求如何呈現這項斷定呢？最典型的是兩欄式證明，這是超過百年以來的幾何學教育主流，在這個例子中會這麼寫：

角 1 和角 2 都是直角	**已知**
角 1 角度為 90 度	**直角定義**
角 2 角度為 90 度	**直角定義**
角 1 角度與角 2 角度相等	**等式遞移律**
角 1 與角 2 相等	**相等定義**

「等式遞移律」（Transitivity of equality）是歐幾里得的「共有概念」（common notions）之一，即他在《幾何原本》一開始就申明的算術原則，甚至優先於幾何公設。這項原則是指相等於同一物的兩物，彼此會相等。[8]

8 東尼·庫許納（Tony Kushner）為史蒂芬史匹柏（Steven Spielberg）的《林肯》寫的劇本中，讓林肯在一次戲劇化的言論中援引了這一原則。

我不想否認把一切都減縮成如此簡約精確的步驟，的確讓人有種滿足感，它們扣合得如此完美，就像樂高！這種感覺正是教師想要傳達的。

不過……兩個直角是一樣的，這件事不是很明顯嗎？只不過是放在同一頁的不同地方且方向不同而已。的確，歐幾里得把任二個直角相等作為他的第四公設，是無需證明即為真的基本規則，其餘一切都由此衍生而得。那為什麼現代高中要求學生寫出這項事實的證明？畢竟就連歐幾里得都說「拜託喔，這很明顯」。因為有許多不同組合的起始公設能讓人導出平面幾何，所以完全按照歐幾里得的方式去處理，已不再被視為最嚴謹或在教學上最有效益的做法了。1899 年，大衛．希爾伯特（David Hilbert）從零開始重寫了幾何學基礎；而今日美國學校使用的公設，多要感謝喬治．伯克霍夫（George Birkhoff）在 1932 年打下的基礎。

然而，不管它是不是公設，兩個直角是相等的，這件事學生本來就知道。你不能怪任何人聽到以下這些話後感到挫折：「你以為你知道，但在你遵循兩欄式證明步驟之前，你並不是**真的**知道。」這是有點侮辱人啊！

太多的幾何學課程把時間耗在證明顯而易見的事上，我還清楚記得大一時修了一門拓樸學（topology），教授是位德高望重的老學者，他花了兩週時間證明以下事實：若你在平面上畫一個封閉曲線，不管它有多歪七扭八，這條曲線都會將平面分割成兩個部分；曲線以外和曲線以內。

嗯，一方面來說，要為這項事實寫出正式證明相當困難，也就是所謂的「若爾當曲線定理」（Jordan Curve Theorem）。[11] 另一方面來說，那兩週我都處在一種快要暴走的狀態。這就是真正的數學嗎？把簡單的事弄得大費周章？各位，我恍神了。我的同學也是，其中有許多是未來的數學家和科學家。有兩位就坐在我前面，他們是非常認真的學生，會在頂尖大學取得數學博士學位的那種。每次只要德高望重的老學者轉身在黑板上寫下另一道關於多邊形變體的細緻論述，他們就會開始瘋狂親熱，是真的很投入，就好像他們對彼此飢渴的力道，大到能將他們帶回到這項證明還沒開始的時間片段似的。

一個訓練有素的數學家，比如現在的我，也許會將身子更挺直了點說：「嗯，年輕人，你們的歷練還不足以分辨哪些說法是真的一目瞭然，哪些又是暗藏玄機。」也許我還會抬出令人畏懼的亞歷山大角球（Alexander Horned Sphere），用以證明立體空間中的類比問題不如想像中那麼簡單。

但就教學來說，我想這是一個很爛的答案。要是我們在課堂上花時間證明看來很明顯的事，並堅持這些說法並不明顯，我們的學生只會心存不滿，就像我以前一樣，或是在老師沒看到時找些有趣的事做。

我喜歡傑出教師班．布魯史密斯（Ben Blum- Smith）形容這問題的方式：要讓學生真正感受到數學的火焰，就要讓他們感受到自信的梯度——從明顯逐步移動到不明顯的感覺，就像被形式邏輯驅動推著往上坡走——否則我們就是在對學生說：「這是幾條看起來明顯正確的公設，把這些湊在一起，直到你能得出另一個看起來明顯正確的說法。」這就像是示範將兩個小塊積木組成一個大積木來教人玩樂高：你可以這麼做，有時也需要這麼做，但這絕不是玩樂高的重點。

9　不是那個喬丹（Jordan）。

自信的梯度也許用體驗的會比光是談論來得好，若你想感受一下，先想一想直角三角形。

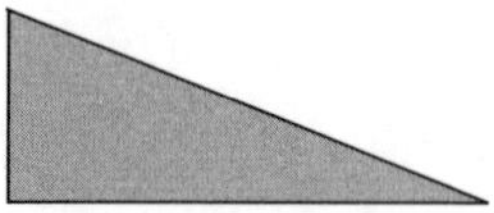

首先你會有個直覺：要是垂直邊和水平邊確定了，斜邊也就可以確定。往南走3公里再往西走4公里，這時你與起點之間會是某個固定距離；這點毫無疑問。

但這段距離是多少？這正是幾何學第一條被證實的定理——畢式定理（Pythagorean Theorem）——的重點。它告訴你，若a與b分別是直角三角形的水平邊和垂直邊，而c是斜邊，又稱弦（hypotenuse），則：

$$a^2 + b^2 = c^2$$

若a為3，b為4，則c^2為$3^2 + 4^2$，或$9 + 16$，等於25。而我們知道哪個數字的平方是25，所以5就是斜邊長。

為何這樣的方程式為真？你可以這樣攀登自信的梯度。先實際畫出一個邊長為3和4的直角三角形，然後量它的斜邊——看起來會很接近5。再畫一個邊長為1和3的直角三角形，然後量它的斜邊；若你很仔細地觀看尺上刻度，會發現長度很接近3.16——而它的平方是$1 + 9 = 10$。例子可以增加我們的信心，但不算是證據，下面這個才是：

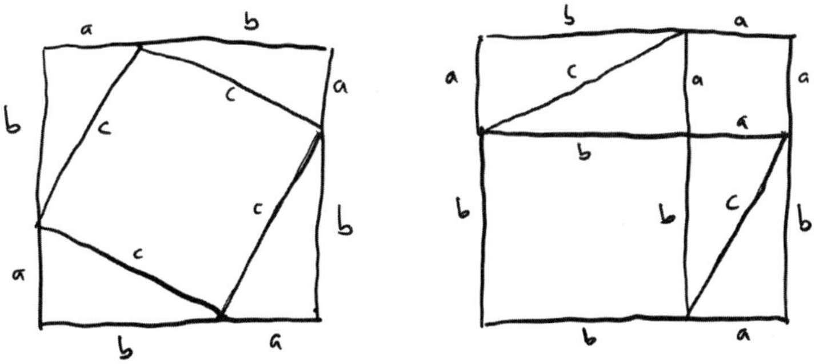

兩張圖中的大正方形面積都一樣，只是用兩種不同方式分割。在第一張圖中，有四個一樣的直角三角形，以及一個邊長為 c 的正方形。在第二張圖中，也同樣有四個一樣的直角三角形，但擺放位置不同；大正方形剩餘的部分則是兩個較小的正方形，其中一個邊長為 a，另一個邊長為 b。將四個一樣的三角形從大正方形中取出後，兩張圖剩下的面積必定相等，這就代表 c^2（第一張圖剩下的面積）必定與 $a^2 + b^2$（第二張圖剩下的面積）相等。

有些人可能會吹毛求疵地抱怨，我們還沒**證明**第一張圖裡面的那個形狀確實是正方形（四邊等長還不夠，用拇指和食指壓扁一個正方形的對角，就會得到一個菱形，那不是正方形，但四邊依舊等長）。但，得了，在看到這張圖之前，你沒有理由認為畢式定理為真；在看到之後，你知道**為何**它為真。像這樣將幾何圖形切開重排的證明，被稱為「分割證明」（dissection proofs），因簡明及獨創性而備受推崇。12 世紀的數學家兼天文學家婆什迦羅（Bhāskara）[10] 以這方式呈現出畢式定理的證明，他認為以圖為證深具說服力，根本無需多加解釋，所以只下了一個標題：「看

10 在數學史上常被稱為婆什迦羅二世，用來與早期另一位同名數學家區別。

啊！」[11]。業餘數學家亨利・佩利格（Henry Perigal）在 1830 年發現另一版本的畢氏定理分割證明（原本是想跟林肯一樣化圓為方），他對自己發現的圖形甚為自豪，甚至在六十年後要求將它刻在自己的墓碑上。

穿越驢橋

我們需要知道如何透過純粹的形式演繹做幾何學，但幾何學並不僅僅是一連串純粹的形式演繹。如果是的話，還有一千種更好的方式可以教系統性推理的藝術。我們可以教圍棋，或是數獨，或是編造與已知的人類活動毫無關聯的一套公設，然後強迫學生從中得出自己的結論。我們教幾何學而非其他東西，是因為幾何學是一套形式系統，但又不只是形式系統。它存在於我們對空間、位置和運動的思考方式之中，我們無法不幾何，換言之，我們有幾何直覺。

幾何學家亨利・龐加萊（Henri Poincaré），在一份 1905 年的論文中提出直覺和邏輯為數學思考不可或缺的兩大支柱，每個數學家都會傾向其中一邊，而我們通常會把傾向直覺者稱為「幾何學家」。兩種支柱我們都需要。少了邏輯，對千邊形這種難以用常識想像的形狀，我們只能啞口無言；少了直覺，這門學科就失去所有興味。龐加萊解釋道，歐幾里得就如「死去的海綿」：

11 有些資料認為婆什迦羅對畢氏定理的證明，擷取自更早的中國古書《周髀算經》，這點仍有所爭議；就此而言，那些擁畢派是否有我們所謂的證明這件事也存在爭議。

> 你一定見過形成海綿骨骼，那是由矽質針狀物所組成的精緻結構。在有機質消失後，只剩下脆弱優雅的繁複結構。沒錯，除了矽質外什麼也沒留下，但有趣的是這些矽質的組成形式，若我們不知道活的海綿如何形成這種形式，我們就無法瞭解這種形式。同樣地，即使前人的直覺概念已被遺忘，但其形式依舊刻印在取而代之的邏輯結構之內。

就像活的海綿組織一樣，我們需要訓練學生在推導時不去否認直覺的機能，但我們也不能讓直覺主導一切，平行公設就是一個範例。歐幾里得在他的五大公設中列入這一條：已知任一直線 L 與任一不在 L 上的點 P，則有且僅有一條直線經 P 而與 L 平行。

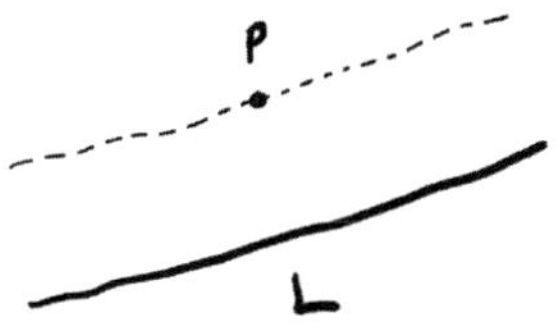

這條公設與其他公設比起來複雜又冗長許多，其他公設像是「任二點可經直線相連」就很簡潔。因此人們會想，要是第五公設可從其他四條更基礎的公設推導出來就好了。

但有必要嗎？畢竟我們的直覺正在大聲嘶吼說第五公設是真的，去證明它不是白費功夫嗎？就像在問能不能真的證明 2 ＋ 2 ＝ 4 一樣。我們就是**知道**！

但數學家還是堅持到底，屢敗屢戰地想證明第五公設衍生自其他四條。終於，他們證明了他們打從一開始就注定失敗；因為還有**其他**

的幾何學，其中「點」「線」「面」的定義與歐幾里得（也許還有你）的不同，但可以滿足前四條公設，卻與最後一條不合。在這些幾何學裡，有些有無限多條直線經過 P 與 L 平行，有些則一條也沒有。

這不是騙人嗎？我們又不是在談那些我們硬要說它是「直線」的其他異世界幾何學，我們說的是「真實直線」，對那來說歐幾里得第五公設絕對是真的。

當然，你大可這麼想。但這麼一來，你就封閉了通往全新幾何學世界的道路，只因為它們不是你習慣的幾何學。非歐幾何學被證實是眾多數學領域的基礎，包括描述我們所棲物理空間的數學（這點我們稍後會談到）。我們可以嚴守純歐幾里得陣地，拒絕發現新幾何學，但那會是我們的損失。

形式邏輯與直覺需要小心平衡的地方還有一處。假設有一等腰三角形：

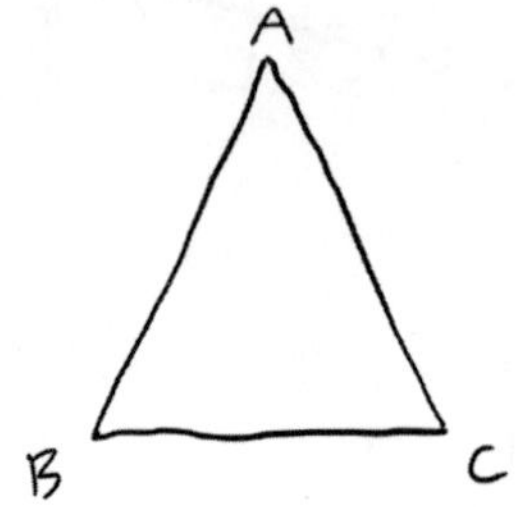

亦即若邊 AB[12] 與邊 AC 等長，則有一條定理（theorem）：角 B 和角 C 也會相等。

這個敘述被稱為「驢橋定理」（*pons asinorum*），因為這是所有人都必須被謹慎帶領通過的。歐幾里得對此的證明比前面提到的直角證明要複雜些。我們現在有點直切主題，因為在真正的幾何學課堂上，要經過好數週的準備期才會走到驢橋；總之，我們默認歐幾里得第一冊的第四命題為真，亦即若你已知三角形的兩邊長，且已知此兩邊的夾角值，則可推知另一邊長及其餘兩角的值。請看以下我畫的圖：

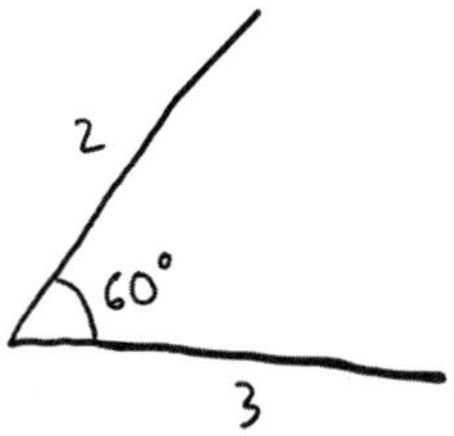

三角形剩餘的部分，只有一種方式可以「填入」。換言之，若有兩個不同三角形的兩邊長及其夾角相同，則這兩個三角形的所有角和邊長都會相同；就幾何學家的術語來說，這就是「全等」（congruent）。

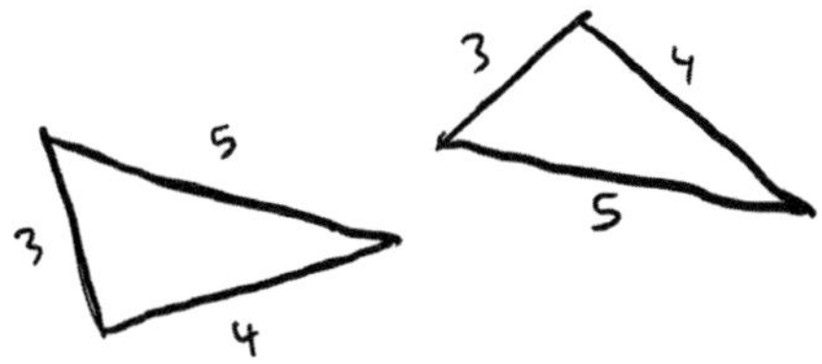

我們在討論直角三角形時就提過這事實，我想不論角度為何，這事實都同樣清楚。

12 在幾何學中我們習慣稱點 A 與點 B 之間的線段為 AB，就像說「巴爾的摩華盛頓林蔭大道」（Baltimore- Washington Parkway）時不加「林蔭大道」。

（順帶一提，若有兩個三角形的三邊相符，則這兩個三角形必定全等，這點同樣為真；例如若邊長為 3、4、5，則此三角形必定為我上面畫的直角三角形。但這點就不那麼明顯，歐幾里得晚了一點才證明，是為第一冊的第八命題。若你認為這很明顯，先想想這個：要是四邊形呢？記得前面提過的菱形吧，它和正方形的四個邊長都相同，但絕不是正方形。）

再回到驢橋，它的兩欄證明看起來是這樣：

讓直線 L 為經點 A 的直線，且平分角 BAC	**好，就這麼做**
讓點 D 為直線 L 與線段 BC 的交點	**無異議**

嗨，又是我，我知道我們正證明到一半，且做出一個新的點，又畫出了一條新線段 AD，所以我們的圖更新如下。對了，還記得我們假設這個三角形是等腰的吧，所以 AB 和 AC 等長，這點很快就會用上。

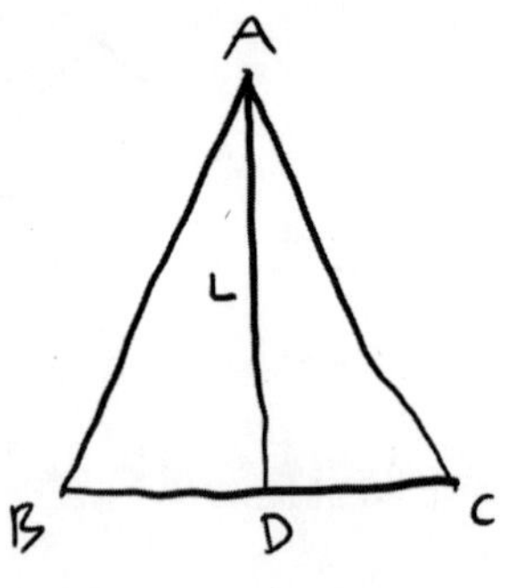

線段 AD 和線段 AD 等長	**一線段本身相等**
線段 AB 和線段 AC 等長	**已知條件**

角 BAD 和 CAD 全等	**因為線段 AD 將角 BAC 平分**
三角形 ABD 及 ACD 全等	**歐幾里得第一冊第四命題，說過會用到**
角 B 和角 C 相等	**全等三角形的對應角相同**
證明完畢（QED）[13]	

這項證明比第一道證明複雜一些，因為你得**做出**一個東西，你做出新的直線 L，並將 L 碰到線段 BC 的地方命名為點 D。這讓你能用兩個全新三角形 ABD 及 ACD 的邊來定義角 B 及角 C，由此證明 ABD 與 ACD 全等。

但還有更簡潔的方式，歐幾里得六百年後另一位北非幾何學家——亞歷山卓的帕普斯（Pappus of Alexandria）寫在他的《數學彙編》（*Synagogue*，在古代這個字可指幾何命題的集冊，而不只是一群在祈禱的猶太教徒）中。

線段 AB 與線段 AC 等長	**已知**
角 A 與角 A 相等	**一角本身相等**
線段 AC 與線段 AB 等長	**你說過一次了，你想做什麼啊，帕普斯？**
三角形 BAC 與 CAB 全等	**又是歐幾里得第一冊第四命題**

13 代表 *Quod Erat Demonstrandum*，意思是「證明完畢」。當證明完畢時，為了表達振奮，喜歡使用的小小拉丁文甩棒（譯注：棒球比賽中打擊手打出安打時，跑壘之前會歡暢地把棒子甩掉）。在我的高中數學校隊中我們常用 AYD 來代替，意思是「你完了」。

角 B 與角 C 相等	**全等三角形對應角相等**

等等，發生了什麼事？看起來好像什麼都沒做，想要的結論就憑空出現了，就像兔子從空帽子裡跳出來一般。這讓人惶惑不安，這不是歐幾里得會做的事，但不論怎麼看，這都是真正的證明。

帕普斯的精闢之處在於倒數第二行：三角形 BAC 與 CAB 全等。看起來好像只是在說一個三角形等於自身，顯得很瑣碎，但再看得更仔細點。

當我們說兩個不同三角形 PQR 與 DEF 全等時，我們到底是什麼意思？

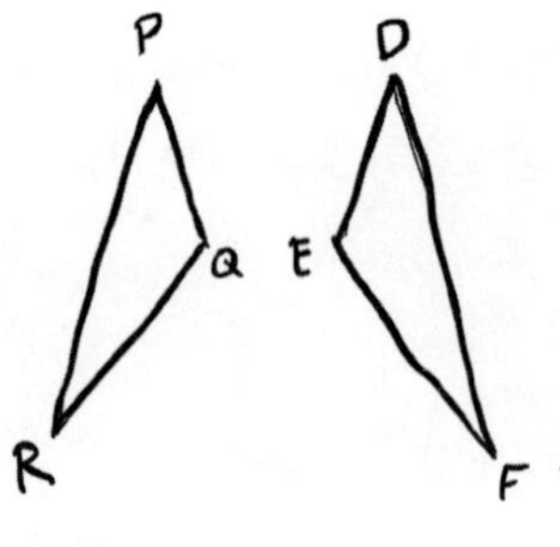

我們在這個句子裡表達了六件事：PQ 與 DE 等長，PR 與 DF 等長，QR 與 EF 等長，角 P 與角 D 相等，角 Q 與角 E 相等，角 R 與角 F 相等。

那麼 PQR 與 DFE 全等嗎？在這張圖裡並非如此，因為 PQ 和對應邊 DF 並非等長。

若我們更嚴格地檢視全等的定義——嚴格檢視定義是幾何學家的本能——那麼 DEF 與 DFE 並非全等，雖然它們是同一個三角形，但 DE 與 DF 並非等長。

但在驢橋定理的證明中，我們說等腰三角形 BAC 與三角形 CAB 相等，並不是空洞的論述。若我說「ANNA」這個名字正寫、倒寫都一樣時，我是在告訴你這個名字有迴文（palindrome）的特性。但用「它們當然一樣，不管用什麼順序寫，都有兩個 A 和兩個 N」來反對迴文的概念，只是純粹嘴硬。

事實上，「迴文式」對像 BAC 這樣的三角形來說是個好名字，亦即將三角形 CAB 的頂點以倒序書寫後會得到相等的三角形。就是這樣思考，帕普斯才能以更快的方式過橋，而不用再多畫一條線或多加一個點。

但就連帕普斯的證明也未能完全表達**為何**等腰三角形會有兩個相等的角。是更接近了些，畢竟等腰三角形具迴文特性的想法（亦即倒寫仍相同），符合你的直覺已告訴你的一件事，那就是：把這三角形拿起來、翻過來，再放回原位，它還是不變。就像迴文字一般，它是**對稱的**。這也是人們覺得那兩個角相等的原因。

在幾何學課中，我們通常沒被允許把形狀拿起來翻面，[14] 但我們應該這麼做。我們可能會試著讓它變得抽象，但數學是用身體來做的，幾何學更是如此。有時就如字面所述，每個數學家都曾用手勢在空中畫圖。至少有一項研究指出，被要求以身體表現出幾何問題的孩子，比較有機會得出正確結論。[15] 據說龐加萊在做幾何推導時也是依賴身體的運動感。他不是視覺型的人，對臉孔和數字的記性很差；每當需

---

14 共同核心標準（the Common Core standards）一度期待為美國從幼兒園到十二年級的數學教育提供統一鷹架，但現已明顯勢弱，這套標準曾明確要求幾何學課程涵蓋對稱觀點。希望在共同核心退場後，對稱論點還能像冰河磧石般留下。

15 雖然不太可能對那結論建構出形式證明！

要從記憶中畫出一張圖時，他記得的不是它的樣子，而是他的眼睛如何沿著這東西移動。

一樣的臂

「isosceles」（等腰）這個字到底是什麼意思？這個嘛，是指三角形的兩邊相等，希臘文的字面意思指的是兩個 σκέλη（*skeli*）或「腿」；在中文裡等腰是指相等的腰；在希伯來文裡是說「相等的小腿」；在俄文裡是說「相等的臂」。在每一例中，我們似乎都同意它的意思就是兩邊相等。但為什麼？為何不把等腰三角形定義為有兩個角相等？你也許看得出來兩邊相等代表兩角相等（整個驢橋定理的重點就是在證明這個），反之亦然。換言之，這兩個定義是相等的；它們會把同樣的三角形找出來，但我不會說它們是相同的定義。

當然它們也不是唯一的選擇。把等腰三角形定義為迴文式會更有現代感：拿起來翻轉後放回去，還是不變的三角形。那麼，這樣的三角形兩邊相等與兩角相等，簡直是不假思索就有的結論。在這個幾何世界中，帕普斯的證明可作為工具，呈現兩邊相等的三角形為等腰三角形；而三角形 BAC 與 CAB 全等。

一個好的定義要能應用到它原本被設計的情況之外，所以我們來看看「等腰」代表「翻過來還是不變」的這想法，是否能良好說明等腰梯形（isosceles trapezoid）和等腰五邊形（isosceles pentagon）的情況。你可以說等腰五邊形有兩邊相等，但這樣你會把下面這種扭曲歪斜的五邊形也納入：

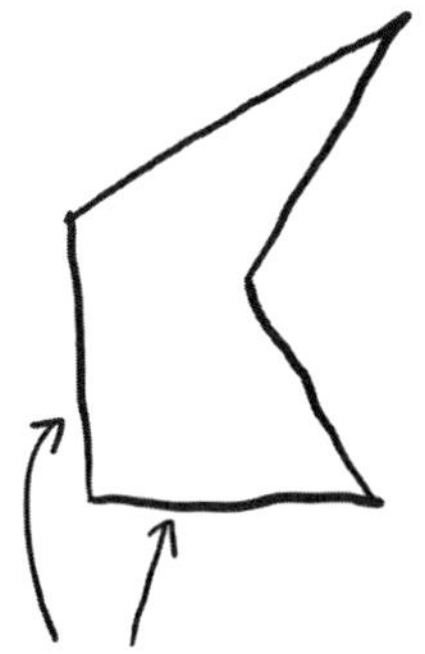

這是你要的嗎？毫無疑問，這麼美的五邊形才是所謂的等腰。

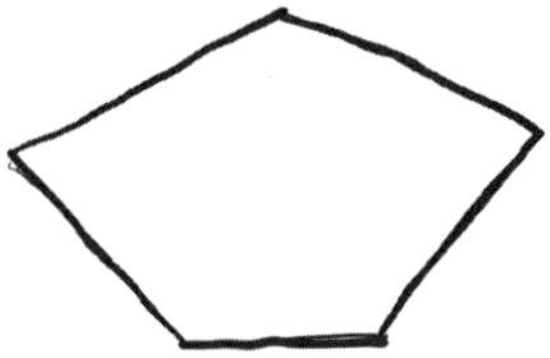

的確，在你的課本裡所謂的「等腰梯形」不是有兩邊相等，或是有兩角相等；而是翻過來還是不變。在此，後歐幾里得（post-Euclidean，泛指歐幾里得之後的幾何概念）的對稱觀念被偷渡進來，因為我們的心智天生就是會發現它。越來越多幾何學課程把對稱觀念當作重點，並依此建構證明。這不是歐幾里得，這是幾何學的現況。

第二章

一根吸管有幾個洞？

對數學專業者來說，每當網路上突然出現某個數學問題糾結大家個一兩天，我們總是開心看著大家發現並享受我們一輩子樂在其中的思考模式。要是你有一棟很棒的房子，你會樂見客人突然造訪。

通常能引起這類關注的問題都很不錯，雖然一開始看似無聊，但能抓住眾人注意力的，是遇到**真正數學題目**的那種感覺。

舉例來說：一根吸管有幾個洞？

被我問這問題的大部分人都認為答案很明顯，而當他們知道別人覺得明顯的答案與他們的不同時，他們通常會很驚訝，甚至有點惱怒。這是數學版本的「還有別的想法等著你」（You've got another think coming）以及「還有別的事等著你」（You've got another thing coming）之爭。[1]

就我所知，吸管問題最早出現在《澳大拉西亞哲學期刊》（*Australasian Journal of Philosophy*）1970 年的一份論文中，由夫妻檔史黛芬

1　當然是「想法」（think），若你想的是另一種，那……你知道的。

妮與大衛・路易斯（Stephanie and David Lewis）所提出，當時討論的物體是紙巾捲筒。2014年，這問題以投票形式再度出現在一個健身論壇中，呈現的方式與《澳大拉西亞哲學期刊》不同，但爭議的重點很一致，「零個洞」「一個洞」和「兩個洞」的回答各有大量支持者。

後來一隻SnapChat影片開始流傳開來，內容是兩名大學生爭論到底是一個洞還是兩個洞、結果越辯越憤怒，結果吸引超過一百五十萬人次觀看。這個吸管問題開始傳遍Reddit和推特，還上了《紐約時報》。一群年輕、美麗帥氣又極度困惑的BuzzFeed員工拍攝了另一支影片，同樣也獲得數十萬人次的點閱。

也許你已經開始在心裡設想你的論述了，讓我們重述一遍：

零個洞：吸管是以長方形塑膠片捲起黏合而成，長方形沒有任何洞，捲起時也沒有在上面打洞，所以它沒有洞。

一個洞：這個洞就是吸管的中空部分，從頭延伸到尾。

兩個洞：看就知道了！上端一個洞，下端一個洞！

我的第一個目標是要說服你，你確實對有幾個洞感到困惑，即使你以為你沒有。事實上，這幾個看法都有嚴重瑕疵。

我先推翻零個洞的說法。一個物體不需要被移去任何物質也可以出現洞。貝果的做法就不是先做出實心麵包再在中間打個洞，不！應該是先揉出長條狀麵糰，再將兩端接合成為貝果。要是你否認貝果上有洞，你會被笑到在紐約市待不下來，蒙特婁或全世界任何有尊嚴的熟食店都是。我想我不用多說了。

那兩個洞呢？在此有個問題值得想一想：要是吸管有兩個洞，那麼一個洞結束、另一個洞開始的地方在哪裡？若你還不為所動，就以一片瑞士乳酪來說好了，有人要求你數它有多少個洞，你是分別數上面有幾個洞和下面有幾個洞嗎？

或者這樣：把吸管的底端封住，這樣聲稱兩個洞的人士所謂底部的洞就沒了。現在這吸管有點像是高高瘦瘦的杯子，杯子有洞嗎？有啊，你說——頂端的開口就是洞。好，那要是杯子變得越來越矮胖，直到變成菸灰缸呢？我們肯定不會說菸灰缸上面的那一圈是「洞」吧？但若說杯子變菸灰缸的過程中洞消失了，那是在**何時**呢？

你也許會說，菸灰缸還是有洞，因為它有個凹陷；一個本來有東西現在沒有的負空間。或者你堅持，洞又不是一定要「從頭通到尾」，只要想想我們說地上有個洞是什麼意思就知道了！這是相當好的駁斥，但要是我們對什麼算是洞的標準如此寬鬆，任何凹痕或缺口都算，那麼這概念就會被擴大到毫無用處了。當你說水桶有洞，你的意思不是指桶底有個凹痕，你指的是它盛不住水。你在實心麵包上咬一口，也不會讓它變成貝果。

再來就只剩下「一個洞」了，這也是三個選項中最多人選的。現在就讓我替你毀了它吧。當我問我的朋友凱莉關於吸管的問題時，她對一個洞理論的反駁非常簡單：「這代表嘴巴和肛門是同一個洞嗎？」（凱莉是瑜珈老師，所以會傾向以生理結構角度看事情），好問題。

但假設你是那些願意大膽接受「嘴巴＝肛門」等式的人，還是有其他問題。在那兩個大學生的 SnapChat 影片裡有個場景（說真的，自己去看吧，我實在無法用文字和舞台指令漂亮地傳達出那種逐漸累積的挫敗感），哥一是一個洞理論的代言人，哥二屬於兩個洞派：

哥二〔拿起花瓶〕：「這有幾個洞？這是一個洞，對吧？」

〔哥一發出反對聲〕

哥二〔拿起紙巾捲筒〕：「所以這有幾個洞？」

哥一：一個

哥二：「怎麼會？」〔再度拿起花瓶〕「這兩個有一樣嗎？」

哥一：「要是我在這裡打一個洞，」〔手指花瓶底〕「它還是一個洞啊！」

哥二〔惱怒〕：「你剛才說，**要是我在這裡打一個洞**。」

〔發出挫敗激動的聲音〕

哥一：「要是我在這裡打一個洞那就是——」

哥二：「對，是**另一個**洞，包括這個洞！兩個！結束！」

在這一幕中，支持兩洞派的哥二表達了一個令人激賞的原則：在一個東西上多加一個洞，理應增加它的洞數。

讓我們弄得更困難一點：一件褲子有幾個洞？大多數人會說三個：腰部一個，加上腿部的兩個洞。但要是你把腰部縫起來，就變成一個彎折的牛仔布大吸管。要是你一開始說有三個洞，那封上一個，應該剩下兩個洞，而不是一個，對吧？

若你是認為吸管只有一個洞，也許你會說褲子只有兩個洞，把腰部封住後只剩一個。這答案我經常聽到，但這答案跟吸管的兩洞理論有一樣的問題：要是褲子有兩個洞，是哪兩個？一個結束而另一個開始的地方又在哪裡？

或者你的看法是褲子只有一個洞，因為你所謂的洞，指的是褲子內部的負空間。那要是我在膝蓋處割一個洞呢？那也不算嗎？不算，你堅持還是只有一個洞；你那巧妙的一割，只是讓洞多了一個**開口**。要是你把褲腳都縫起來，或是塞住吸管的底部，你也不是消除了洞，只是封住洞的入口或出口。

但這又讓我們繞回到菸灰缸是否有洞的問題，或者更糟：假設我有一個注入空氣的氣球，根據你的說法，氣球有一個洞——也就是壓縮的空氣存在氣球內的區域。要是我拿針在氣球上刺一個洞，它會爆開，剩下的就是一個橡膠圓盤，也許上面還綁著一個結。一片橡膠圓盤顯然沒有洞，所以你在本來有個洞的東西上刺了一個洞，它就變得**沒有**洞了。

你被弄糊塗了嗎？我希望如此！

數學沒有回答這個問題，至少並不完全。它無法告訴你，你說的洞（hole）到底是什麼意思——那是你和與你對話者之間的問題。但它可以告訴你，你**可能**是什麼意思，那你至少可以讓你不被自己的假設絆倒。

先讓我從一個令人惱人的哲學口號開始：吸管有兩個洞，但它們是同一個洞。

從畫得很糟的圖當中做出完善推理

在此採用的幾何方法稱為拓樸學，它的特性是我們不在乎物體多大或距離多遠，或它們是彎曲還是變形。這似乎與本書主旨相去甚遠，再者各位可能會懷疑我在鼓吹數學的虛無主義（nihilism），亦即我們不在乎**任何事**。

不是這樣！許多數學就是在摸索我們可以（無論暫時或永遠）不在

乎些什麼也沒關係。這種選擇性專注是推理當中很基本的部分：你正在過紅綠燈，一輛汽車闖紅燈朝你直衝而來，在你進行下一個動作時，你可能會考慮到各種事情。但你能透過擋風玻璃看清楚駕駛是否無行動能力？這是什麼款式的汽車？萬一你成大字型倒在街頭的話，你今天穿了乾淨的內衣嗎？這些都是你不會問的問題——你允許自己不去關注這些，而把全副心神都集中在判斷汽車路徑，然後盡快跳開。

數學問題通常沒那麼戲劇化，但會引發同樣的抽象過程，即刻意忽視所有與眼前問題沒直接相關的部分。當牛頓明白天體不是受到天體自身的胡亂移動驅動，而是受到適用宇宙所有物質體的普遍定律，他才去計算天體力學（celestial mechanics）。為此，他必須讓自己不去在意物體的組成或形狀，唯有專注在它的質量和與其他天體的相對位置上。或者回溯至更早的時間，直到數學的源頭好了，所謂數字的概念，原是為了計算方便，把七頭牛或七顆石頭或七個人視為同一東西，適用於同一套列舉和組合規則。這樣一來，七個國家或七項想法也差不多了。就其目的來說是什麼並不重要，唯一重要的是有多少。

拓樸學類似這樣，只不過是針對形狀。它的現代形式來自法國數學家亨利・龐加萊。又是他！這名字我們會經常提到，因為龐加萊對幾何學各個領域的發展有著廣泛得驚人的影響，無論是狹義相對論（special relativity）、混沌（chaos）或是洗牌理論（the theory of card shuffling，是的，有這麼一個理論，而且也是幾何學；我們之後會再談到）。龐加萊 1854 年出生在南錫（Nancy）一個富裕的學術家庭，父親是名醫學教授。五歲時他染上嚴重的白喉病，數個月時間完全無法說話；後來他完全康復，但整個童年時期身體都很虛弱。即使成年之後，一名學生仍這麼形容他：「我印象最深的是他的眼睛，非常不尋常：近視，卻閃亮銳利。至於其他，我記得他身形矮小、傴僂、四肢和關節不適。」在龐加萊還是青少年時，德國人佔領了阿爾薩斯（Alsace）和洛林（Lorraine），不過南錫仍在法國的統治下。法國在普法戰爭（Franco- Prussian War）中出乎意料的慘敗有如國恥，法國人不僅誓言奪回失去的領土，還致力模仿他們認定是德國優勢之所在的行政效率及精進技術。正如 1950 年代末期俄國的史普尼克一號衛星突如其來發射成功，在美國引發贊助科學教育的狂潮。失去阿爾薩斯和洛林（或是德語中的 Elsass-Lothringen，現在得這麼稱呼當時那塊地），促使法國追上德國那更完美實現的科學機構。在被佔領期間學會德文的龐加萊，成為受過現代訓練的法國數學界新先鋒，他們讓巴黎成為世界數學重鎮，而龐加萊更是重中之重。龐加萊是個出色的學生，但並非神童；他的第一份重要著作在他二十多歲發表，直到 1880 年晚期，他才成為舉世聞名的人物。1889 年，他以「三體問題」（three-body problem）[2] 討論僅受彼此重力影響的三天體運動，獲得瑞典國王奧斯卡（King Oscar of Sweden）頒發的最佳論文獎。這項問題在 21 世紀仍未完全解決，但現代數學家研究三體問題和其他千百種問題所用的動態系統理論（the theory of dynamical systems），就是龐加萊在他獲獎的論文中提出的。

龐加萊是個有精確習慣的人，他每天研究數學不多不少四小時，從早上 10 點到正午，再從傍晚 5 點到 7 點。他也信奉直覺和無意識作用具關鍵重要性，但他的生涯可說是井然有序，重要的不是靈光一閃的時刻，而是有系統地、持續地在陰暗領域開拓知識的疆土，平日每

2　討論僅受彼此重力影響的三天體運動。三天體就是三個天體，天體泛指宇宙中各類星體。

天工作四小時，假日從不開工。另一方面，龐加萊的字寫得很糟，他左右手都能寫字，而巴黎圈子流傳的笑話是他兩手寫得一樣好——也就是一樣糟。

他不僅是當時當地最傑出的數學家，也是為大眾寫作科學和哲學的暢銷作家；他寫的普及非歐幾何學、鐳現象（phenomena of radium）等新知，以及全新無窮理論的書籍，暢銷了數萬冊，並被譯為英文、德文、西班牙文、匈牙利文及日文。他是出色的作家，尤其善於以精妙短語呈現數學概念。其中一則就很貼切我們眼前的問題：

> 幾何學是從畫得很糟的圖當中做出完善推理。

也就是說：要是你和我要談圓，我要讓我們有個東西可看，於是我拿出一張紙這麼畫：

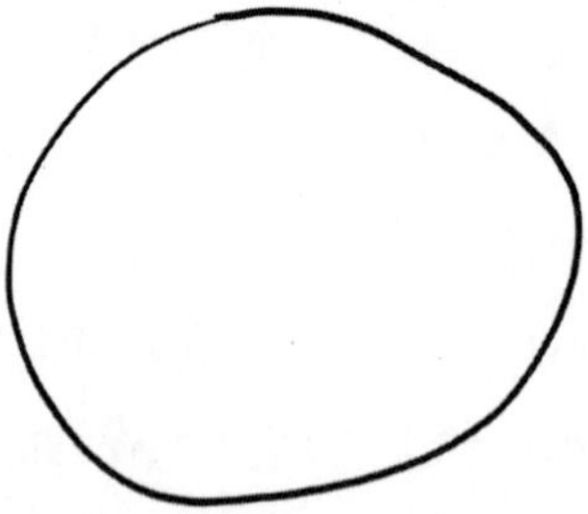

如果你比較講究，可能會抱怨這不是圓；也許你帶了把尺，量出我所聲稱的圓心到我聲稱的圓周上每一點的距離並非等長。好吧，但要是我們談的是這圓有幾個洞，那就不重要。在這方面，我是依循龐加萊本人的範例，正如他的短語和一手爛字，他畫的圖同樣糟糕。他的學生托比亞斯・丹齊格（Tobias Dantzig）回憶：「他在黑板上畫的圓純粹是形式上的，與一般的圓相似之處只有封閉和外凸。」[3]

對龐加萊，以及對我們來說，這些都是圓：

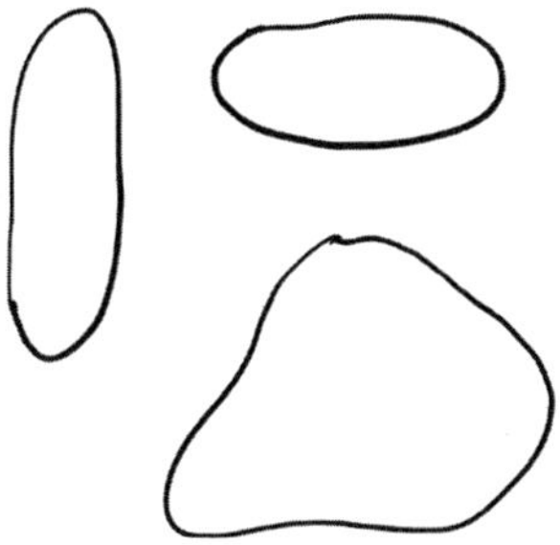

就連正方形也是圓！[4]

3　「外凸」在此是個專用術語，大致是指「只往外彎，永遠不朝內彎」。我們在第十四章遇到更多奇形怪狀的立法選區時再詳述。

4　或者該說，若我們關注的是關於曲線的拓樸學問題，像是它們有幾個洞或它們分成幾塊，那正方形也能算是圓；若你關注的是「曲線在單一點能有多少條切線」這類問題，正方形和圓形就大不相同。

這個歪七扭八的東西也是：

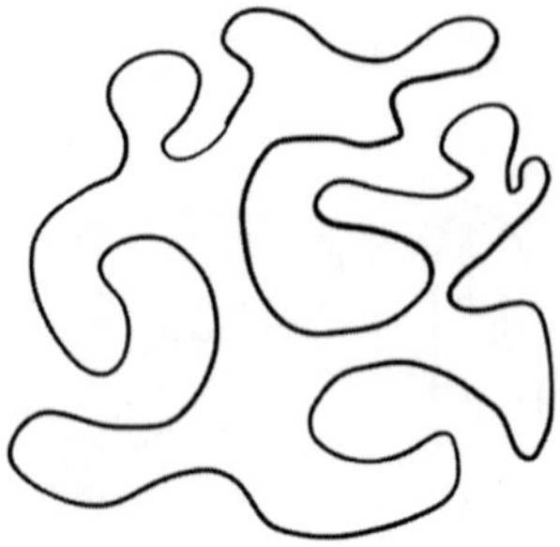

但這就不是圓了——

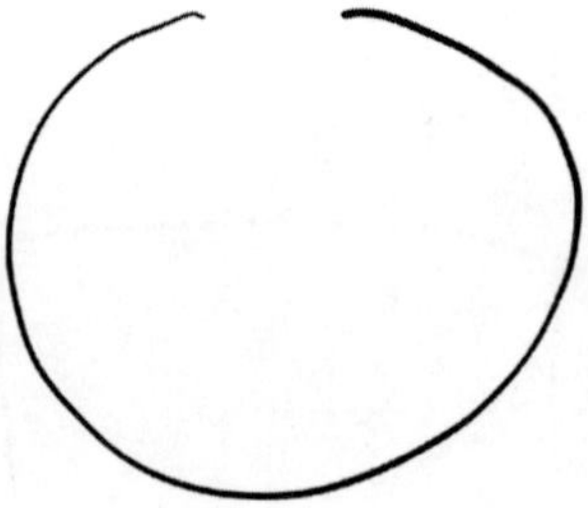

——因為它斷了。弄斷它的這個舉動，比起打扁它、彎折它、甚至把它扭折出幾個角，都還要更暴力而無可挽回；我真正改變了它的形狀，把它從畫得很糟的圓，變成畫得很糟的線段。我把它從一個有洞的東西，變成沒洞的東西。

吸管有幾個洞的問題，感覺像是拓樸學問題。那兩位數學小兄弟在面對這個問題時，有要求知道吸管的確切尺寸、它是否平直，或它的橫切面是否是完美的圓，就像歐幾里得會掛保證的那種嗎？他們沒問。就某種程度而言，他們知道這些問題就眼前目的來說可以先擺在一旁。

一旦你把這些問題擺在一旁，還剩下什麼？龐加萊建議我們，把吸管縮短、縮短再縮短。在龐加萊看來，它還是同一根吸管，直到它變成一圈窄窄的塑膠片：

你還可以進一步把圈片的壁往外壓，讓整個形狀攤平在書頁上。

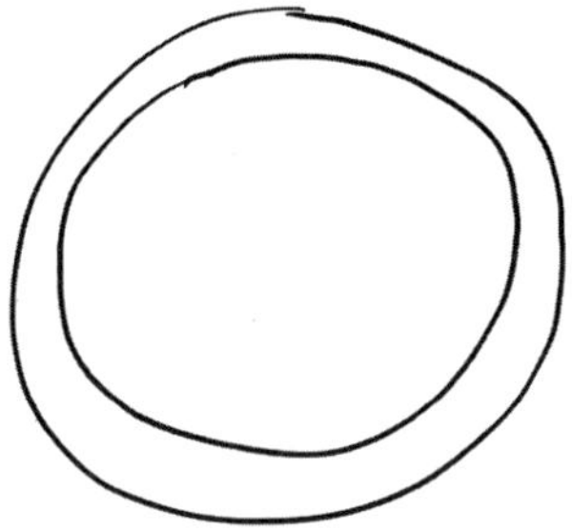

現在它變成被兩個圓圈住的形狀了，它的正式幾何名稱叫做環形（annulus），但你也可能把它看成 7 吋黑膠唱片，或是環形飛盤，或是你想像它有著鋒利外緣，是 16 世紀印度的一場競技中正朝你飛來的環刃。

不管你稱它作什麼，它始終是一個畫得很糟的吸管圖，而它只有一個洞。

若拓樸學堅持要我們承認吸管只有一個洞，那褲子呢？我們可以把褲子縮短，就像對吸管做的那樣。首先它們變成短褲，接著變成超短褲，最後終於變成丁字褲。當我把丁字褲壓平在你所讀的這本書上時，你會看到雙環形：

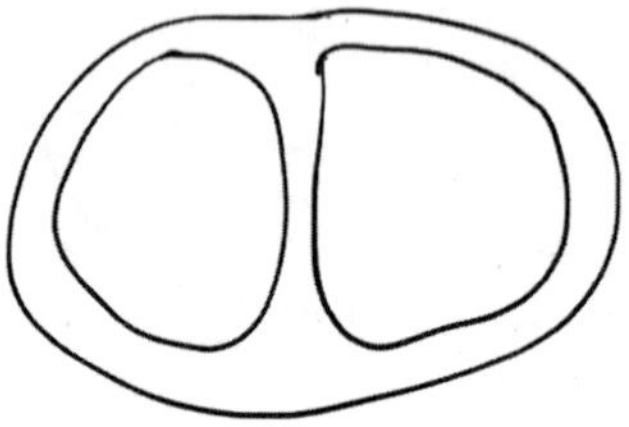

它顯然有兩個洞，所以我們暫時得出了結論：吸管有一個洞，而褲子有兩個洞。

諾特的褲子

但我們的問題還沒結束，要是褲子有兩個洞，那是哪兩個？我們描述的縮短過程似乎將褲子的兩個洞定義為雙腿，而腰部成為外緣。但你在折衣服時也許會發現，你也可以把丁字褲攤平成另一種樣子，把腿部的一個洞放在外面，由腿部另一個洞和腰部組成兩個「洞」。

我女兒雖然未得益於龐加萊理論的正規教育，但她也說褲子有兩個洞，她的論點是褲子其實就是兩根吸管，腰部的洞就是兩條腿洞的結合。她說得對！最佳理解方式就是認真看待褲子和吸管的類比，然後想像有一根長得像褲子的吸管，而你正努力用它來吸麥芽奶昔。你可以把一根褲管插進奶昔裡吸，那麼通過褲管的奶昔，會與通過腰部進入你嘴裡的奶昔等量。或者你也可以用另一根褲管來吸；或乾脆把兩根褲管都插進奶昔裡。但不管你怎麼做，根據奶昔的守恆定律，通過腰洞的奶昔量，都會是通過兩根褲管量的**總和**。若每秒有 3 毫升奶昔進入左褲管，而右褲管是 5 毫升，則頂端流出的奶昔就會是 8 毫升。[5]

這就是為什麼我女兒說，腰洞不是新的洞而是兩個腿洞的結合，這是對的。

那這是不是代表兩個腿洞才是**真正的**洞？別急。不久前，我們折疊剛洗好的丁字褲時，覺得腰部和腿部並沒有真正的區別。但現在腰部卻看似扮演了特別的角色。3 + 5 = 8，而非 5 + 8 = 3 或 8 + 3 = 5。

這其實是個要小心正負號的問題，流出是流入的反向，所以我們應該用負號來記錄；與其說 8 毫升奶昔流出吸管的腰洞，應該說 -8 毫升流入！這樣就是一個漂亮的對稱描述了；從三個開口流經的奶昔總和是零。如果要完整說明奶昔流經褲子的情況，我只需告訴你三個數字中的兩個，**哪**兩個並不重要，而是任兩個都行。

現在我們可以修正我們之前的謊言了，說吸管頂端的洞（吸管形狀的吸管）跟底部的洞是同一個，這不太對，但它其實也不是一個新的洞。頂端的洞是底部洞的**負向**，從一端流入的必從另一端流出。

在龐加萊之前的數學家，特別是托斯卡納的幾何學家兼政治家恩里科・貝帝（Enrico Betti），都曾與一個形狀有幾個洞的問題角力，但是有些洞是其他洞的結合這觀點是由龐加萊率先提出的。事實上，就連龐加萊對洞的看法，也與今日數學家不盡相同；要等到 1920 年代中期，德國數學家艾米・諾特為拓樸學引入**同調群**（homology group）的概

5　不，我不知道如何讓一邊吸管的吸入量是另一邊的 1 倍，不過各位已容許我用褲子形狀的吸管，所以就繼續跟著這場思想實驗吧。

念，之後我們一直延用她對「洞」的概念。

諾特說明概念所用的語詞是「鍊複形」（chain complexes）和「同態」（homomorphisms），而不是褲子和奶昔，但我還是繼續使用之前的比喻，以免風格突變。諾特的創新之處在於，她發現把洞看成獨立物體並不正確，洞更像是空間中的方向。

你在地圖上可以往幾個方向移動？就某方面來說，你可以往無限多個方向移動：你可以往北、往南、往東或往西，可以往西南或東北偏東，可以從正南以 43.28 度角往東移動等等。重點是在這無限的選擇中，你只有兩個維度（dimension）可以移動；你想去的任何地方，都可以用往東和往北兩個方向加總來表達（若你願意把往西 10 哩表達成往東 -10 哩就行）。

但要問哪兩個方向才是最基礎的，其他都從而衍生出來，這麼問沒有意義。任一組方向都可以，你可以選北和東，也可以選南和西，你可以選西北和北北東。你唯一不能做的，就是選兩個同一或完全相反的方向，否則你會永遠困在地圖的單一條線上。

吸管的頂端和底部也是這樣：完全相反，一北一南，這裡只有一個維度。相對來說，褲子的腰部和兩條褲管有兩個維度，像這樣：

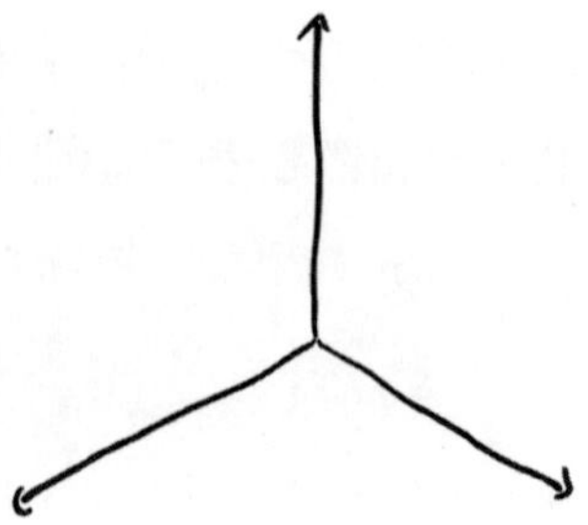

先朝一個方向走 1 哩，再朝第二個走 1 哩，再往第三個走 1 哩，最後你會回到原點：

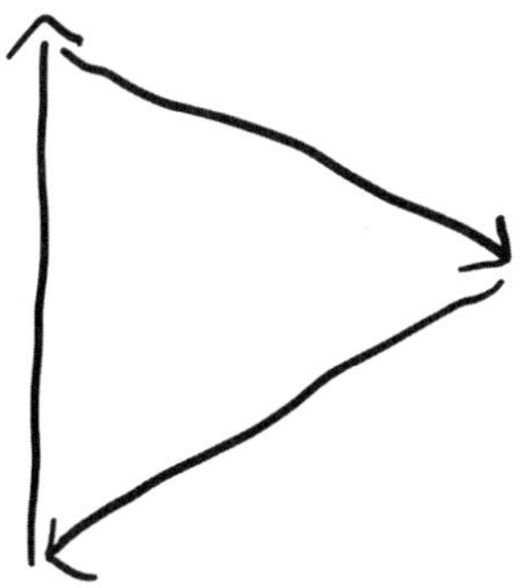

這三個方向會彼此抵消，總和是零。

「現在這種趨勢（tendency）被視為不證自明，」保羅．亞歷山德羅夫（Paul Alexandroff）和海因茨．霍普夫（Heinz Hopf）在他們 1935 年寫的基礎拓樸學教科書中說：「但八年前並非如此，多虧艾米．諾特的活力和性格，才使它成為拓樸學家之間的共識。因為她，這趨勢才能像今天這樣，在拓樸學的問題及方法中佔一席之地。」

「現在無人質疑 n 維度的幾何學是實體」

龐加萊創造了現代拓樸學，但他不稱它為「拓樸學」，他用的是較多字的「位相分析」（analysis situs）。幸好沒流行起來！ topology（拓樸學）這個字其實更早了六十年，是由全能科學家約翰．本尼迪克．利斯廷（Johann Benedict Listing）所創，他還發明了 micron（微米）這個字，指百萬分之一公尺。他在視覺生理學方面有重大貢獻，也涉足地質學，還研究糖尿病患者尿液中的糖分。他遊歷全球，用他的博士論文指導老師卡爾．費里德里希．高斯（Carl Friedrich Gauss）發明的地磁儀測量地球的磁場。他總是很歡樂且受人喜愛，也許有點太歡樂了，因此總被債務追著跑。物理學家厄斯特．貝坦伯格（Ernst Breitenberger）說他是「小眾普世主義者（minor universalist）[6]之一，為 19 世紀的科學增添了許多色彩」。

1834 年的夏天，利斯廷陪同他富有的友人沃爾夫岡．薩托留斯．馮．瓦爾特斯豪森（Wolfgang Sartorius von Waltershausen），前往調查西西里的埃特納峰（Mount Etna）火山。趁著火山休眠，他在閒暇之餘思索形狀及其性質，給出拓樸學這個名稱。他的方法不像龐加萊或諾特那樣系統性，在拓樸學裡，如同在科學和生活中一樣，他也是對什麼有興趣就研究什麼。他畫了許多結的圖：他在奧古斯特．費迪南德．莫比烏斯（August Ferdinand Möbius）之前就畫出莫比烏斯帶（Möbius strip），不過沒有證據能證明列斯廷和莫比烏斯一樣，明白它只有一個面和一條邊界的奇妙特性。[7]在他晚年，他創建了詳盡的「空間聚合普查」（Census of Spatial Aggregates），是以書本形式保存的珍稀動物園，收集所有他能想得到的形狀。他就像是幾何學的奧杜邦（Audubon）保育學會，將豐富的自然多樣性加以編目。

6　minor 應該是指小眾，普世價值泛指那些不分領域，超越宗教、國家、民族，出於人類的良知與理性的價值觀，是人類普遍認可的共同價值（引述維基百科），這裡應該是指利斯廷的研究範圍廣泛。

7　空間中的平面應有兩側，但莫比烏斯帶因為扭轉相連，所以只有不斷迴旋的一側。

Fig. 9.

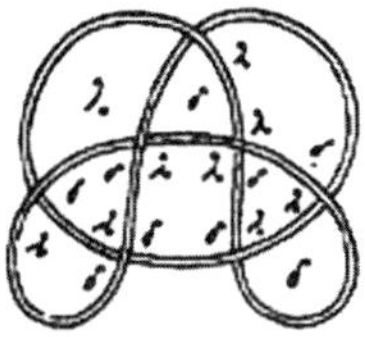

Fig. 10.

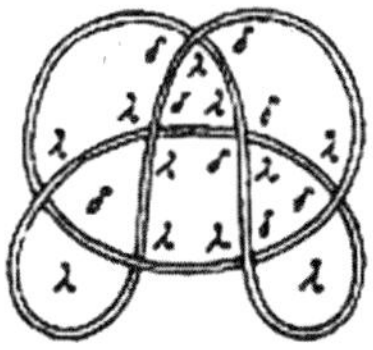

Fig. 11.

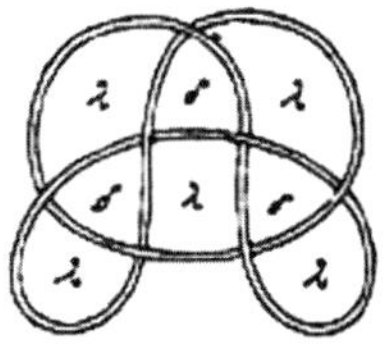

Fig. 12.

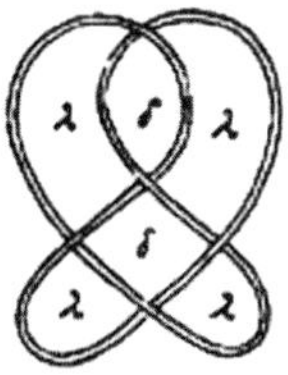

Fig. 13.

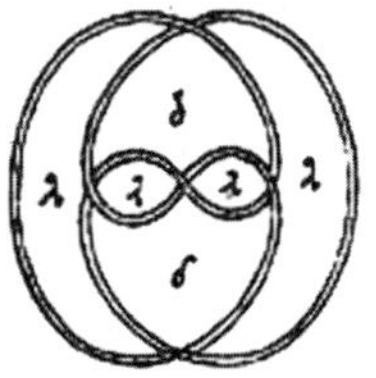

有必要去探究這些結的性質嗎？爭論吸管的洞數是很有趣，但誰說比爭論能在針尖上並列爭球的天使數目更重要？

你可以在龐加萊的《位相分析》的第一句話找到答案，書開宗明義嚴厲說道：

> 現在無人質疑 n 維度的幾何學是實體。

要想像吸管和褲子很容易，不需要數學形式主義也能輕易分辨它們。較高維度的形狀則不同，我們的心眼無法窺見它們；而我們想要的不只是窺見，而是想要凝視。我們將會看到，在機器學習的幾何學裡，我們將探索有數十萬維度的空間，試圖找到那無法視覺化的風景的最高峰。即使在 19 世紀，龐加萊在研究三體問題時，需要同時追蹤天體的位置和移動；亦即記錄每個天體三個位置坐標以及三個速度

（velocity）[8]坐標，總共六個維度。若他想同時追蹤三個移動中的天體，每個有六個維度，總計就是十八個。書上的圖片無法幫你瞭解十八維度的吸管有多少洞，更別說區分十八維度的吸管和十八維度的褲子。我們需要更正式的新語言，而那勢必與我們對於什麼叫做洞的固有想法脫鉤。這就是幾何學一直以來的運作方式：從對實體世界中形狀的直覺開始（不然能從哪裡開始？），仔細分析所感知的形狀看起來的樣子以及如何動作，直到精確到無需依賴直覺就能談論。當我們從習於居住的三維空間淺水中站起身來，我們必須這麼做。

而我們已看到這個過程的起頭，在這場討論一開始時，有個令人困擾的例子，現在我們要回過頭去看。記得那個氣球嗎？它沒有洞。你在上面給它刺了一個洞，一聲巨響，它變成一片橡膠。顯然它現在沒洞了，但我們不是剛給它弄了一個嗎？

有個方法可以解開這個明顯的悖論，若你在氣球上弄了一個洞，而結果它現在卻沒洞了，**那它一定一開始就有負一個洞**。

決定的時刻到了，我們可以揚棄「在物體上加一個洞就會使洞數加一」這個非常誘人的想法，或是揚棄「討論負洞數真是瘋了」這個非常誘人的想法。數學史就是這種痛苦決策的漫長歷史。兩個想法在直覺上都說得通，但審慎思量後，我們發現它們在邏輯上不相容，只能二選一。[9]

---

8 因為對物理學家來說，速度指的不只是速率（speed，一個單一數字），同時還有動作的方向（direction）；你必須記錄往上、往北、往東的數值，總共三個數字。

9 相較於傑佛遜，他是革命思想自由與平等最有力的擁護者，但他同時也質疑黑人是否「具備描繪並理解歐幾里得研究的能力」。此外雖然他口頭上反對，但本身卻終身蓄奴。雖然他很喜愛歐幾里得，但他永遠無法直視這樣的矛盾。

關於氣球或吸管或我的褲子有幾個洞，並沒有抽象永恆的真理。當走到擺在眼前的數學分叉路時，我們必須選擇一個定義。你不必把一條路視為對，另一條視為錯；你應該看成一條路較好而另一條較差。比較好的是經證實能解釋得較清楚且能涵蓋更廣範圍的案例。這麼做了數千年後，數學家發現，通常比較好的做法是接受感覺「怪怪的」想法（如負洞數），而不是選擇打破一般原則的道路（像是在一個東西上刺一個洞會讓洞數加一這類原則）。所以我選定立場了：最好的說法是還沒破的氣球上有負一個洞。事實上，有種測量空間的方式叫**歐拉示性數**（*Euler characteristic*），這是拓樸學中的不變量（invariant），不管怎麼連續捶打都不會改變。你可以把它想成是 1 減去洞數：

褲子：歐拉示性數 -1，二個洞

吸管：歐拉示性數 0，一個洞

破掉的氣球：歐拉示性數 1，零個洞

還沒破的氣球：歐拉示性數 2，負一個洞

還有一個描述歐拉示性數的方式，若你想讓它看起來不那麼古怪的話，那就是兩個數字之間的差，亦即偶數維度的洞數和奇數維度洞數。一個還沒破的氣球（也就是球體）的確有洞，就像一塊瑞士乳酪有洞一樣，氣球的內部本身就是一個洞。但你會覺得它的洞跟吸管的洞是不同種類。沒錯！它是所謂二維度的洞。一個氣球有一個二維度的洞，沒有一維度的洞。這樣的話，歐拉示性數好像應該是 1−1 也就是 0，就與我們上面的表不合。這裡少的是，氣球還有一個零維度的洞。

這到底是什麼意思？

這裡就是龐加萊和諾特的理論上場的時候了。從名稱可以看出，歐拉示性數最初由瑞士全能數學家李昂哈・歐拉（Leonhard Euler）進行系統性的研究。許多人，包括約翰・利斯廷，都曾為了將歐拉的想法延伸到三維案例而努力。但直到龐加萊出手，人們才開始瞭解，如何將歐拉帶入超越三維空間的維度。與其把代數拓樸學的入門課程塞入一頁，我只想說龐加萊和諾特為任何維度的洞數提供了一個泛用理論，在這個體系裡，空間中零維度的洞數，正是它所分裂成的片數。一個氣球如同一根吸管，是一個單一相連的物體，所以只有一個零維度的洞。**兩個**氣球則有兩個零維度的洞。

這個定義看起來可能很奇怪，但行得通。所以這個氣球有：

（1 個零維度洞＋ 1 個二維度洞）－（0 個一維度洞）

所以它的一個[10]為 2 的歐拉示性數。

一個大寫的 B 有一個零維度的洞和兩個一維度的洞，所以它的歐拉示性數是 -1。[11]把 B 的底部剪掉，就成了 R，而它的歐拉示性數是 0；少了一個（一維度）洞，所以歐拉示性數增加。剪掉 R 上面的圈就變成 K，它的歐拉示性數是 1。或者你可以把 R 的一條腿剪開，就變成 P 和 I，

10 若你在想為什麼這裡要用 an 而不是 a，那是因為 Euler 這個字的發音是 “oiler” 而不是 “yooler”。

11 這是你鍵盤上任何符號的最低歐拉示性數，除非你有雙槓金錢符號，它的歐拉示性數是 -3，或是蘋果（Apple）的「命令（command）」鍵符號，它的歐拉示性數是 -4。像！這類符號，有兩個零維度洞且沒有其他洞，則最高的歐拉示性數是 2。

現在這是兩個分離片段了，所以是兩個零維度的洞，而 P 有一個一維度洞，所以歐拉示性數是 2－1 ＝ 1。你每剪一次，就把歐拉示性數加 1，即使你不是在剪開一維度的洞也是如此。I 的歐拉示性數是 1；剪斷它就得到兩個 I，歐拉示性數是 2；再剪一刀，歐拉示性數就是 3，以此類推。

那要是你把褲子的兩個腿洞，褲腳對褲腳縫在一起呢？這個空間有點難解釋，但在龐加萊的系統裡，得到的形狀有一個零維度洞和兩個一維度洞，歐拉示性數是 -1；換言之，這條被破壞的褲子洞數與原來一樣。你把兩個褲洞縫在一起時去掉了一個洞，但兩個相接的褲腿又圈出了一個新的洞。這樣有說服你嗎？我會很高興看到關於這個的 SnapChat 爭論。

第三章

不同事物、同一名字

幾何學家如今認為對稱是幾何學的基礎，但還不只如此：被我們視為「對稱」的條件，還決定了我們做的是哪種類型的幾何學。

在歐幾里得幾何學中，對稱性是**剛體運動**（*rigid motions*）：是任何滑動（平移），拿起並翻轉（鏡射）及旋轉的總合。對稱性的語言，提供我們更現代的方式去討論全等。與其說若有兩個三角形所有的邊和角都一樣，則這兩個三角形相等；我們改說，若你能對其中一個施以剛體運動，使它與另一個變得一樣，則這兩個三角形相等。這樣不是更自然嗎？的確，在讀歐幾里得時，可以感覺到作者極力（但並非總是成功）避免這麼說。

為什麼要把剛體運動當作對稱性的基礎？這麼選擇的其中一個好理由是（雖然不容易證明）：剛體運動正好是你可以對平面圖形做、同時讓每個線段都保持原本長度的事。因此 *symmetry*（對稱），是希臘文「以度量」（with measure）的意思。更講究的希臘文主義者會使用 *isometry*（保距鏡射）這單詞，或說「等度量」（equal measure），而這正是現代數學所說的剛體運動。

下面這兩個三角形全等：

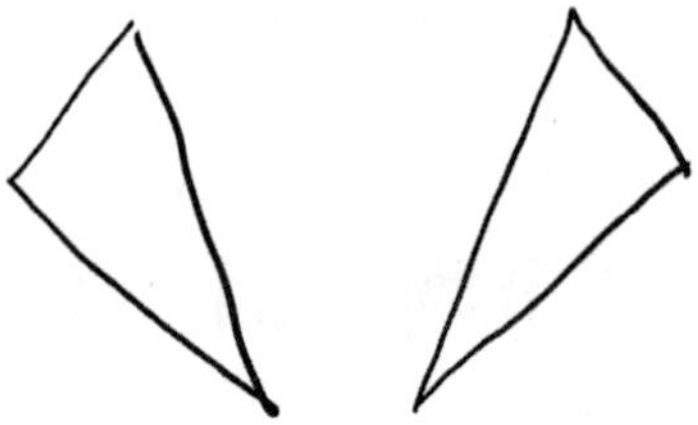

我們傾向和歐幾里得一樣宣稱它們相等，即使它們並非**真正**一樣；事實上它們是兩個相隔 3 英吋的不同三角形。

這讓我們想到佳句不斷的龐加萊另一句名言：「數學就是給不同事物同樣名字的藝術。」像這樣的定義崩潰，其實是我們日常思考和說話的一部分。想像一下，要是有人問你是不是從芝加哥來的，而你說：「不是，我是來自二十五年前的芝加哥。」這樣的咬文嚼字近乎荒謬，因為當我們提到城市時，暗指的自然是在時間平移下的對稱物。依龐加萊的說法，我們是在用同一個名字指稱當時的芝加哥和現在的芝加哥。

當然，對於什麼算對稱，我們可以比歐幾里得更嚴格。比方說，我們可以禁止**翻**轉和旋轉，只容許在平面上滑動而不能轉動。那麼上面那兩個三角形就不再相同，因為它們指向不同方向。

那要是我們容許旋轉但不能**翻**轉呢？你可以把這想成：如果我們跟這些三角形一起被困在平面上，我們被容許進行的一種變換（transformations）。我們可以滑動或轉動它，但絕不可以**把它拿起來翻過去**，因為那用到了我們被禁止探索的三維空間。在這樣的規則下，我們不能用一樣的名字稱呼上面那兩個三角形。左邊的三角形，依順序從最短邊走到最長邊是呈逆時針路徑，不管我們怎麼滑動或轉動這個圖形，這個事實永遠不會改變；這代表它永遠不會跟右邊的三角形一樣。右邊的三角形從最短邊走到中間長度、再到最長邊則是呈順時針路徑。鏡射會使順時針路徑變成逆時針路徑；旋轉與平移則不能。沒有鏡射的話，從最短邊走到中間長度邊、再到最長邊的路徑方向，不論任何對稱都無法改變，這路徑方向就是我們所謂的**不變數**。

每一類對稱都有其獨特的不變數，例如剛體運動永遠無法改變三角形或任何圖形的面積；借用物理用語，我們也許可以說剛體運動有「面積守恆定律」還有「長度守恆定律」，因為剛體運動無法改變線段的長度。[1]

平面上的旋轉很容易瞭解，但升到三維空間後難度就大幅提升了。早在 18 世紀人們就已瞭解（李昂哈．歐拉再度登場！），三維空間的旋轉可以想成依某一固定線或軸旋轉。目前為止聽起來好像還好，但這留下許多未解的問題。假設我依垂直線旋轉 20 度，再依水平朝北的直線旋轉 30 度，這樣的旋轉結果必定是依某條軸線轉動了某個角度，但確切值是什麼？答案是依朝上偏北北西的軸旋轉 36 度，但這不容易看出來！後來有個人想出一種方便許多的方法去表達這類旋轉——以一種稱為「四元數」（quaternion）的**數字**來表達旋轉，這人就是華茲沃斯的忘年交哈密頓。在這個有名的故事裡，1843 年 10 月 16 日，哈密頓和他的妻子沿著都伯林的皇家運河散步，這時——我讓哈

1　我忍不住補充：事實上，長度的守恆就暗示了三角形面積的守恆，因為兩個三角形如果邊長相等，就意謂著這兩個三角形全等，因此有同樣的面積；或者你可以運用亞力山卓的希羅（Hero of Alexandria）那道優美古老的公式，那告訴你如何以邊長表示面積。

密頓自己來說吧：

> 雖然她不時與我說話，但我腦海裡另有一股念頭**暗流**湧動，最後終於得出**結果**，說我立刻感覺到其重要性並不為過。一條電路似乎接成了；一道火花閃過……我無法克制那股衝動——儘管看起來也許不太理智——我想用刀子從路旁的布魯姆橋（Brougham Bridge）切下一塊石頭，那基礎公式（fundamental formula）……

哈密頓餘生都致力於推導他發現的結果。不用說，他又為此寫了一首詩。（「高等數學，以她的強烈魅力／線和數字，是我們的主題 ；而我們／試圖看到她未出生的後裔……」你懂的。）

撕曲學（SCRONCHOMETRY）

我們也可以把旋鈕轉向鬆散那邊，考慮較廣義的變換。例如，我們可以容許放大和縮小，那麼這兩個圖形就是一樣的：

之前三角形的一些不變數，比如面積，在對「一樣」採取較寬鬆定義下不再是不變數。其他的，如三個角的角度，則依然不變。在你的高中幾何學課裡，像這種寬鬆定義裡一樣的形狀，被稱為相似（similar）。

或者我們可以創造全新的，在教室裡從未見過的定義。比如說，我們可以允許一種變換，我們就叫它撕曲（scronch）好了，是設法把一個圖形垂直拉長，再從水平方向等量縮減：[2]

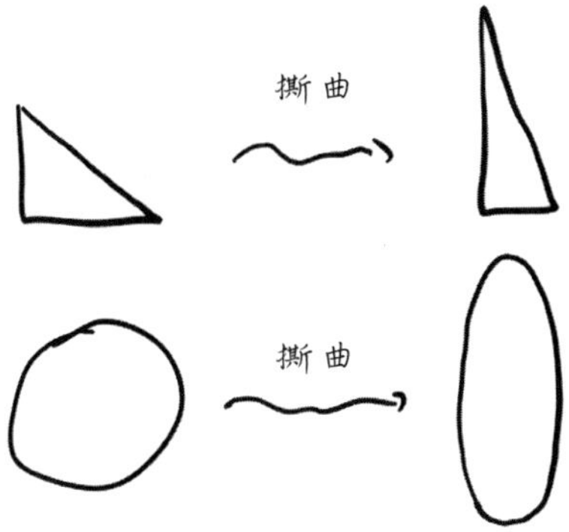

當我撕曲一個圖形時，它的面積沒有改變。這對本來就有垂直邊和水平邊的四方形來說很好懂，因為它們的面積是寬乘以高；而撕曲是將高乘以某個數字，再將寬除以同一個數字，所以結果，也就是面積，依然維持不變。試試看你能不能證明三角形也是同樣結果，這會比較難喔！

2　這種變換動畫家很熟，他們稱之為「擠扁拉長」（squash and stretch），近一世紀以來都是用這種手法，讓物體在螢幕上顯得夠「卡通」。

在撕曲幾何學裡，如果你能透過平移和撕曲把一個圖形變成另一個，我們就說這兩個圖形一樣。兩個「撕曲相同」的三角形面積相同，但兩個相同面積的三角形不一定是「撕曲相同」；例如，任何水平線段在撕曲後依然水平，所以有水平邊的三角形不能是沒有水平邊的三角形的「撕曲相同」。

對稱的可能形式，即使只論及平面，都多到無法在這裡一一提及。為了讓各位稍有概念，我們來看考克斯特（H. S. M. Coxeter）和山謬爾・格里茨（Samuel Greitzer）所著的權威教科書《再探幾何學》（*Geometry Revisited*）裡的一張圖表：

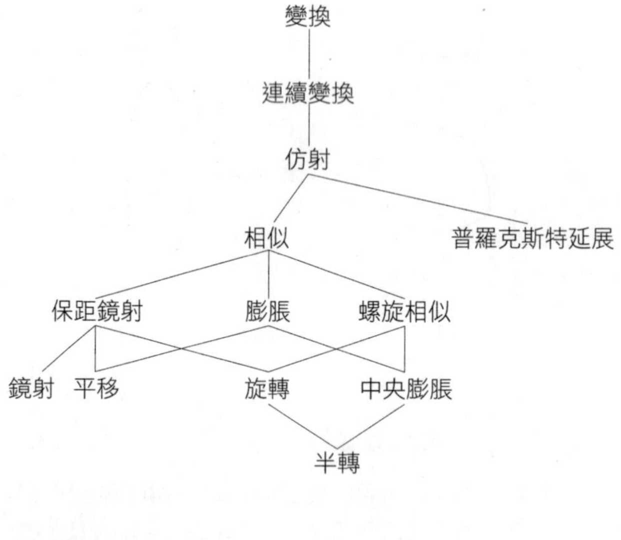

這是一張樹狀圖，有點像族譜，每個「孩子」都是它「親代」的特例——所以我們稱剛體運動的「保距鏡射」是「相似」之下的特殊種類，而「鏡射」和「旋轉」是保距鏡射之下的特殊種類。「普羅克斯特延展」（Procrustean stretch）是考克斯特和格里茨對撕曲的生動用語，

若你容許撕曲和相似，就會得到「仿射」（affinities）。對稱的語言讓我們可以很自然地組織平面幾何學的許多定義。練習題來了：請證明橢圓（ellipse）是任一與圓形仿射的圖形。更難的練習題：證明平行四邊形（parallelogram）與正方形可以互相仿射。

至於哪一對圖形才「真正」一樣，這沒有標準答案，而是要看我們對什麼感興趣。要是我們對面積感興趣，相似就不夠好，因為在相似裡面積不是不變數。但要是我們只對角度有興趣，就沒有必要堅持全等；也許那太嚴苛了，相似就夠好了。對稱的每個定義都會引出它自己的幾何學，各自有一套標準判定什麼東西不一樣到我們最好別用同樣的名字稱呼它們。

歐幾里得關於對稱的直接著墨不多，但他的門徒們總是忍不住要去思索它，甚至是與平面大不相同的情況。此外，對稱應該會保留重要量值的這想法，很自然地深植我們心裡。例如，1854 年林肯在自己的私人筆記中很幾何學式地寫著：

> 若 A 氏能明確地證明他有權使 B 氏為奴，那 B 氏為何不能將同一論點為己所用，同等地證明他可以使 A 氏為奴？

林肯主張，道德的許可性應該是不變數，就像歐幾里得三角形的面積；不會只因為你把圖形鏡射後朝向反方向就改變。

若我們想要的話，我們可以再進一步將高中教室完全拋諸腦後。拋開鉛筆，拋開課本，拋開歐幾里得的怒瞪！我們被容許對圖形完全隨意地拉伸和捶打，只要不弄斷就好。所以三角形可能會鼓成圓，或把自己折成正方形：

但它不能變成一個線段，因為那代表三角形必定於某處有開口。[3]覺得耳熟嗎？這種超級寬鬆的幾何學，不管三角形、正方形和圓形都是同一種東西，正是龐加萊所創建、用來數吸管洞的拓樸學領域（好吧，他可能是為了其他原因）。這種對稱囊括了所有我們之前提過的對稱種類，是考克斯特和格里茨圖表中第二列的「連續變換」。在這種寬鬆的幾何學中，角度和面積這類概念並不守恆，歐幾里得關注的這些非關必要的東西全都瓦解了；只剩關於形狀的純粹概念。

3 我在這裡描述得不是那麼精準，若你想知道它真正的定義，請查詢「同胚」（homeomorphism），不過我得事先警告，通往正規定義有一些符號匝道要走。

亨利，我撕曲了時空

1904 年的聖路易市（St. Louis），舉辦了一場路易斯安納購地博覽會（Louisiana Purchase Exposition），作為一百零一年前使其地域納入美國領土的大型購地案的百年紀念（你試試準時舉辦這麼大型的活動看看！）。逾兩千萬人造訪這場盛事，那個夏天在聖路易市舉辦的還有奧運和民主黨全國代表大會。這場博覽會的目標是展示美國國力，特別是要讓美國的腰腹部登上世界舞台。這場博覽會的紀念歌曲是〈聖路易見〉（Meet Me in St. Louis）（「路易斯聖路易見／博覽會上見／別告訴我燈光閃爍／只要到場」），自由鐘從費城運來，還有詹姆斯・惠斯勒（James McNeill Whistler）和約翰・辛格・薩金特（John Singer Sargent）的畫作，以及一名在施工帳篷裡出生、被命名為「路易斯安納・購地・歐萊利」（Louisiana Purchase O'Leary）的寶寶。阿拉巴馬州伯明罕市打造了五十六呎高的火神瓦肯鑄鐵雕像，宣傳它的鋼鐵業。傑羅尼莫（Geronimo）在場簽他的簽名照，海倫凱勒（Helen Keller）出現在爆滿的人群前，有人說冰淇淋甜筒也是在那裡當場發明出來的。到了 9 月，國際藝術與科學大會（International Congress of Arts and Sciences）召開，世界各地的傑出學者來到美國，在後來的華盛頓大學校園中與美國學者交流。羅納德・羅斯爵士（Sir Ronald Ross）這位因發現瘧疾傳播機制甫獲得諾貝爾醫學獎的英國醫師也在場。同樣在場的還有針鋒相對的兩位德國物理學家，路德維希・波茲曼（Ludwig Boltzmann）和威廉・奧斯特瓦爾德（Wilhelm Ostwald），當時這兩人正為物質的基礎性質大掀論戰：物質是如波茲曼所設想由個別的分子組成，或是奧斯特瓦爾德才是對的，連續能量場才是宇宙物質的基礎物質？還有龐加萊，那時五十歲的他是全世界最著名的幾何學家，他的演講被安排在大會最後一天，題目是「數學物理原理」（The Principles of Mathematical Physics）。他的口吻十分慎重，因為這些原理在當時正承受著巨大壓力。

「有些徵兆，」龐加萊說：「似乎指向我們在處理變換時可能遇到一場嚴重危機。但無需如此驚慌，我們確定病人不會死亡，事實上我們希冀這場危機是有益的。」

物理學面臨的危機是對稱問題。你會希望如果你側踏一步，或眼睛看向另一邊，物理定律都不會改變；也就是說，物理定律在三維空間中做剛體運動時為不變數。不僅如此，在龐加萊看來，如果他搭上移動的巴士，這些定律也不該改變；但這又是更複雜的對稱，因為同時牽涉到時間和空間的坐標。

從移動中的觀察者的觀點來看，物理的一切都不應該改變，當然這一點一開始看起來也許不是很明顯；移動中和靜立時感覺不一樣，對吧？錯了。要是亨利沒搭上巴士，他還是站在地球上，而地球正以高速繞行太陽，而太陽又是依無比巨大的軌道繞行銀河系核心，以此類推。要是沒有所謂非移動的觀察者這回事，我們最好別採用只從這類觀察者觀點來看才真實的物理定律。物理定律應該獨立於觀察者的運動。

現在危機如下：物理學似乎不是這樣運作的。馬克士威方程式（Maxwell's equations）出色地整合了電學、磁學和光學理論，但馬克士威方程式在對稱之下不是不變數，可是應該要是才對。要解決這個令人頭昏的問題，最受歡迎的方式是假設有一個絕對靜止的觀點，存在於非移動且不可見、稱為乙太（*ether*）的背景中，整個宇宙的撞球都在它的台面上滾動相撞。真正的物理定律應該是從乙太觀點見到的物理運行方式，而不是從站在星球上的人類觀點所見。但設計用來偵測乙太，或測量地球行經它的速度之類的精心實驗，全都以失敗告終。有人以「專職假設」（ad hoc extra postulates）這種令人不快的形式，試圖解釋這些失敗，例如亨德里克·勞侖茲（Hendrik Lorentz）的「收縮」（contraction）——即所有移動物體都會往自身的速度方向縮短。基礎物理學就是處於這樣不穩固的狀態中。而龐加萊在他演講的結尾，試圖提出一條度過危機的道路：

> 也許我們也必須建構全新的力學，在那裡我們僅得以一窺慣性隨速度增加。光速是一個極限，超越光速就難窺其境了。一般的、較簡單的力學仍會是第一近似值，因為它適用於不那麼大的速度，所以舊動力學仍可涵括於新的之內。我們沒理由後悔相信較舊的原理，的確，因為過大而不適用舊方程式的速度永遠只是特例，在實務上最安全的做法是表現得像是我們依然相信它們。它們是如此有用，將永遠佔一席之地，想要完全驅逐它們，將只是剝奪自己一項寶貴的武器。我簡單地做個總結，我們還未走到那個關口，也還沒任何事能證明它們不會從戰鬥中毫髮無損地勝利而歸。

如同龐加萊所預測，病人並沒有死。相反地，它即將改頭換面，然後從桌上一躍而起。1905 年，聖路易大會後不到一年內，龐加萊證明了馬克士威方程式終究是對稱的，但這種對稱牽涉到一種新式的所謂勞侖茲變換（Lorentz transformations），其中時空交織的方式要比「我坐上這輛巴士兩小時了，所以我在之前位置以北的四十公里」微妙許多（要是巴士是以光速的 90% 移動的話，差異更是顯著）。從這個新觀點來看，勞侖茲的收縮論並不是硬湊出來的古怪東西，而是自然的對稱；同一物體遇上勞侖茲對稱會改變長度這件事，並不比同一三角形被撕曲後會改變形狀更加奇怪。一旦你瞭解對稱，你就能明白兩個被稱為「一樣」的東西能有多不同。龐加萊對此躍進已準備充分，因為他早就是純粹數學的創新者，他發展出與歐幾里得截然不同的平面幾何學形式，特別是一群不同的對稱。而龐加萊在 1887 年就已提出的「第四幾何學」（fourth geometry）正是撕曲平面。

撕曲幾何學擁有「水平及垂直恆定」定律；意思是，如果有兩點經由水平或垂直線段相連，它們各自的撕曲也會是如此。勞侖茲時空也差不多，時空中的一點是指一個位置（location）以及一個時刻（moment）；而在勞侖茲對稱之下守恆的特殊線段，是指該線段連接兩個位置時刻，而這兩個位置時刻間的距離，是在此二時刻間的時間量內光能行進的同等距離。換句話說，光速被帶入了幾何學。光是否能從位置時刻 A 到位置時刻 B 的這問題，有明確的答案，就像你是否搭上了巴士一樣。

撕曲平面就像是勞侖茲時空的寶寶版，你可以把它想成相對論性物理學（relativistic physics）的變化版，只是並非三維空間，而是只有一維，再加上一個時間維度，變成二維時空。

但龐加萊並沒有發明相對論，他在聖路易講演時的最後一句說明了原因。龐加萊希望不要根本地改變物理學。他透過數學的檢視，發現馬克士威方程式指向的奇特幾何學，但他還不夠大膽到順著那方向追尋到它所指向的天際。他願意接受物理學也許不是他和牛頓想的那樣，但不願接受宇宙本身的幾何學也許與他和歐幾里得想的不同。

龐加萊在馬克士威方程式裡看到的，在 1905 年同年，亞伯特．愛因斯坦（Albert Einstein）也看到了。這位較年輕的科學家較為大膽，所以正是愛因斯坦超越了世界最卓越的幾何學家，依對稱號令重造了物理學。

數學家很快就瞭解這項新發展的重要性，赫爾曼．閔考斯基（Hermann Minkowski）是第一個將愛因斯坦的時空理論探究至其幾何底部的人（因此，我們在這裡所稱的「撕曲平面」，其實是叫「閔考斯基平面」，若你需查閱的話）。而後在 1915 年，艾米．諾特建立了對稱和守恆定律之間的基礎關係。諾特為抽象而活，身為資深數學家，她形容自己 1907 年的博士論文（一項涉及判定三變數四次多項式的 331 項不變數特徵的計算性傑作）是「垃圾」和「公式叢林」。太混雜而特定了！將龐加萊關於「洞」的理論現代化，使其指涉洞的空間，而不只是數有多少數量，正是她所擅長的；清理數學物理守恆定律的龐雜也是。尋找經由特定對稱性而守恆的量，幾乎一直是重要的物理課題；諾特證明了每一種對稱都有一條相關的守恆定律，她將龐雜的計算化為精妙的數學理論，解開了連愛因斯坦都難以解決的謎題。

諾特在 1933 年和其他猶太學者一同被逐出哥丁根（Göttingen）數學系，她逃到美國後進入布林莫爾學院（Bryn Mawr）任教，沒多久就去世了，年僅五十三歲，死因是腫瘤切除手術後的感染。愛因斯坦寫信給《紐約時報》，以這位偉大的抽象學家肯定會讚賞的言辭表彰了她的貢獻：

> 她發現的方法對現今年輕一代數學家的發展極為重要。純粹數學就是自成一格的邏輯思想詩歌。一個人尋找最普遍的操

作想法，以簡潔、邏輯、統一的形式，匯集成最大可能的形式關係圈。在這追尋邏輯之美的努力中，發現了更加深探自然定律所不可或缺的精神公式。

第四章

人面獅身像的碎片

再回到聖路易博覽會，還記得出席的多位科學界大佬之中有一位是羅納德．羅斯爵士吧。他在 1897 年發現瘧疾是經由瘧蚊（anopheles mosquito）叮咬而傳播，到了 1904 年他已名滿天下，能請動他到密蘇里公開演講是個破天荒的大事。「蚊子俠來了，」《聖路易斯郵報》（*St. Louis Post-Dispatch*）的標題這麼寫。

當時羅斯的講題是「滅蚊衛生政策的邏輯基礎」，我得承認這聽起來不像熱門題目，但事實上這場演講正是新幾何學理論的第一道火花，而它即將引爆物理、金融，甚至詩歌體裁的研究，也就是「隨機漫步」（random walk）理論。

羅斯在 9 月 21 日下午演講，同一時間在博覽會的另一處，伊利諾斯州州長理查．葉特斯（Richard Yates）正在觀看得獎家畜的遊行。羅斯開始說道，假設你在一個圓形區域內排乾所有可能孳生蚊子的池水，使蚊子無法繁殖，這無法消滅該區域所有瘧蚊，因為蚊子可能會在這圓形區域之外孳生後再飛回來。但是因為蚊子的生命很短，而且也沒有執念，所以不會設定朝向圓心飛行的路線然後貫徹到底，因此在牠短短的飛行期間，能蜿蜒深入內部區域的機會不大。所以中間的某些地區有希望滅除瘧疾，只要這個圓夠大。

然而，多大才算夠大？這要看蚊子可能會亂飛到多遠。羅斯這麼說：

> 假設蚊子出生在特定某點，在牠的生命週期當中牠會前後左右、想往哪裡就往哪裡飛……過一段時間牠就會死掉。那麼，牠的屍體被發現在距牠出生處某一距離的機率是多少？

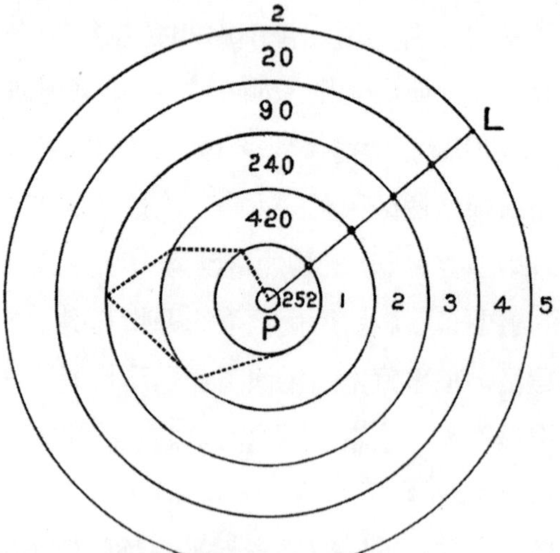

這是羅斯提供的圖示，虛線是亂飛的蚊子，直線則是更目標導向的蚊子會走的路徑，顯然在牠死之前涵蓋的距離遠了許多。「判定這問題的完整數學分析有點複雜，」羅斯說，「我在這裡無法完全處理。」

到了 21 世紀，你可以輕易用電腦模擬一隻蚊子沿羅斯路徑移動的過程，所以你可以改進羅斯的圖示，看蚊子飛移數萬次而不是五次會發生什麼事：

這個過程很典型——有時蚊子會停留在一塊區域好一陣子，牠的路徑交疊重覆到幾乎佔滿整個空間；有時蚊子似乎有了短暫的目的感，飛過了好一段距離。我得說，很神奇地，這個過程的動畫會讓人看到目不轉睛。

羅斯只能處理較簡單的情況，讓蚊子只飛直線，不是往東北就是往西南飛。這我們也能處理！假設蚊子能活十天，每天牠會選擇往東北飛一公里或是往西南飛一公里，而且每天都會二選一，所以蚊子可能的生涯路徑總數是 2 × 2 × 2 × 2 × 2 × 2 × 2 × 2 × 2 × 2 ＝ 1024 個，而且我們假設這蚊子不偏不倚，每條路徑的機率都相等。如果蚊子要在牠孵化地的東北方十公里處斷氣，牠就得連續十次選擇往東北飛，也就是 1024 隻蚊子裡只有一隻能辦到。換言之，也只有同樣微小的比例能到達西南方十公里；所以 1024 隻蚊子裡總共只有兩隻能離家十公里。那麼，有多少隻距離自己的孵化地八公里呢？這時蚊子得做出類似這樣的選擇序列

東北、東北、東北、西南、東北、東北、東北、東北、東北、東北

其中一個方向選擇九次，另一方向一次。唯一的「西南」可以在這十個位置中的任一位置，所以 1024 條路徑中有十條會到達東北方八公里，另外十條會到西南方八公里，因此總數是 20。要是你瞇眼細看，就會看到羅斯在他最外面兩圈分別寫了小小的 2 和 20。若你願意，你也可以寫下離家東北方六公里是 45 條路徑，或是離家東北方兩公里是 210 條路徑，或是讓蚊子回到出生臭水池的 252 條路徑。如此看來，蚊子的出發點也就是牠最可能的墓地。這很合理，因為這道隨機蚊子問題，其實就跟拋擲十枚硬幣一樣，只要把正面當成東北，反面當成西南就好。離家八公里遠，等於拋擲出九個正面一個反面；死在老家代表正反面各拋擲出五個，而這正是拋擲十枚硬幣時最可能出現的結果。如果你把不同位置做成長條圖，就會得出大家都很熟悉的鐘形曲線，代表蚊子最屬意留在老家。

但我們還可以推導出更多。只要稍作計算，你就能算出在十天內，蚊子平均會前進 2.46 公里。十天是一般公蚊的預期壽命，母蚊可以活到五十天，在這段期間母蚊平均能進前 5.61 公里。假設有一隻預期壽命是兩百天的長壽蚊，理論上牠可以飛 200 公里，但平均只會離家

11.27 公里。四倍的預期壽命得到的是兩倍的前進距離。我們在這裡碰上的原理是由 18 世紀的亞伯拉罕・棣美弗（Abraham de Moivre）首先觀察到，當然情境是拋擲錢幣，而不是觀察蚊子：拋擲 N 個錢幣得出 50% 正面的偏差（deviation），通常是 N 的平方根（*square root*）左右。壽命是一般蚊子一百倍的長壽蚊，只會比牠短命的親戚多飛約十倍遠。一隻蚊子可以飛得比你預期得遠，但牠大概不會這麼做。一隻蚊子在牠生命的兩百天當中離家至少 40 公里的機率不到千分之三。[1]

卡！

但 2.46 不是 10 的平方根，11.27 也不是 200 的平方根啊！很好，我很高興你讀這本書時手裡拿著鉛筆。更好的近似值是蚊子在牠第 N 天時平均飛行了約 $\sqrt{2N/\pi}$。算算看：蚊子飛 10 天的話就是

$$\sqrt{2 \times 10/\pi} = 2.52$$

很接近了！ 200 天的話就是

$$\sqrt{2 \times 200/\pi} = 11.28\ldots$$

同樣也很接近我們上面的結果。

這裡出現 π 可能會讓你的幾何學天線嗶嗶叫——出現 π 是因為蚊子穿越的是圓形區域嗎？很可惜，並不是。畢竟在羅斯的簡單模型裡，

1　若你想查閱用字並自己試試，這裡實際的運算是：「p ＝ 0.5 且 N ＝ 200 的二項式隨機變數取值至少為 120 的機率是多少？」

蚊子其實是沿著單一直線前進後退的。沒錯，我們第一次見到 π 時，它是出現在圓形幾何裡的圓周率，但就像大多數比較好的數學常數（constants）一樣，它會出現在各種地方——總是轉過街角就遇到它。舉一個我最愛的例子：隨機選兩個整數，試問二者除了 1 以外無其他公因數的機率是多少？答案是 $6/\pi^2$，而這跟圓根本沒關係。

蚊子的 π 是來自微積分，更明確地說，是某一積分的值，因為有一個特殊理由，所以它有個 π。這個積分的計算對 18 和 19 世紀的法國分析師來說是個難題，而現在我們在第三學期的微積分就會教了，不過得要很出色的學生才能不看範例就自己算出答案。你可以在 2017 年的電影《天才的禮物》（*Gifted*）裡看到這個積分完整的計算過程，在電影裡這個積分是出給七歲的數學神童瑪麗·安德勒（Mary Adler）的一項題目，劇中的瑪麗由九歲的麥肯納·葛瑞絲（Mckenna Grace）飾演。

我會知道這件事，不是因為我在飛機上看了這部電影（雖然我的確看了——有一陣子飛機上一定會出現這部電影），而是因為電影這一幕拍攝時，我就在現場擔任顧問，以確保螢幕上出現的數學符合水準。要是你曾看過與數學有關的電影，你可能也想過要花多少心力才能確保細節正確。事實證明，答案是很多，多到足以付錢請一名數學家花上大半天時間，坐在假裝是麻省理工學院的演講廳後方（其實是艾默利大學），看著由經常在警匪片中飾演斯拉夫籍大壞蛋的資深演員所飾演的教授，要這名天才少女證明自己的能耐。結果還真的有事讓我做。在瑪麗對她外婆說的一句臺詞裡（出於某種原因，瑪麗的外婆是英國人，與瑪麗的單身漢舅舅兼監護人兩人母子離心，因為這名天才少女早逝的母親可能有或沒有暗中寫下的一道關於納維—斯托克斯猜想的證明——你知道嗎，要解釋起來有點長，還是回到正題吧），她說了「負」——但「正」才符合黑板上所寫的。我在場外悄悄走向葛瑞絲的母親，她是我唯一確信能被容許交談的人。我問她，我是不是該告訴某個人這件事，這重要嗎？答案是重要。她以一種直截了當的步調，帶我大步走向導演馬克·韋伯（Marc Webb），並指示我把剛才對她說的話告訴他。現場的一切戛然而止。他們改了字，葛瑞絲去背新臺詞，其他人隨處站著，從點心桌上吃零食。與此同時，數十名拍攝大製作電影的高度專業人士閒閒站著嚼夏威夷豆。這樣每秒鐘要燒掉多少錢？這數額是電影公司有多關心數學細節的下限。我問導演真的有人在乎嗎？真的會有人注意到嗎？他用一種疲憊但莫名欽佩的聲音告訴我：「網友會注意到。」

我學到，製作一部電影和寫一篇數學論文有個共通點，那就是擬定基本概念並不困難，但有大量時間花費在在多數人一掃而過的極度精細細節上力求完美呈現。

既然我就在現場，韋伯就給了我一個在鏡頭前亮相的機會，負責扮演一個「教授」，談論數論約六秒鐘，葛瑞絲則會求知若渴地看著我。為了螢幕上的六秒鐘，我在戲服部耗了一個小時準備。不過事實證明，《天才的禮物》劇組力求細節正確無誤的偏執還是有個例外；他們要我穿上極昂貴舒適的鞋子，是沒有任何教授會穿去授課的那種。這是我學到關於電影業的另一件令人傷心的事：他們不讓你保留自己（的鞋）。

一口喝出湯的味道

有個問題很多人都問過我：一個僅有兩百人的民意調查，怎麼能可靠地告訴我數百萬投票人的偏好？如果你往這方面想，感覺的確如此，就好像是只嚐一口就想知道你碗裡是什麼湯。

但事實上這完全做得到！因為你完全有理由相信，你嚐的那一口，是整碗湯裡的隨機樣本，你絕不會從一碗蛤蜊巧達濃湯裡舀一口，結果喝到義式雜菜湯。

這個喝湯的原理，就是民意調查有效的原因。但它無法告訴你，對於所調查的城市、州或國家，抽樣結果反映的程度有多相近。這個問題的答案，就藏在蚊子從牠的池塘緩慢而無序的前進過程中。以我所居住的威斯康辛州為例，民主黨及共和黨的人口佔比正好差不多。現在想像一隻蚊子的運動是這樣決定：我隨機打給一位威斯康辛州居民問他的政治傾向，並指示蚊子，要是受訪者回答民主黨牠就往東北飛，要是他投共和黨就往西南飛。這正是羅斯的模型；蚊子隨機往一個方向或相反方向飛，總共兩百次。但我們怎麼知道，我們不會剛好打給兩百名民主黨人，結果完全搞錯威斯康辛州的投票比例？當然，這有可能發生——蚊子可以從出生到死，一心一意只往東北方飛。但牠大概不會這麼做，我們早已看到蚊子在兩百天後離家的距離，平均約為 11 公里，這個數字正是我們的民調結果中民主黨及共和黨人數的差距。所以民調結果如果是 106 名共和黨和 94 名民主黨，就不是什麼怪事，但如果是 120 比 80 這種遠遠偏離政治現實的結果，那就是另一回事了。那會像是在威斯康辛州裡舀一口，結果喝到的是密蘇里州。如果共和黨比民主黨多 40 名，就等同蚊子離家 40 公里遠，而我們早已算出這個機率只有千分之三。

換句話說，這 200 名受訪者，與威斯康辛州居民整體出現大量偏差的可能性不大，畢竟一口湯的味道和整碗湯相去不遠。在我們民調的結果中，有 95% 的機率，共和黨的比率會在 43~57% 之間，所以這類民調的誤差邊際（margin of error）是正負 7%。

但是：那是假設我們在選擇哪些人來做民調時毫無偏頗。羅斯很清楚，偏頗會混淆他的蚊子模型；在他著手計算並畫圈之前，他事先規定這塊地均質到「就食物來源而言，每一點對牠們〔蚊子〕的吸引力都相等，也沒有其他因素——例如持續吹拂的風或當地天敵——驅使牠們前往特定區域。」

羅斯堅持這項假設有很好的理由：不這麼做的話就會天下大亂。假設**有**風，蚊子很小，一陣輕飄飄的微風就能把牠們吹離航道。也許一陣往北吹的風，會讓蚊子往東北飛的機率變成 53% 而不是 50%。就像是我們在做民調時，一點點不經意的偏頗，就會使每個我致電的隨機投票人有 53% 的機率是共和黨；也許是因為共和黨人比民主黨人更有意願回答調查問題，或是打從一開始就比較容易接到電話，或是擁有電話。這都使我們的民調更有可能偏離實際選情。在毫無偏頗的民調中，問到 120 名共和黨人和 80 名民主黨人的機率僅有千分之三，但加上這股共和黨風後，機率就躍升至 2.7%，將近十倍之多。

在實際生活中，我們永遠不知道一項民調是否完美地不偏不倚。所以我們也許應該合理懷疑民調所說的誤差邊際。要是抽樣因朝一個方向或另一方向偏頗的微風，一再偏向一個方向或反方向，那麼實際選舉結果就會落在比所聲稱的誤差邊際以外大得多的地方。而你猜怎麼著？確實如此。一項 2018 年的研究發現，實際選舉結果通常偏離民調所稱的誤差邊際兩倍之多。可見選舉的風很大。

還有另一種方式可以去設想未知風的存在，意思是蚊子的移動從一天到隔天並非完全獨立，而是彼此**相關**（*correlated*）。要是蚊子第一天是往東北移動，這會讓風往東北吹的可能性多一點點，因此蚊子隔天也更可能往東北飛。這作用很小，但我們之前看過了，會積少成多。

有一個著名的謬論叫「平均數定律」（law of averages），宣稱要是一枚銅幣連續數次出現正面後，下一次出現反面的機率就會升高，這樣才會「平均」。這不是真的，比較聰明的人會這麼說，因為每次銅幣的拋擲都是獨立於其他次：不管前一次是什麼，下一次出現正面的機率都是一半一半。

但還有更糟的！除非你能百分之百確定銅幣完全公平，否則還有一個「反平均數定律」（law of *anti-averages*），要是你連續扔出一百次正面，你也許會驚嘆於自己不尋常的運氣——或者你會合理地開始懷疑，你扔的硬幣其實兩面都是正的。你連續扔出越多正面，就越該開始預期將來會扔出更多正面。[2]

這時就要談到唐納・川普（Donald Trump）了。2016 年美國總統大選選戰即將接近尾聲時，所有人都認同領先的是希拉蕊・柯林頓（Hillary Clinton），川普的機會有多少則眾說紛紜，《沃克斯》（*Vox*）新聞雜誌在 11 月 3 日寫道：

> 就在上週，奈特・希佛的民調預測希拉蕊・柯林頓的勝選機率是佔優勢的 85%，但到了週四早上，她的機率卻落到 66.9%——這代表雖然唐納・川普依然落後，但他仍有 1/3 的機率當選下任總統。
>
> 自由派人士試圖以五三八（FiveThirtyEight）是六大主要預測中

2　不過要小心，膚淺的類似推理，像是「我經常酒駕但從沒撞到過人，所以一定沒那麼危險」，可能導致糟糕的結果。

的異數來安慰自己，畢竟其他五大預測給川普的獲勝機率都是在 16% 至 -1 之間。

普林斯頓大學的王聲宏（Sam Wang）教授算出川普的獲勝率是 7%，他對希拉蕊當選極有信心，於是宣稱要是希拉蕊輸了他就吃蟲。大選後一週，他在 CNN 直播吞食蟋蟀。數學家[3]有時候也會犯錯，但我們信守諾言。

王教授怎麼會錯得這麼離譜？他和羅斯一樣，假設風不存在。所有預測家都同意，選舉結果將繫於少數搖擺州，包括佛州、賓州、密西根州、北卡羅萊納州，以及，當然了，威斯康辛州。川普要在這些州中取得過半才能贏；但在每一州，看起來希拉蕊都穩穩領先，希佛在選舉日當天早上對川普獲勝的預估是：

佛州 45%

北卡羅萊納州 45%

賓州 23%

密西根州 21%

威斯康辛州 17%

川普**有可能**贏得以上所有這幾州，但機率看來很小，就像蚊子連續五次往同一方向飛的機率一樣小。你可許會預測這個機率——王聲

3　其實王聲宏的專業是神經科學家，不是數學家，但我認為的數學家是指任何在有疑問時會以數學計算的人。

宏，吞食蟋蟀者，或許也是這樣預測的——如下：

$$0.45 \times 0.45 \times 0.23 \times 0.21 \times 0.17$$

也就是約 1/600，依同樣算法，川普能贏得其中三或四州的機率也相當小。

奈特・希佛則有不同看法。他的模型建立在不同州之間具有一定相關之上，這是基於一項無可否認的事實，即民調業者可能會不經意地將選項設計成偏向某一候選人或另一候選人。是的，我們的最佳預測是川普在佛州、北卡羅萊納州，以及每個搖擺州都落後。但要是他贏得其中一州，那就證明我們的民調使希拉蕊的贏面顯得比實際更好，也就意謂著川普更有可能在另一州獲勝。這是反平均數定律在作用，這代表川普在這幾個搖擺州大獲全勝的機率，比你從個別數字推算出來的更高。所以希佛給了川普一個不低的勝選率。基於同樣理由，他推測希拉蕊有超過 1/4 的機率可以獲得兩位數的大勝，而這也是王聲宏認為極有可能的結果。[4]

緊盯選情的人在 2016 年大爆冷門後嚇壞了，他們發出痛訴般的頭條：「2016 年之後，我們還能再相信民調嗎？」

是的，我們可以。比起由專家學者點評空洞的總統適任性，或看

4 我過度簡化了一點：王聲宏並不是真的假設沒有相關性，但設定得太小了。選後他寫道：「大選失敗了——即使如此，民調仍清楚告訴我們選情有多緊繃。錯誤在我，在 7 月時就錯了：當我建立模型時，我對最後階段相關誤差（home-stretch correlated error）〔又稱系統不確定度（systematic uncertainty）〕的預估值太低了。老實說，當時這個參數看來無關緊要，但在最後數週，這個參數變得很重要。」

辯論是否機鋒百出，抽樣調查還是估量民意較好的方法。希佛的評估是雙方勝率非常接近，兩位候選人都可能勝出，而他是對的！要是你覺得這是逃避，你可以這麼問自己：當實際上不論是你或任何人都不確定時，假裝你很確定誰會贏，那會是更好、更可信的數學分析嗎？

給《自然》的一封信

羅納德．羅斯能完全推算出固定沿東北或西南軌道飛行的蚊子行為，但蚊子可能隨意亂飛的實際情況就超出他的數學能力了。所以，在 1904 年的夏天，他寫信給卡爾．皮爾森（Karl Pearson）。

如果你有個不見容於學術圈的新想法，你很自然地會找上皮爾森商量。皮爾森是倫敦大學學院（University College, London）應用數學系教授，他在將近三十歲時取得這個職位。皮爾森曾研讀法律，後來放棄了，也曾在海德堡研讀德國民間傳說，劍橋大學提供他該科系的教授職，但他放棄了。他很愛德國，與英國比起來，德國就像是激情知識分子的天堂，不受一般社會習俗束縛，特別是宗教。身為歌德的愛好者，皮爾森曾以筆名「洛奇」（Loki）寫過一本愛情小說《新維特》（*The New Werther*）。海德堡大學在他的論文裡將他的名字「Carl」誤拼為「Karl」，而他喜歡這個拼法更勝於他原來的名字。他對德文裡一個不分性別的字「*Geschwister*」大感驚奇，意思是「兄弟或姊妹」，於是他發明了「sibling」（兄弟姊妹）這個字。

回到英國後，他大力宣揚非宗教理性主義（irreligious rationalism）及婦女解放（women's liberation），並發表一些主題聳動的演講，例如「社會主義與性」。《格拉斯哥先驅報》（*The Glasgow Herald*）如此評論他其中一次演說：「皮爾森先生想讓土地國有化、資本國有化：他目前還全力提倡女性國有化。」他的個人魅力使他得以擺脫這類應當的憤怒；一位他過去的學生這麼記得他：「典型的希臘運動員，精雕細琢的五官、捲曲的短髮以及絕佳的體格。」看他在1880年代初期的一張照片，相片中的男子天庭飽滿、目光專注，下巴的角度昭示著他正準備教會你某件事。

成年後他又回歸數學，這是他在大學時期學得極好的科目。他寫道，他「渴望處理符號而非文字」。他連續申請兩個數學教授職位結果被拒；等他終於在倫敦獲聘後，他的友人羅伯特・帕克（Robert Parker）寫信給皮爾森的母親：

> 像我這般瞭解卡爾，我始終覺得有朝一日他會讓人看到他的價值，並找到真正適合他的位置，不管一些短暫的失敗讓他的朋友有多氣餒。現在我們也明白，能有三四年全然自由、專注於數學以外其他研究的時間，對他而言是多麼有益的一件事；我並不是說這些造成他目前的成就，但無疑地，這讓他成為更快樂、更有用的人，也讓他能免於狹隘的眼界，而那是經常可見也最令人擔心的，發生在一心一意獻身追尋某樣事物的人身上的事。此外，最好的點子經常出自特定學科範圍之外的相關學科中，而卡爾帶著滿滿這樣有潛力的點子回歸科學，有一天他會和克里福[5]或其他先行者一樣有名。

5 幾何學家克里福（W. K. Clifford）也許名氣不大，但在當時及現在的數學及物理圈內都是響噹噹的大人物，有一個代數就是以他為名，這可是成功的明證。

皮爾森自己就不那麼肯定了：他在第一學期的 11 月寫信給帕克，「要是我有原創的火花或者是天才，我永遠不會甘於當一名教師，而是會四處漫遊，[6] 希望能製造出足以讓我溫飽的東西。」但帕克的看法才是對的，皮爾森成為新學科數理統計學（mathematical statistics）的創始者，但這不是因為他把定理證明得像他的體格一樣出色，而是因為他知道如何將更廣大的世界與數學語言連結。

正是因為銘記這一點，皮爾森在 1891 年接任葛雷斯罕幾何學教授（Gresham Professorship in Geometry）一職，這個職位自 1597 年創建以來，唯一的職責就是為一般大眾提供一系列夜間數學講座。講座主題本來應該是幾何，但皮爾森以其一貫風格，與其介紹歐幾里得的圓及線，呆板地對數學歌功頌德，他想要打破常規的東西。他將生動的真實生活演示帶入課堂，並成為廣受歡迎的教師。有一次他在地上撒了一萬枚一分錢，要學生們數出有多少正面和反面，好讓他們親眼見證，而不只是從書上學到大數法則（law of large numbers），也就是正面出現的機率將無可避免地趨近於 50%。皮爾森在申請這一職位時在申請書上寫著：「我相信，透過對湯瑪斯．葛雷斯罕爵士當時作為知識七分支之一的幾何學做出合理的廣義解讀，除了純幾何學講座，也可提供精確科學的要素、運動幾何、圖形統計、機率論和保險等講座，更能切合市內職員及有興趣者日常生活所需。」他講過的主題包括**統計幾何學**（*Geometry of Statistics*），談的是現在所謂的資料視覺化（data visualization），他也初次介紹他的標準差（standard deviation）及直方圖（histogram）等想法。不久後他發展出相關（correlation）的主要理論；

6　就像羅斯的蚊子！

這大概是皮爾森最符合幾何學的成就了，因為這理論揭露了一種以穩健方式瞭解兩個觀察變數的連動關係，即高維度空間中一角的餘弦（cosine）！[7]

到了羅斯在想關於蚊子的事時，皮爾森已成為將數學應用在生物問題上的全球領導者。1901 年他共同創辦了《生物測量學》（*Biometrika*）期刊，這個期刊的過刊塞滿我童年家中一整個書櫃。[8]（我不是在學術圖書館裡長大，只是我剛好有兩個生物統計學家爸媽）

皮爾森發現生物學家處理這些問題的方式不全然可信：「在這類生物學家的聚會裡，很可惜，我感到格格不入，也難以表達意見，因為那只會傷害他們的自尊，不會有任何益處。我總是能成功地引起敵意，對方卻無法明白我的看法；我想是言辭不當的錯吧。」

我同情在場的生物學家，畢竟數學家有種霸道的傾向；我們經常把別人的問題看成由一個真正的數學核心組成、周圍縈繞著多到煩人且引人分心的領域專門知識，我們會不耐煩地扯開那些雜物，以盡快找到「好東西」。生物學家拉斐爾．韋爾登（Raphael Weldon）給弗朗西斯．高爾頓（Francis Galton）的信中寫道：「又來了，一如以往，當皮爾森從他的數學符號雲層中冒出來時，他覺得我的推理鬆散，沒有認真瞭解他的資料……」另一封信是這樣寫的：「我超害怕毫無實驗訓練的

7　這很適合在幾何學的書裡好好解釋一番，但我已在另一本書裡寫過，如果你手上有《數學教你不犯錯》（*How Not to Be Wrong*）這本書，請馬上翻閱第 336 頁到第 343 頁，然後再回來。

8　約在此時，皮爾森對宏大社會計畫的興趣轉向在英國人口中倡導優生學（eugenic）「運動」，以及心理特徵（mental characteristics）的遺傳。在早期《生物測量學》其中一期中，刊載了皮爾森針對數千名學童的手足間做的一份詳盡研究，他對每位學童依活潑、果斷、內省、受歡迎、盡責、脾氣及筆跡等項目分別評分。

純數學家，比如皮爾森。」韋爾登可不是隨便一位生物學家；他是皮爾森最親近的同事，而高爾頓是他們兩人敬重的前輩導師。這些信帶點鐵三角中的二人背後議論另一人的意味——我們喜歡他，我們當然喜歡他，不過有時候他真的很討厭……

話說回來，皮爾森一定很高興當時最負盛名的醫學家向他詢問幾何問題，他回信給羅斯：

> 你的蚊子問題最簡化版的數學論述並不難，但要解題又是另一回事了！我花了整整一天多才成功得出兩次飛行後的分布……恐怕這超出了我的分析能力，需要更強的數學分析師才行。但你要是跟他們說這是蚊子問題，他們看也不會看。我得把它重說成西洋棋或那類問題，數學家才會理會！

現在的數學家，要是想引起眾人對陌生題材的興趣，可能會在社群媒體貼文或是貼在公開的問答網站，例如「數學溢流」（MathOverflow）上。在 1905 年的話，就是登上《自然》（*Nature*）期刊的專欄，皮爾森就是在這本期刊裡提出那個問題，如他所說的，完全沒提到關於蚊子半個字，但也令羅斯惱怒地，完全沒提到羅斯的大名。在 7 月 27 日那一期的同一頁，你還會看到物理學家詹姆士．金斯（James Jeans）徒勞地企圖擊退馬克斯．普朗克（Max Planck）新興的量子理論。夾在金斯和皮爾森中間，是來自一位約翰．巴特勒．伯克（John Butler Burke）的啟事，他相信將一大桶牛肉湯暴露於近期發現的鐳元素後，他觀察到微生物的自發性產生。這也許不符合你對一塊繁盛至今的數學領域起點的想像。

羅斯的問題很快就有人回答了，事實上，所花的時間是負二十五年。下一期的《自然》刊載了前一年諾貝爾物理學得主瑞利爵士（Lord Rayleigh）的來信，他告知皮爾森，1880 年他在研究聲波的數學理論時，就解決了隨機漫步的問題。而皮爾森呢，我想是相當防衛地回應道：「瑞利爵士的解法……相當寶貴，對我目前所見的目的而言十分足夠。但近年我的研究漂移到其他領域，我想在聲音的回憶錄裡是找不到生物統計（biometric）問題的第一階段的。」（你會注意到，雖然皮爾森承認問題的源起是生物學，但關於羅納德・羅斯仍然隻字未提）

瑞利想要呈現的是，會隨意亂飛的蚊子，與羅斯的簡化版一維模型沒什麼太大不同。蚊子通常會極緩慢地從起點亂飛，離家的距離與牠飛行天數的平方根成正比，這點依舊為真。而蚊子最終停留的地點，極有可能是牠的起點，這點同樣為真。這使得皮爾森直言：「瑞利爵士的解法告訴我們，在一個開放地點，最有可能發現一個還走得動的醉漢的地方，是他的起點！」[9]

從皮爾森脫口而出的評語中我們發現，隨機漫步所用的譬喻，是醉漢行走的路徑而非致病的昆蟲。這套理論曾一度被稱為「醉漢行走」，但到了較寬容的現代，大多數人都不會想把這種會毀掉人生的癮症跟數學概念掛鉤。

9 但我們剛才不是說，離家的平均距離與移動天數的平方根成正比，那不是零啊？沒錯，這就是奧妙之處。要是蚊子飛了一陣子，最有可能的離家距離是十哩，但離家十哩的地點會形成一個大圈，而離家零哩的地點的圈小到只是一個點；大致落在大圈內的機率是比待在家附近的機率高，但落在靠近大圈上的任一特定點的機率，就比回到起點的機率還小了。

隨機漫步到證券交易所

在新世紀展開之際，思索隨機漫步的人不是只有羅斯和皮爾森。在巴黎，有位來自諾曼第的年輕人路易斯．巴切里爾（Louis Bachelier）在巴黎證券交易所工作。他於 1890 年代在索邦大學（Sorbonne）修讀數學，對龐加萊所教授的機率課很有興趣。巴切里爾不是典型的學生；身為孤兒，他必須工作賺錢，也沒受過形塑他大多同學法式數學風格及慣例的高中訓練。他每次考試都很艱難，通常是低空飛過，而且他的興趣也很奇怪。當時地位較高的數學領域是天體力學和物理學，例如龐加萊與之苦戰並贏得瑞典國王奧斯卡獎的三體問題，但巴切里爾想研究的是他在證券交易觀察到的債券價格起伏；他提出以數學處理這些運動，就像他的教授處理天體的運動那般。

龐加萊對於將數學分析應用在人類行為上深感懷疑，這可追溯至他被扯入的「屈佛里斯事件」（Dreyfus affair）——關於一名猶太裔軍人被指控為德軍間諜的激烈爭議。龐加萊對於政治論戰興趣缺缺，所以在爭議席捲整個法國時得以保持中立，但他的同事保羅．班勒衛（Paul Painlevé）是個熱烈的屈佛里斯派（同時也是第二位乘坐飛機的法國人，後來曾短暫擔任法國總理，當時的法國總統是龐加萊的堂弟雷蒙〔Raymond〕）極力鼓動他涉入。「科學偵察」（scientific policing）的創始人，警察總長阿方斯．貝地榮（Alphonse Bertillon）對屈佛里斯提告，稱機率定律（laws of probability）排除了屈佛里斯無罪的可能。此時班勒衛對龐加萊說，身為法國最著名的數學家，在事件變成計算問題時可不能保持沉默。龐加萊被說服了，他寫了一封信評估貝地榮的計算，並於 1899 年屈佛里斯在雷恩（Rennes）的復審中宣讀給陪審團聽。正如班勒衛所希望的，龐加萊在研讀警察總長的分析後發現了「危害數學罪」。貝地榮發現許多「巧合」，因此認為這無疑地指向屈佛里斯有罪，但龐加萊觀察到，貝地榮使用的方法使他有太多機會發現巧合，因此他若沒有發現巧合那才不尋常。龐加萊最後的結論是：貝地榮的例證「絕對缺乏科學價值」，但龐加萊還進一步宣稱「將機率計算應用到道德科學」——我們現在稱之為社會科學——「是數學的醜聞。妄想抹滅道德因素以數字取而代之，不但危險且毫無意義。簡言之，機率的計算並非人們所想像的神奇科學，而是被以常識精通此道的人拿來當成藉口。」

但屈佛里斯還是被定罪了。

一年後，龐加萊的學生巴切里爾著手寫作論文，打算對選擇權（option）——一種金融工具，能讓你於未來某個固定時間內以特定價格購買債券——建立合適價格。當然，只有在債券的市場價格超出你所鎖定的價格時，選擇權才有價值。因此，為了瞭解選擇權的價值，你需要預測債券價格最後會高於或低於這條關鍵線的可能性。巴切里爾對於分析這問題的想法，是把債券價格當成隨機過程處理，每天都會或上或下浮動，與之前的價格表現毫不相關。耳熟嗎？就是羅斯的蚊子，只不過現在是錢。而巴切里爾得出的結論，與五年後的羅斯（以及二十年前的瑞利）一樣：在特定時間範圍內價格浮動的距離，通常與所經時間量的平方根成正比。

龐加萊按捺住自己的疑慮，對巴切里爾的論文寫了一份暖心的報告，強調他的學生目標謙遜：「可能有人會擔心作者誇大了機率論的適用性，畢竟這很常見。幸好事實並非如此……他努力設限於可合理應用這類計算的範圍內。」但這份論文只被評為「優秀」（honorable），而非足以讓巴切里爾進入「非常優秀」（very honorable）的法國學術圈。

巴切里爾的著作與主流相去太遠——或至少在隨機漫步革命開始之前看似如此。巴切里爾最後在貝桑松（Besançon）當上了教授，他在 1946 年辭世，足以見到他著作的原創性受到其他數學家的欣賞，但還來不及看到隨機漫步成為數理金融（mathematical finance）的標準工具。這些用字甚至滲透到大眾層面：波頓・麥基爾（Burton Malkiel）的《漫步華爾街》（*A Random Walk Down Wall Street*）暢銷逾百萬本。麥基爾傳達出的訊息令人警醒：股價不間斷的浮動看似由事件驅動，但也可能與蚊子漫無目的的亂飛一樣隨機。別浪費時間試圖猜測市場的起伏；麥基爾說，而是要把錢放在指數型基金（index fund）裡，然後忘了它。無論花多少心思，都無法預測到蚊子的下一步並使你佔有優勢。或者，如巴切里爾在 1900 年所寫的，他所謂的「基本原則」：

L'espérance mathématique du spéculateur est nulle.

（「就數學而言，投機者的預期獲利是零。」）

意料之外的看似活性事實

1905 年 7 月，也就是皮爾森在《自然》提出羅斯問題的同月，愛因斯坦在《物理年鑑》（*Annalen der Physik*）發表他的研究論文〈根據熱分子運動論，論靜止液體中懸浮微粒之運動〉（On the Motion of Small Particles Suspended in a Stationary Liquid, as Required by the Molecular Kinetic Theory of Heat）。這篇研究談的是「布朗運動」（Brownian motion），亦即漂浮在液體中的微小粒子謎樣的顫動。羅伯特・布朗（Robert Brown）在顯微鏡下觀察花粉時首次注意到這種運動，他想這種「意料之外看似活性的事實」，是否代表即使花粉在離開植物後，依然存有某種生命原則？但在進一步實驗後，布朗目睹非來自活體的粒子也有同樣作用：他從窗戶上削下的玻璃屑、錳（manganese）、鉍（bismuth）和砷（arsenic）的粉末、石棉纖維（asbestos fibers），以及——布朗隨意地寫下了這個，好像一個植物學家家裡有這種東西很正常似的——「獅身人面像的碎片」。

布朗運動的解釋受到熱烈議論，其中一個熱門理論是花粉或獅身人面像的碎片被無數更小的粒子踢來踢去，也就是液體的分子，只是因為太小而無法在 19 世紀的顯微鏡下看見。這些分子持續不斷地隨機撞擊花粉，強迫它跳起栩栩如生的布朗之舞。但別忘了，不是所有人都相信物質是由不可見的微小粒子組成！這一點還存在極大的爭議，「微小粒子」派以路德維希．波茲曼為首，另一派則由威廉．奧斯特瓦爾德領軍。對奧斯特瓦爾德派人士來說，以假設是微不可見的分子在作用來「解釋」物理現象，不比說是看不見的惡魔在推動花粉好到哪裡去。皮爾森自己在他 1892 年的著作《科學的規範》（*The Grammar of Science*）中寫道：「沒有任何物理學家曾看過或感受過一個個體原子。」但皮爾森其實是個原子論者，不過是以他自己的方式來相信。他寫道，不管原子究竟是否可被儀器偵測到，原子存在的假說，可讓物理學更清晰而統合，並產生可測試的實驗。1902 年，愛因斯坦在他位於伯恩的公寓裡，組建了不定期學術討論學會兼晚餐俱樂部的「奧林匹亞學院」（The Olympia Academy）。這樸實的晚餐通常是「一片波隆納香腸切片、一塊格里耶爾乳酪（Gruyere cheese）、一個水果、一小碟蜂蜜和一或兩杯茶」（愛因斯坦當時還未獲得在瑞士專利局的職位，只靠當物理家教一小時三法朗的收入勉強度日，他當時還考慮去當街頭小提琴家作為兼職糊口）。

這個學院讀史賓諾莎（Spinoza）、讀休謨（Hume）、讀龐加萊的《科學與假設》（*Science and Hypothesis*）。但他們研讀的第一本書是皮爾森的《科學的規範》。而三年後愛因斯坦的突破很符合皮爾森所想像的精神。

看不見的惡魔是不可預測的；沒有任何數學模型能推算這些壞蛋接下來會做什麼，而分子卻受機率定律控制。要是一個粒子被朝隨機方向移動的極小水分子撞擊，該粒子就會受其衝擊而往該方向移動極小的距離。要是每秒有一兆次這樣的衝擊，那麼花粉每兆分之一秒就會依某一隨機方向移動一小段固定距離。長期下來花粉會有什麼動作？這個也許可以預測，即使個別的衝 並不可見。

這正是羅斯問的問題，只不過他問的是蚊子而不是花粉，而且是一天動作一次，而不是一秒一兆次動作，但這兩者的數學概念是一樣的。如同瑞利做過的，愛因斯坦以數學表示出粒子在一系列方向隨機的動作下可能如何動作。這使得分子論得以透過實驗檢測，後來尚．佩蘭（Jean Perrin）也確實做了並完全成功；這是波茲曼派在論戰中決定性的一擊。分子本身不可見，但一萬個隨機抖動的分子累積的作用可就不同了。

如果想用隨機漫步的數學一舉解決布朗運動和蚊子問題的分析，我們就要跟隨龐加萊的名言，將不同事物賦予同一名字。龐加萊於1908年在羅馬對國際數學大會發表演說時，說出他的這個著名建議。他以動人的語氣說明，做複雜的計算感覺就像「盲目摸索」，直到某一刻你有所發現：兩個單獨的問題有共同的數學底架，彼此因對方的光而被照亮。「換言之，」龐加萊說：「它使我察覺到類推（generalization）的可能性，這時它不僅是我得到的新結果，還是一支生力軍。」

自由意志 VS. 憤怒的安德烈

同一時間在俄羅斯有兩支數學派系正激烈地爭論機率、自由意志和上帝之間的關係。莫斯科學派（Moscow school）以帕維爾．阿列克謝維奇．涅克拉索夫（Pavel Alekseevich Nekrasov）為首，他原本受的訓練是要成為東正教（Orthodox）神學家，後來才轉向數學。涅克拉索夫是極端保守派，是虔誠到相信神祕主義（mysticism）的基督徒。而且，根據某些說法，他也是極端民族主義運動黑百夫（Black Hundred）的成員，是徹頭徹尾的保皇黨。「涅克拉索夫強烈反對群眾參與的政治變革，」一處資料記載著：「他認為私人財產是首要原則，而保護它正是沙皇政權的職責。」他的保守資歷使他廣受反革命政客的歡迎，這些政客想要壓制學生激進主義（student radicalism），於是涅克拉索夫在行政體系節節高升，成為莫斯科大學的首任校長，之後又當上莫斯科教育區的督學。

涅克拉索夫在聖彼得堡學派（St. Petersburg school）的對手，是與他同時代的安德烈．安德雷耶維奇．馬可夫（Andrei Andreyevich Markov）。馬可夫是一名無神論者，也是東正教教會的死敵。[10] 他針對社會議題寫了很多激憤的書信刊載在報紙上，因此被大眾稱為「憤怒的安德烈」（Neistovyj Andrei）。[11] 為抗議列夫．托爾斯泰被教會施予絕罰（excommunication），馬可夫在 1992 年要求俄羅斯正教教會至聖治理會

---

10 馬可夫的父親安德烈．格高里維奇．馬可夫（Andrei Grigorievich Markov）和涅克拉索夫一樣，是神學院畢業又是政府官員。請盡情聯想吧，心理分析愛好者們。

11 原文是 Неистовый Андрей。

議（Most Holy Synod of the Russian Orthodox Church）也對他施予絕罰（而他如願了，不過教會差點對他祭出咒逐〔anathema〕，即最嚴厲的懲罰）。

可以想見，在俄國革命後涅克拉索夫就失寵了——他沒有被肅清，但他做為數學權力掮客的角色結束了，而且據說他像是「古怪的舊日陰影」。他在1924年去世時，《消息報》（*Izvestia*）刊登了一篇略帶讚美的訃聞，稱讚涅克拉索夫「堅定而努力地瞭解馬克斯主義系統」，真是對死者的最後侮辱。

但令人意外的是，馬可夫也沒有好到哪裡去。涅克拉索夫在沙皇時期指控馬可夫是馬克斯主義的支持者，但馬可夫對共產主義意識型態的用處，不比對至聖治理會議多；此外，他的憤怒精神找到了新目標。1921年，在他過世前一年，馬可夫告知聖彼得堡科學院（St. Petersburg Academy of Sciences）他不能去開會了，因為他沒有鞋子。共產黨送了他一雙鞋，馬可夫覺得鞋做得實在太差，他必須發出一則最終憤怒公開聲明：

> 終於，我收到了鞋子；但它不只縫製拙劣，甚至根本不合我的尺寸。因此如同之前一般，我無法參加學院的會議。我提議將收到的鞋送到民族學博物館（Ethnographic Museum），作為當代物質文化的物例，為此目的我願意割愛。

如果馬可夫和涅克拉索夫之間的巨大分歧，沒有從宗教和政治話題流竄到更嚴肅的數學學科，他們可能會保持友好。馬可夫和涅克拉索夫同樣對機率感興趣，特別是所謂的大數法則，也就是卡爾．皮爾森在教室地板上扔了一萬枚一分錢所演示的定理。這個定理的原始版本，是在馬可夫之前兩百年由雅各布・白努利（Jakob Bernoulli）所證明，大致是這麼說的：要是你扔擲銅幣的次數夠多，正面的比例就會越來越接近 50%。當然，沒有任何物理定律迫使這一點發生；一枚銅幣可以連續出現隨便你說幾次的正面，但是不太可能。而且任何固定比率的偏向，不管是 60% 的正面、51% 的正面或是 50.00001% 的正面，隨著扔擲次數越多就越不可能發生。扔擲銅幣是這樣，人類也是如此。針對人類行為及行動的統計，例如各種罪行的頻率和初次結婚的年紀，通常也會趨向固定平均數，好像人匯集成群體後就是一堆毫無思想的銅幣。

在白努利後的兩百年間，許多數學家，包括馬可夫的導師帕夫努季・柴比雪夫（Pafnuty Chebyshev），不斷細化大數法則，使其能涵蓋更多一般例證。但他們的結果全都需要一項獨立（*independence*）假設，亦即一枚銅幣的拋擲必須獨立於另一次拋擲。

2016 大選的例子告訴我們為何這項假設很重要。在每一州，最佳民調預測與最終投票結果的差別，可視為一項隨機變數，稱為誤差。要是這些誤差彼此獨立，那所有誤差都對某一候選人有利的機率就很低；更有可能的是有些往一個方向，有些往另一方向，它們的平均值會接近零，那麼我們對選舉的整體評估就會接近正確。但要是這些誤差都相關，而真實生活中通常如此，那這個獨立假設就錯了；很有可能整個民調體系系統性地偏向低估某一候選人，在威斯康辛州、亞歷桑納州和北卡羅萊納州都是如此。

涅克拉索夫對所觀察到的人類行為統計規律性感到苦惱。人類在根本上是可預測的，對自身在宇宙中路徑的選擇權不比彗星或小行星更多，然而這樣的想法與教會教義不合，因此他無法接受。在白努利定理中他看到了出路。大數法則說，當個別變數彼此獨立時平均數的表現是可預測的。涅克拉索夫則說，看吧，就是這樣！我們在自然中看到的規律性，不代表我們只是被決定好的粒子，必須沿著自然既定的軌道運行，而是我們彼此獨立，可做出自己的選擇！換言之，這項定理可說是自由意志的數學證明。涅克拉索夫把他的理論化為一系列長篇大論的論文，足足有數百頁之多，全部刊載在由他的顧問兼國家主義盟友尼古拉．瓦西里耶維奇．布加耶夫（Nikolai Vasilievich Bugaev）所編輯的期刊上，最後於 1902 年集結成厚厚一本書。

對馬可夫來說，這簡直是一齣神祕主義鬧劇。更糟的是，它是披著數學外衣的神祕主義鬧劇。馬可夫義憤填膺地對同事抱怨道，涅克拉索夫的著述是「濫用數學」。他沒辦法糾正涅克拉索夫形而上的錯誤，但說到數學他可是有利斧在手，於是他動手了。

我想不出有比真信徒與無神論運動份子之間的口舌之爭，在本質上更智性貧乏的了。不過就這一次，它導致了重大的數學進展，其迴響延續至今。馬可夫立刻看出涅克拉索夫錯在將定理反向解讀。白努利和柴比雪夫知道的是當相關變量彼此獨立，平均數就會穩定下來。因此涅克拉索夫從中推論，只要平均數穩定，相關變量就互相獨立。但不是這樣！我每次吃匈牙利燉牛肉都會胃灼熱，但這不代表每次我胃灼熱都是因為吃了匈牙利燉牛肉。

馬可夫要想真正克敵制勝，就需要想出一個**反例**（*counterexample*）：一組平均數完全可預測的變數，但彼此之間並不獨立。他想出了我們現在所稱的馬可夫鏈（Markov chain），你猜怎麼著——與羅斯想到用來建立蚊子模型、巴切里爾應用在股市，以及愛因斯坦用來解釋布朗運動的是同一概念。馬可夫第一份關於馬可夫鏈的論文發表於 1906 年；

當時他五十歲，前一年剛從學術職位退休，正是可以好好關注智性牛肉的完美時機。

馬可夫認為蚊子過著很受限的生活；牠只有兩個地方可以去，就叫沼澤 0 和沼澤 1 好了。不管蚊子飛到哪一個，只要有足夠的血可吸，牠就會停留在那裡。假設於任一日，蚊子在沼澤 0，牠有 90% 的機率留在原地，10% 的機率飛到沼澤 1 去看看圍牆另一邊的血是不是比較紅。而在沼澤 1，這裡的覓食條件較差，所以蚊子停留的機率只有 80%，而有 20% 的機率前往沼澤 0。我們可以把這個情況畫成示意圖。

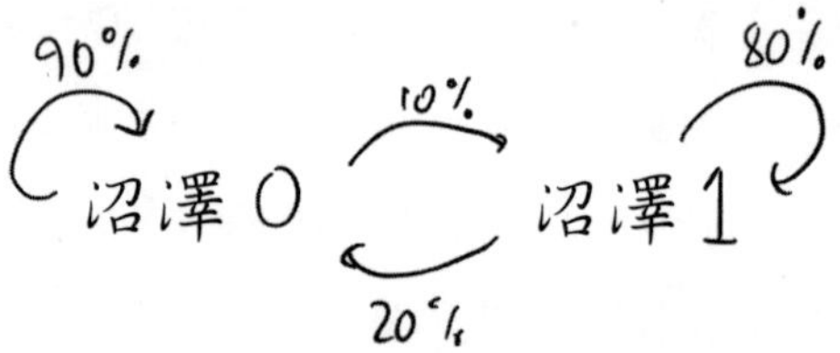

我們小心地追蹤蚊子的行進，記錄牠每天待的地方。因為換沼澤是低機率事件，有極大可能你會看到一長串連續的沼澤 0 和沼澤 1，這個序列看起來會像這樣：

0, 0, 0, 0, 1, 1, 1, 1, 1, 1, 1, 1, 1, 0, 0, 0, 0, 0, 0, 0, 0, 0, 0, 0, 0, 0, 1,1, 0, 0, 0, 0, 0, 0, 0……

馬可夫證明的是，要是你長期觀察一隻蚊子，再將所有數字取平均值——相當於計算蚊子在牠預期壽命當中待在沼澤 1 的比例——這個平均值會穩定在一個固定的機率，就像是拋擲硬幣時正面出現的機率。你也許會認為像蚊子這樣隨機亂飛，牠在兩個沼澤的機率應該差不多。但不是！我們在這問題內加的不對稱影響力仍在，在這個例子裡，所有數值的平均值將穩定在 2/3。蚊子有 2/3 的時間待在沼澤 1，在沼澤 0 的時間只有 1/3。

> 這個結論**應該不是很明顯**，但我想至少說服各位這是合理的。在沼澤 0 的任一日中，蚊子離開的機率是 10/100；所以你會預期在沼澤 0 的一般停留時間會持續十天。依據同樣推理，在沼澤 1 的一般停留時間應該是五天。也就是整體而言，蚊子待在沼澤 0 的時間應該是沼澤 1 的兩倍，而結果也確實是如此。
>
> 但是——這裡是對涅克拉索夫的致勝一擊——這個數列裡的數字**並非獨立**於彼此。絕不是！蚊子今天所在的位置和牠明天會在哪裡有高度相關；事實上，有極大可能是同一個。但大數法則依然適用，獨立性並非要件，對自由意志的數學證明亦然。
>
> 我們稱這樣的變數序列為馬可夫鏈。因為這些變數出現的順序很重要，每一個都依前一個而定，但就某方面來說也只受那一個影響；如果你想知道蚊子明天可能會在哪裡，不管牠昨天或前天在哪裡都不重要，有關係的只有今天牠在哪裡。[12] 每一個變數都與下一個有關，就像是鎖鏈中的每一環。

---

12 比較技術性的說法是：每一變量獨立於先前變量，唯最新近值為條件性（*conditionally*）。

即使兩個變數之間的沼澤及路徑網絡還更複雜（只要仍是**有限**〔*finite*〕網絡），蚊子待在每一沼澤的時間比例仍會穩定至一固定值，就像是連續拋擲硬幣或骰子一樣。以前我們只有大數法則，現在有了長漫步法則（Law of Long Walks）。

我們現在享有的全球科學社群在 20 世紀的前十年並不存在，數學著述要跨越國家和語言邊境並不容易、也不常見。所以愛因斯坦不知道巴切里爾關於隨機漫步的研究，馬可夫不知道愛因斯坦的研究，他們也都不知道羅斯的研究，但他們都得出同樣的見解。這讓人忍不住覺得在 1900 年代開端的那幾年，有些什麼瀰漫在空中——對在事物最底層、無可避免、蠢蠢欲動的隨機性的痛苦認知（我們甚至還沒談到量子力學的發展，它將以一種全然不同的方式把機率編織進物理之中）。要談空間中的幾何學，不管這空間是一小瓶液體、市場條件的空間，或是一方滿是蚊子的沼澤，就是在談論物件如何在其中移動——如今看來在整個幾何學世界中，隨機漫步在任何一個空間中都被證明是一極有效的工具。在本書稍後章節中，我們將看到馬可夫鏈是州內選區劃分方式的關鍵；而現在我們即將看到，它如何應用在英語本身的純抽象空間。

PONDENOME OF DEMONSTURES OF THE REPTAGIN（機器造的類英語）

馬可夫原本的著述是一道機率論的純抽象習題。有應用嗎？「我只對純分析的問題有興趣，」馬可夫在一封信中寫道：「我對機率論的應用問題毫無興趣。」依馬可夫的說法，卡爾・皮爾森這位赫赫有名的統計學家兼生物測量學家，「沒做什麼值得一提的事」。數年後，他得知巴切里爾先前關於隨機漫步和股市的著述，他回應道：「當然，我看過巴切里爾的文章，但非常不喜歡。我不打算評斷它對統計學的重要性，但就數學而言，我認為它無足輕重。」

但最後馬可夫還是被團結俄羅斯無神論者和東正教的一種激情所感動，而做出讓步並應用了他的理論，那就是普希金（Alexander Pushkin）的詩歌。普希金詩歌的意義及藝術性當然無法以機率來表達，所以馬可夫退而求其次，將普希金的詩體小說《尤金・奧涅金》（*Eugene Onegin*）的前兩萬字想成子音和母音的序列：精確數字是 43.2% 母音以及 56.8% 子音。也許有人會天真地希望每個字母都彼此獨立，這意味著在子音之後的字母與文本中的任何其他字母一樣可能是子音——即 56.8% 的可能性。

但馬可夫發現並非如此。他耗時費力地將每對連續字母分類為子音子音、子音母音、母音子音或母音母音，最後得到如下的示意圖：

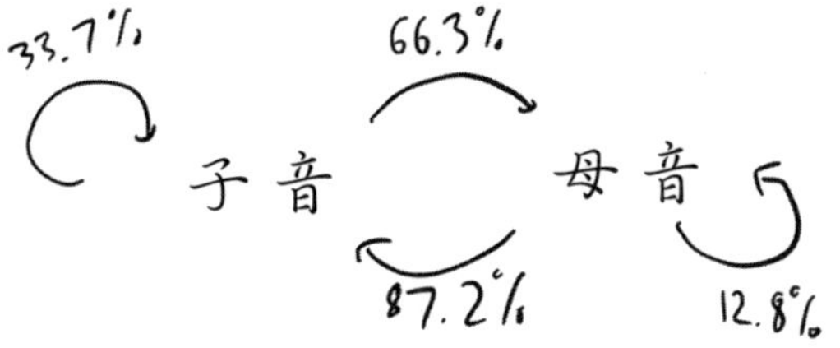

這是一個馬可夫鏈，就跟控制那個雙沼澤蚊子的一樣；只不過機率變了。要是先出現的字母是子音，轉換的可能性高於留下；下一個字母有 66.3% 的機率是母音，只有 33.7% 的機會是子音。雙母音更稀少；一個母音接另一個母音的機率只有 12.8%。在整個文本中，這些數字都維持統計學穩定。你也許會認為這是普希金寫作的統計學特色，的確，之後馬可夫又回到這個問題，這次他分析謝爾蓋・阿克薩科夫（Sergey Aksakov）的小說《巴可羅夫的童年，孫子》（*The Childhood Years of Bagrov, Grandson*），阿克薩科夫的母音比例和普希金的差不多：他的文本內有 44.9% 的母音，但馬可夫鏈的樣子卻完全不同：

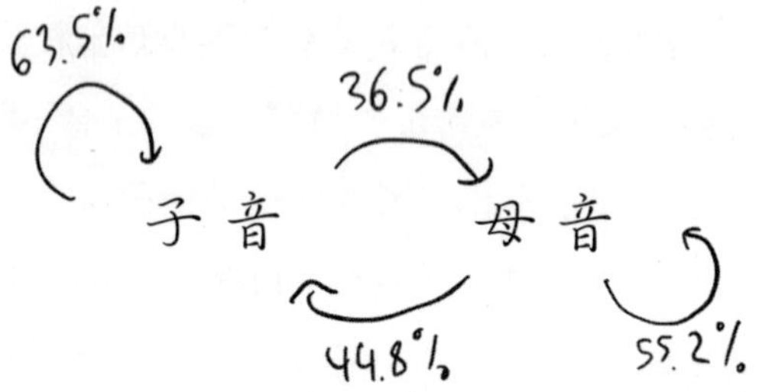

但如果因為某種原因，你必須判定一份未知的俄文文本是阿克薩科夫的還是普希金的，那麼有個好方法——尤其是如果你看不懂俄文時——就是數連續母音的對數，這似乎是阿克薩科夫愛用但普希金極力避免的。

你不能怪馬可夫把文學文本簡化成子音和母音的二進序列（binary sequence）；那時他得在紙上處理一切。等電子計算機出現後，就能做更多事了。與其指定兩個沼澤，你大可指定二十六個，讓每一個代表一個英文字母。只要有合適大小的大量體文本可供處理，就可以得出字母馬可夫鏈所需要的機率。彼得・諾維格（Peter Norvig）是 Google 一名研究主管，他利用約 3.5 兆個字母長的文本語料庫（text corpus）算出這些機率。其中 4450 億的字母，亦即總數的 12.5% 是 E 這個英語中最常用到的字母。但這 4450 億個 E 後面跟著另一個 E 的情形僅有 106 億例，機率只比 2% 高出一點。更常見的是 E 後面跟著 R，總共出現 578 億次；所以 R 在 E 後在文本中的比例將近 13%，幾乎是 R 跟在其他字母後頻率的兩倍多高。事實上，ER 這個雙字母組（bigram）是英語中所有雙字母組第四常見的（前三名列在註釋裡，你可以先猜一猜再看答案）。[13]

我喜歡把這些字母看成是地圖上的地點，而機率則是誘人且易於穿越的人行道。從 E 到 R 是一條路況良好的大道，從 E 到 B 的路就狹窄許多且雜草叢生。噢，還有這些都是單向道；從 T 到 H 要比反向走回來簡單二十倍以上（英語人士經常使用 the 和 there 和 this 和 that，而 light 和 ashtry 就少得多）。馬可夫鏈告訴我們，一個英語文本可能在地圖上走出何種曲折的路徑。

既然都說到這裡了，我們何不再深入一些？這次不用字母序列，我們改把文本想成雙字母組序列；例如本段的開頭就會是這樣：

ON, NC, CE, EY, YO, OU……（Once you're here...）

現在道路上有些限制，ON 後面不能接隨意的雙字母組；其後的雙字母組一定要是 N 開頭（諾維格的表告訴我們，後面最常出現的是 NS，出現率是 14.7%，其次是 NT 的 11.3%）。這樣能更細緻地呈現英語文本的架

13 第一名是 TH，其次是 HE 和 IN。但請注意這些並不是自然律；在諾維格於 2008 年收集的另一個語料庫中，IN 險勝 TH 拿下第一名，與 ER、RE 及 HE 一同囊括前五名，每一個語料庫的雙字母組頻率都略有不同。

構。

工程師兼數學家夏農（Claude Shannon）是第一個發現馬可夫鏈不僅可用來分析文本、還能用來**產生**文本的人。假設你想產生一段與書面英語有同樣統計性質的文本，而且以 ON 開頭，那麼你可以使用一個隨機數產生器（random number generator）去選擇下一個字母；其中有 14.7% 的機率會是 S，11.3% 的機率會是 T，以此類推。選好下一個字母後（比如說 T），你就有了下一個雙字母組（NT），接著你可以如法炮製，看你想接多長。夏農的論文〈通訊的數學理論〉（A Mathematical Theory of Communication）（催生了整個資訊理論領域）著於 1948 年，當時還沒有現代磁儲存系統（magnetic storage system）裡的 3.5 兆字英語文本可用，所以他用了別的方式估算馬可夫鏈。如果他面前的雙字母組是 ON，他會從書架取一本書翻看，直到他找到字母 O 和 N 連續出現。要是他找到的 ON 後面跟著的字母是 D，那下一個雙字母組就是 ND；於是他再拿出一本新的書，找到 N 後面跟著 D 的字，接下來如法炮製（要是 ON 後面接的是空格，還是可以依樣紀錄，這樣就有字與字的間隔了）。寫下依此產生的字母序列，就得到了夏農著名的句子

> IN NO IST LAT WHEY CRATICT FROURE BIRS GROCID PONDENOME OF DEMONSTURES OF THE REPTAGIN IS REGOACTIONA OF CRE.

這個簡單的馬可夫過程（Markov process）產生的句子不是英語，但**看起來像是**英語，這就是馬可夫鏈的詭異力量。

當然，馬可夫鏈是依你用來學習機率的文本體而定；也就是我們

在機器學習（machine learning）所說的「訓練資料」（training data）。諾維格使用的是 Google 從網站和你的電子郵件收集來的龐大文本體；夏農用的是他書架上的書；馬可夫用的是普希金。下面是我用 1971 年在美國出生的寶寶名字名單訓練出的馬可夫鏈產生的文本：

Teandola, Amberylon, Madrihadria, Kaseniane, Quille, Abenellett ……

這是把馬可夫過程用在雙字母組，我們可以再進一步問，如果是三字母組（trigram）序列，每個字母緊接其後出現的頻率各是多少？這時你需要記錄更多資料，因為三字母組的數量比雙字母組多上許多，但你可以得到更像名字的結果：

Kendi, Jeane, Abby, Fleureemaira, Jean, Starlo, Caming, Bettilia……

要是再增加到五字母串，肖似度會變得很高，通常能直接從資料庫複製出完整的名字，不過有些名字還是怪怪的：

Adam, Dalila, Melicia, Kelsey, Bevan, Chrisann, Contrina, Susan……

要是我們用 2017 年出生寶寶姓名的三字母鏈，結果會是：

Anaki, Emalee, Chan, Jalee, Elif, Branshi, Naaviel, Corby, Luxton,

Naftalene, Rayerson, Alahna ……

明顯給人更現代的感覺（事實上，其中有一半是有些小朋友真的就叫這些名字）。換成 1917 年出生的寶寶的話：

Vensie, Adelle, Allwood, Walter, Wandeliottlie, Kathryn, Fran, Earnet, Carlus, Hazellia, Oberta ……

這個馬可夫鏈雖然簡單，但卻能捕捉到不同時代命名風格的特色，甚至還讓人覺得它頗有創意。有些名字還不錯！你可以想像一個小學生名叫「嘉利」（Jalee），或帶點復古味的「凡西」（Vensie），但「納夫塔蘭」（Naftalene）就不怎麼樣了。

馬可夫鏈能製造出類語言的能力讓人忍不住要想，語言只是一道馬可夫鏈嗎？我們說話時，是只憑出口的最後幾個字，再按照我們從小聽到的語句學得的機率分布而產生出新字嗎？

不只是這樣，我們還是會選擇不同字句去反映周遭世界，而不是單純重覆從前說過的字句。

不過，現代的馬可夫鏈可製造出極像人類語言的結果。像是 Open AI 的 GPT-3 這樣的演算法，就是夏農的文本機器精神上的後裔，只不過龐大許多。現在輸入的不再是三個字母，而是數百字長的文本串，但原則是一樣的；選定一段最新產出的文本段落，下一個字詞是「這個」或「幾何學」或「霰」的機率是多少？

你也許會以為這很簡單，拿一本書取裡面的前五個句子以 GPT-3 處理，就能得到這些句子中每種可能的字詞組合的機率列表。

等等，你為什麼會以為這很簡單？其實不然。上面那段是 GPT-3 依再之前的三段文字所產出的。我從十次結果中挑出了最合理的一個，不過所有的輸出聽起來的確都很像從你在讀的這書裡摘錄出來的。老實說，對寫這本書的人來說這頗令人不安，即使有些句子根本語意不通，比如：

> 如果你熟悉貝氏定理的概念，那麼這對你來說應該很容易。如果下一個字詞有 50% 的機會是「這個」，50% 的機會是「幾何學」，那麼下一個詞是「幾何學」或「霰」的機率是 $(50/50)^2 = 0$。

這個問題和夏農的文本機器有很大的不同。想像有位夏農有更大的藏書室，他想用這方法產出英語句子，用的是你剛讀過的五百個字。他翻找他的書，直到他找到同樣的字以同樣順序出現，好讓他能記錄下一個出現的字。但他當然找不到！沒有人（我希望是這樣！）曾寫過我剛寫的五百個字，所以夏農的方法第一步就失敗了。就好像他現在是要找 XZ 這兩個字母之後會接什麼字母，他書架上當然不會有任何一本書是這兩個字母連續出現。那他就聳聳肩放棄了嗎？讓我們想像克勞德比這更加堅持不懈一點！你也許會說：既然我們以前沒碰過 XZ，那我們有看過什麼雙字母組在某方面**像** XZ，又有什麼字母跟在這些雙字母組之後嗎？一旦我們開始這麼想，我們就是在判斷哪些字母串「接近」某些字母串，也就意謂著我們在思考字母串的幾何。我們該有怎樣的「接近」概念，這一點並不明顯，若我們討論的是五百字的段落，這問題就更加困難。一個段落接近另一個是什麼意思？語言有所謂的幾何學嗎？風格有嗎？電腦要怎麼搞清楚？這點我們會再回頭談。現在先讓全世界最厲害的西洋棋棋士登場。

第五章

「他的風格是無敵」

在人類史上任何競爭性的行業中最偉大的冠軍——勝過塞雷娜．威廉絲（Serena Williams）之於網球，勝過貝比．魯斯（Babe Ruth）之於擊出全壘打，勝過阿嘉莎．克莉絲蒂（Agatha Christie）之於寫出暢銷作，勝過碧昂絲（Beyoncé）之於唱出絕艷演唱會——是一位脾氣溫和、偶爾兼做牧師的數學教授，他和年邁的母親一同住在佛州塔拉哈西（Tallahassee）。他叫做馬里恩．富蘭克林．汀思雷（Marion Franklin Tinsley），他下西洋棋。他下西洋棋的方式前無古人、後無來者。

汀思雷在俄亥俄州哥倫布（Columbus）長大，他從寄宿在他們家的一位克蕭太太（Kershaw）那裡學會競賽性西洋棋，她以能贏這男孩為樂。「她每次吃我的棋就會咯咯笑，」汀思雷回憶道。但汀思雷運氣很好，當時的世界冠軍阿薩．隆恩（Asa Long）就住在附近的托雷多（Toledo）。從 1944 年起，還是青少年的汀思雷每逢週末就去跟隆恩學棋。兩年後十九歲的他，已經傑出到拿下美國冠軍賽第二名。不過他始終沒能贏過克蕭太太，因為她在多年前就搬離他家了。汀思雷在 1954 年拿下美國冠軍，那時他是俄亥俄州立大學的數學博士生。隔年他拿下世界冠軍，接下來四十年他將斷斷續續保有這個頭銜。不過他不是冠軍的那幾年，是因為他暫停參賽。汀思雷在 1958 年對戰英國的德瑞克・歐德布里（Derek Oldbury）取得衛冕，贏得九局，平二十四局，只輸掉一局。他在 1985 年打敗他從前的導師阿薩・隆恩，再次取得世界冠軍，贏得六局，輸掉一局，平二十八局。1975 年他在贏得佛羅里達公開賽（Florida Open）之前，只輸給艾佛略特・富勒（Everett Fuller）一局。

汀思雷從 1951 年到 1990 年參與了逾千場錦標賽賽局，對戰全球最頂尖的西洋棋好手，只輸過這三局。

他行事並不霸道；他沒有欺負或嘲諷對手，也不會在對手面前擺出盛氣凌人的姿態，他只是一直贏贏贏。美國西洋棋協會的秘書伯克・格蘭德尚（Burke Grandjean）說：「他的風格是無敵。」1992 年在倫敦冠軍賽前受訪時汀思雷說：「我沒有任何壓力或負擔，因為我覺得我不可能輸。」

但他還是輸了，各位應該猜到了吧？汀思雷贏了 1992 年的冠軍，但他最後還是敗給了倫敦的對手，一個比有史以來最厲害的棋士們都還要更厲害的棋士，一個叫做 Chinook 的計算機程式，是由計算機科學家強納森・雪佛（Jonathan Schaeffer）在亞伯達大學（University Alberta）開發出來的。而在你讀到這一段時，它仍然是世界西洋棋冠軍。我當然不知道你何時會讀到這一段，但我十拿九穩，因為以後的世界西洋棋冠軍都會是 Chinook。馬里恩・汀思雷覺得他不可能輸，然而對 Chinook 來說，那不只是一種感覺。它不可能輸，數學可以證明，遊戲結束。

汀思雷和 Chinook 以前就對陣過。1990 年他在艾德蒙頓與 Chinook 比過十四局的示範賽。其中十三局都是和局——但有一局，

Chinook 在第十步犯了重大錯誤。「你會後悔的。」當汀思雷看到 Chinook 下的棋步後說。但在二十三步之後 Chinook 才明白它輸了那一局。

到了 1992 年，戰況開始逆轉。在倫敦舉辦的第一屆人機對戰西洋棋世界冠軍賽（Man versus Machine World Checkers/Draughts Championship），那是汀思雷第一次輸給 Chinook。「沒有人覺得高興，」雪佛回憶道：「我以為人們會歡呼雀躍。」但相反地，眾人都感到惆悵。連汀思雷都輸了，這意謂著人類在西洋棋佔優勢的時代即將告終。

但還不只這樣。Chinook 又贏了汀思雷一局，當汀思雷起身向雪佛握手認輸時，觀眾還以為雙方同意和局。在場的除了汀思雷和 Chinook，沒人有能力看出 Chinook 已經取勝。之後汀思雷奮起，又贏了三局拿下比賽頭銜。汀思雷依舊是世界冠軍，但 Chinook 是自杜魯門執政以來，首位贏過汀思雷兩局的對手。

也許以下事實會讓你覺得好過些，弱小的人類——汀思雷——其實不曾真的敗給 Chinook。1994 年 8 月，已經六十七歲的汀思雷同意再度與 Chinook 對戰。在那之前，Chinook 挑戰其他頂尖西洋棋棋士，已連續九十四局未嚐敗績。它的硬體已升級到十億位元組（gigabyte）的隨機存取記憶體：在當時是頂級配備，現在的話不過平價安卓（Android）手機的 1/4 而已。汀思雷和 Chinook 在俯瞰港口碼頭的波士頓計算機博物館會面，汀思雷身穿一套綠色西裝，領帶夾上刻著「耶穌」。他們在一小群觀眾面前對戰，其中大部分是其他西洋棋大師。比賽開始後三天內連續六局平手，大部分賽局雙方都無甚波瀾或危機。在第四天，汀思雷要求暫停；他前一晚胃部不適難以成眠。雪佛帶他去醫院檢查，汀思雷顯然心神不寧，他把他妹妹的連絡方式給了雪佛，以防需要通知家屬。他談起他在世的日子及大限之後，他告訴雪佛：「我準備好離開了。」汀思雷見了醫生，拍了X光片，那天下午都在休息，但隔天早上他還是表示他無法入睡。「我棄權，對此比賽和 Chinook 認輸。」他這麼告訴聚集前來的賽方人員，人類棋士制霸的時代就這樣劃下句點。那天下午，X 光片的報告出爐，汀思雷的胰臟（pancreas）長了腫瘤。八個月後，他與世長辭。

阿卡巴、傑夫和拈之樹

你要如何證明，絕對地證明，你不可能輸掉一場比賽？不管你有多高明，總會有一些被忽視掉的小小的策略縫隙吧。就像一部 1980 年代的滑雪電影，不被看好的一方最終技高一籌，勝過曾出言譏諷的常勝軍，榮登山丘之王。

但不是這樣。我們可以證明賽局，就像我們可以證明幾何學，因為賽局**就是**幾何學。我可以畫出西洋棋的幾何圖給你看，只不過我其實不能這麼做，因為那會佔掉數百萬頁，而且我們人類弱小的感知系統根本無法處理。所以我們就從簡單一點的遊戲開始：拈（Nim）遊戲登場。

玩法如下，兩個玩家坐在幾堆石頭前面（石頭要有幾堆以及每堆有幾顆石頭可以變化，不過不管你怎麼選，它都還是拈）。玩家輪流拿走石頭，你想拿走幾顆都行，但是——這就是拈唯一的一條規則——一次只能從其中一堆拿取。不能選「跳過」，至少要拿走一顆，而拿走最後一顆石頭的人獲勝。

我們就請阿卡巴和傑夫來玩拈好了，為了簡單起見，我們先從兩堆石頭開始，每堆兩顆石頭。阿卡巴先拿，他該怎麼做？

阿卡巴可以先拿兩顆石頭，完全清空其中一堆，但這主意很糟，因為接著傑夫就會清空另一堆然後獲勝。所以阿卡巴應該只從一堆拿一顆石頭，但這樣也沒有比較好，因為傑夫還有殺手鐧——他從另一堆拿走一顆石頭，讓兩堆都各剩一顆石頭。阿卡巴眼看敗局已定，綳著臉拿了一顆石頭。從哪一堆拿？不重要，這阿卡巴也知道，然後傑夫拿走最後一顆石頭贏了。

不管阿卡巴怎麼選他的第一步，他都逃不開。除非出錯，否則傑夫贏定了。

那要是有三堆，每堆兩顆石頭呢？或是每堆各十顆，或各一百顆呢？突然間，要在腦海裡推算這個遊戲就難多了。

所以讓我們拿出紙筆，先畫出兩堆各兩顆石頭的比賽過程圖。一開始阿卡巴有兩個選擇；他可以拿一顆或拿兩顆石頭。下面是他的選項草圖，呈現出每個選擇的結果。最下方代表遊戲一開始時的狀況，開始玩後就往圖的上方移動，從目前位置選擇一條分枝往上。

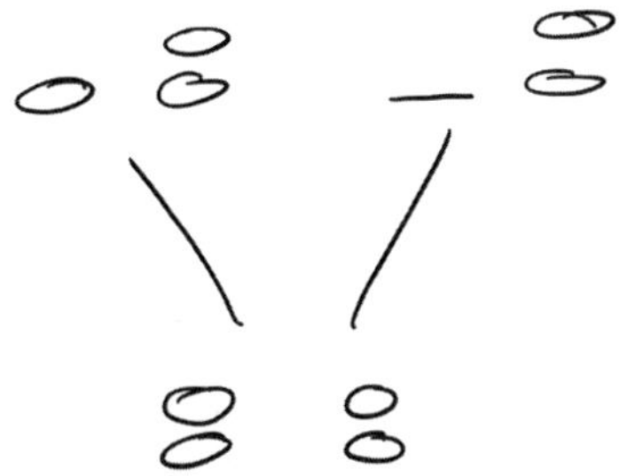

好吧，我聽見你說的了——技術上來說，阿卡巴有**四個**選擇，他可以從第一堆拿一顆石頭、從第二堆拿一顆石頭、從第一堆拿兩顆石頭、從第二堆拿兩顆石頭。這時我們要用到一點龐加萊風格的「對不

同東西稱同一名字」。拈有著完美對稱，至少在你一開始玩的時候是這樣；不管阿卡巴先拿哪一堆，你都叫那一堆左邊那一堆。就算我們稱那一堆為右邊那堆，之後的論證還是會以完全相同的方式進行，只不過是把每個出現的「左」和「右」交換而已。這就是數學中所說的「不失一般性」（without loss of generality），也就是以比較簡鍊的方式說：「我現在要做一個假設，但如果你不喜歡我的假設，你可以做相反的假設，只不過一切還是會一模一樣，除了『左』和『右』兩個字互換而已。」如果這點真的讓你覺得很困擾，那就把書上下顛倒。

現在換傑夫了，他能做的選擇要視阿卡巴的動作而定。如果阿卡巴拿了一顆石頭，那左邊還剩一顆石頭，而右邊還剩兩顆石頭。現在傑夫可以有三種做法：清空左邊那堆，清空右邊那堆，或是從右邊那堆拿走一顆石頭。但要是阿卡巴拿走兩顆石頭，那就只剩一堆，傑夫就只有兩個選擇；他可以拿走一顆石頭或是兩顆都拿走。

會不會覺得上面那段話有點難懂？我是覺得寫起來有點無趣。還是畫圖好！

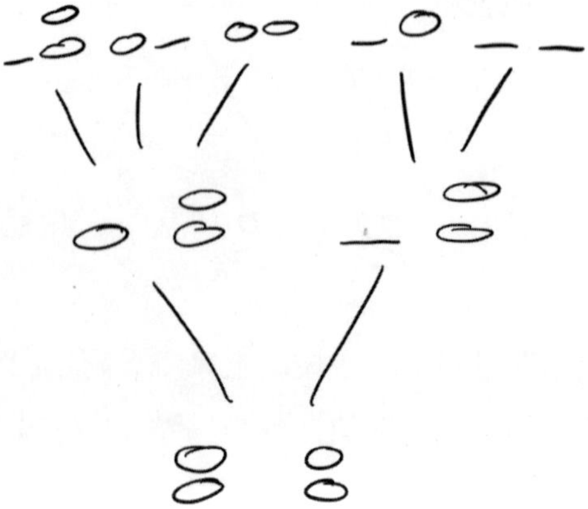

我們可以一直擴展這張圖，直到我們探究完這個遊戲所有的可能。也不會太久，畢竟每個玩家每次至少都要拿一顆石頭，而一開始只有四顆石頭，所以遊戲一定會在四步以內結束。下面就是完整的演變圖，雙堆雙石拈遊戲的幾何形式：

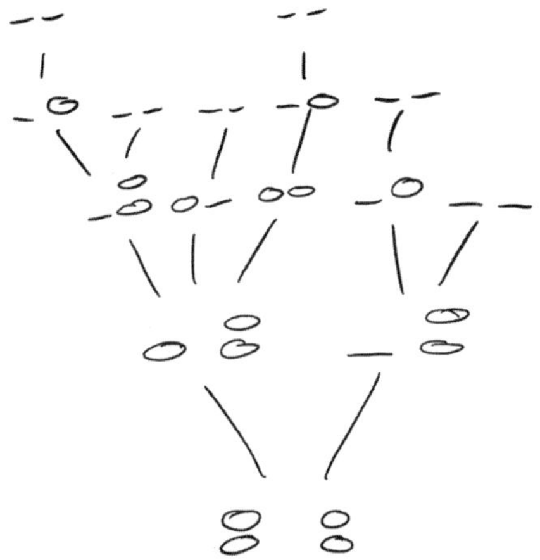

這就是數學家所謂的樹（*tree*）。你可能要用一點想像力，才能體會這種植物學譬喻。最下方的位置，也就是遊戲的起點，是根（*root*）——一切生長而出的基礎。往上的路徑稱為分枝（branches），有些人喜歡稱一段分枝結束，且不再分枝的點為葉（*leaf*）。[1]

這棵樹就是這個遊戲的圖解——完整的圖，描繪了遊戲所有可能的狀態，和它們之間的路徑。這張圖能說明完整的情節，你做了一個

1　數學家就是這樣；我們只要咬住一個譬喻，就會榨乾它的每一滴血。不過我們的森林學就到這裡：數學的樹沒有樹皮（bark）或樹結（knot）或木質部（xylem）或韌皮部（phloem），但一群的話的確是叫森林。

選擇，這選擇使你沿著其中一條分枝往上移。一旦你選定，就會從此走上那條分枝和它之後的再分枝，無法再回頭。你只能再繼續選擇，穿過越發細小的分枝，更加靠近終點，直到你再也無可選擇。

基本上我是在說，你的人生就是一棵樹。

樹的熱情

如果能與我們生活中實際遇到的物體有所共鳴，幾何物體對許多人來說就是有趣的。要是宇宙中唯一呈三角形的東西是那種小小的金屬打擊樂器，我們就不會那麼在意三角形了。

樹是遊戲的圖，但不只如此。同樣的幾何學隨處可見，在真正有樹皮會吸收二氧化碳的樹身上，當然。但在族譜樹（family tree）裡同樣可見，只是把遊戲裡的選擇分枝，改成後代的開枝散葉。族譜樹的根就是老祖宗夫婦，葉是沒有或還沒有後代的家族成員。族譜的寫法通常是根在上——我們稱自己為先人的「後代」，而不是從他們往上萌發生長的枝條。

你體內的血管也是樹狀。根就是主動脈（aorta），亦即攜帶含氧血離開心臟的那條大血管；之後血管分枝成左和右冠狀動脈（coronary arteries）、頭臂幹（brachiocephalic trunk）、左頸動脈（left carotid artery）、左鎖骨下動脈（left subclavian artery）、支氣管動脈（bronchial arteries）、食道動脈（esophageal arteries）……然後它們又會各自分枝成更細的動脈；頭臂幹分成右頸動脈和右鎖骨下動脈，右頸動脈在你的下巴和頸部的連接處分枝成外和內頸動脈，依此類推，一直到直徑只有一或兩根髮絲寬的細小網絡小動脈（arterioles），也是血液在卸下氧氣重返肺臟接收新氧氣前的最後一站。

每個人體內的血管樹形並非全都一樣！這些看起來像是外星人的多選題，但其實是流向肝臟的動脈不同分枝方式的圖片。

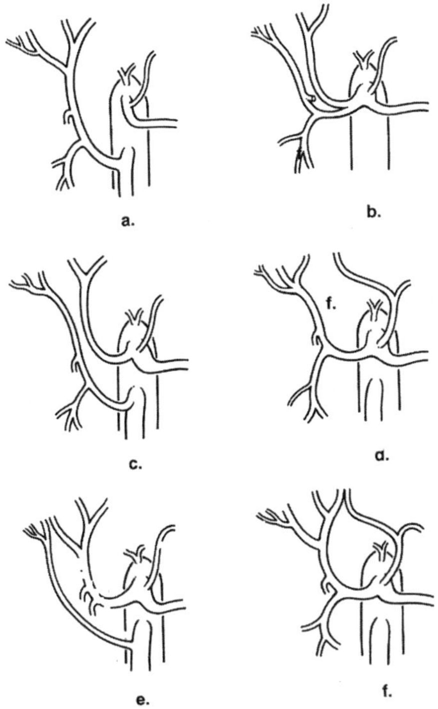

河也是樹，只要你記得逆流而行。根就是河注入的海灣或大海，你從那裡逆流而上，分成支流，再分成次支流，直到你走到源頭。

任何有階層分類的事物都是如此，比如生物學的林奈氏分類法（Linnaean classification）。從界（Kingdoms）分成門（phyla），門分成綱（classes），綱分成目（orders），目分成科（families），科分成屬（genera），屬分成種（species）。所以樹的樹形圖就是這樣：

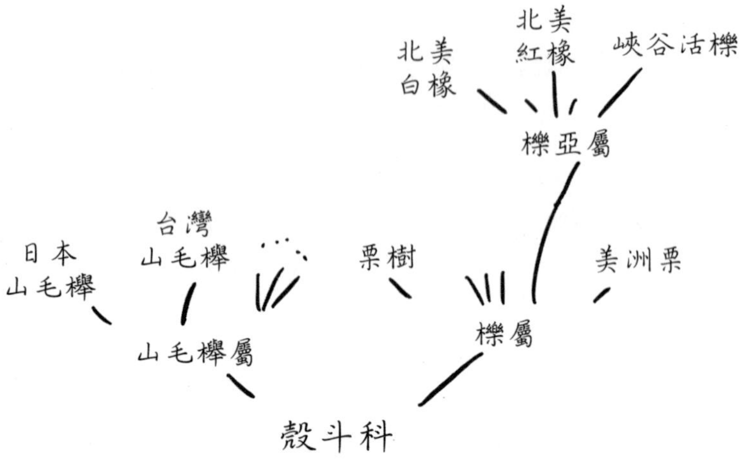

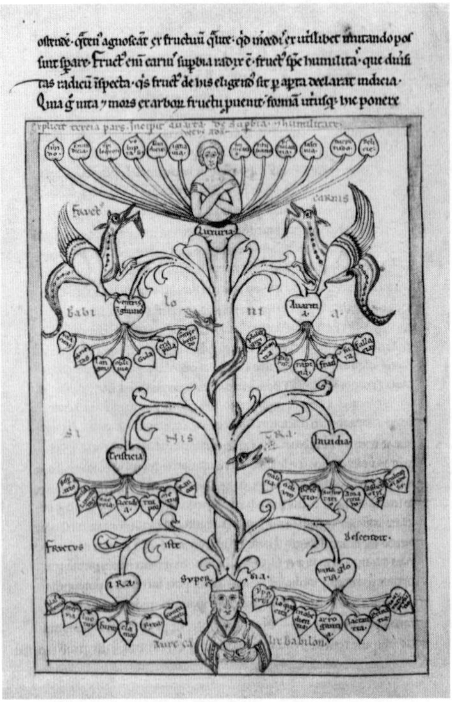

善與惡：這也有樹形！《處女之鏡》（*Speculum Virginum*）有點像是中世紀修女的自助書籍，據說是由聖本篤修會（Benedictine）修士希爾紹的康拉德（Conrad ofHirsau），於 12 世紀初期在黑森林深處彙編而成。不過因為是太久遠以前的文學史，所以要證明很困難。總之有這本書，裡面有美德之樹與惡習之樹。惡比較有趣，所以我們來看左邊的惡習之樹：

樹根，即所有罪的源頭，是傲慢（*superbia*），從一位華服盛裝的男士頭頂萌發生長。傲慢的子孫包括憤怒（*ira*）、貪婪（*avaritia*），以及圖片上端的色慾（*luxuria*）。這個字很有助於理解地寫在邪笑男子的下腹部。這些罪也都有各自的孩子：憤怒的七個孩子之中包括了褻瀆和無禮。而色慾則會滋生性衝動（*libido*）、通姦（*fornicario*）和淫穢（*turpitudo*）。（我不敢說我能分辨它們之間細微的差異，這是我會是一個很糟的中世紀修女的原因之一）

隨著時代衍變，人們關注的重點少了點道德，多了些商業，這時樹形以組織結構圖（org chart）的形式再度出現，也就是呈現商業指揮鏈（chains of command）的圖示。這種樹形圖告訴你，誰要向誰報告，誰要聽誰的吩咐。下頁圖可能是這類圖示創始的第一張，由蘇格蘭籍美國工程師丹尼爾．麥卡勒姆（Daniel McCallum）於 1855 年為紐約與伊利鐵路（New York and Erie Railroad）所繪製。麥卡勒姆之後在美國內戰時為聯邦軍擔任軍方鐵路總監。[2]

資訊從葉流回根，即鐵路總經理，權利則向另一個方向流動。從總經理流經從屬鏈，直到小小的葉和芽，亦即在這裡的標示文字小到看不清的「勞工」「引擎師」「木匠」和「擦拭工」。[3] 這張圖不算純粹的樹；它結合了組織結構與該組織負責的鐵路路線圖。中央部分看起來像是棵惡習樹，外圍則像 20 世紀末美國囊底巷（cul-de-sac）郊區的空拍圖。這棵樹代表階級的幾何，就跟它代表拈的幾何，或是構成我

2　當你聽到「19 世紀蘇格蘭人」和「內戰軍官」時，你可能會想，「我敢說這傢伙一定有一把驚人的大鬍子」，你沒猜錯。

3　這我也得查資料。「擦拭工」是入門級鐵路員工，負責清理引擎零件和上油。

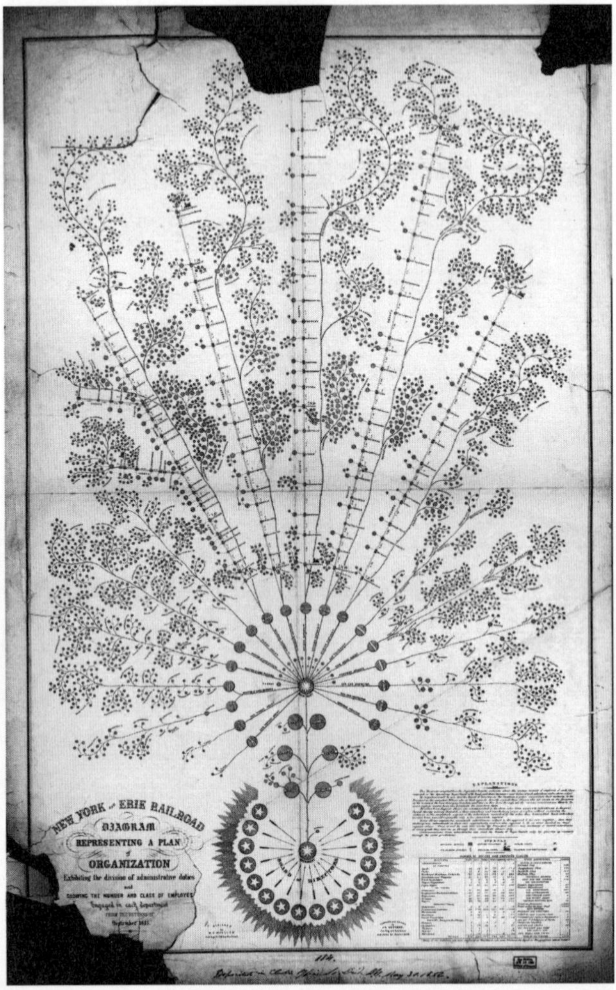

們人生分岔路花園的幾何是同樣道理；沒有循環，沒有無限迴歸（infinite regress）。要是我管轄你，你就不可能管轄我；這是商業中的指揮與控制原則。要是拈之中的某個位置是從前一步而來，之後再怎麼動作也不可能讓你回到前一狀態；這樣遊戲才不會永無止境。[4]

但我最喜歡的樹，勝過動脈、河和罪惡之樹，還是數字之樹。數字之樹的做法如下，先從選定一個數開始，比如 1001，接著你開始拿斧頭砍它。我的意思是：找出兩個較小數相乘後積是 1001，比方說 1001 ＝ 13×77，現在我們再繼續削這兩個因數。77 可以分成 7×11，那 13 呢？嗯，我們很幸運，13 無法以兩個較小數相乘所得的積來表達。不管你再怎麼用力砍，它都不會分裂。7 和 11 也是如此。接著我們可以把剛才所做的紀錄成樹：

每一次分枝都代表揮動一次斧頭，樹葉就是那些無法分解的數字，我們稱為**質數**（*prime number*），是組成所有數字的基礎樂高塊。**所有數字**？我怎麼知道？我知道，因為這棵樹。在揮動斧頭過程中的每一步，我們攻擊的數字要麼分成兩個更小的因數，要麼就是不能分，

4　事實上，還有比樹更一般性的概念，叫做有向非循環圖（*directed acyclic graph, DAG*）。可以更精確表達這項概念：DAG 就像是樹，有些分枝可以融合，但還是不可循環，因為只能單向穿越樹枝。想像一個超級貴族的族譜樹，你的父母可能有同一個或兩個曾祖父母。DAG 的分析也許比樹形圖複雜一些，但本章所說的大部分依然適用。

不能分的就是質數。我們一直砍，砍到不能再砍。這時候，所有剩下的數都是質數。這也許要花不少時間，要是我們從比如 1024 開始：

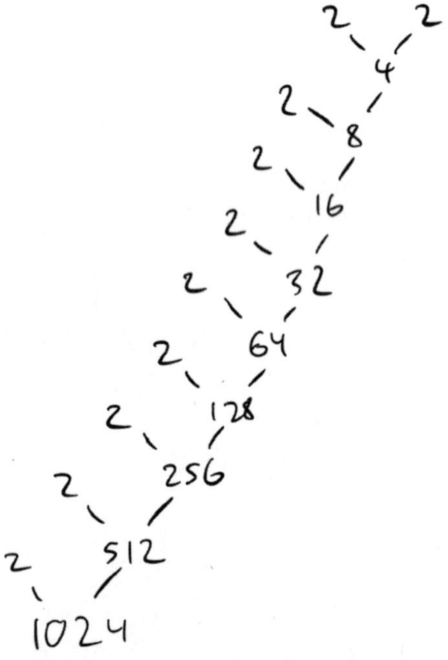

或是我們直接從一個質數開始，比如說，1009：

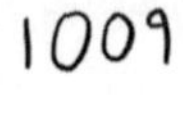

但遲早都會走到終點的。

這個過程不會持續不斷，因為每揮斧一次，樹就變得更小，一個每一步都變小的正整數序列，最後一定會觸底停止。[5]

在這場揮斧活動結束後，我們的樹剩下的葉子都是不可再分解的數——也就是質數——而這些質數全部相乘後，就會得到我們一開始的數。

這項事實——每個整數，不管多大或多複雜，都能以質數的積來表達——首次被證明也許是在 13 世紀末，由波斯數學家（兼光學先驅——那時候專業沒分那麼細）卡默爾・阿爾丁・阿布爾・哈珊・穆罕默德・伊比・阿爾哈珊・阿爾法利西（Kamal al- din Abu'l Hasan Muhammad ibn al- Hasan al- Farisi），寫在他的專著《致友人備忘錄釋論親和性之證明》（*Tadhkirat al- Ahbab fi bayan al- Tahabb, Memo for Friends Explaining the Proof of Amicability*）上。[6]

這看起來也許有點奇怪，既然我們剛在一段內證明了，那為什麼從畢達哥拉斯學派第一次寫下質數的定義，到阿爾法利西定理（theorem of al- Farisi），要花近兩千年的時間呢？這又要回到幾何學了。歐幾里得一定知道這個事實，對任何現代數論家來說，這暗示著任何數字都能被分解為質數：可能是分解成一堆質數，像是 1024，或是只能分解成一個，像是 1009，或是介在兩者之間，像是 1001。但歐幾里得並沒有談一長串質數的積，我們猜是因為他不能。對歐幾里得而言，一切都是幾何學，數字只是用來指稱一條線段長的方式。要說一個數字除以 5，就是指一個線段「用 5 來量度」——也就是放幾個長為 5 的線段可

5　最後一句聽起來很明顯，的確算是，但值得花一秒想一想，為什麼我要是沒說「正」，這個句子就不對了呢？——如果是 2, 1, 0, –1, –2, –3……呢？或者要是我沒說「整」呢？——如果是 1, 0.1, 0.01, 0.001……呢？

6　這裡的「親和性」（amicability）並不是指「友善」，而是一對數字共享的特性，即其中一方的真因數（proper divisor）相加後的和為另一方的值。這裡面有一個有趣的故事，但跟幾何學沒什麼關係，所以還是等下次吧。

以剛好覆蓋這線段。歐幾里得將兩個數字相乘時，他把結果想成是長方形的面積，而這個長方形的長和寬就是我們用來相乘的兩個數字（用我最愛的數學用字來說就是「被乘數」〔multiplicand〕）。歐幾里得將三個數字相乘時，他稱之為「立體」（solid），因為他把它想成一個長方體的體積，而它的長、寬、高就是那幾個被乘數。

數學基本上是一個想像的行業，要用到我們擁有的每一分認知和創造力。我們在做幾何學時，會運用心智和身體所知道的、關於空間中物體大小和形狀的性質。歐幾里得能在數論有長足進展，不是他在研究幾何學之餘換換口味的結果，而是因為他對幾何學的研究。透過將數字想成線段長度，他對數字的理解比前人更加透徹。但將數論與幾何直覺結合的做法也限制了他，兩個數字的積是長方形，三個數字的積是長方體，那四個數字呢？這不是在人類所住的三維空間內可以實現的量（quantity），所以歐幾里得只好默默略過這個量。另外，那位中世紀波斯數學家使用的較偏代數的解法，與我們的實際經驗關聯較弱，因此比較容易跳入純精神抽象領域。但這不代表它就不是幾何了。我們早已看到，幾何學不是只局限於三維，你想要有多少維度都行。只是要費點勁去想像而已，這一點我們很快就會談到。

拈之樹

我們已經看過以有限樹形圖表示拈遊戲，以及鐵路組織或無可避免的人性墮落。不管玩家選擇哪一條分枝，最後都會走到終點，也就是葉；有人贏了，而有人輸了。

但是，是誰？

事實上，就連這件事，樹也能告訴我們。

祕訣在於從遊戲的結尾倒推。那是最容易判別贏家的時候了！只要沒有石頭了，走最後一步的人就是贏家。所以要是遊戲輪到我，可是已經沒有石頭可以拿，那我就輸了。為了記錄方便，我要重新裝飾我之前畫的拈之樹。在樹上所有沒有石頭的位置標一個 L（輸），這樣我們就知道如果換我時我走到那裡就是輸了。

要是只剩一顆石頭呢？那我就只有一個選擇。我拿走石頭，然後我就贏了。所以我會在這個位置寫上 W（贏）。

那要是一堆裡有兩顆石頭呢？那就比較複雜了，因為我可以有不同選擇。我可以拿走兩顆石頭；要是我這麼做我就贏了。但要是我比較蠢或是不專心或是變態或是太大方到只拿走一顆，我就是把我們剛標了 W 的位置拱手讓給對手，而我就輸了。要怎麼標出像這樣「誰贏看我怎麼做」的位置呢？這時我們依據競賽型遊戲玩家不會太蠢或不專心或變態或太大方的原則；因為他們想要贏，所以只會做出有助於讓自己贏的選擇。所以這種位置還是會標成 W。不過再澄清一下，那不代表不管接下來我**怎麼做**都會贏。對大多數遊戲來說，情況絕不是這樣；不管你站的位置有多好，只要走岔一步就可能全盤皆輸。W 的標記只是代表我現在可選的其中一步能讓我的對手落到輸的位置。你可以把它解讀成「獲勝之路」。

兩顆石頭，一堆各一個，又是另一種情況了。不管我怎麼做，都會把對手送到一個 W 的位置，他們從那裡可以走向勝利。所以這個位置會標一個 L。

目前為止，我們的樹看起來像這樣：

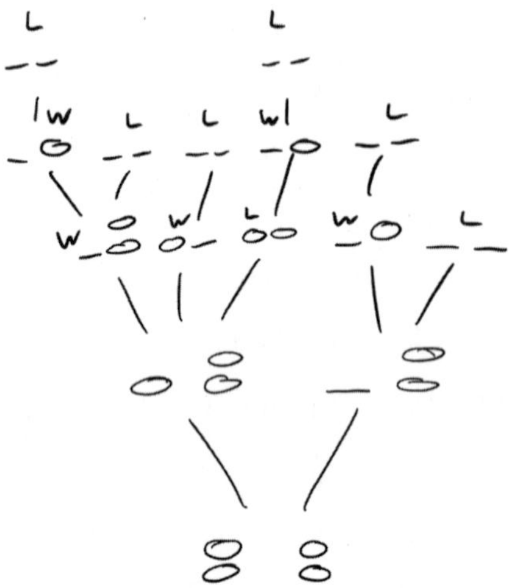

現在我們可以繼續進行，一步步倒轉時間了。兩堆石頭，一堆有兩顆石頭，另一堆只有一顆？我們可以有三種走法：拿走小的那堆，拿走大的那堆，或是從大的那堆拿走一顆。走出這一步所得的三種結果位置已標出來了，分別是 W、W 及 L。但既然這三個結果中有一個會讓我的對手輸，那這一步這就是我該選的走法，所以目前的位置被標上 W。面對兩顆一堆和一顆一堆的玩家會贏，只要他們走對路。

當你的對手除了輸之外別無選擇時，你就贏了。這聽起來很像 CrossFit 健身房的激勵海報，但其實是數學。以樹的語言來說就是：「如果從某一位置發出的分枝之一會最後會走到 L，那就把這個位置標上 W」。同樣道理，要是沒有的話，就把這個位置標上 L。因為這代表不管你怎麼選，你都會把 W 的位置讓給對手。**當不管你怎麼做你的對手都會贏，你就輸了。**

結論如下：

兩條規則

規則一：要是我的所有選擇都指向 W，我目前的位置就是 L。

規則二：要是我有部分選擇指向 L，我目前的位置就是 W。

這兩條規則讓我們可以將樹上的每個位置都有系統地標上 W 或 L，一直標到一開始的根部。你永遠不會被困在循環裡，因為樹形沒有循環。

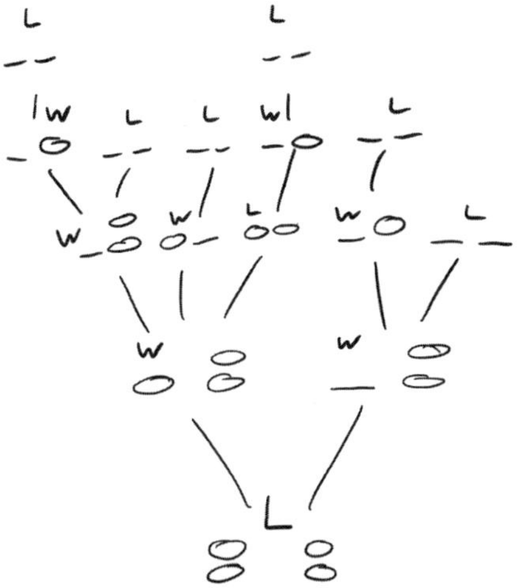

而根部是阿卡巴，這就是為什麼先拿的阿卡巴會輸，除非傑夫做了他不該做的選擇。

我可以把這個過程用文字寫出來，但說真的，想要融會貫通的唯一方式就是親自做做看。這是需要伙伴的遊戲，所以找個朋友一起玩玩吧，用兩堆各兩顆石頭的形式。讓你朋友先走，因為也許你們其實沒那麼要好。現在用書上的樹形圖教你怎麼選擇，你就可以贏了又贏，一贏再贏。現在你可以感覺到它是如何運作了吧。

這個樹形法適用於更多石頭數的拈，也適用於更多堆數的拈，事實上是適用於各種類形的拈。想知道兩堆各二十顆石頭的拈誰會贏嗎？你可以畫一棵大樹，一路從結果往回標記，你就會知道答案（傑夫贏）。兩堆各一百顆石頭呢？（還是傑夫贏）。一堆一百顆石頭而另一堆一千顆呢？（這次是阿卡巴贏）。[7] 還有，已標記好的樹不只能告訴你誰會贏，它還能告訴你怎麼贏。如果你在 W 的位置，你知道至少有一步會指向一個 L——選它。要是你在 L 的位置，哲思性地聳聳肩，隨便走，然後暗自期望你的對手搞砸。

我應該說，如果是只有兩堆石頭的拈，你可以省掉標記整棵樹這種繁瑣的差事。有更簡單（而且更可愛）的方式可以判定誰贏，這就要用到左右對稱了。還記得帕普斯利用對稱對驢橋定理所做的證明，比歐幾里得原本的論證簡潔許多嗎？拈也差不多。假設一開始阿卡巴和傑夫面對的是各一百顆石頭，你想畫樹形嗎？我也不想，所以有更好的方法。你知道手足之間有種很煩人的事會讓兩個人吵起來嗎？就是小的重複大的說的每一句話。「不要學我說話」「不要學我說話」；「你很煩耶」「你很煩耶」，諸如此類。嗯，想像一下傑夫也這樣玩遊戲。不管阿卡巴怎麼做，傑夫就對另一堆做一樣的事。阿卡巴從左堆拿走 15 顆石頭，剩下 85 顆？傑夫也從右堆拿走 15 顆，現在兩堆都只剩 85 顆。阿卡巴改從右堆拿走 17 顆石頭，剩下 68 顆？傑夫也對左堆這麼做。傑夫始終鏡像阿卡巴的舉動，一直讓兩堆保持一樣大。尤其是傑夫絕

7　給讀者的練習題：看得出為何這個說法和前一個說法道理一致嗎？

不會是第一個清空其中一堆的人，因為他絕不會做出不是阿卡巴剛才動作的反射。阿卡巴會是第一個清空其中一堆的人，當他這麼做的時候，傑夫做出他的鏡像，清空另一堆，於是傑夫就贏了。所以兩堆石頭數量相同的拈遊戲會讓傑夫贏，他的策略無懈可擊，只是非常討厭。

那要是兩堆的數量不等呢？這次阿卡巴先走，他從較多的那堆拿走剛好數量的石頭，藉此讓兩堆的石頭數相等。現在換傑夫當被惹怒的哥哥了，因為之後阿卡巴會鏡像他的每一個舉動，最後阿卡巴一定會贏。以**兩條規則**的語言來說，阿卡巴用他的第一步移向有兩堆等量的位置，如前一段所述它的標記是 L；根據規則二，如果能指向 L，你目前的位置就是 W。

如果有超過三堆的話，簡單的對稱法就不適用了。但其實還是有一個辦法不畫出整棵樹也能判定誰贏。不過有點太複雜了，在這裡沒辦法詳述，這牽涉到各堆顆數的基數 2 展開式（base-2 expansions），想詳細瞭解的請參閱埃爾・伯利坎普（Elwyn Berlekamp）、約翰・康威（John Conway）和理查德・蓋伊（Richard Guy）合著，十分精采深入、觀點豐富的著作《數學遊戲的致勝之道》（*Winning Ways for Your Mathematical Plays*），書裡還介紹許多遊戲，像是 Hackenbush、Snort 和 Sprouts，以及為何所有遊戲到頭來都是某種數字。

在拈的變化版「減法遊戲」中，一開始只有一堆石頭，但每次僅限拿 1 或 2 或 3 顆石頭。拿走最後一顆石頭的玩家獲勝。這個遊戲也是一棵樹，你可以用同樣方式分析，從結尾倒推回去。這個版本的拈非常出名，因為它出現在真人實境秀《倖存者》（*Survivor*）在泰國拍攝的第五季，做為參賽者的一項挑戰。（那個遊戲沒被稱為拈或是減法遊戲，而是「泰 21」，雖然遊戲本身跟泰國根本沒關係。這名稱應該是針對一些美國觀眾，他們被暗示亞洲起源的活動比較錯綜複雜、高深莫測。基於同樣原因，總有人說拈是「中國古代遊戲」，不過這種說法完全是捏造的。拈首次被記載是在16世紀一本關於數學謎題和魔術的書裡，作者是法盧卡·巴托洛米歐·迪帕西歐利（Fra Luca Bartolomeo de Pacioli），他是達文西的好朋友，也是一位方濟各會修士，一般認為他是「複式簿記之父」（Double- Entry Bookkeeping）。這至少和從中國古代傳來一樣有趣吧？

關於《倖存者》，一般常識會認為它是最笨那種電視節目，事實上它是最聰明的那種。有多少節目你能看到人們當場思考，真正的思考？更別說當場做數學了。而《倖存者》第五季第六集做到了。小泰德·羅傑斯（Ted Rogers Jr.）是一名身高體壯的男子，曾有極短時間是達拉斯牛仔隊的一員，他帶頭告訴隊員「我們要的是最後留下四面旗子」（《倖存者》版本的遊戲以旗子取代石頭）。「五還是四？」跟羅傑斯擠在一起的德州女士珍·潔奇問。「四。」這位大塊頭堅持。

羅傑斯在他腦中做的計算，跟我們做的拈之樹一樣。他解這個問題的方式和數學家一樣——從結果開始倒推。這並不令人意外；在我們腦袋深處的戰略部位，我們都是數學家，不管我們的名片上有沒有寫。

如果只剩一面旗子，那就是W；你拿走那面旗子就贏了。兩或三面旗子也一樣，因為你還是可以一次拿走一面旗子。那四面呢？

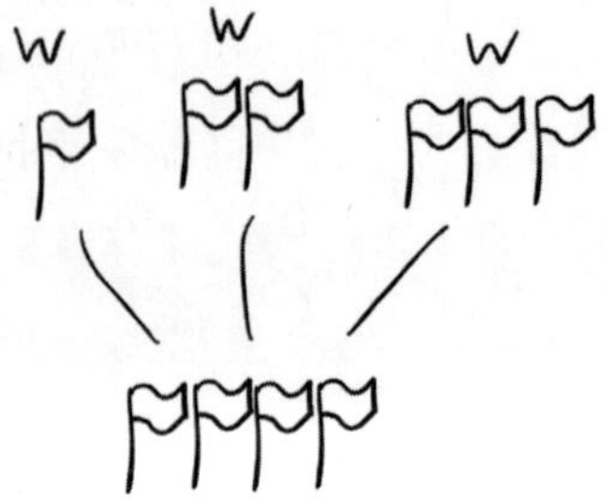

不管這些倖存者做哪一種選擇，都會留給另一隊一個 W。所以根據規則二，四面旗子是 L。大塊頭泰德是對的；留四面旗子給另一隊，就能確保你自己勝利。另一隊也發現了同樣的事，但他們發現得太晚了；等他們從面前的九面旗子拿走三面，留下六面後，他們面面相覷，其中一人說：「要是他們拿走兩面，我們就輸了。」確實如此。[8]

他們發現得太晚，已經來不及挽救，但對我們還有用。為什麼輪到你時眼前只剩四面旗子會很慘？因為不管你怎麼做，對手都有因應之道。你拿三面，他們就拿一面。你拿兩面，他們也拿兩面。你拿一面，他們拿三面。不管怎麼做，四面旗子都會被拿光。遊戲結束，贏家不是你。

所以最好留下四面旗子給你的對手。如果你面前有五、六或七面旗子，一定要這麼做；拿走剛好數目的旗子，留下致命的四面。不過如果你面前的是八面旗子，那你的夏多內白酒裡進了隻黑色大蒼蠅。你拿三面，他們就拿一面。你拿兩面，他們也拿兩面。你拿一面，他們拿三面。現在面前剩四面旗子的人換成你了。

聽起來很耳熟，對吧？因為從八面旗子開始，從策略上來說跟從四面旗子開始是一樣的。不管你怎麼做，你的對手都有對應辦法可以把旗子總數減到四，也就代表你輸了。而從十二面開始就跟從八開始一樣，從十六開始就跟從十二開始一樣，以此類推……

如果你面前的旗子是四的倍數，你會輸。如果不是，你就會贏——只要你拿走對的數量，把致命的數量留給對手！

我們剛證明了一條定理！

8　練習題二：他們應該從九面旗子中拿走幾面？答案再過幾行就會揭曉。

我們在這裡用的推理，正是我們在數學課堂上想要教的，尤其是幾何學課上想要證明的推理。我們觀察到（也許是透過純粹的思考，也許是透過反覆玩），四和八面旗子是在輸的位置。我們分析我們對這些位置為何會輸的認識。我們開始理解，為何不只是四，不只是八，而是**任何**四的倍數都會輸。這麼做讓我們站在一個精神位置，只要我們想，就可以建構出更正式的推理鏈，證明只要旗子是四的倍數你就會輸。

證明就是一種凝鍊的思想，它把歡欣鼓舞的「知道了」那一刻固定在頁面上，好讓我們在有空時思索。更重要的是，我們可以和別人分享，在別人的腦海裡它會再度躍然重生。證明就像那種堅忍不拔的微生物孢子，堅毅到可以附在隕石上熬過太空之旅，在撞擊後佔據整個新星球。證明使得洞見成為可攜式。眾所周知，數學家常自稱自己站在巨人的肩膀上，但我更喜歡說我們是沿著一般身高的人類凝結的思考所構成的冰梯往上走；我們走到頂端，在冰面灑下我們的思考，它們結凍附著後使冰梯越發高大。這說法沒那麼簡潔有力，但更加真實。

以此類推……

我說我們證明了一項定理，是不是應該寫下來？那就來寫吧。

倖存者定理：若旗子數目為四，或八，或十二，或任何四的倍數，則第一位玩家輸；反之亦然，第一位玩家若能選走適當數目的旗子，留給第二位玩家四的倍數的旗子，則可獲勝。

現在要寫證明。也許你覺得我之前的推理已經很有說服力了。我希望如此！但還有個缺陷，就是這幾個字：「以此類推……」這幾個點叫做刪節號（*ellipsis*），是希臘文「未完」的意思。這代表有件事我們決定不說，在證明裡這看起來不太妙。

當我們試圖說出未說的話，會發生什麼事呢？我們提到了四面旗子、八面旗子、十二面旗子、十六面旗子，但沒提到二十。所以我們可以增加一個討論，為何你面前有二十面旗子的話你就會輸。但之後我們還得補充二十四，這麼做了之後還得再加上二十八，以此類推……這真是個問題！一個無限長的證明根本沒有用。誰會去看？不過揮揮手說「我可以繼續下去但我不要」，總有怠忽職守的嫌疑。

讓我們試試另一種方式，我們可以把**倖存者定理**分成兩部分的陳述：

ST1：若旗子的數字是四，或八，或十二，或任何四的倍數，
　　則第一位玩家輸。

ST2：若旗子的數字不是四的倍數，則第一位玩家贏。

我們為何認為 ST1 為真？因為不管我們拿走幾面旗子，不論是一、二或三面，我們留給對手的旗子都不是四的倍數。而根據 ST2，那個位置會被標上 W。**規則二**告訴我，我目前的位置是 L。所以 ST1 之所以為真，是因為 ST2 為真。以邏輯術語來說，就是 ST2 **蘊涵**（*imply*）ST1。

看起來有點進展了！之前要證明兩樣東西，現在只要證明一樣。所以為何 ST2 為真？假設旗子的數目不是四的倍數，那你就可以在你

的下一步拿走一、二或三面旗子，使旗子的數目縮減為四的倍數。[9] 依據 ST1，這代表你把你的對手放在 L 的位置，因為既然你的舉動可以指向 L，**規則一**告訴你，你目前的位置是 W。

總結一下：ST1 為真是因為 ST2 為真，而 ST2 為真是因為 ST1 為真。

唉呀！

這感覺像是循環推理（circular reasoning），一種悲劇性的辯論舉動，你聲稱一個觀點就是它本身的證明。大多數人都足夠精明到不會說服自己直接去做這種事，所以我們會建構一個小小的說法循環，每一個都蘊涵下一個：

「我不相信《憤專週刊》的任何報導，他們根本不可信。我怎麼知道他們不可信？因為他們每次都刊載假故事。我怎麼知道這些故事是假的？因為我是在不可信的《憤專週刊》上看到的。」

數學原本應該可以幫助你避開這種陷阱，但現在我們被它咬住腳踝了。

幸好還有脫身之道。再想想我們原來的說法，除了那個討厭的刪節號之外，還是說服力十足，也十分合理，因為它有一種**向下性**（*downwardness*）——你利用十二的事實來證明十六，而十二的又是用八的事實來證明，而八的又是用四的事實來證明。這個過程不可能永無止境；它一定會停止，因為正整數不可能沒有盡頭地不斷變小。這也是幾何學！在一個連續路徑上，我們可以不斷逼近路的終點，無限地走一步比一步更小的步伐。但正整數的幾何學是**離散的**（*discrete*），不

9　用比較漂亮的數論說法來說就是，你該拿的旗子數目，就是將目前的旗子數除以四後所得的餘數（*remainder*）。

是連續的；它們就像是一排各自獨立的石頭讓你可以跳著過去。路徑上的石頭數是固定的，總有跳完之時。如果這一點聽起來很耳熟，那是因為我們在前幾頁提過，為什麼數字的因式分解，一定會變成一堆不可分解的質數。我們在這裡用的方法，叫做**數學歸納法**（*mathematical induction*），最早可以追溯到有關質因數分解的事實，歐幾里得在兩千多年前就寫過。

這個論點是反證法（proof by contradiction），現在幾乎成了大部分數學家的反射習慣。不管你想證明什麼，先假設它的對立面。聽起來很荒唐無稽，但超級有用。你假設你對世界的現況認知是錯的，把這個想法放在心裡，反覆順著它的蘊涵鏈思索，直到（希望如此！）你得出的結論是這個令人不喜的假設不可能是正確的。就像把一塊硬糖含在嘴裡讓它溶化再溶化，直到你嚐到中間矛盾的酸味。

所以假設我們的**倖存者理論**是錯的。那就有個**反例**：定理告訴我們旗子是某個壞數字時我們會輸，但我們其實是贏了。或是它說我們這樣會贏，結果我們卻輸了。也許有**很多個**這樣的壞數字，但不管是只有一個或很多個，總有一個最小的。

這樣候就要代數登場了。有時候只要 X 或 Y 出場，人們就會開始退縮。把符號想成代名詞也許會有幫助。有時你想指一個人，但你不知道那人的名字，或者你根本不知道那人是誰。比如你在談下一任的美國總統，你會用到代名詞代表他們，像是「他」或「她」，或像我剛才一樣用「他們」。不是因為那人沒有名字，而是因為你還不知道會是誰。所以我們就用「N」來代表那個最小的壞數字。記得：這裡「壞」的意思是指 N 不是四的倍數且是贏的位置；或者 N **是**四的倍數且是輸的位置。首先我們來看要是 N 是四的倍數呢？那接下來不管我怎麼做，不管我是拿走一、二或三面旗子，結果都不會是四的倍數。而且現在旗子的數目比 N 小，所以它不可能是壞數字——

——這是證明裡的重大時刻，所以停下來好好欣賞一下。N 不只是一個壞數字；它還是**最小的**壞數字。所以任何比 N 小的數字，都得乖乖照**倖存者理論**說的做。好，現在回到我們的句子。

——這就代表它遵守**倖存者理論**，是一個 W。

嚐到矛盾的酸味了嗎？我們假設 N 是一個贏的位置，但不管你從 N 怎麼走，都只會留給對手 W，所以這不可能是對的。

剩下的可能性就是 N 不是四的倍數，且是 L。但不管 N 是什麼，我都可以拿走一、二或三面旗子，留給另一位玩家四的倍數；而因為新的，較小數字的旗子不可能是壞數字，則它必定為 L，如果我讓另一玩家處在輸的位置，則我的位置必定是 W。但這也和原有假設矛盾，這下無路可走，除非承認我們一開始假設有所謂壞數字這件事根本就是錯的。數字是好的——全部都是。因此**倖存者理論**得證。

你對這個證明可能有兩種反應。一個是欣賞這種系統性的思考行進，它小心地帶領我們走過曲折的道路，通往無可抵賴的結論。而另一種反應，老實說也是十分合理的，就是——

「我們為什麼要花整整兩頁做這件事？我早就完全被說服啦！我知道你說『以此類推……』是什麼意思，我不覺得有必要多做什麼解釋。你們數學家是不是**真的**整天都在拼湊複雜的論點，好證明一些正常人覺得根本無庸置疑的事？」

這個嘛……**有些**日子，是的，但不佔多數。只要看過幾個這樣的例子，你就不用再寫下來了。只要看到「以此類推……」你就視它為證明，不是因為它**是**證明，而是因為你有足夠的經驗，知道可以建構一個嚴謹的證明去取代這個刪節號。

拈的遊戲是一種數學——或者你也許比較想說，這種數學是一種遊戲。這是世界各地的人們都會喜歡也樂意去玩的遊戲。

所以問題來了：我們為什麼不在學校教這個？精通拈也許和你的專業沒有直接關係，如果你不是實境秀參賽者的話。但只要我們認同，學習數學式思考這件事，有助我們對一切事物認識得更透徹，[10] 那做這樣的分析就應該被視為有教育性。我們總是批評說學校系統壓垮了學生愛玩的天性，那如果我們在數學課上多玩一些遊戲，學生會學到更多數學嗎？

對，也不對。我教數學到現在已超過二十年，一開始我總是不斷追問這些問題：什麼才是教數學概念的**正確方式**？先舉例再解釋嗎？還是先解釋再舉例？是讓學生檢視我所舉的例子，從中發現原則，還是把原則寫在黑板上，讓學生去發現例子？等等，用黑板好嗎？

我現在覺得，沒有所謂正確的方法（不過錯誤的方法當然是有的）。每個學生都不一樣，沒有什麼**唯一的真教學法**，能敲動讓每個人都反射性流口水的鈴響。就我自己來說，我得承認，我並不喜歡遊戲。我痛恨輸，那會讓我壓力很大。有一次我和同學的媽媽吵起來，因為在玩傷心小棧時她對我使出射月。一個以拈為中心的課程設計會讓我興趣全失，但可能會讓坐我旁邊的小孩著迷不已！我想，數學老師應該採用所有他們能用的教學策略，然後快速地連續換用。這樣才有最大化的機會，讓每位學生都至少在某些時候覺得他們的老師在講了一堆

10　你還在，和我一起，看這本書看到這裡，所以我可以假設我們是認同這一點的吧？

讓人呵欠連天的無聊話後，終於用讓人聽得懂的方式來講課了。

拈馬龍機先生的世界

你有照我的建議實際去玩 2×2 的拈了嗎？感覺不太像在玩，對吧？一旦你知道攻略，就變成無聊的工作了，你只是在執行不需用心的純機械過程。沒錯，它是如此機械化，以至於你可以把它變成真的機械。那就是 1940 年美國專利第 2,215,544 字號：閃亮亮的拈馬龍（Nimatron）。

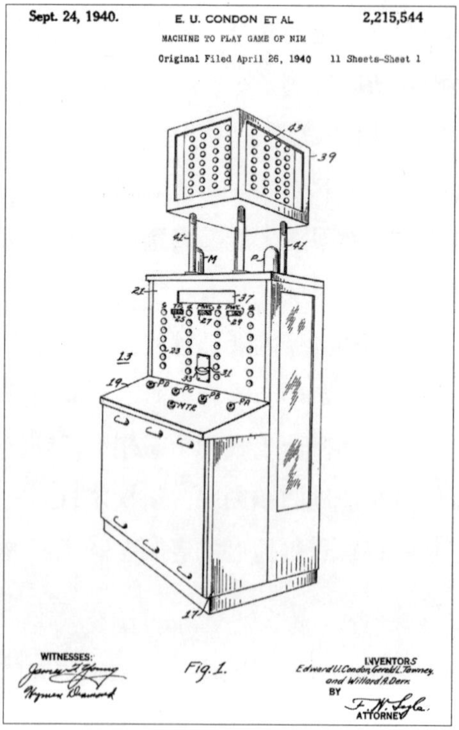

這是玩拈的機器，而且它玩得完美。本著當時的電子精神，它以燈泡取代石頭。數年後，它的共同發明人，西屋公司（Westinghouse Corporation）的物理學家艾德華·康登（Edward Condon），會成為曼哈頓計畫（Manhattan Project）的副主管（但六週後就辭職了，他抱怨說這項工作的絕對機密性「讓人感到病態性的抑鬱」）。但在 1940 年，美國還一片和平，他在紐約法拉盛草原公園的世界博覽會上展出拈馬龍機（主題：「明日世界」）。那年夏天在皇后區，拈馬龍機玩了十萬次拈遊戲。《紐約時報》寫道：

> 新奇的是，西屋公司宣布將在展示會推出「拈馬龍先生」——一個八呎高、三呎寬、一噸重的新式機器人。「拈馬龍先生」將以他的電子大腦與人類的思考裝置對抗，與所有來訪者玩古老的中國[11]遊戲「拈」的變化版。遊戲玩法是將四排燈泡中的燈泡按熄，直到最後一個燈泡被按熄。「拈馬龍」通常會贏，但若他輸了，他就會給對手一個印著「拈高手」的紀念幣，西屋公司的人如此承諾。

但如果拈馬龍先生是完美的，人類怎麼可能贏呢？因為拈馬龍先生會提供九種起始模式選擇，有些給人類玩家的是 W；所以人類有機會贏，只要他們也玩得完美，但事實通常不是如此。根據康登的說法「它大多數的敗績都是出自展覽服務員之手，好展示給經過太多次失敗後、深信這機器不可能被打敗的大眾看。」

1951 年，英國電子公司費蘭提（Ferranti）打造了自己的玩拈機器人拈羅德（Nimrod），在世界巡迴中吸引了大批群眾。在倫敦，一群特異功能人士試圖用集中心靈感應振動破壞拈羅德的完美遊戲，沒成功。在柏林，這臺機器對戰未來的西德總理路德維希．艾哈德（Ludwig Erhard），並連續三次擊敗他。負責費蘭提馬克一號電腦的圖寧（Alan Turing）報導，因為拈羅德太吸引德國民眾，使得展示廳內附近的免費

11 其實不是來自中國，請看前文！

酒吧完全無人光顧。

電腦玩拈可以和人類匹敵讓人驚訝，到德國人顧不上喝免費啤酒那麼驚訝——但有這麼令人驚訝嗎？圖寧自己也表示懷疑，他寫道：「讀者可能會問，我們為什麼要大費周章，把這麼複雜而昂貴的機器用在玩遊戲這種瑣碎的追求上？」當然了，遊戲各有不同，根據我們現在對拈的認識，我們知道要成為完美玩家不需要任何人類的高見，只要你有耐心一步步從葉到根標記樹就行了。如果你玩過井字遊戲，也許會有同樣的發現。這是因為井字遊戲也有樹的幾何形式。起先幾步是像這樣：[12]

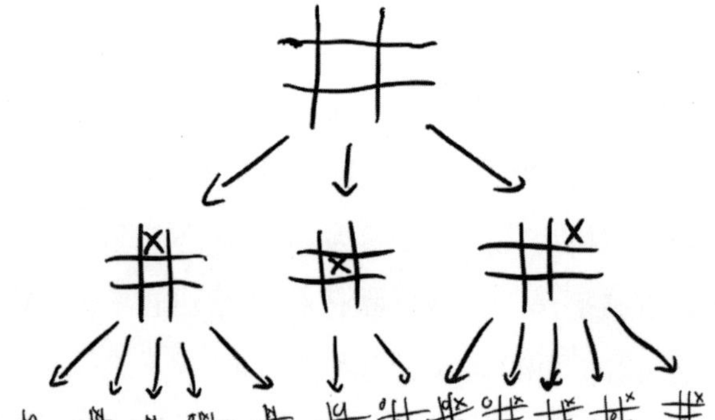

不過有個差別；不同於拈，井字遊戲可以平手，而且因為某種難以查究的原因被稱為「貓的遊戲」。事實上，只要兩位玩家都超過七歲，大部分的井字遊戲都會以平手收場。

12 這張圖裡也用到把不同事物叫成同一名字；這遊戲的對稱性意謂著我們可以把所有開口角落的畫記視為一種，所有的開口「邊的中間」也視為一種。這樣我們就只需要畫三個分枝而不是九個。

沒問題：這只不過意謂著我們需要一個新的字母D來代表「平手」，還有會變成**三條規則**而不是兩條。

三條規則

規則一：要是我的每個選擇都指向W，我目前的位置就是L。

規則二：要是我有部分選擇可以指向L，我目前的位置就是W。

規則三：如果我沒有任何可以指向L的選擇，但我有部分選擇會指向W，那我目前的位置就是D

規則三比較長，但表達到了處在平手位置的意義。規則的前半部表示我還沒贏，後半部表示我還沒輸，因為有些走法不會讓我的對手走向勝利之路。若我不能贏，我的對手又不能擊敗我，那就是平手。

我希望你注意到的是，不管我們在玩井字遊戲時擺在眼前的選擇有哪些，我們永遠處在三條規則之一適用的情況下。所以跟拈一樣，我們可以一路往上標記到樹根，最後將空白的井字標上D。這並不令人意外，井字遊戲沒有未被發現的必勝祕技，只要兩個玩家都玩得完美，每次都會是貓的遊戲。

在數學裡有件經常發生的事。你坐下來解決一個問題，等你完成後，也許是隔天或隔月或隔年，你發現你同時解決了更多問題。當一個釘子需要你發明一種全新的鎚子才能敲打時，所有東西看起來都會像是值得用那鎚子去敲敲看的釘子，而其中有許多確實是的。

井字遊戲有樹的幾何，所以規則三保證井字遊戲要不是第一位玩家贏，就是第二位玩家贏，再不就是平手。還有，純粹的機械性運算可以告訴我們，這三種選擇各會有什麼結果，以及完美的策略是什麼。

同理可證，對任何有樹形幾何的遊戲來說，這一點都為真。意思是由兩位玩家輪流，走的每一步的結果都是必然的（不是拋擲硬幣、轉轉盤、抽卡或其他機率工具），而且會在有限步數內結束的任何遊戲。對這類遊戲，要不：

第一位玩家有一策略讓他每次都贏；
第二位玩家有一策略讓他每次都贏；或者
每局玩得完美的遊戲都平手。

而且只要透過標記樹形，從葉到根，依據三條規則標記 W、L 和 D 就能找出這些策略。也許要花不少時間，但絕對有用。

很多遊戲都是樹形。跳棋是樹形，四子棋（Connect Four）也是，西洋棋也是。對，就連西洋棋也是！我們以為它是一種浪漫的藝術，是把戰爭的精義凝練在小小的棋盤上，它含意深遠。有關於西洋棋的電影和小說，還有 ABBA 合唱團配樂的相關音樂劇。

但西洋棋的確是樹形。玩家輪流出手，不牽涉任何機率，而且遊戲不會超過 5898 步。至少這是一場合乎規定的遊戲理論上的最大步數值，但在玩家真的努力想贏的情況下永遠不會出現。耗時最久的計時錦標賽事，花了相對短的 269 步，時間則是二十小時多。

如果你不懂西洋棋，可能不明白為什麼這個遊戲會有止境。它不像拈；不會每走一步就少幾顆棋。為什麼騎士和城堡不能永無止境地在棋盤上追逐？那是因為西洋棋大師設立了規則防止這種事發生。舉例來說，如果五十步內沒有人的棋子被吃或是移動過士兵，那麼遊戲就會以和局結束。這些「逼和」規則，源自我們將 1 從質數表中排除的同樣衝動。要是我們宣布 1 是質數，那質數的因式分解就會永無止境：15 ＝ 3×5×1×1×1……這不算錯，但毫無意義。逼和讓西洋棋免於走上這種漫無止境的道路。[13]

所以西洋棋，儘管充滿傳說又神祕，其實和拈及井字遊戲是一樣的東西。如果有兩個絕對完美的玩家對陣，要不是白棋永遠贏，就是白棋永遠輸，再不就是永遠和局。原則上來說，要算出會是哪種情況，只要一步步倒推回樹根就行。西洋棋是個難題，沒錯，但不是想以詩表達在都市更新、童年懷舊、內戰的無盡動盪以及人類精神被機械工藝取代下、世紀中葉原子時代政治面臨的交叉口那樣的難題。它比較像是想把兩個極大數字相乘的那種難題，可能要花很久的時間，但原則上你知道該如何完成，只要一步接一步。

「原則上」，這幾個字，簡直是無底深淵困境上巧妙舖設的一張小草蓆！

兩堆各兩顆的拈是輸，四子棋是贏（相當讓人沮喪，姊妹！）但我們不知道西洋棋是贏、輸還是和局。我們也許永遠不會知道。西洋棋的樹有許多許多葉子，我們不知道究竟有多少，但絕對超過一具八呎高的機器人所能計算。之前我們見過的，利用馬可夫鏈產生類英語文字的夏農，也寫了第一份認真看待機器西洋棋的論文；他認為葉子的數量在 1 後面跟著 120 個 0 之譜，也就是一億兆古戈爾（googol）。這個

13 如果你想更講究一點，西洋棋其實嚴格來說不算有限的樹形，因為它沒有嚴格的逼和規定。要是玩家想要讓他們的國王一直跳來跳去，技術上來說是可以的。但在實務上，西洋棋玩家在發現沒人能贏時會同意和局。

數字多過……好吧，事實上是多過宇宙中**任何東西**的數量，絕不是你可以一個個梳理，標上小小的W、L和D的東西。原則上，可以；事實上，不行。

這種我們明知怎麼做卻沒時間做的計算現象，是響徹整個電腦時代數學史的陰沉小調主題。跳回質數因式分解一下，我們已看到你可以不用怎麼思考就把它做出來。要是你從1001開始，你只要找到一個可以把它均分的數，要是找不到的話，1001就是質數。2可以嗎？不行，1001不能被分成兩半。3呢？不行。4呢？不行。5呢？不行。6呢？不行。7呢，可以——1001是7×143（一千零一夜是143週）。揮動一次斧頭後，我們可以再次對143揮斧，一次又一次試除，直到我們發現143 = 11×13。

但要是我們想分解的數字有兩百位數怎麼辦？現在這問題就很西洋棋層級了，有宇宙的壽命也不足以檢查完所有可能的除數。這只是算術，沒錯，但就我們所知，也是完全不可行。

這是好事，因為在真實世界，無疑地你有些重要東西的安全，需要像這問題這麼難才能保護。數字的因式分解跟安全有什麼關係？這就要說回邦聯密碼學和葛楚·史坦（Gertrude Stein）於1914年所著的實驗性散文詩集《柔軟按鈕》（*Tender Buttons*）了。

消除葛楚·史坦所著《柔軟按鈕》的必要性

假設阿卡巴和傑夫兩人玩完遊戲後，想要祕密溝通。只要他們有共同的密語編碼方案就可以了。「共同」是這裡的關鍵詞；他們必須用同一套編碼，這就需要他們共用某種信息，通常被稱為**密鑰**（*key*）。

也許他們的密鑰是葛楚．史坦所著《柔軟按鈕》的文字。如果阿卡巴想私下傳送這則訊息「Nim has grown dreary（拈變得沉悶）」給傑夫，他的做法可以如下：把他的訊息寫在葛楚．史坦所著《柔軟按鈕》的第一首詩上方（原文如下：A CARAFE, THAT IS A BLIND GLASS. A kind in glass and a cousin, a spectacle and nothing strange a single hurt color and an arrangement in a system to pointing），一個字母對一個字母。

NIM HAS GROWN DREARY
ACA RAF ETHAT ISABLI

接著算出每對字母的總合，字母不是數字，但它們在字母表裡有排序位置，我們就用那個數字。習慣上是從 0 開始，所以 A 就是 0，B 是 1，以此類推。N 是第 13 個字母，而 A 是第 0 個；兩者相加等於 13，而第 13 個字母是 N。而 I ＋ C 就是 8 ＋ 2 ＝ 10，或 K。一個字母接一個字母這麼做下去，你就能得到一條加密的文字如下 NKM YAX K……

之後你遇到一個小問題：R（17）＋ T（19）是 36，這超出了字母範圍。但這問題很好解決：只要在 Z 後面再接一次就行了，所以第 26 個字母又是 A，第 27 個是 B，以此類推，直到你發現字母 36 等於字母 10，或 K。最後你的訊息看起來就是這樣：

NIM HAS GROWN DREARY
＋ ACA RAF ETHAT ISABLI

NKM YAX KKVWG LJEBCQ

現在傑夫收到了加密的訊息，當然他手上也有一本葛楚．史坦所著的《柔軟按鈕》，所以他可以反推回去，減去詩的字母而不是加。N減A就是13減0等於13也就是N，以此類推。等我們算到第二個L，我們發現得用K（10）減T（19），那就變成-9，但沒關係！第負九個字母就是A（0）前的第九個，還記得A前面現在是Z吧，所以在Z之前的八個就是R。

要是你不喜歡一直加加減減，你可以把這張表放在手邊：

	A	B	C	D	E	F	G	H	I	J	K	L	M	N	O	P	Q	R	S	T	U	V	W	X	Y	Z
A	a	b	c	d	e	f	g	h	i	j	k	l	m	n	o	p	q	r	s	t	u	v	w	x	y	z
B	b	c	d	e	f	g	h	i	j	k	l	m	n	o	p	q	r	s	t	u	v	w	x	y	z	a
C	c	d	e	f	g	h	i	j	k	l	m	n	o	p	q	r	s	t	u	v	w	x	y	z	a	b
D	d	e	f	g	h	i	j	k	l	m	n	o	p	q	r	s	t	u	v	w	x	y	z	a	b	c
E	e	f	g	h	i	j	k	l	m	n	o	p	q	r	s	t	u	v	w	x	y	z	a	b	c	**d**
F	f	g	h	i	j	k	l	m	n	o	p	q	r	s	t	u	v	w	x	y	z	a	b	c	d	e
G	g	h	i	j	k	l	m	n	o	p	q	r	s	t	u	v	w	x	y	z	a	b	c	d	e	f
H	h	i	j	k	l	m	n	o	p	q	r	s	t	u	v	w	x	y	z	a	b	c	d	e	f	g
I	i	j	k	l	m	n	o	p	q	r	s	t	u	v	w	x	y	z	a	b	c	d	e	f	g	h
J	j	k	l	m	n	o	p	q	r	s	t	u	v	w	x	y	z	a	b	c	d	e	f	g	h	i
K	k	l	m	n	o	p	q	r	s	t	u	v	w	x	y	z	a	b	c	d	e	f	g	h	i	j
L	l	m	n	o	p	q	r	s	t	u	v	w	x	y	z	a	b	c	d	e	f	g	h	i	j	k
M	m	n	o	p	q	r	s	t	u	v	w	x	y	z	a	b	c	d	e	f	g	h	i	j	k	l
N	n	o	p	q	r	s	t	u	v	w	x	y	z	a	b	c	d	e	f	g	h	i	j	k	l	m
O	o	p	q	r	s	t	u	v	w	x	y	z	a	b	c	d	e	f	g	h	i	j	k	l	m	n
P	p	q	r	s	t	u	v	w	x	y	z	a	b	c	d	e	f	g	h	i	j	k	l	m	n	o
Q	q	r	s	t	u	v	w	x	y	z	a	b	c	d	e	f	g	h	i	j	k	l	m	n	o	p
R	r	s	t	u	v	w	x	y	z	a	b	c	d	e	f	g	h	i	j	k	l	m	n	o	p	q
S	s	t	u	v	w	x	y	z	a	b	c	d	e	f	g	h	i	j	k	l	m	n	o	p	q	r
T	t	u	v	w	x	y	z	a	b	c	d	e	f	g	h	i	j	k	l	m	n	o	p	q	r	s
U	u	v	w	x	y	z	a	b	c	d	e	f	g	h	i	j	k	l	m	n	o	p	q	r	s	t
V	v	w	x	y	z	a	b	c	d	e	f	g	h	i	j	k	l	m	n	o	p	q	r	s	t	u
W	w	x	y	z	a	b	c	d	e	f	g	h	i	j	k	l	m	n	o	p	q	r	s	t	u	v
X	x	y	z	a	b	c	d	e	f	g	h	i	j	k	l	m	n	o	p	q	r	s	t	u	v	w
Y	y	z	a	b	c	d	e	f	g	h	i	j	k	l	m	n	o	p	q	r	s	t	u	v	w	x
Z	z	a	b	c	d	e	f	g	h	i	j	k	l	m	n	o	p	q	r	s	t	u	v	w	x	y

這就像你在小學時學過的加法表，只不過是字母版！要算R＋T，只要看R行和T列（或是T行和R列）就能找到K。

或還有更好的做法，你可以利用這套編碼賦予字母表的幾何性質。我們已加了一條規則，就是超過字母 Z 時，你不會摔下英文字母的邊界外；你會再回到 A，這意謂著我們把字母表想成不再是線性

ABCDEFGHIJKLMNOPQRSTUVWXYZ

而是一個圓。

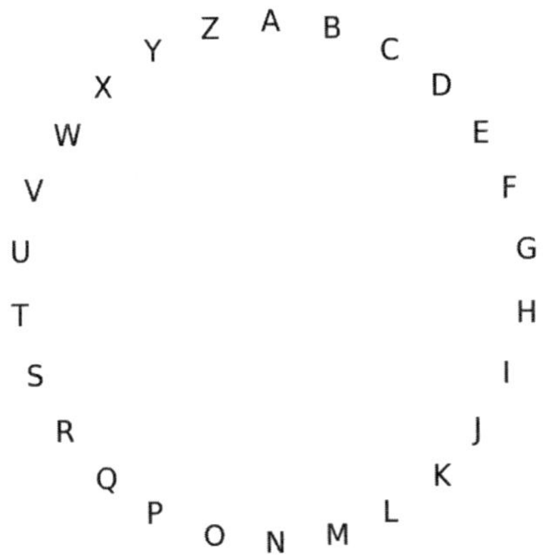

葛楚・史坦所著《柔軟按鈕》裡的每一個 A 都是 0，那麼每當我們密鑰內的字母是 A，我們就不去動訊息裡對應的字母。而每個 C 都是 2，這意謂著將圓往順時針方向轉兩段。如果用這種幾何性觀點來看，很顯然只要你拿到密鑰，這個密碼就很容易破解；只要將圓改以逆時針方向轉動同樣的量就行了。

這種密碼叫做**維吉尼爾加密法**（*Vigenère cipher*），這是依布萊斯・德・維吉尼爾（Blaise de Vigenère）而命名，維吉尼爾是 16 世紀一位博學的法國人，但其實並不是這種加密法的真正發明者。像這類錯誤歸功在數

學和科學裡很常見，甚至普遍到統計學家兼歷史學家史帝芬・史汀格勒（Stephen Stigler）提出了這麼一條定律：「沒有一項科學發現是以它的原發現者命名（就連史汀格勒定律，史汀格勒這麼說，其實最早是由社會學家羅伯特・莫頓〔Robert Merton〕所提出）。」

維吉尼爾是貴族出身，交遊廣闊，著作等身，曾任多位大使和國王的秘書。因此，尤其是他待在羅馬那幾年，他能接觸到最新、最複雜的加密訊息。16 世紀的羅馬密碼學界充斥著競爭與嚴防死守的祕密。維吉尼爾曾眾所周知地捉弄其中一位對手，也就是教宗的私人密碼破解家保羅・潘卡圖喬（Paulo Pancatuccio）。維吉尼爾寄給他一份兒戲般簡易加密的訊息。潘卡圖喬很快就解譯出訊息，結果卻是一連串針對他的侮辱言辭：「噢，你這可憐可悲的破譯奴隸，瞧你白費了多少工夫……行啦，把你的時間精力花在更有收獲的地方吧。別再白白浪費時間了，世上所有的寶物可都買不回單單一分鐘呢。不信的話，就試試你能不能破解接下來任何一個小小字母的意思吧。」這時候，加密法就改成了維吉尼爾的高強度自信之作，而且維吉尼爾很清楚，那超出潘卡圖喬的破解能力。這些事都寫在維吉尼爾的著作《密碼與祕密寫作論》（*Traicté des Chiffres ou Secrètes Manières d'Escrire*）中，這本書成了密碼學的標準參考書，而維吉尼爾其餘的文藝美文著作則被完全遺忘。書裡介紹了許多維吉尼爾自創的複雜密碼，以及之前所介紹較簡單的維吉尼爾加密法的基本概念。然而，事實上這種加密法是在 1553 年由喬萬・巴蒂斯塔・貝拉索（Giovan Battista Bellaso）所創，貝拉索是在擔任卡梅里諾的紅衣主教杜蘭特杜蘭蒂（Durante Duranti）的秘書兼密碼學家時發明了這種加密法。（那時在教會的階層要多低，才不會有自己的密碼學家？）

貝拉索對自己的密碼甚為自傲，說它「如此精妙絕倫，全世界都可以運用，但不會有人知道另一個人在寫什麼。除非另一人手上有本書中所教的那種短短密鑰，再加上加密者的解釋和用法。」而世界也相當同意他的評斷；這種所謂的維吉尼爾加密法，被普遍稱為 *le chiffre indechiffrable*，即不可破解的密碼。沒有可靠的方法可解開維吉尼爾加密法，直到「卡西斯基試驗法」（Kasiski examination）發展出來。而這個試驗法正如史汀格勒可能預測的，其實是在弗里德里希・卡西斯基（Friedrich Kasiski）之前的二十年由查爾斯・巴貝奇（Charles Babbage）所發明。但如果密鑰像葛楚・史坦所著的《柔軟按鈕》那樣長，那麼即使是這種試驗法也不太有效。

完全勝利

當然了，密碼高不高明，還要看加密者的工作道德。舉例來說：你也許知道南方邦聯（Confederacy）是為了保有大量蓄奴的龐大系統，孤注一擲對美利堅合眾國宣戰的叛離政權，但你知道他們在密碼學方面也很糟糕嗎？邦聯使用的維吉尼爾加密法是在訊息中重複應用一道短密鑰，而且他們只肯花時間把覺得有戰略重要性的字加密。例如傑佛遜・戴維斯（Jefferson Davis）於 1864 年 9 月 30 日寄給埃德蒙・柯比・史密斯將軍（Edmund Kirby Smith）的一封電報，其中部分內容如下：

> By which you may effect O— TPQGEXYK— above that part HJ— OPG— KWMCT— patrolled by the ZMGRIK— GGIUL— CW— EWBNDLXL.

邦聯密碼員不但留下許多明文，還把加密文字的空隔也完整保留。如此一來，攔截到訊息的聯邦士兵很自然就能猜出「above that part」後面接的應該是「OF THE RIVER」。一旦握有破解出來的訊息段，就能輕而易舉倒推出密鑰。請看第 OOO 頁的字母對應表。要把 O 轉成 H，表示密鑰中對應的字母應該是 T。要把 F 轉成 J，需要密鑰裡有 E。以我們之前使用的算術語言就是：H – O ＝ T 以及 J – F ＝ E。繼續推算你就會得到

OF THE RIVER
– HJ OPG KWMCT
TE VIC TORYC

從這一小段語詞，聯邦密碼破解員就已經推算出邦聯所用的大半密鑰，也就是——想想接下來邦聯的境況，著實有點諷刺——Complete Victory（完全勝利）。而一旦知道了密鑰，破解其餘訊息不過是幾分鐘的工夫。

有較長密鑰的維吉尼爾密碼，或多或少仍維持「不可破解密碼」的地位。但還是有一個問題，而且是很大的問題。除了阿卡巴和傑夫以外，可能還有其他人也有葛楚．史坦所著的《柔軟按鈕》這本書，而只要有這本書的人就可以輕易破譯他們的訊息。如果阿卡巴和傑夫想把席巴拉進來，成為另一位可信任的通訊者，他們就要幫席巴找一本葛楚．史坦所著的《柔軟按鈕》。問題是，如果你要把你的密鑰寄給某人，你就不能把這則訊息加密，因為他們還沒拿到可以用來解密的密鑰；但要是你沒加密就送出去，結果訊息被攔截，那竊聽者就拿

到了你的密鑰，之後你也根本沒必要再將訊息加密了。

以前這被視為密碼學的一個基本結構問題，一個無法解決，只能接受的問題。畢竟友方的席巴和敵方的竊聽者的處境相同；兩方都不知道密鑰。你不寄訊息給席巴，她就不會知道密鑰，但沒有密鑰你就沒辦法防止訊息被敵方竊聽。你要怎麼寄出訊息，讓席巴可以讀取但竊聽者不能呢？就在這時候——相當出人意外又美妙地，就像是有趣的新朋友送來花束——質數因式分解翩翩降臨。

大數字的乘法其實是數學家所謂的**陷門函數**（*trapdoor function*），陷門這種門從一個方向很容易進入，但從反方向就非常非常困難。要將兩個千位數字相乘，這種事你的手機瞬間就可以辦到。但是要把所得的積，分解回原始的兩個被乘數，任何已知的演算法在一百萬生命期裡都辦不到。而你可以利用這種不對稱，把你的密鑰送給席巴而不被對手竊聽。有一個可以做到這一點的很棒的演算法叫做 RSA，取名自在 1977 年開發這條演算法的三位開發者羅恩．李里維斯特（Ron Rivest）、阿迪．沙米爾（Adi Shamir）和倫納德．阿德爾曼（Leonard Adleman）。至少，他們是發明了它且**公告**周知的人。藏在命名背後的真實故事也頗為有趣。服膺於史汀格勒定律，RSA 依之命名的人並不是最初的發明者。這套系統其實在 1970 年代早期就由克利福德．科克斯（Clifford Cocks）和詹姆斯．埃利斯（James Ellis）所創。但至少這次的錯誤歸功於很好的理由：因為科克斯和埃利斯是在政府通信總部（GCHQ）即英國最高機密情治單位工作。直到 1990 年代，在那機密圈子以外，沒有任何人能得知 RSA 其實早在 RSA 三人之前就出現了。

RSA 演算法的細節牽涉到的數論，稍微超出一點本書能容許的量，不過我還是簡單介紹一下它的主要特色。假設席巴心裡設想了兩個很大的質數，p 和 q，除了席巴誰也不知道這兩個質數是多少：阿卡巴不知道，傑夫不知道，沒人知道。那麼這兩個數字就是密鑰，RSA 演算法可以讓任何知道這兩個大質數的人用來解碼訊息。但一開始要加密時，你不需要知道 p 和 q，只要知道這兩個數字相乘後的積，也就是一個更大的數字 N。[14] 所以這不像維吉尼爾加密法那樣，解密法是用同一組密鑰把加密法倒推。用 RSA 的話，加密和解密是完全不同的過程，感謝陷門，加密比解密容易多了。

大數字 N 被稱為公鑰（public key），因為席巴可以把它告訴任何人，她想要的話貼在家門口也行。阿卡巴要送訊息給席巴時，他只要知道積，也就是 N；用這個數字，他就可以將訊息加密。而在家的席巴只要有她的祕密數字 p 和 q，就可以將加密訊息破解成可讀的文本。任何人都可以用 N 寄加密訊息給席巴；他們甚至可以公開張貼這些訊息，所有人都能看到這些訊息，但除了私鑰（private key）的擁有者席巴以外，沒有人可以破解訊息。

公鑰密碼學的降臨，使得一切變得更輕鬆簡單。你（或你的電腦，或你的手機，或你的冰箱）可以非常安全地同時發送訊息給一大堆人，而無需費力尋找另一種方法來共享保密信息。但是關鍵在於陷門必須真的是陷門。要是有人在它下面架了一個梯子，讓雙向來往變得容易，那建立其上的整座大廈將土崩瓦解。也就是：如果有人發現有一種方式，可以輕易將大數字 N 分解成它的質數因子 p 和 q，這個人就能立

14 我那勤奮的審稿編輯問道：為什麼 p 和 q 是小寫，而 N 是大寫？這反應了一項數學習慣，我們會以小寫代表我們視為小的數字，而以大寫代表我們視為大的數字。在這裡 p 和 q 可能有三百位數長，聽起來也許不算小，但和它們的積 N 比起來，它們的確是小小傢伙。

刻讀取任何之前以 N 加密的私人訊息。

要是最後證實因式分解質數的問題，就像贏得西洋棋的問題一樣，對電腦程式來說比我們想像得容易許多，那麼信息轉移就會突然間變成高風險的行事。所以會有驚悚小說——我在機場看到的，千真萬確——寫著像這樣緊迫盯人的封底文案：

> 青少年伯尼・韋伯是一個數學天才，華盛頓、CIA 和耶魯入侵密爾瓦基綁架他，他們要知道他分解出質數的祕密。

（如果你沒有因為最後一句而笑出來，請花一秒仔細想想這裡所說伯尼精通的數學成就。）

我的是上帝

Chinook 的西洋棋玩得比任何活人或死者或二者皆非的都好。但這不代表它不能**在原則上**被打敗。也許藏在西洋棋樹深處還有更優越的策略，只是還未被人類或機器想到，足以打敗現在這個世界冠軍。想要排除這一點唯一的方式就是將西洋棋分析到底，也就是能確定地標示根部。西洋棋是三種遊戲中的哪一種？第一位玩家贏、第二位玩家贏，還是和局？

我就不再吊人胃口了，答案是和局。就數學而言，西洋棋或多或少是一種大型雙色版井字遊戲。兩個從不犯錯的玩家永遠不會贏也不會輸；他們每次都會和局。對馬里恩・汀思雷的棋迷來說，這個結果也許不會太意外，各位要記得，他極少犯錯，他的對手失誤也不多。

當兩個幾近完美的玩家一對一時，結果通常是和局。1863 年，蘇格蘭冠軍詹姆斯・威利（James Wyllie），外號「牧人」，[15] 在格拉斯哥（Glasgow）舉辦的世界冠軍賽中對戰康沃爾的羅伯特・馬汀（Robert Martins）。他們下了五十局，每一局都是和局。而其中二十八局，每一步都一、模、一、樣。無聊！這場格拉斯哥災難導致西洋棋界採用了一個「限制」系統。開局的前兩步必須從一組可行的開局中隨機抽取；目的是要防止棋士不假思索地走樹形裡的同一路徑，然後一次又一次結束在同一片葉子。但自從塞繆爾・戈諾斯基（Samuel Gonotsky）和邁克・利伯（Mike Lieber）[16] 於 1928 年在紐約長島的花園城酒店一場獎品是一千美元皮包的比賽中，連續四十局和局後，這個系統改成了現行的「三步限制」。也就是開局的前三步要從一百五十六種開局選擇中抽取，這些選擇的名稱包括「恐怖愛丁堡」「亨德森」「荒野」「弗雷澤地獄」「滑鐵盧」以及「奧利佛旋風」。[17] 但即使加了三步限制，現代冠軍棋士的和局數依舊比贏或輸多上許多。

但這些只不過是大量的證據；要能真正**證明**玩家雙方確實都沒有歷代西洋棋大師都能沒發現的必勝策略，那又是另一件事了。

Chinook 在 1994 年從馬里恩・汀思雷手中接過西洋棋王冠時才五歲。還要再十三年，強納森・雪佛及 Chinook 團隊的其他人，才能證明汀思雷**不可能**擊敗它。誰也不能，當然也不會是你。

15 因為他是一個鄉下孩子，他會趕著牛群到愛丁堡，進城後推搡著城裡人。他跟對手打賭，只要他們打敗他一次，他就會十倍地贏回來。他的確可以。

16 利伯是阿薩・隆恩在托雷多的高中同學，那裡顯然是競賽型西洋棋玩家的聖佩德羅馬科里斯。

17 「是西洋棋開局還是困難級滑雪坡道？」這會是有趣的猜謎題目。

不過你可以試一試！Chinook 在亞伯達省艾德蒙頓的伺服器上日夜運行，敞開大門迎戰所有來客。當你在下棋時，Chinook 會冷靜地評估自己的處境。「Chinook 略佔優勢」，它先如此回報，接著「Chinook 極佔優勢」，再來——在我邊寫這段邊玩的七步後：「你輸了」。這代表 Chinook 從它全景式的視角，看到你走到了一個 W 的位置。這不代表你必須罷手！Chinook 很有耐心，反正 Chinook 也沒別處可去，你可以繼續下。Chinook 會移動它的棋子，再次說道「你輸了」。你可以繼續堅持到受不了為止。

和 Chinook 對戰既讓人不安但又有點舒心，這和對戰一個想打敗你的人類高手感覺完全不同，那是既讓人不安又一點也不舒心。我曾與我的堂弟查傑利玩圍棋，他當時十五歲，是一個叫做邪惡芥末的鞭擊金屬樂團的鼓手，也是亞歷桑納州頂尖的少年西洋棋棋士。查傑利以前從沒玩過圍棋，一開始我還頗佔優勢，但在遊戲進行到 1/4 時，他開竅了——他領略了這個遊戲的邏輯，就像他很久以前領略了西洋棋的邏輯，然後就火力全開地把我掃盪下桌。跟汀思雷對戰的感受聽說也差不多。「惡霸汀思雷」，這位始終溫和有禮的數學教授被這麼叫著，只因為隔著棋盤坐在他對面的經驗，幾乎就是保證會被痛宰。汀思雷就像 1994 年版本的 Chinook 一樣，可說是完美的棋士。但不同於 Chinook，他在意他是否能贏。「基本上我是一個很沒安全感的人，」他在一次採訪中說道：「我痛恨輸。」依照汀思雷的思考方式，即使他和 Chinook 做的是一樣的事，但他們從本質上就是不同的類型。「我的程式設計師比它的好，」在 1992 年錦標賽雙方對戰前他這麼告訴報社記者：「它的是強納森，我的是上帝。」

非洲格拉斯哥

西洋棋，根據雪佛的說法，有 500,995,484,682,338,672,639 個可能的位置，不過其中有許多在守規則的遊戲中永遠不會走到。因為西洋棋是樹形，[18] 所以我們可以從遊戲結尾倒推，將每個位置標上 W、L 或 D。

但即使是這麼大量的位置，與西洋棋或圍棋比起來都只能算是小意思，想要徹底處理也遠超出人力所能及。幸好你可以省略大部分，這都要感謝**三條規則**的威力。

在西洋棋可能的七種開局步裡，最受歡迎的是「11-15」，但因為它實在太受專業玩家熱愛，所以通常被稱為「老忠實」。假設黑棋從老忠實開始，而白棋回應以「22-18」，也就是一個叫「26-17 雙角落」的開局起始步。現在又換黑棋了。就在這時候，雪佛可證明黑棋可能會有 L 或有 D，但絕無法強行獲勝。所以我們把這個位置標上 LD，表示我們還沒完成計算。

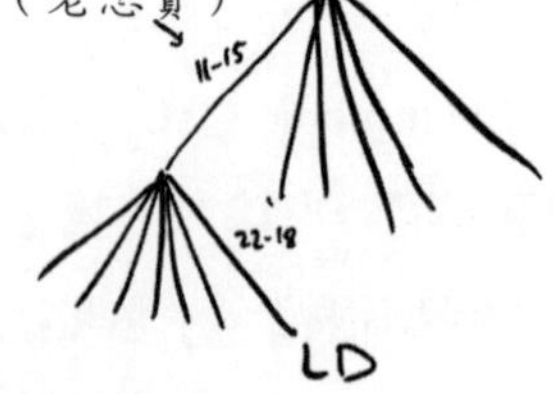

18 咬文嚼字注釋再臨：它會是有限的樹形，只要你加上西洋棋式的規則，同一位置重覆三次就算和局，雪佛正是這麼做的。

但這已告訴我們老忠實的特色！依照**三條規則**，一個位置要標上 L，**只能是**在樹形中它之後所有選擇都指向 W 時。但老忠實並非如此，因為白棋有一個選擇 22-18，可能導向 L 或 D。所以我們知道老忠實要不是 D 就是 W。我們要是想知道這一點，不需要大費周章研究白棋對老忠實可能有的多種回應，或是確切得知 22-18 應該標記成什麼。以計算機科學和樹藝師的術語來說，我們已「修剪了」不需處理的枝條。這是一個極重要的技巧。人們常以為計算的進展來自於我們讓電腦變得更快如閃電，好讓它能處理**更多更大的資料**。但其實修剪與目標問題無關的大部分資料同樣重要！最快的計算就是不用做的那種。

事實上，所有七種開局步都可以用同樣高效率的方式，推算出它們會指向 D 或 W。只有一個例外，9-13，雪佛必須再更深入探究，才能推算出它是 D。

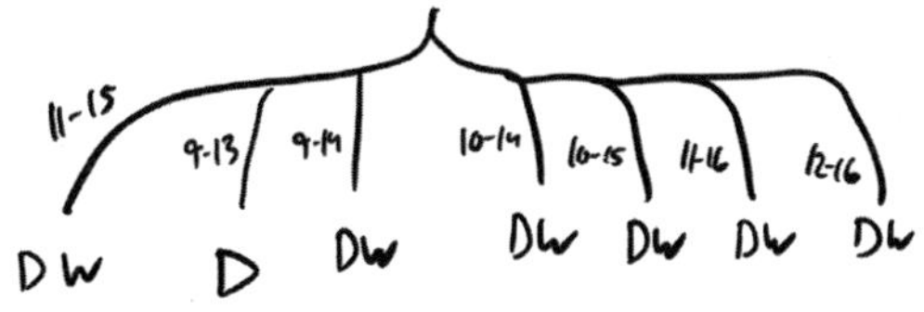

這樣就足夠解開西洋棋了。我們知道先手的黑棋有一個選擇不會留給白棋贏的位置——即 9-13——所以起始位置不會是 L。但我們又知道黑棋的任一選擇都不會留給白棋一個 L，所以起始位置也不是 W。那就只剩下 D；也就是西洋棋是一個和局。

西洋棋沒有這樣的分析，還沒有，也許永遠不會有。和西洋棋的小灌木相比，西洋棋的樹是紅杉，我們不知道根部該標 W、L 或 D。

但要是我們知道了呢？如果知道一場完美的賽局永遠會是和局收

尾，你的棋藝再出色也不會贏，但要是出錯就肯定會輸，那麼人們是否還會為了西洋棋奉獻一生？或者會覺得空虛？現今頂尖圍棋棋士的李世乭（Lee Se-dol），在輸給由人工智能公司 DeepMind 開發的機器玩家 AlphaGo 後退出圍棋界。「即使我成為第一，」他說「仍有一個無法擊敗的對手。」而圍棋甚至還未被解開！相較於西洋棋的紅杉，圍棋是——嗯，如果有一種比一棵古戈爾紅杉更大的樹，那就是那種樹。看看西洋棋和圍棋論壇，你會看到很多人懷揣著李世乭所說的那種焦慮。如果一種賽局只是一棵標著字母的樹，那還算賽局嗎？我們是不是該在 Chinook 以冷靜又無盡的耐心說我們輸了時就乾脆認輸？

國際西洋棋名人堂（International Checker Hall of Fame）以前是密西西比州佩塔爾（Petal）最大的觀光景點，佩塔爾是哈提斯堡（Hattiesburg）大學城外一個約一萬人的城市。這座名人堂是佔地三萬兩千平方呎的雄偉建築，有馬里恩．汀思雷的半身像，還有世界上最大的西洋棋盤，以及世界第二大的西洋棋盤。不過它在 2006 年創辦人因洗錢案被判刑五年後關閉，在 2007 年——雪佛證實西洋棋是和局的同一年——它被大火吞噬殆盡。

但世界各地的人們依然在玩西洋棋，依舊在競逐成為人類冠軍（在我寫作的此時，這項頭銜是由義大利大師級的塞爾吉奧．斯卡佩塔〔Sergio Scarpetta〕所擁有）。的確，它不如以往那麼受歡迎了，但這種下降趨勢早在雪佛證明之前就開始，再說，仍不斷有新血加入。來自土庫曼（Turkmenistan）的阿曼古爾．別爾迪耶娃（Amangul Berdieva）是世界頂尖棋士，在 Chinook 擊敗汀思雷時她才七歲。「任意」西洋棋（可自選開局方式）目前的世界冠軍盧巴巴洛．康德洛（Lubabalo Kondlo）來自南非，現年四十九歲。康德洛開創了威利和馬汀 1863 年在蘇格蘭連續四十局和局經典開局的另一版本；而康德洛的版本，為了向那場比賽致敬，現在稱為非洲格拉斯哥。

如果玩西洋棋就是為了成為最會贏的人，那麼再玩下去的確毫無意義。但是玩西洋棋並不是為了成為最會贏的人。沒人比馬里恩・汀思雷更會贏，而汀思雷知道真正重要的不是贏。他在 1985 年告訴採訪者：「我的確非常不喜歡輸，但如果我們玩出了許多場美麗的比賽，那就是我的獎賞。西洋棋是如此美麗的遊戲，我不介意輸。」西洋棋也一樣。目前的世界冠軍馬格努斯・卡爾森（Magnus Carlsen）告訴採訪者：「我不把電腦當成對手。對我而言，打敗人類有趣多了。」多次取得世界冠軍的加里・卡斯帕洛夫（Garry Kasparov），對人類玩西洋棋早已過時的說法嗤之以鼻，因為對他而言，由機器執行的計算與人類玩出的賽局，根本是兩回事。他說：「人類西洋棋是一種心理戰的形式。」它不是樹，是在樹上開打的戰事。回想他在二十年前與維塞林・托帕洛夫（Veselin Topalov）對戰的一場賽局，卡斯帕洛夫說：「我對這種幾何之美深深驚嘆！」樹形幾何告訴你如何能贏；但它不能告訴你是什麼讓一場遊戲變得美麗。那是更奧妙的幾何學，目前還不是電腦能依靠短短幾條規則一步步推出來的。

完美並不是美。我們有絕對的證明，完美的玩家永遠不會贏也永遠不會輸。而我們之所以對遊戲還有興趣，只是因為人類並不完美。也許這樣也不錯，完美的遊戲根本不是遊戲，至少不是我們一般所謂的遊戲。我們之所以親身參與遊戲，正是因為我們的不完美。當我們自身的不完美與另一人的不完美互相砥礪時，我們心有所感。

第六章

試誤的神秘力量

我們不知道該如何將西洋棋的樹完整標上 W、L 和 D。當我說我們可能永遠也不會知道，意思並不是因為我們不夠聰明，而是因為樹上需要標示的位置數目太大，沒有任何實際處理方式能在宇宙毀滅之前標示完成。嚴格說起來，是可能有一些方法能繞過從葉子（超多葉子）開始往回標示的遞迴繁瑣過程。《倖存者》玩的「減法遊戲」正是如此。如果遊戲開始時有一億面旗子，你可以辛辛苦苦從遊戲結尾倒推回去，標上所有的 W 和 L，或者你也可以運用我們在幾頁前證明的**倖存者定理**。因為一億可以被四均分，定理告訴我們，第二位玩家總是能贏。我們甚至還能知道該怎麼做：如果第一位玩家拿走一面旗子，你就拿三面。要是他們拿走兩面，你就拿兩面。要是他們拿走三面，你就拿走一面。重複 24,999,999 次以後，你就可以享受勝利的果實了。

我無法證明西洋棋沒有這麼單純的獲勝策略，但目前看來不大可能有。

不過電腦的確會玩西洋棋，而且玩得極好。比我好，比你好，比加里・卡斯帕洛夫好，比我堂弟查傑利好，比任何人都好。要是它們不可能計算出賽局每一狀態的標示，那它們怎麼能這麼厲害？

它們能做到是因為新一波的人工智能機器根本沒試圖要達到完美。它們走的是完全不同的路線，要解釋那是什麼的話，我們就要回到質數。

記得：整套公鑰密碼學機制，絕大部分仰賴於能想出兩個大質數做為私鑰，這裡所謂的「大」是指三百位數左右。你要從哪裡找到這種數字？商場可沒有質數專賣店，就算有，你也不會想用店裡買的質數。因為除非你是邦聯密碼員再世，否則你的私鑰最重要的**關鍵**，就是不能公開取得。

所以你得自己製造。一開始看來很難，要是我想要一個不是質數的三百位數字，我知道該怎麼做：只要把一堆較小的數相乘，直到累積到三百位數就行了。但是質數就是不能用較小的小磚塊堆起來；

身為數學教師，以下是我最常聽見的一個句子：「那我要怎麼開始？」每次聽到我都很開心，不管學生問的時候看起來有多麼垂頭喪氣，因為這問題正是教一個道理的好時機。這個道理就是：怎麼開始遠遠比不上開始**去做**重要。試試一種方法，也許行不通，要是不行就再換一種。現在的學生通常是在以固定演算法解出數學問題的世界長大。老師要你將兩個三位數相乘，你先用第二數字的個位數去乘第一個數字，依樣畫葫蘆，然後就結束了。

真正的數學（就像真正的人生）完全不是這樣，反而是充滿試誤（trial and error）。試誤這種方法經常被輕視，也許是因為裡面有「誤」這個字吧。但是在數學裡我們不怕錯誤，錯誤很棒！錯誤只是讓你有機會再試驗一次。

所以現在你需要一個三百位數的質數。「那我要怎麼開始？」你先隨機選一個三百位數。「我怎麼知道要選哪一個？」真的，隨便都可以。「好吧，那 1 後面跟三百個 0 可以嗎？」這個嘛，不太好，因為它很明顯是偶數，除了 2 以外的偶數不可能是質數，因為可以被分解成 2 乘以其他數。一次錯誤了，換下一個試驗，再選另一個三百位數，這次請選一個奇數。

這時候你想出了一個，就你目前看來是質數的數字。至少你看不出有任何明顯的理由讓它不是質數。但你要怎麼確定？你可以試著對你的數字揮動分解之斧，看看會發生什麼事。它能被 2 除盡嗎？不行。它能被 3 除盡嗎？不行。它能被 5 除盡嗎？不行。很好，你有進展了，但同樣地照這做法，你無法在宇宙壽命終結之前做完。因此在實務上，你無法用這種方式去檢查質數，就像你無法用一一標示樹形分枝來解開西洋棋。

是有更好的方法，但我們得徵召一種不一樣的幾何學：圓的幾何學。

貓眼石與珍珠

這是一條手鏈：其中串著七顆寶石，有些是貓眼石，有些是珍珠。

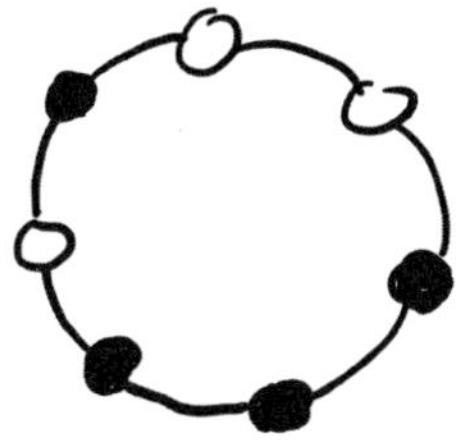

這是更多手鏈：

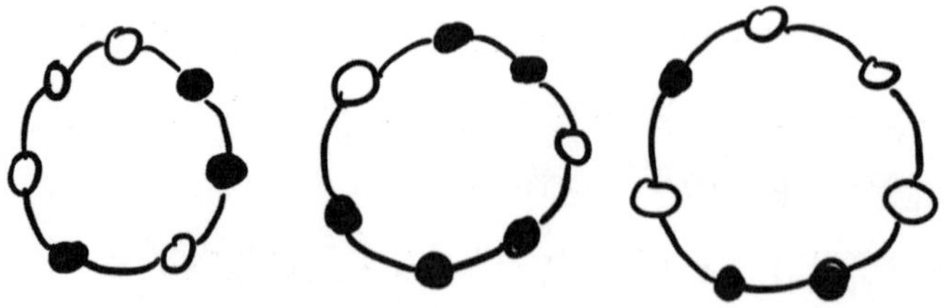

這些是四顆寶石的手鏈：

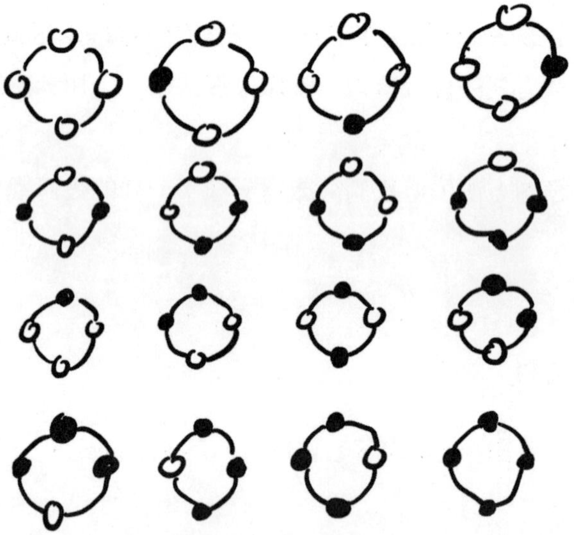

一共有十六條，你可以數數看這裡有幾條手鏈，看我有沒有漏掉，不過還有更炫的方式可以算出來。一條手鏈從最上端開始順時針數，第一顆寶石不是貓眼石就是珍珠：也就是兩種選擇。而這兩種選擇的下一顆寶石各自又有兩種選擇；這樣前兩顆寶石的擺放法就有四種選擇了。而這四種選擇後的第三顆寶石各自又有兩種選擇，總共就是八種選擇。而在第三顆寶石的這八種選擇之後，也就是手鏈的最後一顆寶石，可以是貓眼石，也可以是珍珠；所以第四顆寶石的串法就是八再乘以二，或 2×2×2×2，或 16。

也許你剛才早就已從圖裡數出來了！但這種比較炫的算法有個好處，就是我們可以把它推理到更大的手鏈，比如前一頁的七寶石手鏈。依上述算法，七寶石手鏈的串法有 2×2×2×2×2×2×2，也就是 128 種；可惜我的麥克筆不夠細，沒辦法全部畫在一頁上。

但也許——我聽到你說話了——我畫的手鏈數目超過所需要的。看看上面的三條七寶石手鏈——第三條手鏈不就是把第一條旋轉兩段。那真的是不一樣的手鏈嗎？或者是同一條，只是從不同角度看？

目前我們先暫時沿用之前的規則，也就是只要在頁面上看起來不一樣，我們就當它是不一樣的手鏈。但不要忘記這個旋轉的概念。如果第一條旋轉後可以得到第二條，我們會說兩條手鏈全等（也就是第二條手鏈旋轉後可得到第一條手鏈）。[1]

或許依照全等性來擺放手鏈，會是較賞心悅目的珠寶展示抽屜。七寶石手鏈可以用七種方式旋轉，那我們就把 128 條手鏈分成每七條一組。那有多少組？把 128 除以 7 就會得到答案：18.2857142……

萬歲，又一次錯誤！不能這麼分，因為 128 不是七的倍數。

問題出在一部分我沒畫的手鏈。比如全貓眼石版：

1　這完美符合我們在第一章看到的全等概念，即平面上兩個圖形，若可將其中一個以旋轉或其他剛體運動方式變成另一個，則兩者全等。

這條手鏈的七次旋轉都是同一條手鏈！所以它不是七條一組；而是一組裡只有一條。全珍珠的手鏈也是一條自成一組。

我們應該擔心其他過小的組嗎？當然。例如這兩條四寶石手鏈：

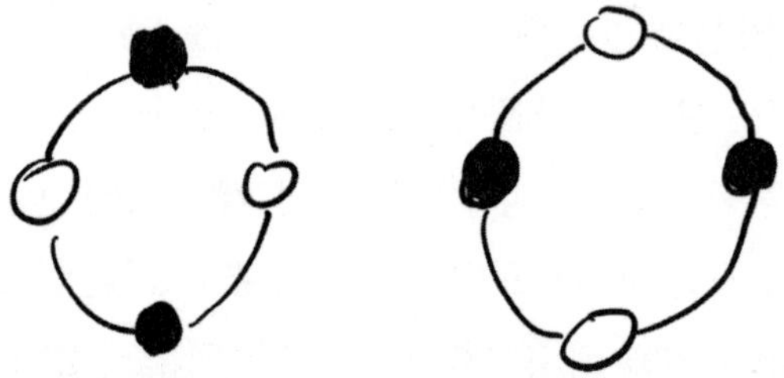

也是一組只有它們兩個。因為貓眼石和珍珠交替出現的花樣，過兩顆會重複一次。所以你不用轉四次才得回原來的手鏈；兩次就夠了。

但七寶石手鏈不會有這種問題。請讓你的想像力火力全開，假設有一條手鏈你可以旋轉三次就回到你原來的手鏈，那就是三條一組：包括原來的手鏈、旋轉一次的手鏈和旋轉兩次的手鏈。等一下，要是其中有些一樣呢？為了排除這種煩人的可能性，我們假設三是讓手鏈回到原來模樣的**最小**轉數。[2]

2　比零大的最小數，各位學究們。

如果轉三次可以回到一樣的手鏈，那麼轉六次也可以，轉九次也行；但現在我們有一個問題，因為轉七次**絕對**會讓手鏈回到原來的樣子，這意味著轉九次的結果就和轉兩次一樣。可是旋轉兩次不能讓手鏈回到原來的樣子，因為我們**剛剛決定**沒有比三小的轉數可以做到這一點。

矛盾的酸味再次充斥我們的鼻腔。

也許從三開始這個主意不太好，要是改成五個一組呢？那五就是讓手鏈恢復原樣的最小轉數。那麼轉十次也可以讓手鏈還原，然後轉十次的結果又跟轉三次一樣，又矛盾了。改成轉兩次呢？畢竟這對四寶石的手鏈可行。要是轉兩次能讓手鏈恢復原樣，那同樣適用於轉四次，轉六次，轉八次，轉——唉呀——轉八次和轉一次一樣。

四寶石手鏈就沒這樣的問題，轉動手鏈兩次就能得到一樣的手鏈。轉動手鏈四次，還是能得到一樣的手鏈；但之所以沒有矛盾，是因為你知道轉四次的結果會回到原點。這之所以可行，是因為 4 是 2 的倍數，而七寶石手鏈的問題在於，7 不是 2 或 5 的倍數，7 不是**任何數**的倍數，因為七是質數。

還記得我們本來是在談質數嗎？

順帶一提，同樣的原理能告訴我們許多關於蟬的事。每 17 年，我家鄉馬里州就會有大東部蟬（Great Eastern Brood）造訪，有數千億計的昆蟲從土裡冒出來，像是會鳴叫的地毯一樣覆蓋整個中大西洋地區。起初你會努力不踩到牠們，但很快就會放棄，因為實在太多了。

但為什麼是 17 年？許多蟬類專家認為——不過我得先聲明，蟬類專家對這個觀點有嚴重歧見，而且蟬類專家的人數遠超乎你的想像，他們在犀利抨擊他人的蟬週期性假說時意外地有趣——蟬在地底數到

17 是因為 17 是質數。要是換成 16 的話，你可以想像有類似的週期性天敵演化為每 8 年或 4 年或 2 年冒出來一次；這麼一來每次牠們出來時都會有成堆的蟬可吃。但沒有任何飢餓的蜥蜴或鳥兒可以與大東部蟬同步，除非它自己也演化為 17 年之久的週期。

當我說 7（就像 5 和 17 和 2）不是任何數的倍數時，我是有點誇大了；它是 1 的倍數，而且它也是 7 的倍數。所以有兩種手鏈分組：一種是一條一組而另一種是七條一組。一條一組的所有寶石都一樣，因為任何轉動都無法使它改變。

所以全貓眼石和全珍珠手鏈，就是孤單地自成一組；而其他 126 條手鏈全都屬於七條一組。現在可以均分了；一共有 126/7 ＝ 14 組。

要是增加到十一顆寶石呢？手鏈的總數是二自己乘自己十一次，我們記做 2^{11} 或 2048。同樣地，有兩條單色手鏈，而剩下的 2046 條手鏈可以分成 11 條一組；一共 186 組。你可以一直算下去：

$$2^{13} = 8192 = 2 + 630 \times 13$$

$$2^{17} = 131072 = 2 + 7710 \times 17$$

$$2^{19} = 524288 = 2 + 27594 \times 19$$

你有注意到我跳過 15 嗎？我跳過它是因為它不是質數，它是 3 乘 5，但我跳過它也是因為它行不通！ $2^{15}–2$ 是 32766，不能均分成 15 個一組（讀者中的手鏈轉動狂熱者歡迎自己找時間驗證，32768 條手鏈可以分成一條一組的 2 組，三條一組的 2 組，五條一組的 6 組，以及十五條一組的 2182 組）。

我們以為我們是在研究手鏈的旋轉，但其實我們是在利用圓的幾何學和它的旋轉來證明質數的一項事實，只不過乍看之下你絕對想不到和幾何學有關。幾何學無處不在，只是深藏於事物的肌理之中。

我們對質數的觀察所得不只是一項事實，還是有名有姓的事實：它叫做費馬小定理（Fermat's Little Theorem），依第一個寫下的人皮耶·迪·費馬（Pierre de Fermat）而命名。[3] 不管你取哪個質數 n，不管它有多大，2 的 n 次方都比 n 的倍數多 2。

費馬並不是職業數學家（在 17 世紀的法國幾乎沒這樣的人），而是一位省級律師，屬於寬裕的土魯斯中產階級的一員。費馬與一切的中心巴黎距離遙遠，他主要是透過與當代的數學家通信，來參與當時的科學世界。他在 1640 年寫給伯納德·福蘭尼可·迪·貝西（Bernard Frénicle de Bessy）的信中，首次提出費馬小定理，當時他與福蘭尼可針對完全數（perfect number）進行了熱烈的意見交換。[4] 不過費馬提出這項定理時沒有寫出證明；他有，他告訴福蘭尼可，他是很想寫在信裡，「要不是怕太長的話」。這一招是皮耶·迪·費馬的經典，如果你曾聽過他的名號，應該不是因為費馬小定理，而是另一道費馬定理——「費馬最後定理」，但那既不是他的定理也不是他的最後之作；而是費馬於 1630 年代在丟番圖（Diophantus）的《算數》（*Arithmetic*）頁緣所寫下關於數字的猜想。費馬注記說他想出了十分精妙的證明，但頁緣太小寫不下。後來費馬最後定理經證明確實是一個定理，但那已是數百年後的事了。在 1990 年代，安德魯·威爾斯（Andrew Wiles）與理查·泰

3　其實這只是費馬定理的一例；事實上，對任何數 m，不只是 2，mp 都比 p 的倍數多 m。

4　完全數是指其較小因數相加的和等於自身，例如 28 ＝ 1 ＋ 2 ＋ 4 ＋ 7 ＋ 14。對現代數學家來說，它們的魅力有點令人費解，不過歐幾里得很愛它們，因此它們在早期的數論家心中頗有份量。勝過歐幾里得的感覺很棒。

勒（Richard Taylor）終於完成這項證明。

對這件事的一種解讀是，費馬有某種見識異能，能可靠推斷數學論點的正確性而無需證明。就像大師級西洋棋棋士可以感覺到某一步是否走得穩妥，而無需把獲勝程序一路推到底。不過更好的解讀是，費馬只是個普通人，有時不是那麼謹慎！費馬一定很快就明白，對他所謂的最後定理，他手中並沒有確切證明，因為之後他寫到關於這項定理的特例時，沒有再說他知道它的證明之類的話。法國數論家安德烈．韋伊（Andre Weil）[5]對費馬不成熟的主張寫道：「現在幾乎已無庸置疑，這是出於他個人的誤解，即使如此，由於命運奇妙的轉折，在不知情人士的眼中，他的名聲大半仰賴於此。」

在費馬給福蘭尼可的信末，他寫道他相信所有 $2^{2n}+1$ 形式的數都是質數。按照費馬的一貫風格，他並沒有提供證明，而是說「我幾近確信」，因為試驗過當 n 為 0, 1, 2, 3, 4, 5 時他的猜想都成立。但費馬錯了，他的論點並不適用於所有數，甚至對 5 就不成立！他以為他已檢查過 4,294,967,297 是質數，但事實上它是 641×6,700,417。福蘭尼可沒注意到費馬的錯誤（太可惜了，畢竟那如山的信件顯示，他很想扳倒比他更出名的那位通信對象），費馬自己也沒有，他餘生都堅持自己的猜想，顯然懶得再驗證他最初研究時所做的算術。有時候事情就是感覺對了；但即使你是地位有如費馬的數學家，不是所有感覺對了的事就是對的。

5　西蒙（Simone）的哥哥，不過在數學圈，她是安德烈的妹妹。

中國假說

手鏈定理讓我們能檢驗看似質數的身分資格，就像夜總會門口的保鑣檢查身分。要是數字 1,020,304,050,607 一身鮮亮地站在門口想要通過檢查，我們如果一一測試不同數字，看是否能將 1,020,304,050,607 均分，可能要花好一段時間。要是把 2 乘以 1,020,304,050,607 次，看結果是不是比 1,020,304,050,607 的倍數多 2 就簡單多了。[6] 如果不是——這代表 1,020,304,050,607 絕不是質數，我可以揮揮健碩的手臂把它趕走。

奇怪的地方在於：我們已經證明，毫無疑問地 1,020,304,050,607 可以分解成更小的數，但這項證明卻絲毫不能告訴我們是哪些數！（這是好事；記得整套公鑰密碼學機制完全有賴極難找到其因數……）這種「非建構性證明」（non- constructive proof）要花點時間才能習慣，但在數學裡相當普遍。你可以把這類證明想成是一輛每逢下雨內部必濕的汽車，[7] 你可以從水和氣味得知某處漏水，但相當惱人地，證明本身不能告訴你哪裡漏水了，只知道有漏水。

這項證明還有另一項重要特色需要再深入探究。要是每次下雨你的地墊必濕，就表示車子某處漏水；但不代表你的地墊不濕就沒有漏

6　為什麼這會比較簡單？聽起來我們得把 2 乘上一兆次左右，聽起來就要很久。這是因為有一個很巧妙的技巧叫平方求冪（binary exponentiation），可以讓我們很快計算出來，但頁緣太小使我無法解釋。

7　比如我從 1998 年到 2002 年開的二手雪佛蘭騎士，直到它在新澤西收費公路的特拉華紀念橋收費站徹底拋錨。回憶時我仍能聞到地墊的味道，但我一直沒找到到底哪裡漏水。

水！有可能是別處漏水，也可能是你的地墊超級快乾。你可以依此提出兩種不同論點：

如果地墊濕就是有漏水。
如果地墊乾就是沒漏水。

第二句在邏輯用語裡稱為第一句的反（*inverse*）。還可以有更多變化：

逆（*Converse*）：如果你的車子有漏水，你的地墊就會濕。
逆否（Contrapositive）：如果你的車子沒漏水，你的地墊就會保持乾燥。

原來的說法與它的逆否相等；只是用兩套不同的字表達同樣的意思，就像「1/ 2」和「3/ 6」，或是「我這輩子見過最厲害的游擊手」和「小卡爾・瑞普肯」（Cal Ripken Jr.）。你不必同意任一個，但如果你同意其中一個，就必定要同意另一個。但一個論點和它的逆論點就完全不同了：也許兩個都對，或一個對一個錯，或者兩個都錯。

費馬告訴我們，如果 n 為質數，則 2^n 為 n 的倍數多 2。逆論點會說若 2^n 為 n 的倍數多 2，則 n 為質數。這個逆論點能證明費馬的檢測法完全可靠，有時也被稱為「中國假說」（Chinese Hypothesis）。那它為真嗎？不是。來自中國嗎？也不是。這個名字來自一個根深蒂固的錯誤認知，即費馬小定理其實早就為孔子時代的中國數學家所知。就跟拈一樣，西方數學家總有種奇怪傾向，認為凡是沒有明確來源的數學概念，應該就是來自中國古代。對於中國古代數學家提出了費馬小定理的錯誤逆論點的這項說法，似乎是源自英國天體物理學家詹姆士．金斯[8]於 1898 年在大學時期寫的一則簡短筆記，這讓錯誤歸功更加難堪。

費馬小定理的逆論點不為真，因為就像拿假證件的青少年可以騙過最嚴厲的保鑣，有些非質數也能通過費馬的質數檢測。最小的是 341（不過這個例子似乎直到 1819 年都沒人發現！），狡滑騙過費馬的 4,294,967,297 是另一個例子。而且還有無限多。

但這不代表這個檢測法沒用了；它只是不完美。普羅大眾常以為數學是毫無瑕疵或確定的科學，但我們也喜歡不完美的東西，尤其是我們對它們有多不完美多少有個底時。以下就是如何利用試誤法產生大質數。寫下一個三百位的數字，應用費馬檢測（或是更好的現代變化版，米勒羅賓檢測〔Miller- Rabin test〕）。要是它沒能通過檢測，就換一個數字再試一次，一直試到找到能通過檢測的數為止。

酒醉圍棋

這又讓我們回到電腦圍棋，圍棋比西洋棋或西洋棋更古老——事實上，稍微轉個話風，它**確實**是源自中國古代。而下圍棋的機器，出現的卻比其他遊戲都晚。1912 年，西班牙數學家萊昂納多．托雷斯．宜．克韋多（Leonardo Torres y Quevedo）打造了一臺叫做 El Ajedrecista 的機器，它能下出特定的西洋棋殘局。而圖寧在 1950 年代，擬定了功能

8　七年後在《自然》期刊的來信頁面激烈爭辯量子物理學的同一人，旁邊就是卡爾．皮爾森關於隨機漫步的問題。

性西洋棋電腦方案。西洋棋機器人的點子更早，可追溯到沃爾夫岡・馮・肯佩倫（Wolfgan von Kempelen）的「土耳其棋士」（Chess Turk），是一個18和19世紀極受歡迎的行棋自動機，啟發了查爾斯・巴貝奇（Charles Babbage），難住了埃德加・愛倫坡（Edgar Allan Poe），將死了拿破崙（Napoleon），但其實是矮小的人類躲在裡面操作。

第一個下圍棋的電腦程式直到1960年代晚期才出現，出自阿爾伯特・左布斯特（Albert Zobrist），是他在威斯康辛州大學計算機科學博士論文的一部分。在1994年，正當Chinook能與汀思雷旗鼓相當地對戰時，圍棋機器對上職業棋士仍然只有被痛宰的份。不過正如李世乭所發現的，世事變化得很快。

像AlphaGo這類頂尖的圍棋機器，又沒有小矮人躲在裡面移動棋子，究竟是怎麼辦到的？答案是它不需要把圍棋樹的每個枝節都標上W或L（我們不需要D，因為在標準圍棋裡沒有和局）。

圍棋樹枝葉繁茂深不可測；沒人能解開這鬼東西。但運用費馬檢測，我們可以滿足於近似物，採用一種函數就能以迅速且可運算的方式，為棋盤的每個位置標定分數。如果這個位置對即將落子的人有利，分數就高；若是有利於對手，那分數就低。分數暗示著策略；在所有可能的棋步中，選擇會產生**最低分**盤面的那個，因為你要讓對手處在最不利的位置。想像自己是演算法的內在生命會很有用，你正在做你的日常活動，每當你面對一個決定——巧克力可頌還是杏仁可頌，或是吃貝果——你快速翻閱所有可能的選擇。每個都幾乎立即閃爍一個附加的數字分數，記錄每種可得烘焙食品對你淨得益的最佳估計，美味度加飽腹感減去成本減去加工碳水化合物攝入量等。聽起來還挺不錯，同時又有種科幻片的驚悚。

這樣的權衡是我們以人工智能處理事物的基礎。計分函數越是準確，通常就要花越長時間計算；越是簡單，對所要衡量事物的判斷就越不準確。最精確的會是將所有贏的位置標上 1 而每個輸的位置標上 0；這將會得到絕對完美的棋步，但沒有任何可行的方法能實際算出這個函數。另一個極端則是把所有位置標上相同的值（我不知道耶，這些麵包看起來都還行）。這樣計算起來會非常容易，不過對棋該怎麼下，就完全不能提供有用的建議。

最適當的位置就是介於二者之間。你希望有一個方式可以大致判斷某一舉動路徑的價值，但又不用大費周章地從所有結果裡認出那條路，你的策略可能是「順隨當下的心意，你只能活一次」或是「把大學時代那本《荒涼莊園》（*Bleak House*）送人吧，除非它能令你感到喜悅」或是「遵守當地宗教領導的指示」。這些策略都不完美，但比起完全不假思索地行動，或許這些做法對你還比較好（除了順從當地宗教領導裡有些特例）。

也許你很難看出來這要怎麼應用在圍棋這類遊戲裡。如果你不是圍棋高手，或如果你是電腦，棋子擺在任何位置都不會激發喜悅或悲傷。而且不同於西洋棋那樣保有最多棋的玩家通常被視為「領先」，圍棋並沒有這種明顯的物質優勢概念。一個位置是高明還是低劣，是一個微妙的定位問題。

介紹一個重要數學策略：不知該試什麼好的時候，試試看起來最笨的那一個。所以你這麼做。先從某一位置開始，你想像阿卡巴和傑夫開始大喝特喝，喝到他們完全失去任何策略感和獲勝心，但他們意識裡某個幽微的裂縫還記得遊戲規則。換句話說，他們現在就像卡爾．皮爾森所想像的那種，在開放場域裡漫步行走的醉漢。兩個玩家輪流隨機合乎規定地下子，一直玩到遊戲結束，才倒在桌下不醒人事。也就是他們在圍棋的樹形上隨機漫步。

酒醉圍棋在電腦上很容易推算，因為不需要謹慎的判斷，只要知道規則，每次輪到時都隨機選一個合乎規定的地方落子就好。你可以模擬這個棋局，等結束後再模擬一次：一次、兩次、一百萬次，始終從同一個位置開始。有時阿卡巴贏，有時候傑夫贏。而你給棋局打的分數，就是在評量它對阿卡巴的有利程度，也就是模擬結果最後是阿卡巴獲勝的比例。

雖然這樣的評量很粗糙，但並非全然無用。想想這個隱喻。阿卡巴獨自在一條長廊裡，一個出口在前方，一個在後方，他還是一樣醉得半死。阿卡巴漫無目的地前後走動，直到他找到其中一個出口。合理的猜測是如果阿卡巴一開始比較靠近前方，他就比較可能從前門出來，即使他並沒有試圖去前門或任何地方。我們可以利用這個推理的反向；如果阿卡巴從前門出來，就代表（當然，並非證明）他的起始位置比較靠近前方。

這種推算是隨機漫步理論的一部分，遠在皮爾森將它取名為隨機漫步前數百年前就是。甚至可以追溯到〈創世紀〉，當諾亞厭倦了和幾百對動物困在方舟上時，他派出一隻渡鴉，要牠「來來回回」飛，尋找洪水退去後露出的土地。渡鴉一無所獲。接下來諾亞派出了一隻鴿子，牠四處亂飛，沒看到土地也回來了。但是下一次鴿子又出去隨機亂飛時，啣回了一片橄欖葉，而諾亞得以推測方舟已接近大水的邊界。[9]

隨機漫步出現在遊戲研究裡已有數百年之久，尤其是機率遊戲，要走過這種樹永遠是隨機的，至少有一部分是。皮耶·迪·費馬不是在寫關於質數的信時，就是在與數學家兼神祕主義者布萊茲·帕斯卡

（Blaise Pascal）通信，兩人討論賭徒破產的問題。在這個遊戲中，阿卡巴和傑夫比骰子，一開始每個人都各有十二枚籌碼，輪流一次擲出三顆骰子。每次阿卡巴擲出 11，他就能拿走一枚傑夫的籌碼；每次傑夫擲出 14，他就能拿走一枚阿卡巴的籌碼。等其中一位玩家籌碼用盡「破產」，遊戲就宣告結束。那麼阿卡巴獲勝的機率是多少？

這是一個隨機漫步的問題，開局時雙方的資金相等，一旦有位玩家擲出他的目標數字比另一位多十二次時遊戲結束。擲三顆骰子時，出現 11 的可能性是 14 的將近兩倍，因為三顆骰子要擲出 14 只有十五種組合，但有二十七種組合可以擲出 11。所以認為傑夫處於不利地位是很合理的猜測。但有多不利？這是帕斯卡對費馬提出的問題。結果是（費馬立刻回信給帕斯卡，而帕斯卡則不悅地表明他早就解出來了）傑夫破產的可能性是阿卡巴的一千多倍！隨機漫步中一個不大的偏差，在賭徒破產遊戲裡被放大成嚴重後果。傑夫也許能僥倖在阿卡巴擲出 11 前就擲出一兩次 14，但他不可能領先太久，更不用說領先十二次。

要說明這是怎麼運作的，最簡明的方式就是替換成更簡單的模式，數學家喜歡稱之為「寶寶範例」。假設阿卡巴和傑夫玩遊戲，阿卡巴有 60% 的機會贏得一點，而率先贏得兩點的玩家獲勝。阿卡巴得到最先的兩點並獲勝的機率是 0.6×0.6 ＝ 0.36，而傑夫連續獲得兩點

9　為完整起見，我應該坦承文本中關於渡鴉的內容有些含糊，使得解譯者不得不充實這個故事。根據 3 世紀由強盜變身為拉比的瑞許．拉克希（Reish Lakish）（Talmud Sanhedrin 108b）的說法，渡鴉根本沒有去尋找旱地。牠的「來來回回」動作僅限於環繞方舟的一小圈內，以便牠可以盯著諾亞。這隻疑心重的渡鴉暗暗認定諾亞把牠派下船是藉口，因為諾亞想和渡鴉太太發生性關係。一定要閱讀評注，裡面總是有狂野的一面。

擊敗阿卡巴的機率只有 0.16。除去這兩種選項後，剩下的就是有 48% 的機率，最先的兩點是平分 1-1，遊戲繼續。其中又有 60% 也就是整個遊戲的 28.8%，阿卡巴會贏得下一點並獲勝；而在 1-1 情形中有 40%，也就是整個遊戲的 19.2%，傑夫會贏得下一點並以 2-1 獲勝。所以阿卡巴的整體勝率是 36% ＋ 28.8% ＝ 64.8%，比他贏得每一點的機率略高。如果遊戲規則改成要贏三點而不是兩點，你可以用同樣的方法算出阿卡巴的勝率會提高到 68.3%。遊戲越長，略佔優勢玩家的獲勝機會就越高。[10]

賭徒破產原理深深影響體育錦標賽制的設計。為什麼我們不用單一局的結果決定棒球的世界冠軍或是網球錦標賽獲勝者？因為那樣太不確定了；在任何一局網球賽事中，較優秀的選手也可能會輸，而錦標賽的重點就是要找出誰才是真正最厲害的。

因此，一盤網球賽會進行到直到兩位選手之一率先贏得六局並且領先兩局。用文字比較難說明，還是看圖吧：

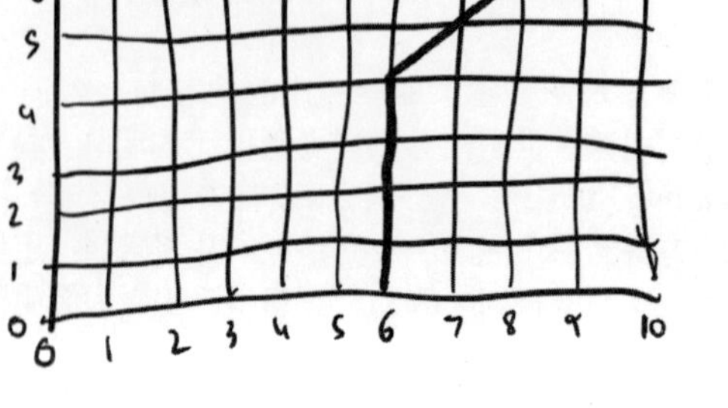

你可以把一盤網球賽看成在這張圖上的隨機漫步；每打一局，你就往上或往右走，直到撞到兩個邊界之一，使另一位選手「破產」。如果選手 A 比選手 B 略勝一籌——也就是往上走的可能性高於往右走——撞到上方邊界的可能性就會高於撞到較低的那個。[11] 因為圖中的斜向長道是無限的，一盤網球賽能打多久其實沒有明確界限。不過除非兩位選手真的不分軒輊，否則這場漫步不太可能走得極遠而不撞到牆。但還是有可能。約翰・伊斯內爾（John Isner）和尼古拉・馬俞（Nicolas Mahut）就遇上了這種事，這兩位選手於 2010 年 6 月 23 日在溫布頓（Wimbledon）碰頭。兩位選手你來我往地贏球，幾個小時過去，太陽西沉，場上的計分板因超過預設最大值而關閉。一直到了晚上九點左右，比數停在 59-59，因為天色太黑而無法再比下去。隔天下午伊斯內爾和馬俞兩人續戰，還是一來一往地獲勝。終於，在 24 日傍晚，伊斯內爾以一記反手拍超越馬俞，贏得該盤的第 138 局，以 70-68 獲勝。「這種事再也不會發生了！」伊斯內爾說：「永遠不會。」

但其實還是有可能！也許把比賽設計成這樣有點怪，但對我來說，這正是網球的魅力。沒有計時，沒有響鈴，沒有局數限制，唯一的出路就是其中一人獲勝。

大多數錦標賽的賽制不是這樣。當兩支棒球隊在世界大賽（World Series）決勝時，冠軍是率先贏得四勝的隊伍，最長不會超過七場，如

---

10 你也許注意到了，這個遊戲跟原來的賭徒破產遊戲有點不一樣；在帕斯卡和費馬研究的問題中，你得領先 12 點才能贏，而不只是率先得到 12 分。寶寶範例比較容易在紙上分析。

11 網球迷會指出，換邊發球會使隨機漫步更加複雜；沒錯，但對牽涉到的數學性質沒有實質影響。

果兩隊都分別贏了三場，下一場就會決定冠軍。大賽不可能延長到像伊斯內爾對馬俞那種一盤138局的超級馬拉松，[12] 世界大賽邊界的幾何不一樣。

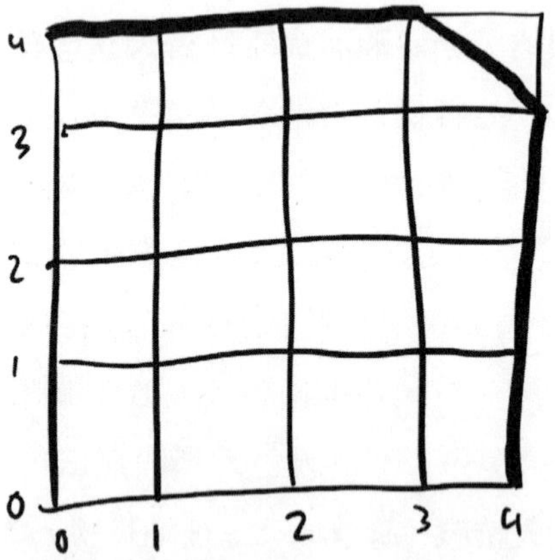

我們再次來到正確度與速度的權衡。你可以把一盤網球賽視為一個演算法，它的目的就是要算出哪位選手的網球打得比較好，就像世界大賽是想知道哪一隊的棒球打得比較好的演算法（一場體育賽事不只是一個演算法，它也許還意在提供娛樂、產生稅收、麻醉沸騰的民怨等等——但演算法是它的其中一個屬性）。一盤花較久時間算出結果的網球賽事，在判別選手之間的細微差異時較為準確；世界大賽比較粗糙但比較快完成。這項差異來自邊界的幾何；它是像世界大賽一樣方方鈍鈍的，還是像網球賽一樣長長尖尖的？而且不是只有這兩種選擇。你可以透過對形

12 不過理論上，一場棒球賽可以無限延長，只要每局結束時比數都相同；若你對這種可能性有興趣，我強力推薦金塞拉（W. P. Kinsella）的小說《愛荷華棒球聯盟》（*The Iowa Baseball Confederacy*）。

狀的選擇，將自己對準確度與速度間的權衡落在你想要的位置。我很喜歡這一種：

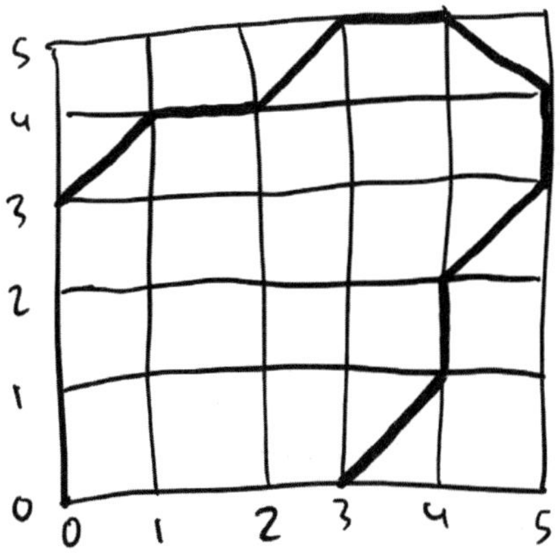

這套系統有一條「憐憫規則」；要是連丟三場 3-0 就輸了。不過，要是兩隊都獲得三勝，代表他們實力差不多，這時就要取得第五勝才能分出勝負。沒錯，是會少了一些罕見但激動人心的時刻，像是 2004 年的紅襪隊（Red Sox）從 3-0 絕地反攻、逆轉贏得美國聯盟冠軍賽（American League Championship Series）；但這種事很少發生。跟勢均力敵的兩隊打到第八戰然後第九戰定生死比起來，付出這個代價會太高嗎？

策略的空間

回到圍棋。我們已經看到隨機漫步的結果可以讓你推測起始位置；所以可以合理推測，從阿卡巴可能會意外獲勝的位置，在他認真下時在這位置獲勝的機會也很高。你可以應用這個策略來下圍棋以檢測這個說法；每一次都在酒醉圍棋的最高分位置落子。如果你採用這個規則，結果會是你無法擊敗任何有技巧的棋士，但你能下得比完全的生手好。

更好的做法是結合酒醉蹣跚與我們用在拈上的樹形分析，它會變成這樣：

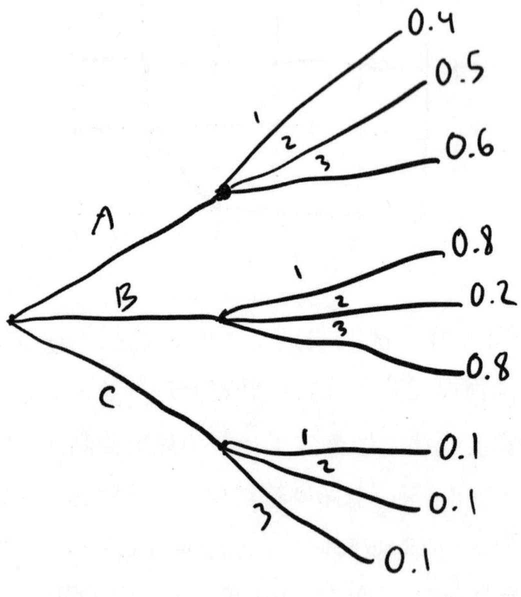

這時我就得透露一件關於我自己的事了。我不會下圍棋，我的堂弟查傑利碾壓我的那一局是我最後一次玩棋，現在我連規則都不記得了。但不要緊，我還是可以寫關於圍棋的這一章節，因為樹形可以告訴你該做什麼，不管你懂不懂規則。這棵樹可以是圍棋樹或西洋棋樹或拈樹；分析的方式一模一樣。和策略選擇相關的一切，都包含在它的枝條樣式和葉子上的數字之中，樹的幾何才是最重要的。

葉子上的數字代表對應的落子程序在酒醉圍棋中的得分；如果阿卡巴走了 A 步，而傑夫跟著走了一步，之後兩位玩家就隨機落子，阿卡巴最後會贏得 60% 的棋局。那麼 A1 的酒醉圍棋分數是 0.6。

但酒醉圍棋對光走 A 步的分數就沒有那麼好了；假設傑夫醉了，之後都隨機落子，有 1/3 的機會棋局會演變成 A1，1/3 的機會演變成 A2，1/3 的機會演變成 A3。如果我們進行 300 次酒醉試驗，其中 100 次[13]會以 A1 結束，而其中 40 次阿卡巴會贏。然後阿卡巴會贏 A2 棋局中的 50 次和 A3 棋局中的 60 次，總共是 300 次中的 150 次，正好一半。所以 A 的酒醉圍棋分數是 0.5。以類似方法我們發現位置 B 的分數是 0.4 而位置 C 的分數是 0.9（要記得，某個傑夫要落子位置的酒醉圍棋分數，代表的是酒醉的傑夫打敗酒醉的阿卡巴的機率，而不是倒過來）。

阿卡巴會怎麼下這局棋要看他們何時開始喝酒。如果他只看樹形的第一層分枝，得知之後都是隨機，他就會走 B 步，也就是酒醉圍棋分數最低的那個。但如果他繼續往樹形下方看下去，他就會做如下的推理。如果他走 B 步會發生什麼事？跟教宗一樣清醒的傑夫會挑 B2，使阿卡巴的勝率是 20%。但還是比最爛的 C 步好，不管接下來傑夫怎麼走，阿卡巴的勝率都只有 10%。但 A 步的確讓傑夫操作的空間較小；他的最佳選擇是走向 A1，這時阿卡巴的勝率是 40%。所以阿卡巴在直接接受酒醉分析之前，深思熟慮樹形往下的兩步而不只是一步後，發現 A，而不是 B，是較好的選擇。

當然，更深入的分析會更有幫助。隨機落子時 B2 這個位置會讓

13 或是「有極大可能若我們多次進行這項實驗，棋局演變為 A1 的平均數會趨近於 100」，但我不會在每個數字前都打上這麼一句話。不客氣。

阿卡巴下場淒慘，那可能是因為它就是客觀上對阿卡巴不利的情況。或也有可能是因為從那個位置後，阿卡巴有一個超棒的走法和許多很爛的走法。對隨機模式的阿卡巴來說，這會是很糟的位置，因為選到那個好走法的機率非常低。不過對還能預先思考後兩步的阿卡巴來說，那棒透了。

像這種混合策略，仍相當仰賴半荒謬的酒醉圍棋法。所以用這類方法做為核心的圍棋電腦程式數年前還能獨領風騷，在高級業餘圈游刃有餘，也許會令人感到意外。但能逼得李世乭提早退休的新一代機器威力不是來自於此。它們還是用計分函數以數字等級將一個位置評為「對阿卡巴有利」和「對阿卡巴不利」，並用這個分數來決定下一步。但像 AlphaGo 這類程式使用的計分機制，要比隨機漫步提供的好上許多許多。你要怎麼建立這種機制？答案是——你一定知道我要說什麼——就在幾何學。不過，是更高層次的幾何學。

不管要廝殺的是井字遊戲、西洋棋、跳棋還是圍棋，你都是先從盤面上的幾何學開始。之後依據遊戲規則，你往上一層發展出樹的幾何學，原則上包含了關於完美策略的一切。但當完美策略計算過於繁複難尋時，你退而求其次，找一個**足夠接近**完美的策略，能打出一場高水準棋局就好。

要找到一個策略夠接近未知且實際上不可知的完美目標，你必須以新幾何學導航：策略空間的幾何學，這可比樹形難畫多了。我們試圖在那個無限維度的抽象大海中撈到一個決策協議，能勝過馬里恩．汀思雷或李世乭由經驗鍛鍊出的敏銳直覺。

聽起來很難。我們該怎麼開始？還是要靠最粗糙又最強大的方法，試誤。我們來看看它是怎麼做到的。

第七章

人工智能登山學

我的朋友梅瑞狄斯・布魯薩德（Meredith Broussard）是紐約大學教授，專長是機器學習及其社會影響。梅瑞狄斯在不久前上了電視，任務是要在兩分鐘內向全國觀眾解釋人工智能是什麼以及它如何運作。

她向主持人解釋道，人工智能不是殺手機器人，也不是使人類心智能力相形見絀的無感情人型機器。梅瑞狄斯告訴負責採訪的主持人說：「最重要的一點是要記得，這只是數學——人工智能並不可怕！」

主播頹喪的表情暗示著他們還比較喜歡殺手機器人。

但梅瑞狄斯回答得很好，而我能談的時間不只兩分鐘，所以我就來接棒解釋機器學習的數學是什麼，因為大概念比你想的還簡單許多。

首先，假設你不是機器而是一名登山客，而你想要登上山頂。但你這個登山客沒帶地圖，身邊全是樹叢圍繞，又沒有制高點可以俯瞰周遭地貌，那你要怎麼登頂？

有一個策略可用。評估你腳邊的坡度，也許你朝北走時地面會微微上抬，而朝南時會微微下傾。接著轉向東北方，你注意到上抬幅度更大了。你試了一小圈，檢查了所有可能的方向，其中有一處上抬的幅度最大。[1] 你朝那個方向走幾步，再試新的一圈，再次選擇所有方向中上升幅度最大的那個，之後如法炮製。

現在你知道機器學習是怎麼進行的了！

好吧，也許比這樣還複雜一點點，但核心概念就是所謂的「梯度下降」（gradient descent）。其實這就是試誤法的一種形式；你嘗試一堆可能的走法，然後挑一個最有幫助的。而特定方向的「梯度」，就是「往那個方向走一小步後的高度變化量」的數學用語——換句話說，就是你所走那個方向的坡度。如果你喜歡微積分，梯度就跟「導數」（derivative）是一樣的，不過我們在這裡所說的內容，並不需要你喜歡微積分。梯度下降是一個演算法，就是「一條明確的規則，告訴你在你可能遇到的任何情況下該怎麼做」的數學用語。這條規則就是：

考慮所有可能的小走法，找出哪一個能提供最大梯度，照做。
重複以上做法。

通往山頂的路徑，畫在等高線地圖上會是這樣：

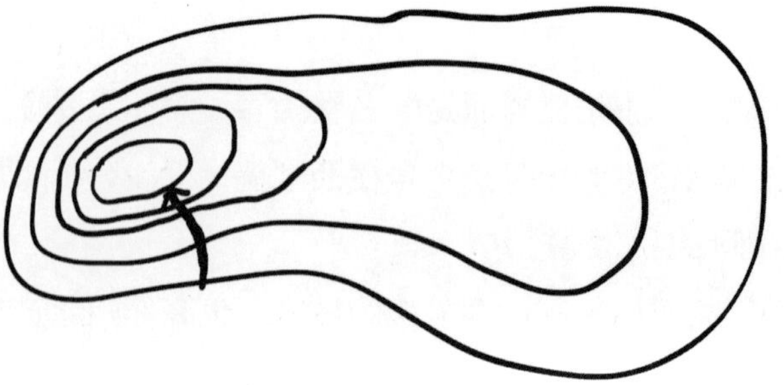

（同樣是有趣的幾何學：當你以梯度下降導航時，你在等高線地圖上的路徑一定會以直角通過等高線。詳解請見書末注釋。）

你可以看出來，這對登山來說也許是好點子（並非總是如此，我們之後會再談），但這和機器學習有什麼關係？

假如說我其實不是登山客，而是要學東西的電腦。也許是我們早已見過的那種電腦，像是圍棋學得比大師還好的 AlphaGo，或是能產生長串逼真得可怕的英文文本的 GPT-3。但我們還是從經典的設定開始，假設我這部電腦是要學什麼是貓。

我該怎麼做？跟嬰兒的方法差不多。嬰兒生活的世界裡，不時會有巨大的人指著在他們視野中的某個東西說「貓！」，而你也可以對電腦提供類似訓練：給它一千張貓的影像，包括不同姿勢、照明和情緒。你告訴電腦說：「這些都是貓。」事實上，如果你真的很想幫上忙，你會再丟一千張**不是**貓的影像，然後告訴電腦這些不是貓。

這臺機器的任務就是要發展出一個策略，讓它可以自行區分「貓」和「非貓」。它在所有可能策略的大地上漫步，試著找出**最好的**一個策略，也就是貓科動物識別準確率的頂點。它就像一個登山客，而前進的方式就是利用梯度下降！你挑了某個策略，走到了某個位置，然後繼續依梯度下降的規則前進：

> 考量你目前策略所有可能的小更動，找出哪一個能提供最大梯度，照做。重複以上做法。

1　要是平手怎麼辦？那你就從中挑一個你喜歡的。

貪婪非常好

聽起來很棒，可是你發現你還是不知道這是什麼意思。比方說，什麼是策略？策略要是電腦可以執行的東西，所以必須以數學表示。對電腦來說，一張圖片就是一長串的數字（對電腦來說，一切都是一長串的數字，例外情形是有些數字串較短）。如果圖片是一個 600×600 像素的網格，那麼每個像素都有一個亮度，以 0（純黑色）到 1（純白色）之間的數字表示，知道那 600×600 ＝ 360,000 個數字是什麼，就知道什麼圖片是什麼了（或至少知道它的黑白模樣）。

策略就是接收這一串 360,000 個數字並轉成「貓」或「非貓」的方法，以電腦的語言就是「1」或「0」。而策略，以數學用語來說，就是**函數**。事實上，為了更接近真實的心理活動，策略輸出的數字可能介於 0 與 1 之間；這代表面對模稜兩可的圖片，比如山貓或加菲貓枕頭時，機器想要表達的不確定性。0.8 的輸出應該被解讀為「我很確定這是貓，不過仍有疑慮」。

假設你的策略是讓函數將「所輸入所有 360,000 個數字的平均值輸出」。如果圖像是全白結果會是 1，如果圖像是全黑結果會是 0，這樣就可以大致衡量螢幕上圖像的整體平均亮度。這跟圖像是不是貓有什麼關係？沒有關係。我沒說這是一個好策略。

我們如何評量一個策略的成功？最簡單的方法就是看**認貓機器**對它見過的兩千張圖片的判別度。我們可以就每張圖片對策略打一個「錯誤度分數」。[2] 要是圖片是貓而策略說是 1，那錯誤度就是 0；代

2　在真正的計算機科學家之間，通常稱之為「誤差」（error）或「損耗」（loss）。

表它答對了。如果圖片是貓而策略說 0，那錯誤度就是 1；這是最糟的結果。如果圖片是貓而策略說 0.8，那就是快對了但還有猶豫，錯誤度是 0.2。[3] 把訓練套組裡的兩千張圖片所得的分數加總，就能得到整體總錯誤度，這就是你的策略所得的評分。你的目標是要找到總錯誤度盡可能小的策略。那我們要怎麼讓策略不犯錯？這就要靠梯度下降了。因為現在你知道，在你調整之後，要如何評斷策略是變好還是變糟。梯度能評量當你將策略稍加改動後錯誤度改變了多少。而在所有你可以做出的小小改動中，你選擇能使錯誤度下降最多的那個（順帶一提，這就是它之所以叫做梯度下降而不是上升！在機器學習裡我們的目標通常是將錯誤之類不好的東西最小化，而不是將海拔等好的東西最大化）。

這個梯度下降法不只適用於認貓；只要你想讓機器從經驗中學到一項策略就可以加以運用。也許你想要的策略是取某人對一百部電影的評分，以預測這個人對還未看過的電影會如何評分。也許你要的策略是取一個西洋棋或圍棋的位置，推算出要走哪一步才能使你的對手落入必輸的局面。也許你要的策略是取行車紀錄器內的影片，得到一個不會讓汽車撞上垃圾箱的轉向動作。你想做什麼都行！在任何一例中，你都從一個預設的策略開始，評估在你觀察的這些範例中，哪些微小的改變能將錯誤降到最低，做出這些更動，然後重複以上做法。

我不想低估這裡的計算難度。認貓機自我訓練用的圖片比較可能是數百萬張而不是一千張，所以要算出整錯誤度可能涉及數百萬筆錯誤度分數的加總。即使你有超炫的處理器，也要花不少時間！所以在

3　有很多不同方法可以評量錯誤度；在實務上這並不是最普遍的做法，但描述起來比較簡單。我們就不在這種精細層面上計較細節了。

實務上我們經常使用一個變化版，叫做**隨機梯度下降**（*stochastic gradient descent*）。這個方法的衍生變化族繁不及備載，不過基本概念如下：與其加總所有錯誤度，不如隨機從訓練套組中挑一張圖片，可能是一張安哥拉貓或魚缸，然後採取讓你對這張圖片錯誤度下降最多的步驟。下一步驟，你再隨機挑一張新的圖片，如法炮製。一段時間後——因為這個過程要花很多步——你很可能已經辨識過所有不同圖片了。

我最喜歡隨機梯度下降法的地方就在於它聽起來有多瘋狂。比方說，想像一下，美國總統做決策時完全不考慮全球局勢；而且這位國家元首被一群吵鬧的下屬包圍，每個人都吼叫著要政策偏向自己。而這位總統，每天會隨機選其中一人聽取意見然後依此改變政策路徑。[4] 一個執掌世界大國的人如果這麼做會超級荒謬，但對機器學習卻十分適用！

我們到目前為止的敘述還少了一個重要部分：你怎麼知道何時該停止？嗯，這很簡單；那就是當你做再多的小更動，都無法產生任何改善時。但這裡有一個大問題：你有可能其實還沒到山頂！

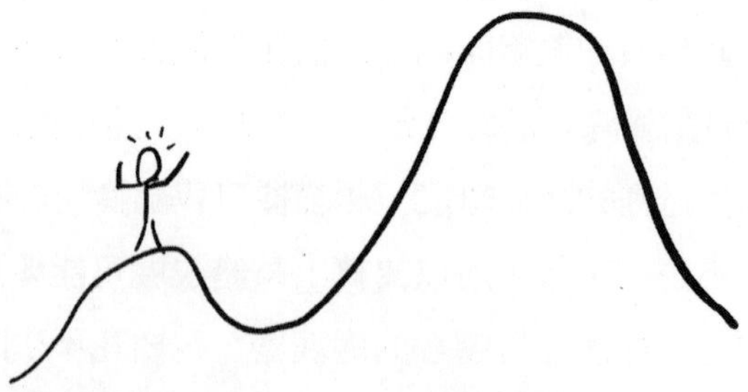

如果你是畫裡面那個開心的登山客，你不管往左一步或往右一步，都發現不是上坡。所以你才這麼開心！你到山頂了！

可是錯了。真正的山頂還在遠處，而梯度下降無法帶你到那裡。因為你被困在數學家所謂的**局部最佳值**（local optimum）[5]，從這一點做出任何小更動都無法產生改善，但卻離實際上的最佳可能立足點相當遙遠。我喜歡把局部最佳值想成「拖延症」的數學模型。假設你面前有一樣討厭的差事；比如要整理一堆搖搖欲墜的檔案山，大多數檔案與你多年來一直想要達成的目標有關，丟掉它們就代表你已死心認輸，永遠不會走上那些路。每一天，梯度下降都會建議你採取最能提升你當天快樂度的最小舉措。會是開始整理那疊檔案嗎？不，正好相反。開始整理檔案會讓你感覺**糟透了**。梯度下降指示你再拖一天，隔天這道演算法告訴你同樣的話，再隔天也是，再隔天還是。這下你被困在局部最佳值，也就是較低的山頂。如果要通往較高的山峰，你必須忍受一段低谷，也許會很久——你得先往下才能往上。梯度下降是一種「貪婪演算法」，會有這種稱號是因為它採取的步驟是最大化短期利益。貪婪是惡之樹主要的果實之一，不過話說回來，有句資本主義名言是這樣說的，貪婪是好的。就機器學習而言，更精確的說法會是「貪婪**非常**好」。梯度下降**有可能**被困在局部最佳值，但在實務上，這似乎不如理論上那麼常發生。

而且有些方法可以繞過局部最佳值；只要暫時止住貪念就好了。所有的好規則都包含例外！比方說，你可以在抵達山峰時不停下腳步，而是選擇另一個隨機地點，將梯度下降重頭再來一遍。如果你一

4　對隨機梯度下降比較正確的比喻，應該是讓顧問群依隨機安排順序，然後總統輪流見他們，一天聽取一名顧問的意見；至少這樣能保證每個人的意見都有被聽到的時候。

5　通常叫做局部極大值或局部極小值，看你是把你的目標定為登頂還是下到谷底。

直回到原處，你就能更有信心這裡的確就是最佳位置。不過就之前那張圖來說，從隨機起點做梯度下降，很有可能走到大山上，而不是困在小山上。

在實際生活中，你很難把自己重設在完全隨機的生活地點！比較實際的做法是從目前所在位置隨機跨一大步，而不是貪婪地選擇小碎步；通常這就足夠把你踢到一個足以接近最高峰的新位置。我們有時會這麼做，比如向平常生活圈以外的陌生人尋求建議，或是從斜槓策略（Oblique Strategies）之類的卡牌抽卡，卡上的格言（「使用一種無法接受的顏色」「最重要的事是最容易被忘掉的那件」「無窮小漸變」〔Infinitesimal gradations〕[6]、「揚棄一項公理」[7]）就是要將我們踢出困住我們的那個局部最佳值，讓我們走出不會立即「有用」的一步。卡牌的名字正暗示著它將傾斜你日常活動的軌跡。

我對了嗎？我錯了嗎？

但還有一個問題，很大的問題。現在我們欣然決定，要考慮我們可以做出的所有小更動，並找出哪一個提供了最佳梯度。當你是在一片土地上的登山客時，這是定義很明確的問題；你在一個二維空間，選擇要怎麼走，就是在選擇指南針一圈方向中的一點；你的目標就是找到那一圈上有最佳梯度的點。

但如果這個空間是包含對圖片評估似貓分數的所有可能策略呢？

6　這幾乎就是在說梯度下降！

7　而這幾乎就是在說非歐幾何！

那這個空間就大多了，事實上是**無限**維度。沒有任何可行的方式能考量所有選擇，如果你用人類角度來想會比用機器的角度來說更清楚。假設我要寫一本關於梯度下降的自助書，然後我說「想做出更好的人生選擇很簡單；只要考慮所有可能改變你人生的選擇，然後從中挑出最能改善你目前生活的那一個。」你光用想的就不堪負荷了！畢竟所有可能的行為修正空間實在大到難以搜尋。

而且就算透過某種超人般的內省壯舉，你真的**可以**搜尋呢？那你又遇到了另一個問題。因為有一個人生策略，絕對可以最小化所有你過去經驗的錯誤度。

> **策略**：如果你現在要做的決定跟以前做過的一模一樣，那就把你現在要做的決定改成事後回想起來是正確的那個。不一樣的話就拋硬幣決定。

就認貓機器的例子來說，類似的規則會是：

> **策略**：對任何在訓練中辨識過是貓的圖片說「貓」，對任何辨識過不是貓的圖片說「非貓」。對其他圖片，擲硬幣決定。

這個策略的錯誤度是零！認貓機器會答對每張你訓練用的圖片，但這策略糟透了。要是我拿認貓機器沒看過的圖片給它認，它會擲硬幣決定。要是我拿已經告訴過它是貓的圖片給它認，只是旋轉了百分之一度，它也會擲硬幣決定。要是我拿冰箱的圖片給它認，它會擲硬幣決定。這台認貓機器只能複製我告訴過它的貓和非貓名單，而且要絲毫不差才認得出來。它不是在學習，只是在記憶。

現在我們已經看過兩個無效策略，就某種程度來說是正好相反：

- 這個策略在你已遇過的情況裡錯得離譜
- 這個策略完全迎合你已經遇過的情況，對新情況完全無用

前者的問題叫做**低度擬合**（*underfitting*）——在形成策略時沒有充分利用過去的經驗。後者的問題是**過度擬合**（*overfitting*）——我們太過仰賴經驗。那我們要怎麼在這兩個無用的極端之中，取一條中庸之道呢？我們可以把問題變得更像登山就能找到答案。登山客搜尋的是有限空間中的選擇，我們也可以這麼做，只要事先限制選項就行了。讓我們回到我的梯度下降自助書。這次我不是教讀者考慮他們可能做出的所有改變，而是叫他們只想一個維度；比如說，對雙薪爸媽來說，他們放在工作需求上的比重有多少，放在孩子需求上的比重又是多少。這是一個選擇維度，是在你的生活裝置上可以調節的一個鈕。你可能會問自己——回顧至今的生活，我會想把調節鈕更轉向工作，還是更轉向我的孩子？

我們本能地知道這種方式。我們在評估生活策略時，用的比喻通常都是在地球表面上選擇某個方向前進，而不是在無限維度的空間中漫遊。羅伯特·佛洛斯特（Robert Frost）以詩描寫為「二分岔路」。臉部特寫（Talking Heads）樂團的〈一生一次〉（Once in a Lifetime）[8] 可說是佛洛斯特〈未行之路〉（The Road Not Taken）另一形式的續曲，要是你

8　由布萊恩·伊諾（Brian Eno）製作並共同作詞，他也是斜槓策略卡的共同創作人！

睜大眼睛看，它幾乎就是在描寫梯度下降：

你也許會問自己
這段公路通向何方？
你也許會問自己
我對了嗎？我錯了嗎？
你也許會對自己說
「天啊！我都做了些什麼？」

你不必把自己局限在單一調節鈕，就像典型的自助書會提供許多問卷讓你評估：你想把調節鈕轉向孩子轉離工作，還是反向？轉向孩子還是配偶？轉向企圖心還是安逸？但任何一本自助書，不管有多權威，都不會有**無限多**的問卷。而是從無限多你能調整人生的可能旋鈕清單中，挑出一組你可能會考慮前往的方向。

至於這本自助書好或不好，就要看它是否選到好的旋鈕。如果問卷內容是你應該多讀珍・奧斯汀（Jane Austen，19 世紀初英國知名小說家，最著名的作品為《傲慢與偏見》〔*Pride and Prejudice*〕），少看安東尼・特洛勒普（Anthony Trollope，18 世紀英國小說家，最知名的作品為《巴塞特郡編年史》〔*Chronicles of Barsetshire*〕系列小說），或是你應該多看曲棍球少看排球，那對大多數人的問題來說應該不會有幫助。

挑選旋鈕最常見的方式是線性迴歸（linear regression），這是統計學家要尋找一種策略，依已知變量值預測另一變量時第一個會選用的主力工具。比方說，有支表現低迷的棒球隊，球隊老闆可能會想知道，球隊勝率對門票售量的影響有多少。老闆不會想浪費心力網羅優秀球員，除非那能換算成買票人數！那麼你會做一張這樣的表：

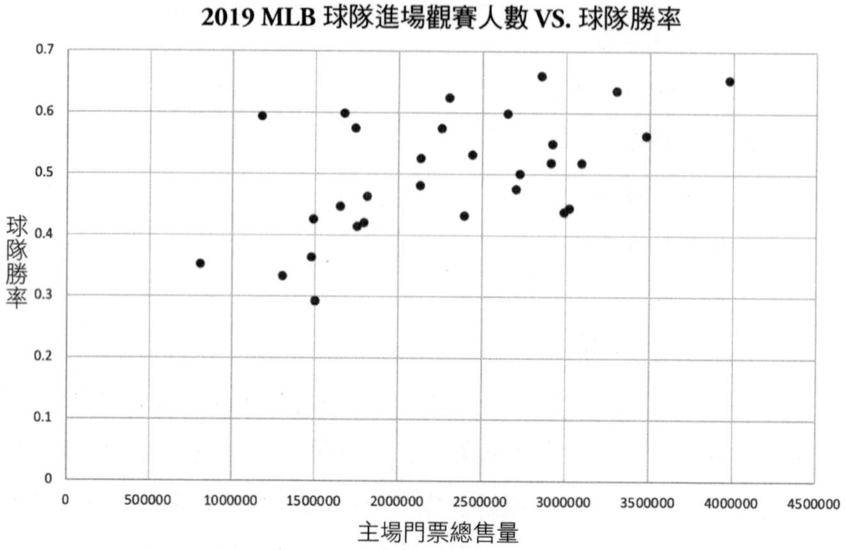

表上的每一個點代表一支球隊，垂直位置代表該隊在 2019 年獲勝的場數百分比，水平位置代表當年度總進場觀賽人數。你的目標是找到一個策略，能夠以勝率預測進場觀賽人數，而你限制自己考慮的策略小空間，是由線性策略組成的：

進場觀賽人數 ＝ 神祕數字 1 × 勝率 ＋ 神祕數字 2

只要是這樣的策略都可以在圖上畫成一直線，而你希望這條線要盡可能貼近你的資料點。兩個神祕數字就代表兩個旋鈕；你可以透過這兩個數字的增減來做梯度下降，微調數字，直到任何調整都無法再改善策略的整體錯誤度。[9]

你最後得到的線會是這樣：

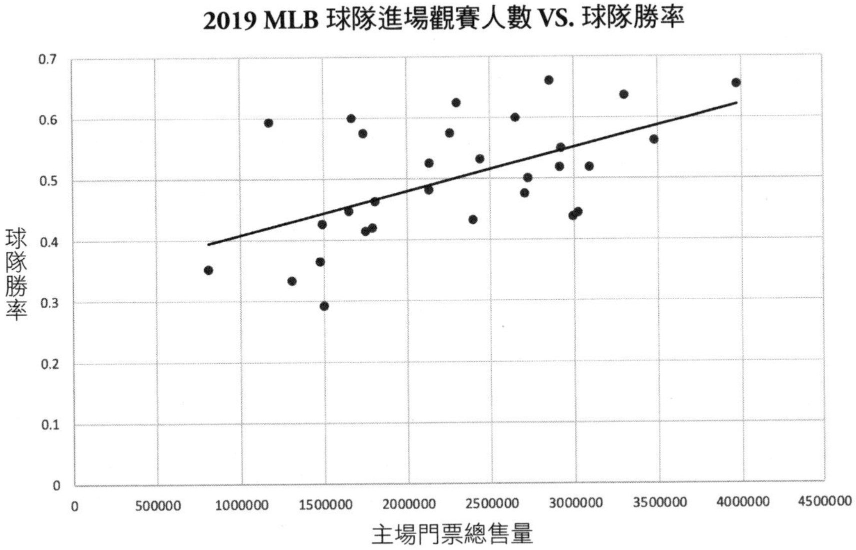

你會注意到最小錯誤的線還是錯得離譜！現實世界大多數的關係都不是嚴格的線性。我們可以輸入更多變數來解決問題（例如你可能想到球隊的球場大小應該有關），但線性策略的效用實在有限。這類策略不夠大到，比方說，能告訴你哪張圖片是貓。因此你得勇闖非線性的廣漠天地。

9　這裡最適用的錯誤度概念是，取線性策略的預測值與真實值之間差的平方，再將每支棒球隊的值加總，理由我們得下次再談；這個方法常被稱為「最小平方」（least squares）法。最小平方法歷史悠久，至今已相當完善，用它來找出最適線會比梯度下降快上許多；不過梯度下降也還是可以用。

DX21

機器學習現在最熱門的是**深度學習**（*deep learning*）技術。它催動著打敗李世乭的 AlphaGo，催動著特斯拉所謂的自駕車，也催動著 Google 翻譯。它有時以神諭的方式被呈現，可自動且大規模地提供非凡的洞見。這項技術的另一個名稱「神經網路」，聽起來則讓人覺得這種方法摸擬了人類大腦的運作。

但事實並非如此，正如布魯薩德所說，神經網路只是數學，甚至不是新的數學；基本概念在 1950 年代末期就已出現。在我 1985 年的猶太成人禮禮物中，就看到類似神經網路架構的東西。除了支票、幾個聖餐杯以及超過二十幾支高仕筆（Cross，精品筆品牌）之外，我還從爸媽那裡收到我最想要的東西，一架山葉 DX21 合成器，它現在還在我家裡的辦公室。1983 年，我極為得意能擁有一架**合成器**，而不是**電子琴**。DX21 不只會播放工廠裝好的假鋼琴、假小號、假小提琴的聲音，你還可以自己編程你想要的聲音，當然前提是你能摸透七十頁厚的艱澀說明書，裡面有很多這類圖片：

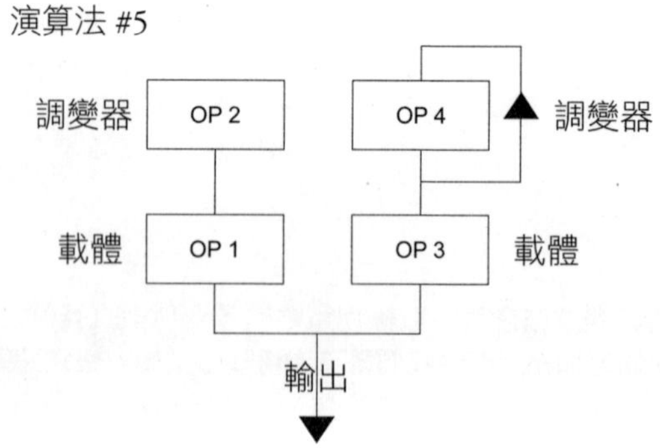

每個標示 Op 的框，就代表一個波，有好幾個旋鈕可以調節，你可以讓它變大聲、變輕柔、漸退或漸入等等。這些都是標準備配。DX21 真正的獨到之處是如上圖所示運算子（operator）之間的連結。這是有點類似魯布．戈德堡式（Rube Goldberg）[10] 的過程，從 Op 1 出來的波，不光只是依你對它做的調節變化，還會受到 Op 2 的輸出回饋影響。波甚至可以自我調整，也就是 Op 4 的「回饋」箭號。

因此，只要對每個框調節幾個鈕，就可以有極廣域的輸出，讓我有無窮的機會製作出新的獨家聲音，像是「電子死神」和「太空屁」。[11]

神經網路很像我的合成器，是由許多小框組成的網路，像這樣：

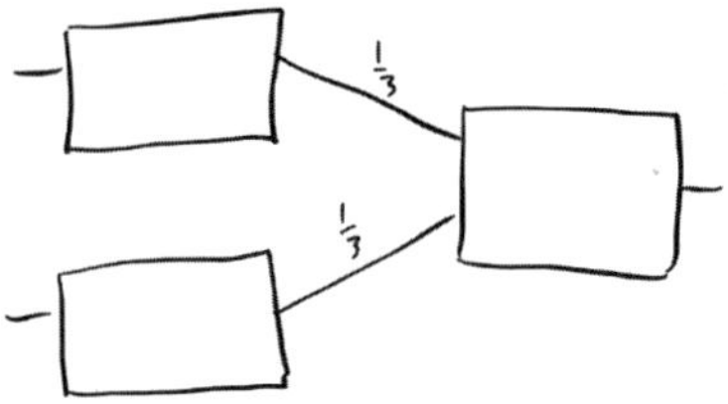

每一個框的功能都一樣：接收輸入的單一數字，若是輸入大於或等於 0.5，就輸出 1，若輸入數字小於 0.5 則輸出 0。利用這種框作為

10 美國猶太人漫畫家，畫了許多用極其複雜的方法從事簡單小事的漫畫，贏得許多讀者。比如說把雞蛋放進小碟子這種事，在戈德堡筆下可能會是這樣：一個人從廚房桌子上拿起晨報，於是牽動了一條打開鳥籠的線，鳥被放出來，順著鳥食走向一個平台。鳥從平台摔到一罐水上，水罐翻倒，拉動扳機，使手槍開火。猴子被槍聲嚇得把頭撞在繫有剃刀的杯子上，剃刀切入雞蛋，打開蛋殼，使雞蛋落入小碟子中。（出自維基百科）

11 萬一有人不知道，猶太成年禮禮物就是滿十三歲時會收到的東西。

機器學習基本元素的想法，是在1957年或1958年由心理學家弗蘭克・羅森布拉特（Frank Rosenblatt）提出，作為神經元作用的簡單模式；神經元靜止不動，直到接收到的刺激超過某個閾值時，才會發出信號。他稱他的機器為**感知器**（*perceptrons*）。為了紀念這段歷史，我們還是稱這類假神經元網路為「神經網路」，不過大多數人已經不再將它們視為是在模仿人類大腦的硬體。

一個框送出輸出後，數字會沿著箭號往右前進。每個箭號上都寫著一個數字，稱為**權重**（*weight*），輸出行經箭號時乘以權重，每個框接收從左方進入所有數字的總和作為輸入。

每一欄稱為一**層**（*layer*），所以上圖的網路有兩層，第一層有兩個框，第二層一個。你先從兩個輸入開始，一個框各輸入一個。可能性如下：

- 兩個輸入都至少為0.5。則第一欄中的框都輸出1，沿著箭頭移動時變成1/3，所以第二欄的框接收到2/3並吐出1。
- 一個輸入至少0.5，另一個較小。則兩個輸出為1和0，第二欄的框接收到的輸入為1/3，因此輸出0。
- 兩個輸入都小於0.5。則第一欄的兩個框都輸出0，最後一個框亦然。

換句話說，這個神經網路就是一個機器，接收兩個數字，然後告訴你這兩個數字是否都大於0.5。

下面這個神經網路就稍微複雜一點。

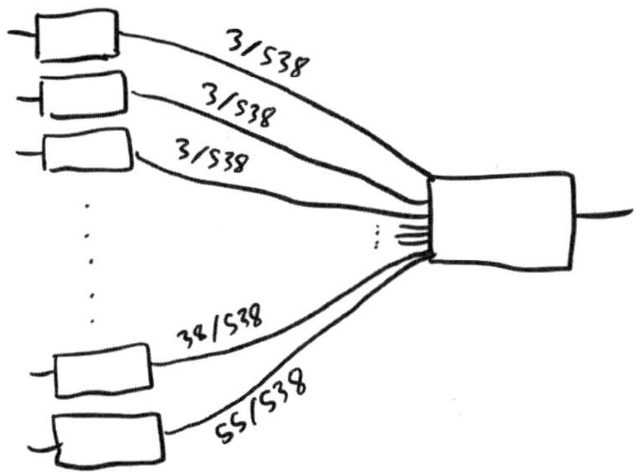

第一欄一共有 51 個框，全部都以箭號上的不同權重輸入到第二欄的單一個框中。有些權重小至 3/538；最大的則是 55/538。這個機器會怎麼輸出呢？它接收 51 個不同的數字作為輸入，啟動每一個輸入大於 50% 的框，然後將這些框附加的權重相加，看總合是否大於 1/2。若是則輸出 1；若不是則輸出 0。

我們稱它為二層羅森布拉特感知器，但更通用的稱呼是選舉人團（Electoral College）。51 個框分別代表美國的 51 個州及華盛頓特區，若共和黨候選人贏得某一州則該州的框被啟動。之後將所有州的選舉人票數加總除以 538，若答案大於 1/2，則共和黨候選人勝選。[12]

這裡有一個更貼近當代的例子。雖然不像選舉人團那麼容易用文字解釋，但更接近趨動機器學習現代發展的神經網路。

12 選舉人團和羅森布拉特的定義有一處小小的不同；最後一個框，若輸入大於 0.5 則輸出 1，若輸入小於 0.5 則輸出 0，但若是輸入正好為 0.5，框就會把決定選舉結果的責任交給眾議院。

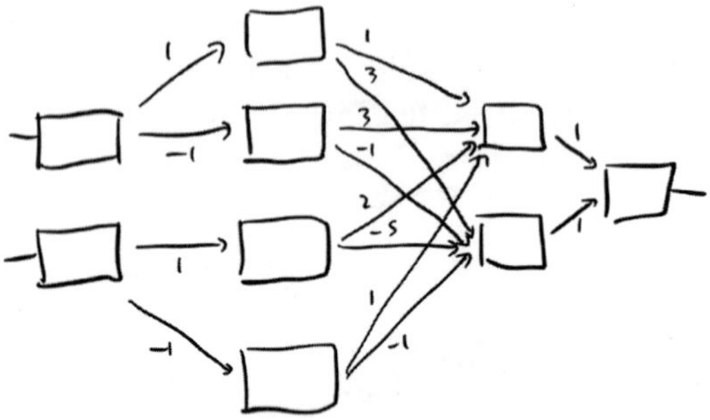

這裡的框比羅森布拉特的更精細一點；一個框接收一個數字作為輸入，是輸出那個數字或0，就看那個數字和0哪一個較大。換句話說，如果框接收的是正輸入，就會原樣輸出；但如果接收的是負輸入，它就會輸出 0。

我們來試試這個機器。假設我在最左方輸入 1 和 1，兩個數都是正值，所以第一欄的兩個框都輸出 1。現在第二欄最上方的框接收到 1 × 1 = 1，而第二個框接收到 –1× 1 = –1，第二欄的另兩個框同樣接收到 1 和 –1。因為 1 為正值，所以最上方的框輸出 1，但它下面那個框因為接收到負值輸入，所以無法啟動，輸出為 0。同樣地，第三個框輸出 1 而第四個輸出 0。

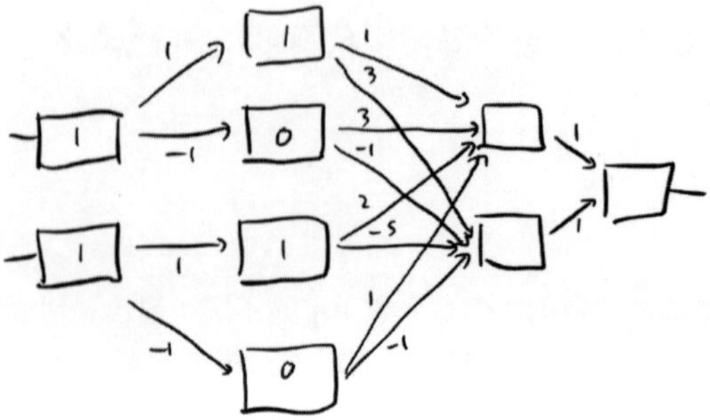

現在進行到第三欄：最上方的框接收到

$$1\times1 + 3\times0 + 2\times1 + 1\times0 = 3$$

而最下方的框

$$3\times1 - 1\times0 - 5\times1 - 1\times0 = -2$$

所以第一個框輸出 3，第二個框沒能啟動因此輸出 0。最後，第四欄唯一的一個框接收到兩個輸入的總和，也就是 3。

如果你不是每一步細節都懂也沒關係，重點是神經網路是一種**策略**；它接收兩個數字作為輸入，然後回覆一個作為輸出。而且如果你改變線上的權重——也就是說，如果你轉動十四顆旋鈕，就能改變策略。這張圖提供一個十四維的地景供你探索，讓你尋找最適合你現有資料的策略。如果你很難想像十四維的地景是什麼樣子，我建議遵照傑佛瑞．辛頓（Geoffrey Hinton，現代神經網路理論創始人）的忠告：「視覺化一個三維空間，然後大聲對自己說『十四』，大家都這麼做。」辛頓出自一脈相傳的高維度狂熱家族：他的曾祖父查爾斯在 1904 年寫了一整本書在講如何視覺化四維體，並發明了「tesseract」（超立方體）一詞。[13] 如果你看過達利（Dalí，著名的西班牙王國加泰隆尼亞畫家，因為其超

13 這位老辛頓還寫了許多科幻小說，在那時叫做「科學羅曼史」。後來他犯下重婚罪，不得不離開英國前往日本，最後到了普林斯頓教授數學。在那裡他為棒球隊發明了一種以火藥驅動的發球機，使他聲名大噪，不過機器在使數名球員受傷後就退役了。

現實主義作品而聞名）的畫作〈受難〉（*Corpus Hypercubus*），那就是辛頓式的視覺化。

這個神經網路依既定權重，將位於下方形狀內的一點（x, y）的值，定為 3 或以下：

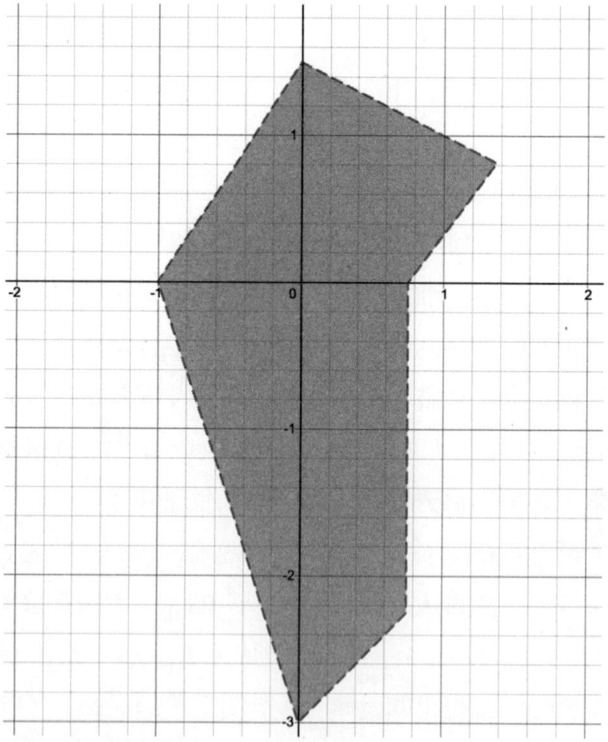

（注意點（1,1）正好位於形狀的邊界上，這時我們的策略得到的值正好是 3）不同權重值會得到不同的形狀；但並非**任何**形狀。感知器的本質使得形狀一定是多邊形，即邊界為線段組成的形狀。[14]

假設我有一張這樣的圖片：

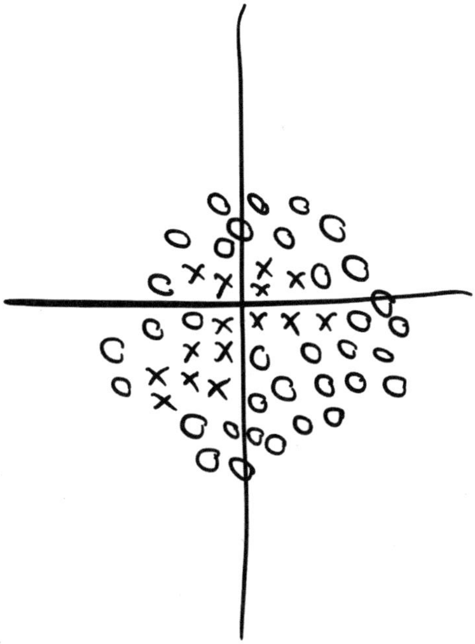

我將平面上某些點標為 X，其他則標為 O。我的目標是要讓機器學會依據已標示的點，將平面上未標示的點標成 X 或 O。也許（希望如此）將十四個調節鈕設定正確時，就能有一個適當的策略，能將所有標為 X 的點定為大的值，而所有標為 O 的點定為小的值。這樣我就能更有把握地推測平面上還未標示的其他點。如果真有這樣一個策略，我就有可能藉由梯度下降去學習。每次稍加調節各個旋鈕，就能看到我的策略對已知範例的錯誤度減少多少。找出最佳的小調節，照

14 我不是說這應該是非線性的嗎？沒錯，但感知器是分段線性，也就是它在不同空間區域以不同方式呈現線性。比較一般性的神經網路可產生較接近曲線的結果。

做，重複以上動作。

深度學習的「深度」，只是代表這個網路有很多欄。其實每一欄的框數被稱為「寬」（width），在實務上這個數字可能很大，但是叫「寬度學習」就是少了點韻味。

現在的深度網路當然要比圖片中的複雜許多，輸入框內的也比我們談的簡單函數更加複雜。在所謂循環神經網路（recurrent neural network）中，有些回饋框可以把自己的輸出作為輸入，比如我的 DX21 上的「Op 4」。而它們的速度也快多了。如我們所見，神經網路的概念已出現很久；我記得不久前這種概念還被視為已走到末路。但事實證明這個概念是好的，只是需要足以匹配的硬體。專為遊戲高速處理圖片而設計的圖片處理器（GPU）晶片，就是能高速訓練龐大神經網路的理想工具，它讓實驗者可以大幅增加網路的深度和寬度。有了現代處理器，你不用將就於十四個調節鈕；你可以有數千或數百萬，甚至更多。GPT-3 用來產生擬真英語文本的神經網路，就有 1750 億個調節鈕。

一個 1750 億維的空間聽起來很龐大，沒錯；但與無限比起來，1750 億其實很小。我們在探索的還只是所有可能策略空間的一小部分次空間。但在實際運用時這樣就已足夠產生像是人寫的文本，就像 DX21 的一小部分網路就足以產生幾可亂真的小號、大提琴和太空屁聲音。

這已經夠讓人意外了，但還有更費解的謎題。要記得，梯度下降的概念是調節你的旋鈕，直到你在訓練的資料點上得到最佳表現。而現在的網路，調節鈕多到經常可以在訓練組上得到完美表現，足以一一指出千張圖片中的貓和非貓。事實上，因為有這麼多的調節鈕可動，有一個極大的可能策略空間能做到訓練資料百分之百正確。然而大部分策略在面對沒見過的圖片時都表現得很很糟。梯度下降看似傻笨又貪婪，落在某些策略的比例遠遠大於其他策略，但巧的是梯度下降偏好的策略，在實際運用時類推到新範例的能力強上許多。

為什麼？這種特殊形式的網路有何特點，使它對許多類別的學習問題都這麼在行？為什麼我們搜尋的這一小塊策略空間，恰好包含一個好的策略？

就我所知，這是一個謎。不過我得老實說，關於這是否是一個謎也存在許多爭議！我問過許多 AI 研究者這個問題，包括知名的重量級人士，每一個人都開心地對我長篇大論。其中一些人自信滿滿地提出之所以行得通的論點，不過我還沒聽過有哪兩個論點是一樣的。

但至少我可以告訴你，為什麼我們選擇探索神經網路的地貌。

到處都是車鑰匙

有一則流傳甚廣的老故事：有個人深夜走路回家時看到一位友人沮喪地跪在路燈下。「怎麼了？」這人問，他朋友說：「我的車鑰匙不見了。」這人說：「真糟，我來幫你找吧。」於是他跪下來找。兩人翻遍了附近的草叢。過了一陣子後，這人對他的朋友說：「奇怪，你確定是掉在這附近嗎？我們已經找了好一陣子。」他朋友說：「噢，我不知道，在我發現它掉了之前我還去了很多地方。」這人就說：「那我們為什麼要在路燈下找二十分鐘？」他朋友說：「因為其他地方都太暗了看不到！」

這位友人就很像當代的機器學習專家。為什麼在可搜尋的策略汪洋中，我們獨獨找上神經網路？答案是因為神經網路非常適用於梯度下降，而且是我們唯一徹底瞭解的搜尋方法。調節單一旋鈕的效果很容易辨識；它以一種可理解的方式影響框的輸出，之後你又可以循線看出，這項輸出的變動是如何影響以該框的輸出作為輸入的框，以及這些框之中的每一個又如何影響它們下游的框，依此類推。[15] 我們之所以選擇這一塊空間來搜尋良好策略，是因為這是最容易看清方向的區域，其他地方都太黑了！

這個車鑰匙的故事本意是由友人扮演笨蛋，但換一個稍微不同的宇宙，友人就不是那麼笨了。假設車鑰匙真的被丟得到處都是——在街上、樹林裡，以及，很有可能地，在路燈光圈內的某處。事實上，很可能有好幾把鑰匙就躺在路燈旁的草叢裡。也許這位友人之前發現在路燈附近能超乎預期找到多把好車鑰匙！的確，這些高級車的鑰匙也許也會出現在城市其他地方，但只要在路燈下搜尋夠長的時間，只要附近有更高級的車款鑰匙就放棄手上那一把，你也會有豐碩的成果。

15 給微積分愛好者：這之所以簡單，在於神經網路計算的函數是通過函數的添加和編製來構建的，由於連鎖律（chain rule，用於求複合涵數的導數），這兩種操作都很適用於計算導數。

第八章

你是你自己的負一層表親及其他地圖

什麼是圓？以下是官方定義：

圓是平面上距離一個稱為中心的固定點一定距離的一組點。

好，那什麼是距離？

這個問題就很微妙了。兩個點之間的距離，可以是從一點到另一點的直線距離，但是在實際生活中，若有人問你現在距離他們家還有多遠，你可能會說：「噢，再十五分鐘吧。」這也是一種距離的概念。如果距離的定義是：「經過時花費的時間」，那麼圓可能會看起來像這樣：

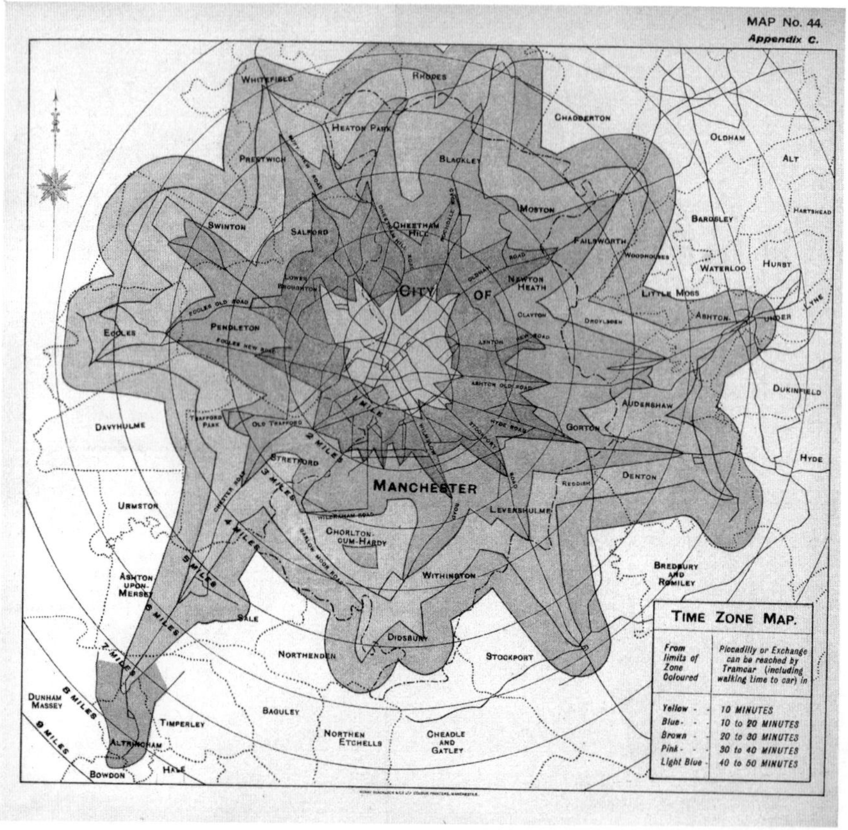

這些看起來像多角海星的東西是同心圓（concentric circles），每個點分別代表從共同圓心，也就是英國曼徹斯特市中心的皮卡迪利公園站（Piccadilly Gardens）出發的電車，行駛十、二十、三十、四十和五十分鐘的距離。這種地圖叫做同時線（*isochrone*）。

不同的都市幾何學會產生不同的圓。在曼哈頓（該地的座右銘：我在走路！）人們習慣步行，要是有人問起離家還有多遠，人們會回答還有幾段街區。所有距離已知圓心四段街區的點，看起來會像是以尖角立起的四方形：

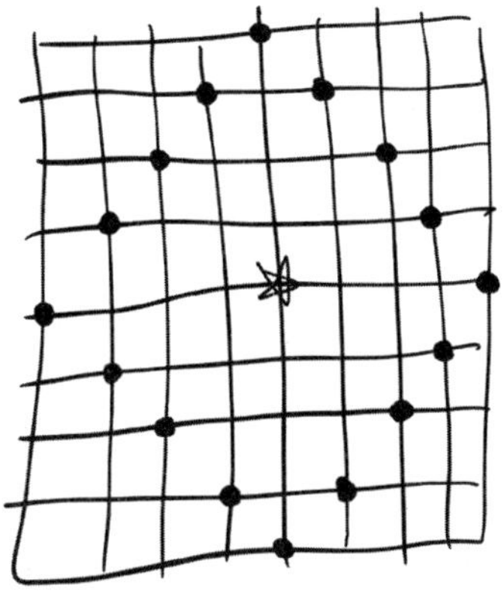

（看，我們終於化圓為方了吧！）一張等時線地圖，會呈現一組有共同中心點的同心「在此情境下是圓的方形」。

只要有距離概念，就有幾何以及伴生的圓等概念。我們習以為常的「遠親」，也是一種從家族樹衍生出的距離概念。你和你的兄弟姐妹距離是 2，因為要從你走到你的兄弟姐妹在樹上的位置，你得往上爬一根枝條到你父母那裡，再往下爬一根枝條到你的兄弟姐妹那裡。

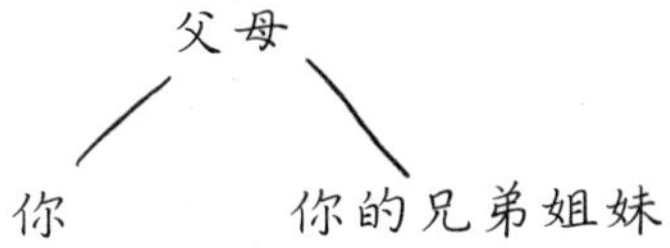

你到你叔叔的距離是 3（往上一步到你父母那裡，他們與兄弟姐妹的距離是 2），你和堂哥的距離是 4：往上兩步到爺爺奶奶那裡，再走兩步到你堂哥那裡。你可以算出任何親緣層級的距離，並得出一個漂亮的代

數方程式：

$$和你的第\,n\,層表親的距離=(n+1)\times 2$$

因為你的第 n 層表親，意謂著在第 n ＋ 1 層，你和他有一位共同祖先。

而你自己本身，就是自己的負一層表親，因為親戚你和你本身共同的祖先是在往上的零步層！（而且這個方程式還是適用：你和你自己的距離是〔－1 ＋ 1〕乘以 2，等於 0）至於你的父母，他們沒有共同的祖先（除非你來自歷史悠久的貴族世家），但他們還是有一個共同親戚——也就是你——在樹的下一層，換句話說就是往上負一層；所以你父母是彼此的負二層表親。你的負三層表親是和你有同一個孫子的人，比如你女婿的母親。這種有時衝突不斷的姻親關係，在印地語裡叫 samhi，在西班牙語裡叫 consuegro，在基坎巴語裡叫 athoni，在希伯來語和意第緒語裡叫 machatunim，但在親緣字詞部門格外貧乏的英語裡沒有名字。

如果你把家族裡的輩分視為一個「平面」，在平面上，我周圍半徑為 2 的圓盤由我和我的兄弟姐妹組成；半徑為 4 的圓盤包括我、我的兄弟姐妹和我的第一層堂兄弟；半徑為 6 的圓盤還包括我的第二層堂兄弟。在這裡我們可以看到堂兄弟姐妹幾何學一個迷人又古怪的特徵。我堂妹黛芙妮周圍半徑為 4 的圓盤會是什麼樣子？裡面有黛芙妮、她的兄弟姐妹和她的第一層表兄弟姐妹，換句話說，就是黛芙妮和我共同的祖父母所有的孫輩。但那和我周圍半徑為 4 的圓盤一樣啊！那誰是中心，是我還是黛芙妮？這問題繞不開：其實我們兩個都是。在這個幾何圖形裡，圓盤裡的每一個點都是中心。

堂兄弟姐妹平面上的三角形也與你習慣的略有不同。我妹妹和我彼此距離 2，我們兩個都與黛芙妮距離 4，所以我們形成的三角形是等腰三角形。你猜怎麼著：堂兄弟姐妹平面上的三角形都是等腰三角形。我就留給各位自行證明這一點為真了。這個種圖形被稱為非阿基米德式（non-Archimedean），像這樣古怪的幾何圖形也許看起來像是科學上的畸型異物，但其實不然：在數學裡到處都有這樣的幾何圖形。例如，有一個整數的「2 進數」（2-adic）幾何，其中兩個數值之間的距離，是 2 的最大次方除以兩數值差的倒數。說真的，事實證明這是個好主意。

幾乎沒有任何情境，抽象到我們無法為它創造一個距離的概念，以及相伴的幾何概念。普林斯頓的音樂理論家蒂莫奇科（Dmitri Tymoczko）寫了一整本書，主題是關於和弦幾何，以及作曲家如何本能地試圖找到從一個音樂位置到另一個的捷徑。就連我們說的語言也可以有幾何學，要畫這個幾何圖形，就要談到全字地圖（the map of all words）。

全字地圖

想像一下如果有人想向你描述威斯康辛州的形狀，而他的方法是給你一串地名，以及任兩者之間的距離。沒錯，理論上這能讓你知道威斯康辛州的形狀，以及這些城鎮在形狀中的位置。但實際上，一個人，即使是像我這樣熱愛數字的人，對著這一長串地名和數字也只能乾瞪眼，畢竟我們的眼睛和大腦是以地圖的形式去看幾何圖形。

順帶一提，距離能告訴你地圖形狀這件事並非那麼顯而易見！如果威斯康辛州只有三個城鎮，知道任二者之間的距離，就是知道它們形成的三角形的三個邊長。而歐幾里得的命題之一，如第一章所示，就是若你知道三角形三個邊的長，就能知道這個三角形的形狀。但還要花更多功夫才能證明，若你知道任一組點中每二點之間的距離，就能重構出由這一組點形成的形狀。如果你和我拿到同樣的資料，可能會畫出不同的地圖，但是我的和你的地圖一定是以剛體運動相似，有所移動或旋轉，但形狀不變。[1]

為什麼會有人用這種難以理解的表格形式，去呈現威斯康辛州的形狀？威斯康辛州地圖不是早就有了嗎？呃，是不會。但對其他非地理類項目，我們可以定義一個距離概念，然後用它來創造新型地圖。例如你可以做一個人格特質地圖。兩個特質之間的距離指的是什麼？一個簡單的做法就是問人。1968 年，心理學家羅森伯格（Seymour Rosenberg）、納爾遜（Carnot Nelson）和維韋卡南坦（P. S. Vivekananthan），將六十張一組的卡片發給大學生，每張卡片上都標示著一種人格特質，然後請學生將卡片分堆，將他們認為可能會出現在同一人身上的特質分在同一堆。學生將兩張卡片分在同一堆的頻率，就是兩個特質之間的距離。「可靠」和「誠實」經常被分在同一堆，所以它們應該很靠近；「好脾氣」和「易怒」就沒那麼常被分在一起，所以它們的距離應該比較遠。[2]

當你拿到這些數字後，你就可以試著把人格特質放上地圖，依實

1 如果是四個點的話，這就等於是說若你知道一個四邊形四個邊和兩條對角線的長度，你就能判定它的形狀。試著透過思考說服自己相信這個事實是很有趣的。如果只有一條對角線的長度是否足夠？

2 事實證明這樣還不夠好，因為有太多特質永遠不會被分在一起；說得更清楚一點，你把「可靠」和「誠實」評為靠近，不只是因為它們經常被分在一起，還因為第三個字如「過分講究」也同樣經常與「可靠」和「誠實」被分在一起。

驗所得的距離安排各個特質在平面上的距離。

但你可能會功敗垂成！比方說，萬一你發現「可靠」「過分講究」「多愁善感」和「易怒」，各自之間的距離都相等怎麼辦？你可以試試看在紙上畫出四個點，設法讓四個點之間都是同樣距離；你一定會失敗（我強烈建議實際動手試一試，好讓你的幾何直覺悟出為何這樣不可能）。有些距離組在平面上有可能實現；其他則否。不過有一種叫做**多維尺度**（*multidimensional scaling*）的方法還是可以讓你畫出地圖，只要你願意讓地圖上的距離只是**近似**你想要的而已（而你也應該願意；為了一點零用錢做心理實驗的大學生，提供的也不是電子顯微鏡層級的精準度）。那麼你會得到如下的圖表：

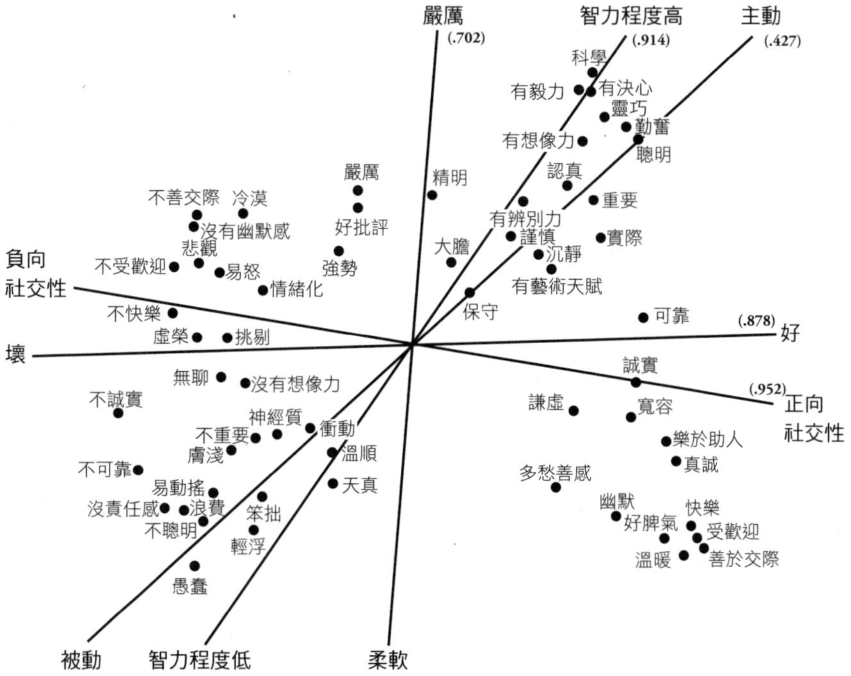

我想你會同意，它的確呈現了人格幾何學的某種特質（圖內的「軸」是由研究者所繪，也是他們對這張地圖方向真正涵義的解讀）。

順帶一提，在三維空間要讓所有距離都相等很容易；把四個點放在正四面體（regular tetrahedron）的四個角就可以了。

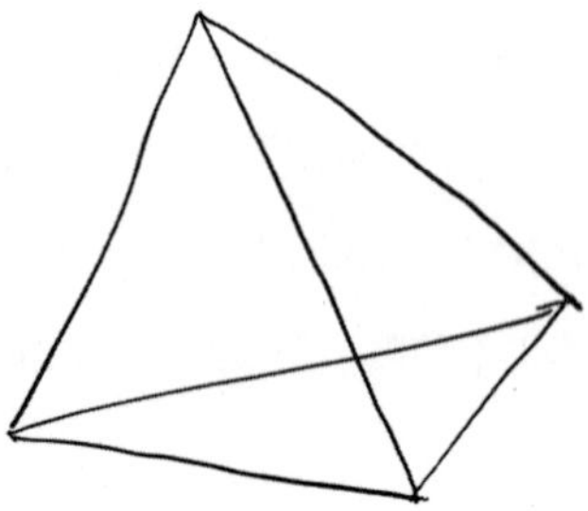

你容許的維度越高，就越能讓地圖上的點符合你所量測出來的距離。也就是資料可以告訴你，它「想要」在什麼維度裡。政治學家透過國會議員的投票結果來衡量議員之間的相似度；然後你就可以把議員放在地圖上，將投票結果相近的放在附近。你知道要多少維度才能完善地符合美國參議院的投票資料嗎？一個就夠了。因為你可以將參議員排成一條線，從最左（麻州的伊莉莎白・華倫）到最右（猶他州的麥克・李）就能成功呈現大部分觀察到的投票行為。數十年來都是如此；而無法以一條線呈現的時候，則是因為民主黨內支持民權的派系與依舊是激進種族隔離主義者的南方派系存在嚴重的意識型態分歧。有些人認為美國正在走向另一次重整，左翼對右翼的傳統政治區分同樣無法表達故事全貌，例如有一種流行的「馬蹄鐵」理論就主張，美國政治中的最左翼和最右翼，在純線性模型中兩者的距離應該最遙遠，但實際上卻變得非常相似。就幾何學而言，馬蹄鐵是在主張政治不適用於直線，而是需要一個平面：

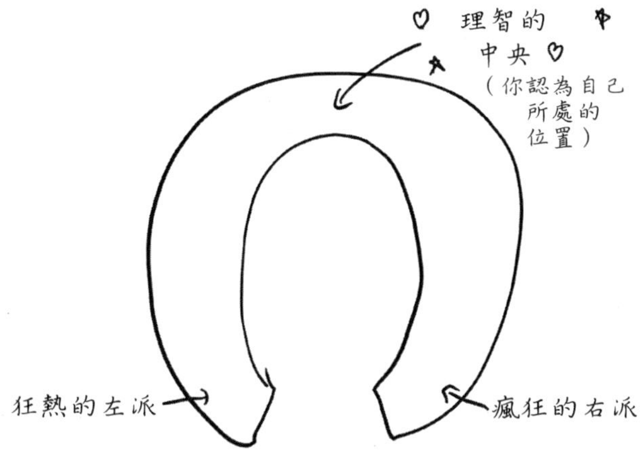

如果這是真的，如果馬蹄鐵兩端的議員在選區中過半而被選入國會，我們就應該能從議員投票結果的資料看出來；也就是國會的一維模型會越來越不準確，但目前還沒發生。

較大的資料組很少低於二維。一個由米可洛夫（Tomas Mikolov）帶領的 Google 研究團隊，開發出一種巧妙的數學工具 Word2vec，也許可以稱為**全單字地圖**（*a map of all words*）。我們不再需要靠大學生和字卡來收集哪些字會在一起的數字資料。Word2vec 以 Google 新聞六十億字長的文本體做訓練，在三百維空間內對每個英文字分配一個點。這有點難以想像，不過記得，就像二維空間內的一個點可用經度與緯度這一對數字表示，三百維空間內的一個點，也不過就是一串三百個數字，你可把它們定成經度、緯度、老套度、幅度、態度、墮落度等等，看你的押韻字典能提供多少。三百維空間內也有距離概念，與你所熟知的二維的差不多。[3] 而 Word2vec 的目標就是把相似字的點放在彼此附近。

是什麼讓兩個字詞「相似」？你可以想成每個字詞都有一個「鄰居雲」，由經常在 Google 新聞文本料庫中出現在它附近的字詞組成。對於第一近似值，也就是當兩個字的鄰居雲大量重疊時，Word2vec 就會把這兩個字評為相似。在一段包含「魅力」或「伸展臺」或「珠寶」等字詞的文本內，應該會出現「美極了」（stunning）或「嘆為觀止」（breathtaking）等字詞，但不會有「三角學」。因為鄰居雲裡都有「魅力」「伸展臺」和「珠寶」等字詞，「美極了」和「嘆為觀止」這兩個字詞，就會被評為相似，忠實反映出這兩個近乎同義詞的字詞經常出現在同一文本的事實。Word2vec 把它們定位在相距 0.675。事實上，「嘆為觀止」是在 Word2vec 能編碼的一百萬字詞中最靠近「美極了」的字詞。順帶一提，從「美極了」到「三角學」的距離是 1.403。

當我們有了距離的概念後，我們就可以開始談圓形和圓盤了（不過在三百維度而不是二維度裡，也許該稱球面和球比較好，即較高維度的類比物）。在「美極了」周圍半徑 1 的圓盤內有四十三個字詞，包括「壯觀」（spectacular）「驚人」（astonishing）「令人瞠目結舌」（jaw- dropping）和「精緻」（exquisite）。Word2vec 顯然捕捉到了這個字詞的特質，包括它可以用於指稱極美或意外。但我必須指出，它並沒有以數字提取字詞的意義，如果能做到這點才叫壯舉。但這不是這套策略能處理的。「醜死了」（hideous）離「美極了」的距離才 1.12——即使二者的意義完全

3 兩個點之間距離的計算如下：算出兩個緯度，兩個經度，兩個幅度，以及其他度的差。現在你有三百個數字了，全部一一平方，再把結果加總後開平方根，就得到了距離。這是三百維版本的畢氏定理，不過畢達哥拉斯本人很可能會拒絕這樣歸納與物理幾何相距甚遠的東西。

相反。你可以想像這兩個字詞經常與同樣的鄰居一起出現，比如「這件毛衣真的＿＿＿＿」。和「teh」距離最多0.9的字詞圓盤由「ther」「hte」「fo」「tha」「te」「ot」和「thats」組成——這些根本不是字，更不要說是同義字了，但Word2vec正確地辨識出這些字都很可能出現在錯字連篇的文本中。

在這裡我們需要談一談向量（vectors），這個專有名詞的定義令人望之生畏，但它的意義可以說是這樣。一個點是一個名詞，它代表一樣東西：一個地點、一個名字或是一個字詞。而向量就是**動詞**，它告訴你要對那個點做什麼。威斯康辛州密爾瓦基（Milwaukee）是一個點，「往西移動三十哩，往北移動二哩」是向量。如果你將這個向量施加於密爾瓦基，你會到奧科諾摩沃克（Oconomowoc）。

你會怎麼描述這個向量，那個讓你從密爾瓦基到奧科諾摩沃克的向量？你可以叫它「正西外環郊區向量」。把它施加於紐約市，[4]你會移到紐澤西州摩里斯鎮（Morristown），更精確地說是慘淡和諧自然園區（Dismal Harmony Natural Area），是該鎮西區的一處州立公園。

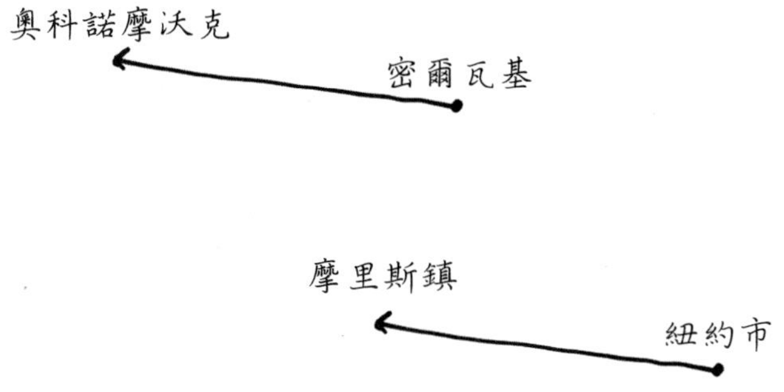

4　紐約市的正式邊界相當廣闊，所以我們就定此處所謂「紐約」的確切地理位置，是在東村的史特蘭德書店。

你可以把這說成是類比：摩里斯鎮之於紐約市，就像奧科諾摩沃克之於密爾瓦基。就像波瓦維恩曼托（Boinville-en-Mantois）之於巴黎，聖熱羅尼莫伊斯塔潘通戈（San Jeronimo Ixtapantongo）之於墨西哥市，法拉隆群島（Farallon Islands，一座無人居住的前核廢料傾卸處、現為全球鼠類最密集處）之於舊金山。

讓我們再回到「美極了」。Word2vec的開發者注意到一個有趣的向量：這個向量能告訴你如何從「他」這個字到「她」。你可以把它想成「女性化」向量，如果你把女性化向量施加於「他」就會得到「她」。要是你把它施加於「國王」呢？那這個點就像慘淡和諧自然園區一樣，不會正好落在一個有字的地方。不過最接近的字詞——以這個情況來說就是紐澤西州摩里斯鎮——是「皇后」。「皇后」之於「國王」，就像「她」之於「他」。這也同樣適用於其他字詞：「男演員」的女性版是「女演員」、「男服務生」的女性版是「女服務生」。

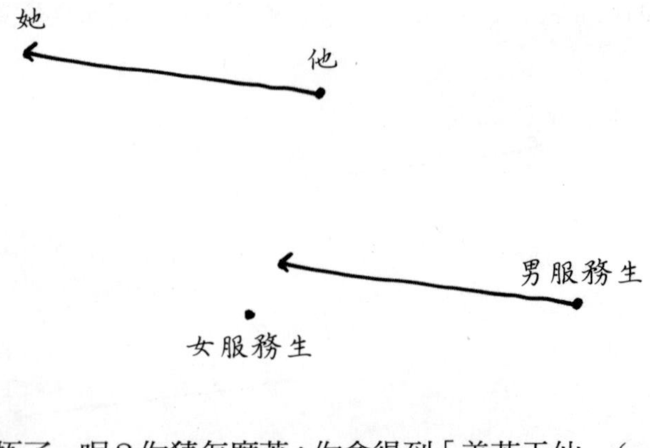

那「美極了」呢？你猜怎麼著：你會得到「美若天仙」（gorgeous）。「美若天仙」之於「她」就像「美極了」之於「他」。反向施加這個向量，問 Word2vec 如何男性化「美極了」這個字詞，你會得到「壯觀」（spectacular）。因為這些類比只代表近似的數字等式，而非確切的，所以並不是永遠對稱：例如「壯觀」的女性版的確是「美極了」，但「美若天仙」的男性版是「雄偉」（magnificent）。

這代表什麼？就某種數學、普遍、完全客觀的意義來說，美若天仙是美極了的女性版嗎？當然不是。Word2vec 不知道字詞的意義，也無從知曉。Word2vec 知道的只是它用於自我訓練的龐大英語文本語料庫，它將數十年份電子化的報章雜誌咀嚼成數字紙漿。當英語使用者在說一位女性非常美時，我們有一個統計可測得的習慣會說「美若天仙」，而在談論男性時就不會這麼說。Word2vec 梳理出的幾何乍看之下像是意義的幾何，但事實上是我們說話習慣的幾何。我們從中察覺我們對自身及性別歧視的認知，所得並不亞於對我們語言的瞭解。

玩 Word2vec 就像把英語世界的共同作品放在精神分析師的沙發上，窺視其陰暗的無意識。「昂首闊步」（swagger）的女性版是「活潑自信」（sassiness），「粗魯無禮」（obnoxious）的女性版是「潑辣刁蠻」（bitchy），「出色」（brilliant）的女性版是「美妙」（fabulous），「有智慧」（wise）的女性版是「慈母般」（motherly）。女性版的「笨蛋」（goofball）是「笨女人」（ditz），而且我沒騙人，第二選擇是「活潑的金髮女郎」（perky blonde）。[5] 女性版的「天才」（genius）是「狐狸精」（minx），在這裡不對稱再次出現：男性版的「狐狸精」是「淘氣鬼」（scallywag），男性版的「老師」（teacher）是「校長」（headmaster），男性版的「凱倫」

5　Word2vec 處理的其實是「詞符記」（lexical token），通常是字，但有時會是名字或短語。

（Karen）是「史提夫」（Steve）。

女性版的貝果是馬芬，而印度貝果——就是把「猶太」變成「印度」的向量用在代表「貝果」的點上——是孟買漢堡（vada pav），一種孟買常見的街頭小吃。天主教的貝果是三明治；第二名是「肉丸潛艇堡」。

Word2vec也知道城市的名字。如果你用它的概念向量分析代替單純的經緯度，紐約的奧科諾摩沃克就不是摩里斯鎮，而是沙拉托加斯普陵（Saratoga Springs）。我也不知道為什麼。

這樣玩 Word2vec 真的超級有趣，就某方面來說也很有啟發性。不過我在寫關於機器學習這一段時，一直耽溺於一個不良行為，現在我最好坦白承認：這些都是我精心挑選過的。分享最具衝擊力和最令人印象深刻的例子真的很有趣！但也可能誤導各位；其實 Word2vec 不是魔法意義機器，通常它提供的「類比」不過是同義詞（女性版的「無聊」〔boring〕是「無趣」〔uninteresting〕，女性版的「數學」〔mathematics〕是「數學」〔math〕，女性版的「驚人」〔amazing〕是「了不起」〔incredible〕），或者是拼錯的字（女性版的 vicious 是 viscious），或根本就是錯的，男性版的「公爵夫人」是「王子」，女性版的「豬」是「小豬」，女性版的「牛」（cow）是「牛群」（cows），女性版的「伯爵」是「喬治安娜·史賓塞」（Georgiana Spencer，18世紀英國史賓塞伯爵之妻）（正確答案應該是「伯爵夫人」，不過史賓塞也的確有這個身分）。當你讀到 AI 的最新進展時，可別不屑一顧；進展確實飛快且令人期待。不過很有可能你看到的新聞稿，是許多許多次嘗試中最亮眼的結果，所以記得心存懷疑。

第九章

三年的星期日

關於數學，有一個非常重要且就某方面來說未被充分公開的事實，那就是數學非常難。我們有時候會向學生隱瞞這項事實，還自以為是在幫他們的忙，事實上是適得其反。我在當見習講師時，從名師戈利伯（Robin Gottlieb）那裡學到一個寶貴的道理。當我們告訴學生，這堂課很「容易」或「簡單」而事實顯然並非如此時，我們就是在告訴學生，問題不在於數學，而在於他們，而學生會相信我們。學生信任老師，這樣當然有好有壞。學生會說：「如果我根本聽不懂這麼簡單的東西，那更難的還有必要學嗎？」

我們的學生不敢在課堂上問問題，因為他們怕自己「看起來很笨」。如果老師誠實說出數學有多難、多深奧，即使是出現在高中課堂的幾何學，這應該就不至於構成問題了；我們的教室可以變成問問題不代表「看起來很笨」，而是「看起來很好奇、很好學」。這不只能幫助學習有困難的學生。沒錯，有些人可以輕鬆掌握代數運算或尺規作圖的基本規則，但這些學生還是應該問問題，問老師或問他們自己，例如我已經做完老師要求的部分，但我是不是還想做老師沒要求的題目呢？

還有，老師為什麼要求我們做這種或不是另一種題目？沒有智性的制高點能讓你一眼就發現被忽略的區域，而那才是你該注意的地方，若你真心想學習的話。但如果你覺得數學很簡單，那你就錯了。

那麼困難又是指什麼呢？這是一個我們自以為瞭解的字詞，但當你試圖界定時，它又瓦解成相關又各自不同的概念。我喜歡數論家格蘭維爾（Andrew Granville）所說關於代數學家科爾（Frank Nelson Cole）的這個故事：

> 在 1903 年的美國數學協會大會上，科爾走向黑板，一言不發地寫下
>
> $2^{67}-1=147573952589676412927=193707721\times761838257287$

將等式右邊的長串數字相乘後，可以證明這個算式確實無誤。之後科爾說找出這個式子花了他「三年的星期日」。這故事告訴我們，雖然科爾費了極大工夫和無比毅力才找到這組因數，但要向滿座的數學家宣布所得結果卻花不了幾分鐘（包括提供確切證明）。所以我們可以知道，一個人可以提供簡短的證明，即使找到這項證明需要極長的時間。

有一種困難是要辨識一項說法是否為真，另一種不同的困難則是要想出有待確認是否為真的說法。那正是科爾的觀眾為他鼓掌的成就。我們之前已經看到，要找到大數字的質因數是眾所周知的難題；但以現代計算機的標準看，147,573,952,589,676,412,927 不算是大數字。我剛用我的筆電分解出它的因數，花的時間還不到一個星期日，而是瞬間就完成。所以這個問題是困難還是不難？

或者想想算出 π 的百位數這個問題，這曾經可以算作研究數學的實踐，但現在只是純粹的計算。這又呈現了另一種困難：動機的困難。我不懷疑我的計算能力能讓我徒手算出 π 的小數點下七或八位數，但我很難逼自己這麼做——因為很枯燥，而且電腦可以代勞，還有，也許最重要的是，因為沒必要知道 π 的長串位數。在現實生活情境中，有時候你想知道七或八位數是沒錯。但是一百位數？很難想像你會在哪裡用到。四十位數就已足夠算出大至銀河小至質子的圓周了。

知道 π 的一百位數不會讓你比其他人更認識圓，因為 π 的重要性不在於它的值是什麼，而是**在**於它有一個值。這項意義深遠的事實就是，圓周與其直徑的比率不會依它是怎樣的圓而改變。這也是平面對稱性的一項事實。透過所謂的相似（*similarities*）變換方法，包括平移、旋轉及改變尺度，能把一個圓換成另一個。相似也許會更動距離，但改動的方式是透過乘以固定常數；也許是所有距離變成兩倍，也許是所有距離縮短為十分之一，但不管在任何情況下，任兩個距離的比率——也就是圓的周長的距離和直直穿過直徑的距離比率都是一樣的。如果有兩個圖形，其中一個可透過這些對稱轉換成另一個，你就視其為同一圖形，依龐加萊「叫不同東西同一名字」的原則，那麼世界上其實就只有**一個**圓，因此也只有一個 π。同樣地，也只有一個正方形，所以「正方形的周長與其對角線長的比率是多少？」[1] 這問題也只有一個答案，答案就是 2 的平方根的兩倍，大概是 2.828⋯，你也可以說它是正方形的 π。也只有一個正六邊形，它的 π 是 3。

1　為什麼是對角線？我認為這是「直徑」的良好類比，因為它是正方形兩點之間的最大距離。

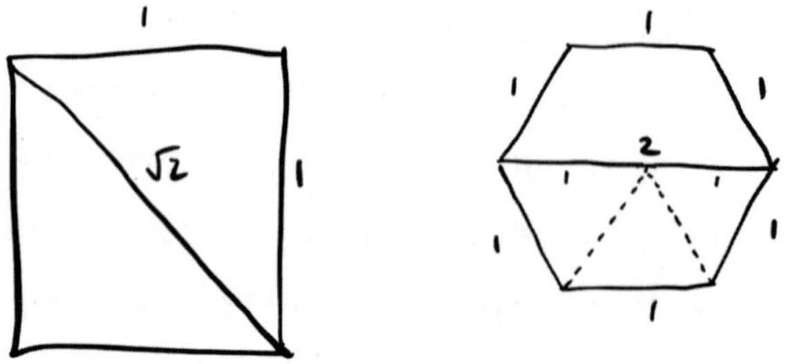

但長方形沒有 π，因為世界上不是只有一個長方形，而是有許多不同的長方形，長邊和短邊的比率各有不同。

下出一場完美的西洋棋棋局困難嗎？對人來說，是的——但電腦程式 Chinook 可以做到（這裡該問 Chinook 下西洋棋時面臨的困難，還是科學家在打造 Chinook 時面臨的困難）。下出完美跳棋，或完美西洋棋，或完美圍棋的問題，在原則上與兩個極大數相乘並無不同——不都有種概念上很簡單的感覺嗎？我們很清楚要採取哪些步驟才能分析棋局樹，即使全宇宙的時間都不夠用來完成。

簡易版的回答會說因式分解和下圍棋這類問題對電腦來說很簡單，對我們來說很難，因為電腦比我們更好、更聰明。這個回答暗示著將難度定義成一條線上的一個點，而人類和電腦也在這條線上，能解決難度小於或等於我們程度的問題：

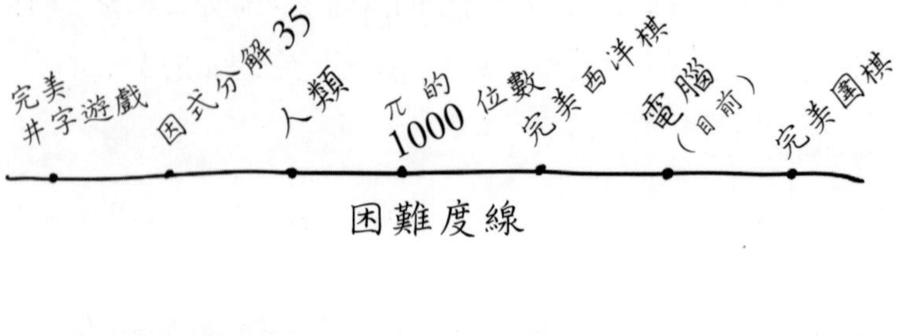

但這是錯的；困難度的幾何圖形不是一維。有些問題，比如大數字的因式分解，或是下出完美西洋棋，或是完整保存數十億字文本，在這些方面電腦比我們強上太多太多（其一，電腦不像我們要面對動機上的困難；它們會遵從——至少目前還是如此——我們下達的指令）。但有些問題對電腦來說很難，對人類卻很簡單。**奇偶問題**（*parity problem*）就是很有名的例子，也就是判斷X與O組成的字串中X的數量是奇數還是偶數，標準的神經網路建構都把這個題目學得很糟。外推法對電腦來說也很難。如果你給一個人一堆類似下方的例子

輸入：2.2	輸出：2.2
輸入：3.4	輸出：3.4
輸入：1.0	輸出：1.0
輸入：4.1	輸出：4.1
輸入：5.0	輸出：5.0

然後問，輸入為3.2時輸出為多少？人類會說3.2，用這個資料訓練的神經網路也會這麼回答，但要是輸入的是10.0呢？人類會說10.0，神經網路的回答卻會千奇百怪。神經網路有各種奇怪的規則，像是同意1到5之間「輸出＝輸入」，但超過這個範圍就變了樣。人類知道「輸出＝輸入」這項規則，將之延伸到更大數字的輸入是最簡單也最自然的方式，但機器學習的演算法卻不知道。它有處理能力但沒有品味。

我當然不能否定也許機器終有一日（甚至是極大地！）在任何方面都超越人類的認知能力，這個可能性向來為人工智能研究者及推廣者所認同。AI先驅塞爾弗里奇（Oliver Selfridge）在1960年代早期的一次

電視採訪上說：「我相信在我們有生之年，機器可以也將會思考。」不過他加了個但書：「但我不認為我女兒會嫁給電腦。」（科技進步過於具體，人們多少會對它感到性焦慮。）困難的多維度性幾何（非線性）提醒我們，我們很難知道機器正瀕臨獲取哪些能力的邊緣。自駕車也許有 95% 的機率能做出正確選擇，但這不代表它在往永遠做出正確選擇的路上已走了 95%；剩下的 5%，也就是那些異常情況，也許正是人類散漫的大腦，比任何當前或近期可能出現的機器，更善於解決的問題。

當然還有一個和我切身相關的問題，就是機器學習是否能取代數學家。我不會妄下斷言，但我希望數學家和機器會繼續是夥伴，就像我們現在一樣。許多要花數學家好幾年的星期日才能做出的計算，現在都由我們的機器同事代勞，讓我們能專注於我們格外擅長的部分。

幾年前，當時還是德州大學博士生的麗莎．皮西里洛（Lisa Piccirillo）解出了一道長久以來的幾何難題，關於一種叫康威結（Conway knot）的形狀。她證明了這個結「不是切片」——這項事實是關於這個結從四維生物的觀點看來是何種樣子，不過這故事的重點不在於定義。這是一個出了名的難題，即使在這裡，困難的字義也很複雜；這個問題困難嗎？畢竟許多數學家都嘗試過卻都失敗；還是簡單？因為皮西里洛發現了一個精簡的解法，只佔九頁，其中兩頁還是圖片。我自己最常被引用的成果也很類似，在六頁的論文裡解決我和其他許多人與之角力了二十年的問題。也許我們應該發明一個新字，傳達的不是「這很簡單」或「這很困難」，而是「很難明白這其實很簡單」。

在皮西里洛取得突破的前幾年，楊百翰大學的拓樸學家休斯（Mark Hughes）曾試圖要神經網路推算哪些結是切片。他給了神經網路一長串已知答案的結，就像處理影像的神經網路會被輸入一大堆貓和非貓圖片一樣。休斯的神經網路學會對每個結分派一個數字；若一個結事實上是切片，數字就是0，若是非切片結，則會給予大於0的整數。事實上，這個神經網路預測了一個很接近1的值（也就是預測該結為非切片）給休斯所測試的所有結，只有一個例外，那就是康威結。休斯的神經網路給出的數字很接近1/2：意思是它非常不確定該回答0或1。太精采了！這個神經網路正確辨識出一個相當困難且富含數學意義的問題（在這個例子中，是印證了拓樸學家早就有的直覺）。有些人會想像一個電腦能給我們所有答案的世界，我的夢想更遠大，我希望電腦會問好問題。

第十章

今天發生的事明天也會發生

我在寫這一章時正值疫情期間，COVID-19 肆虐全球已有數月之久，沒人知道疫情會擴散到什麼程度。這不是一個數學問題，而是一個包含數學的問題——有多少人會染病？在哪裡？何時？全球都上了一堂傳染病數學的速成課。而這一科目，以其現代形式，又帶我們回到蚊子俠羅斯。他在 1904 年聖路易博覽會關於蚊子的隨機漫步演講，其實是一更大計畫的一部分：也就是將傳染病列入可量化的領域。在歷史上，疫病就像彗星，總是突如其來，令人驚駭恐懼，然後又突然消失，毫無軌跡可尋。牛頓和哈雷駕馭了彗星理論，透過運動定律將彗星固定在橢圓形軌道上。流行病難道不該同樣服膺於普遍定律？

羅斯當時的演講並不成功。他之後寫道：「我其實應該是要開啟關於病理學的討論，結果卻被誤導以為我可以選擇自己的主題，因此我讀了那份數學論文……對著數百名失望的醫生，沒人聽得懂我說的半個字！」

這段引言十分傳神，羅斯努力想為醫學引進數學外觀，但同行卻不是很看好。《英國醫學期刊》（*British Medical Journal*）的編輯寫道：「本業的某些成員將會很驚訝地得知，也許夾雜著遺憾，這位實驗方法學的傑出人物，居然熱衷於將定量過程應用於流行病學和病理學問題。」

羅斯也有點自以為是。《皇家醫學會誌》（*Journal of the Royal Society of Medicine*）上的一篇讚賞文坦承道：

> 羅斯爵士留下了自負、易怒、貪圖名利的名聲。在某種程度上，他的確有這些特點，但這些不是他唯一的特徵，更不是他最主要的性格。

比方說，眾所周知，他對年輕科學家相當大方且支持。在任何階級組織中，你都會看到有些人對地位高於自己的人言笑晏晏，對不如自己的人卻棄如敝屣；也有些人視聲名顯赫的大人物為對手仇敵，對新人卻十分親切。羅斯屬於後者，整體而言也是比較討喜的人物。

1900年前後數年，羅斯陷入一場學術惡鬥，他與義大利寄生蟲學家格拉西（Giovanni Grassi）爭奪突破瘧疾的功勞。即使在羅斯贏得諾貝爾獎，而格拉西被拒之門外後，羅斯似乎也從未覺得他已得到他應得的認可。他與格拉西的爭執，最後演變成他對站在格拉西那邊的義大利人都一律仇視。他在聖路易的演講差一點就未能成行，因為羅斯得知他的專家小組裡包括羅馬內科醫師切利（Angelo Celli），羅斯立刻取消行程，後來接獲電報說切利已被勸退才被安撫回去。

羅斯被授以爵位，得以主導以他命名的科學機構，他收集學術榮譽就像在收集絕版貝思玩偶糖盒一樣，但那空洞始終未能填滿。他耗費數年，在自身財務並不吃緊的情況下，公開鼓吹國會應該因他對公共衛生的貢獻頒給他獎金。詹納（Edward Jenner）在 1807 年因為發明天花疫苗而獲得獎金，他覺得他也該有同等待遇。

也許他一輩子脾氣暴躁，是因為他隱隱覺得他並未走在他真正的人生道路上。對如此傑出的醫師來說，令人十分驚訝的是羅斯說他進入醫科「純粹出於責任」，因此擱下他真心喜愛的兩個夢想。這兩個夢想一個是詩歌，在學術生涯中他始終寫詩不輟，在他的瘧疾理論取得實驗證明時，他即興寫下一段韻文（「帶著淚水與粗重喘息／我找到了你狡猾的種子／噢，殺害數百萬人的死神」），這也是當時他的傳說中廣為人知的一部分。二十年後，也相當符合他個性，他寫了一首續詩〈紀念日〉，抱怨未得到應有的讚賞（「我們無盡欣喜贏得的／這愚世輕視……」）。他還一度採用他認為最適合把一段拉丁文轉為英文韻文的發音法拼字：

Aa hwydhr dúst dhou flot swit sælent star
Yn yóndr flúdz ov ivenyngz dæyng læt ?

（「啊，你飄向何方，甜美寂靜之星／在黃昏餘光湧動的天邊？」）

（Ah, whither dost thou float, sweet silent star / In yonder floods of evening's dying light ？）

他在乎的另一件事是數學。他回想他早年的幾何學教育：「說到數學，奇妙的是，我完全看不懂歐幾里得，直到我看到第一冊第 36 道命題，他的意思突然如閃電般擊中我，他所得的結果在我看來也不再有絲毫困難。我變得對幾何相當拿手，也喜歡自己解決問題，我記得有一次在清晨睡夢中解了一題。」身為馬德拉斯（Madras，印度清奈的舊名）的一名年輕醫師，他從書架挑了一本畢業後就沒再看過的天體力學書，然後體驗到他所謂的「大災難」——突如其來的數學熱潮。他買下當地書店所有的數學書籍，在一個月內全部看完：「直到變分法（Calculus of Variations）[1]的結尾，雖然在學校時超過二次方程式以外的東西我從沒懂過。」他很訝異這些東西變得如此簡單，並將之歸因於現在沒人逼他學：「教育必須主要出於自我教育，不管是在學校或畢業後，否則根本說不上完成。」

到了現在，沒有一個教數學的人會說自己不同意這段話。我希望我在黑板上的解釋無比清晰，我對素材的處理高效直接，因此學生在上完我五十分鐘的課程後就能完全精熟。事實當然不會如此。如同羅斯所體會到的，教育其實是自我教育。身為教師，我們的職責是解釋沒錯，但我們的職責也可以說是一種行銷。我們必須推銷給學生一種想法，就是**值得**在課堂以外花時間把這些東西真正學會。而最好的方式，就是將我們對數學的熱愛，透過我們自己的一言一行傳達出來。

羅斯在中年回顧時，以典型的詩意形式，總結了這些熱切情感：

> 它是一種美學，也是一種智性上的熱切。一道證明完的命題，就像是一張完美平衡的圖畫。一道無窮級數沒入未來，如同奏鳴曲的悠長變奏……這種美感主要來自於達到完美的智性滿足；但我也能預見純粹理性的強大武器未來將達成更多完美。夕星與晨星……被分析之網捕獲後加倍美麗。我很快開始讀應用於運動、熱、電力與氣體原子理論的數學；還記得我原先是想這些是否有可能應用於解釋流行病的存在……但

1　變分法是處理泛函的數學領域，與處理函數的普通微積分相對。

> 我向來不耐煩閱讀數學，總覺得我想自創命題；而當我在讀舊命題時，新命題不期而至。

這種不願向前人學習的傾向深入他的性格，在寫到一位他敬仰的叔叔有化學嗜好時（但其實他寫的是自己），他說：「幾乎所有科學上的點子都由業餘人士提供，例如我的叔叔羅斯；其他人則寫教科書並取得教授職位。」他始終只能算是業餘數學家，但這不能阻止他發表有著宏大標題的純數學論文（〈空間的代數〉("The Algebra of Space")），其中多多少少概括了前人文獻已有的觀點，而後他又為全職數學家不夠重視他的著作而心懷不滿。

不是上帝的思想中最重要的

到了1910年代中期，羅斯準備認真對付在馬德拉斯時闖進他心裡的問題：也就是創造能適用於流行病的數學理論，就像牛頓對天體所做的那樣。事實上，對羅斯來說這個企圖心還不夠遠大；他其實想發展出一套理論，能涵蓋**任何**人口條件變動的量化擴散——包括宗教信仰的轉變、專業協會的選舉、入伍，當然還有流行病的感染。他稱之為「事件理論」（The Theory of Happenings）。1911年，羅斯寫信給他的門生安德生·麥肯德里克（Anderson McKendrick）：「我們最後應該會創立新科學，但首先讓我倆打開大門，好讓想進入的人得以進入。」

雖然他自視甚高，對業餘科目也十分熱愛，但他還是做了打開大門必須做的事；他請了一位真正的數學家來幫忙。她叫做希爾達·亨德森（Hilda Hudson），那時在這兩人之中亨德森的數學造詣較深。她的

第一篇發表著作是對歐幾里得一道命題的簡短新證明，巧妙地將正方形分解成較小的幾何圖形，那時她十歲（她父母都是數學家也有助益就是了）。

亨德森是一特殊領域的專家，這個數學領域結合了幾何與代數，稱為（我們不是一直都能想出創新的名字）代數幾何學。笛卡爾（René Descartes）是真正系統性地運用「以 XY 坐標數字表示平面上的點」此一概念的第一人，這種概念讓我們可以將幾何物體，如圓形（一組離既定中心固定距離的點）轉為代數（例如，$x^2 + (y - 5)^2 = 25$ 的 (x, y) 數字組）。到了亨德森的時代，這種代數與幾何的結合已經自成一門學科，不只適用於平面曲線，更適用於任何維度的圖形。亨德森是二維和三維體克雷莫納變換（Cremona transformations）領域首屈一指的人物，並在 1912 年成為首位在國際數學家大會（International Congress of Mathematicians）上演講的女性。

如果我告訴你，克雷莫納變換就是「射影空間的雙有理自同構」（a birational automorphism of projective space），那我只是扔給你一些音節而已，所以讓我換個說法：什麼是 0/0？你也許學過應該要回答「未定義」，就某方面來說，對，但這也是不戰而降。其實要看你要除的是哪個零！零尺寸的正方形其面積與周長的比率是多少？當然，你可以說未定義，但為何不大膽地去定義呢？若正方形有一邊邊長為 1，這比率就會是 1/4 或 0.25，當邊長縮減為 1/2，面積為 1/4，周長為 2，這比率就會降到 1/8。如果邊長為 0.1，這個比率就會是 0.01/0.4，等於 0.025。隨著正方形不斷縮小，這比率也會不斷縮小，也就代表當正方形縮成一個點時只會有一個好答案：在這個例子中，0/0 = 0。在另一方面，如果我們問的是一條線段以公分量度與以吋量度的比率呢？這個比率對長線段是 2.54，對短線段是 2.54，如果這個線段縮成一個點，這個 0/0 仍然應該是 2.54。

就幾何學來說，你可以依照笛卡兒的範例，把平面上的一個點視為一組數字。點（1, 2）代表從中心往右 1 單位，往上 2 單位的點，而 2/1 這個比率，代表連接中心到（1, 2）的線段斜率。當這個點變成（0, 0），也就是中心本身，就沒有線段，所以也沒有斜率。最簡單類型的克雷莫納變換，是把平面換成很類似的幾何，其中（0, 0）以多點取代——事實上是無限多！每個都記得自己在（0, 0）的位置，更記得斜率，就像你不但會注意自己身在何處，還會注意自己走到這裡的路徑方向。[2] 一個點爆增成無限多，所以這類型的變換被稱為**放大**（*blow-up*）。亨德森研究的更高維度克雷莫納變換又更加複雜難懂；也許可以說那是通用幾何理論，為那些較膽怯的計算者迴避的「未定義」比率賦值。

1916 年，亨德森開始與羅斯一起工作，她出版了一整本關於歐幾里得式尺規作圖的書，就像林肯徒然地思考化圓為方之類的問題。她的幾何直覺強烈到她的著作有時會被批評證明過於輕率；對她而言顯而易見的事，應該要以文字證明給我們這些無法以心眼描繪出幾何表面的人看。雖然羅斯熱愛幾何學，但沒有任何證據能證明他對亨德森的純數學著作有任何興趣或互動。或許這樣也比較好，因為代數幾何學裡超多義大利人。

羅斯和亨德森合著的第一篇論文，開頭就是羅斯前次論文的一長串勘誤表。羅斯將這些錯誤歸咎於他的論文校樣送來核對時他人在國

2　聽起來也許有點像龐加萊用在三體問題上的坐標，他不只需要記錄每顆行星的位置，還要記錄它的運動方向；沒錯，一樣的東西。

外；我喜歡想像亨德森剛加入合作時，就溫和地告知羅斯在她來之前他論文中所犯的錯誤。關於這兩位之間的互動紀錄極少——羅斯在他的回憶錄中僅提到亨德森一次——但想像這兩位截然不同的科學家之間的互動是極為有趣的事。羅斯有無窮的企圖心，亨德森則有數學深度與知識。羅斯坐擁頭銜與獎項，而亨德森身在一個教職員全為男性的時代，只不過是個講師。如果羅斯對宗教有感，卻也並未真正重視；而亨德森對基督教的虔誠，是她生命中的核心事實。在 1927 年發表關於克雷莫納變換的專題論文後，她似乎拋下了數學，轉而到學生基督教運動（Student Christian Movement）組織任職數年。她在 1925 年的短文〈數學與永恆〉（Mathematics and Eternity），是篇非凡的文章，內容描寫了一個智性世界，在其中信仰和科學各自覺得有必要向對方證明自己。她寫道：「我們能在代數課堂中練習與神同在，更勝於在勞倫茲弟兄的廚房（Brother Lawrence's Kitchen）[3]；在研究工作冷門一角的完全孤獨中，更勝於在山峰之顛。」每位數學家，不管是否有宗教信仰，都能明白她這段滄海遺珠的金玉良言：

> 純數學的思想是真實的，並非近似或疑似；它們也許不是上帝的思想中最有趣或最重要的，但卻是我們唯一確知的。

不太令人放心

羅斯關於流行病增長的看法，是受一潛在原則所主導，事實上它

3　勞倫茲是 18 世紀巴黎一處修道院的外行兄弟，負責打雜備餐等俗事。

是所有數學預測暗含的**那一個**原則，也就是：**今天發生的事，明天也會發生**。所有勞神費力的細節，都是為了找出在實際運用時這代表了什麼。

這裡有一個最簡單的範例。假設一傳染性病毒帶原者，在感染期間平均感染另外兩人，而染病期間就說是十天好了。如果一開始有一千人感染，十天後就約有另外兩千人被感染。原來的一千人康復後不再感染，但下週這兩千人又會再感染另外四千人，再下一週又是另外八千人會染病。所以過了四週後的染病人數會是

第 0 天：1000

第 10 天：2000

第 20 天：4000

第 30 天：8000

這種數列被稱為**幾何級數**（*geometric progression*），雖然它跟幾何的關聯有點隱晦。來源是這樣的：每個數字都是它前一數字及後一數字的**幾何平均數**（*geometric mean*）。可是平均數是什麼意思？幾何平均數又是什麼？

這裡的平均數也是一種平均值。你習慣的平均值應該是取在數線上兩個數之間的中點。例如 1 和 9 的平均值是 5，因為 5 跟 1 差 4，也跟 9 差 4。這種叫做**算術平均數**（*arithmetic mean*），我想是因為它是從加減運算得出才有此命名。如果一個數列中的每個數都是它前一個和後一個數的算術平術數，這種數列就叫算術級數。

幾何平均數是另一種平均值，要取得 1 和 9 的幾何平均數，你要

先畫出邊長為 1 和 9 的長方形。

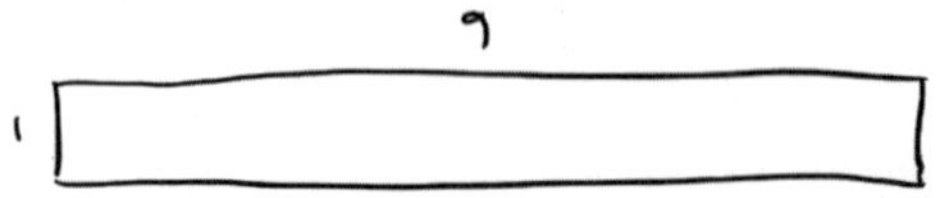

幾何平均數是面積與此長方形相等的正方形的邊長（希臘人很愛用正方形來算面積；這是他們屢敗屢戰想要化圓為方的原因之一）。幾何平均數是柏拉圖的最愛，據說他認為幾何平均數是**最真實**的平均數。這個長方形的面積是 1×9 ＝ 9；如果一個正方形的面積與它相等，它的邊長就應該是自身相乘後等於 9 的數字，也就是以一種曲折冗長的方式來說 3，所以 1 和 9 的幾何平均數就是 3，而且

1, 3, 9

是一個幾何級數。

現在我們更習慣用一種不同但相等的方式來定義幾何平均數；數字 x 與 z 的幾何平均數為 y，若

$$y/x = z/y$$

與這條簡潔的公式相比[4]，柏拉圖在鼓吹幾何平均數時，把自己繞

4　如果你喜歡代數，將等式兩邊乘以 xy，得到 $y^2 = xz$；x 和 z 是長方形的邊長，而兩者中間的是 y，化為正方形，完全符合幾何學的要求。

進了多麼拗口的語言迷陣：

> 如今最好的聯結，是一種真真正正將自身與由它所聯結的事物結合在一起的聯結，而這在事物的本質上最好通過比例來實現。對任三個數而言，可以是實數或平方數，任何二數之間的中間項是這樣的，第一項之於它是什麼，它之於最後一項也是這樣；反過來說，最後一項之於中間項是什麼，它之於第一項也是這樣。因為中間項既是第一項又是最後一項，那麼最後一項和第一項同樣也都會是中間項，因此它們必然相互具有相同的關係，並且，有鑑於此，將全部結合為一。

現在知道代數符號的好了吧！

病毒以幾何級數擴散不是因為它們喜歡計算長方形面積，也不是因為它們讀過柏拉圖；它們這麼做是因為病毒擴散的機制，上週感染數與這週感染數的比率，會和這週感染數與下週感染數的比率相同。今天發生的事，明天也會發生，而在我們之前舉的例子中，每過十天，新病例數就會乘以 2。當一個數列呈現增長的幾何級數時，我們說它呈指數式增長。人們常用「指數式增長」作為「飛速增長」的同義詞，但前者的定義明確許多。每位數學老師都很想要一個例子，能讓學生切身瞭解指數增長（exponential growth）如何表現。很不幸地，我們眼前就有這樣一個例子。

人類原廠等級的直覺很難理解指數增長。我們習慣物體以等速前進，如果以時速 60 哩駕車，你每小時的行駛總距離會是

60 哩、120 哩、180 哩、240 哩……

這叫做**算術級數**——前一項和後一項的差始終不變，數字以等速成長。

幾何級數就不同了；我們的心智把它們解讀成原本緩慢穩定可控的成長，突然以駭人幅度陡然上升。但就幾何學來說，成長的速度從未改變，這週和上週一樣，只是惡化了兩倍。這場災難完全是可預測的，但我們不知為何就是覺得難以預料。聽聽艾希伯里（John Ashbery）的話，他可能是唯一提到過幾何級數的美國重要詩人，他在 1966 年的詩作〈最快補救〉（Soonest Mended）

就像幾何級數友好的開始
不太令人放心……

在 COVID-19 爆發初期受創最深的義大利，疫情在最初一個月就奪走一千條人命，接下來的一千名死亡案例卻在短短四天內發生。在 2020 年 3 月 9 日，疫情早已擴散至全球之際，一名美國官員[5]卻極力淡化這項威脅，拿它與每年死於流感的數千名美國人相比：「目前有五百四十六例新冠病毒的確診案例，二十二例死亡，想一想！」一週後每天有二十二名美國人死於 COVID-19，再一週後是將近十倍。

不過幾何級數有好的也有壞的。假設帶原者把他們的小小朋友平均傳給 0.8 人而不是 2 人，那麼感染的幾何級數就會是這樣：

5　好吧，那個人就是美國總統，但現在不重要了。

第 0 天：　1000

第 10 天：800

第 20 天：640

第 30 天：512

接下來的四個數字更漂亮：

第 40 天：410

第 50 天：328

第 60 天：262

第 70 天：210

這是**指數衰減**（*exponential decay*），一個輕掠而過的流行病的數學特徵。

這個數字——幾何級數中每一項與前一項的比率——意義重大。一旦它大於 1，病毒就會快速傳播到可觀比例的人口之中，如果它小於 1，疫病就會消退。在流行病學圈中，它被稱為 R_0。[6] 在 1918 年春季爆發的西班牙流感，據估算 R_0 為 1.5，2015 年至 2016 年透過蚊子傳播的茲卡（Zika）病毒則是 2 左右。至於痲疹，以 1960 年代的迦納（Ghana）來算是 14.5 ！

R_0 小的流行病看起來會是這樣：

6　唸法是「R nought」，就像在唸「You R nought worried enough about the next pandemic.」（你對下一場流行病不夠擔心。）

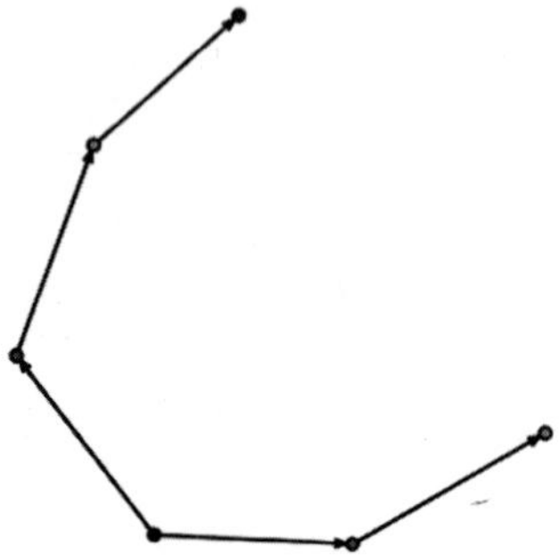

大多數人，如果有傳染給別人的話，只會傳染給一個人，感染鏈通常會漸漸消退，不會過度擴散。如果 R_0 大於 1，你就會看到它分枝出去：

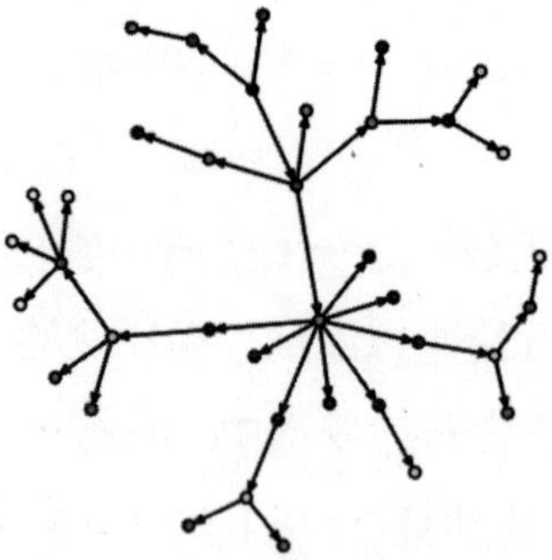

當 R_0 比 1 大很多時，你就會看到快速的指數增長，疫情不斷分裂出新分枝，感染更多的人。

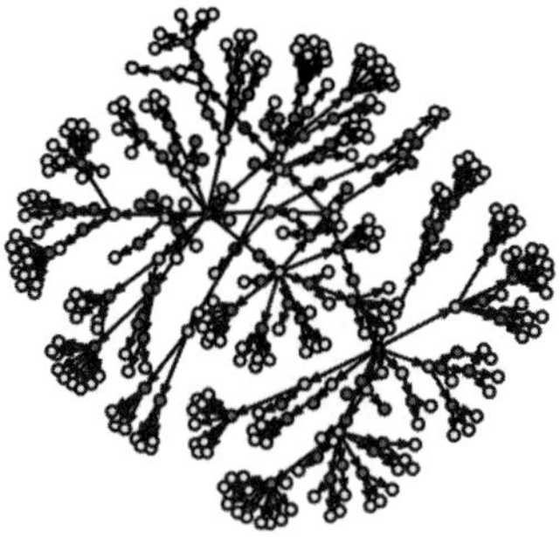

如果這種疾病在感染後就可免疫，這些分枝永遠不會回頭找上已經染病過的人，那麼這種疫病的網路就會像是我們之前看過的幾何圖形：樹形。

這個 R_0 ＝ 1 基本門檻的存在，是羅斯關於流行病的理論核心。羅斯發現瘧疾是透過蚊子傳播，這是一項重大進展，但這也造成某種程度的悲觀主義。要殺死蚊子很容易，但要殺死**所有的**蚊子就很難了。所以你可能會認為要阻止瘧疾擴散是不可能的任務。並非如此，羅斯堅持道。只要附近有瘧蚊，其中一些就會叮咬染上瘧疾的人，然後在附近亂飛，再叮咬還未染上瘧疾的人，所以瘧疾會不斷擴散。不過只要蚊子的密度夠低，魔法數字 R_0 就會降到 1 以下，也就代表病例數會一週比一週少，疫情也會呈指數衰減。你不必防止所有的傳播；只要防止**足夠的**傳播就行了。

這正是 1904 年羅斯在聖路易博覽會上宣導的。他的隨機漫步論點則是為了說明，一旦某一地區的蚊子數量減少後，至少要花上一段時間，才會有足夠數量的蚊子遷回該區，以至於再度超過疫病門檻。

這也是防治 COVID-19 的關鍵概念，我們不需追求零擴散，雖然這樣當然很好，但不太可能。流行病的控制並不追求完美主義。

明年會有 77 兆人感染天花

2020 年春，COVID-19 在美國爆發之初，疫情的走向顯然是大家不願見到的幾何級數。COVID-19 的病例數以每日 7% 增長，這代表每週的病例數要乘以 1.07 七次，也就是約 60% 的增長。如果情況持續如此，3 月底時的每日新增確診人數是 20,000 例，到了四月第一週就會變成 32,000 例，到五月中就是 420,000 例。一百天後，也就是到了 7 月初時，每日新增病例就會爆漲到 170 萬例。

看出問題了嗎？每日新增 170 萬病例這個速度不可能維持下去，因為不到三週美國感染者的數字就會超過美國總人口數。就是這種過於輕率的推理，導致由美國疾病管制暨預防中心的馬汀．梅策（Martin Meltzer）領導的一群 911 後建模者在 2001 年預測，如果在美國蓄意釋放天花，可能會在短短一年內導致 77 兆人感染。（「梅策博士有時會失去對他電腦的控制」，一位同事評論道）。

我們的幾何級數故事有地方出錯了。

讓我們回到魔法數字 R_0，它代表的是每一感染者再傳染出去的人數。R_0 不是一個常數，而是視感染的生物學特徵而定（不同變種也許會不同），此外還要看感染者在具感染力期間接觸到多少人，以及具感染力期間是多久（可透過適當的治療而縮短嗎？），接觸狀況是如何等等。是站得很近，還是像現行防疫措施建議的相隔一公尺半？有戴口罩嗎？在戶外還是通風不良的室內？

但即使疾病本身或我們的行為都沒有任何改變，R_0 還是會隨時間變動。[7] 因為沒人可以讓病毒感染了。假定有 10% 的人口被感染，患者並無症狀，所以愉快地做他每天會做的事，像之前一樣對著同樣數量的人咳嗽，但現在十分之一的人要麼已經生病，要麼已經康復，因此可以免於再次感染。[8]所以他在具感染力期間平均感染的人數不再是 2，而是這個數字的 90%，即 1.8。一旦有 30% 的人口都被感染，R_0 就會降到 (0.7)×2 ＝ 1.4，如果是 60% 的話，R_0 就是 (0.4)×2 ＝ 0.8，已跨越了關鍵線。現在 R_0 不再是比 1 大一點，而是比 1 小一點，現在我們遇上的是好的幾何級數而不是壞的。

事實上，感染人數也許根本不會升到 40%，因為不管這個比例是多少——就稱之為 P 好了——新的 R_0 是：

$$(1 - P) \times 2$$

當這個數字變成 1 時，疫情就會轉為指數衰減，也就是當 1 － P 等於 1/2 時就會發生，即 P 也是 1/2 時；所以「自然 R_0」為 2 的流行病，在半數人口被感染時就會開始消退，這被稱為「群體免疫」（herd immunity）。一旦有足夠多的人具免疫力，流行病就不會再流行下去。但多少才是「足夠」？這就要看原始的 R_0。如果像麻疹是 14，你需要 (1 － P) ＝ 1/14，也就是要有 93% 的人口免疫；所以即使只有少數孩童缺打麻疹疫苗，也會使大眾陷入病情爆發的危機。對於 R_0 為 1.5

7　嚴格來說，「R_0」這個名字指的是在尚未有人染病的人口中每一新病例平均感染人數，而會隨時間變動的這個數字叫做「R」，或有時稱為「Rt」，但隨著疫情蔓延，很多人開始談 R_0 的變動。除非你要用單單只從本書學得的知識去寫數學流行病學報告，不然不分這麼細也沒關係。還有，請不要用單單只從本書中學得的知識去寫數學流行病學報告。

8　或者說我們希望如此。我們還不知道，感染 COVID-19 痊癒後是否能獲得長期免疫；少了這種假設，長期展望就會不同，可以想像的是不會那麼美好。

不那麼凶猛的疾病而言，轉折點是在 33% 的感染率。如果我們對於 COVID-19 的 R_0 介於 2 到 3 之間的估測正確，那麼在全球一半到三分之二人口都染病後，這場大流行就會開始消退了。[9]

但那是很多很多的人，很多的病痛，很多的死亡。所以全世界的流行病學家，雖然在許多物質細節上有所不同，但基本上都是異口同聲說不行，我們不應該讓這件事順其自然，不行，不行，不行。

康威遊戲

有些人，尤其是對數學拿手的人，很容易把疫情想成只是紙上或螢幕上的曲線，數字代表了數量隨著時間的變動。但那代表的是一個個活生生的人，已經染病或死亡的人。你得不時停下來想一想這些人。其中一人是約翰・賀頓・康威（John Horton Conway），他在 2020 年 4 月 11 日死於 COVID-19，他是一位幾何學家——嗯，他其實很多身分，不過他處理的數學幾乎都與畫圖有關。

我在普林斯頓大學當博士後研究生時認識康威，時常找他問數學問題。他永遠有一道飽含信息、發人深醒、長長的答案，只不過從來都不是針對我問的問題，但我一樣獲益良多！他不是故意為難人；這純粹是因為他的心智運作方式是聯想多過於歸納。你問他一件事，他會告訴你這問題讓他想到什麼。如果你需要的是特定的一項信息、一項參考或一個定理的論點，那你面臨的會是一條漫長蜿蜒

9 門檻也許會更低，但不會低很多，原因與「異質性」（heterogeneity）有關；不是每個人傳染的人數都一樣。第十二章會再詳談。

的旅程，目的地未知。他的辦公室裡到處是有趣的拼圖、遊戲和玩具，除了娛樂用途外，也是他數學的一部分。他似乎無時無刻不在思考數學。有一次他在路中央因為想到一個群論（group theory）的定理而陷入呆楞，結果被卡車撞上，從那之後他就稱那條定理為「謀殺武器」。

所有現職數學家都曾將數學視為一種遊戲，但獨有康威堅持遊戲也是一種數學。他是一個強迫性的遊戲發明家，而且為遊戲取了一些奇怪的名字：「可爾」（Col）、「斯諾特」（Snort）、「歐諾」（ono）、「瘋人」（loony）、「廢物」（dud）、「一又二分之一上」（sesqui-up）、「哲學家的足球」（Philosopher's Football）。但這些玩樂不只是好玩，他從玩樂中找出理論。我們在書中已經見過他的數學遊戲：正是康威發展出拈這類遊戲也是一種數的概念，他的同事庫努斯（Donald Knuth）在 1974 年因此寫過一本書，書名非常 1974──《超現實數字：兩名前學生如何轉向純數學並找到完全的幸福》。書的寫作形式是兩名學生之間的對話，他們發現一篇概述康威理論的神聖文本：「太初之始，一切空無，康威開始創造數字……」

也是康威在 1960 年代末期，率先寫出可以畫在紙上、繩子之間有十一個以下交叉點的所有扭結；他為此發明了一套自己的符號（他發明了很多符號）代表兩條繩子交纏處的扭結，他稱之為「纏結」（tangles）。

他的扭結大全中有一個後來以他命名、也是被神經網路警告為難以理解，但還是被皮西里洛證明出定理的那個。

在理論數學圈之外的世界，康威最出名的應該是生命遊戲（Game of Life），這是一道簡單的演算法，能產生極其複雜、不斷變化的圖案，就好像是在有機發展一樣，因此而得名。[10] 但他不喜歡因這遊戲而出名，他（正確地）認為其深度遠不及他大多數的數學成果。所以與其在這裡結束，我決定再介紹他的定理中我最喜歡的一條，他在 1983 年和卡麥隆・戈登（Cameron Gordon）一起證明的一條非常幾何的定理。在空間中任取六個點，有十種方式可以把這六個點分成兩組三個點一組（請檢查！）。而在每一種分法中，你都可以把兩個三點組各自連起來形成兩個三角形。康威和戈登證明的是：至少有一種方法，可讓這兩個三角形像鎖鏈般連鎖。

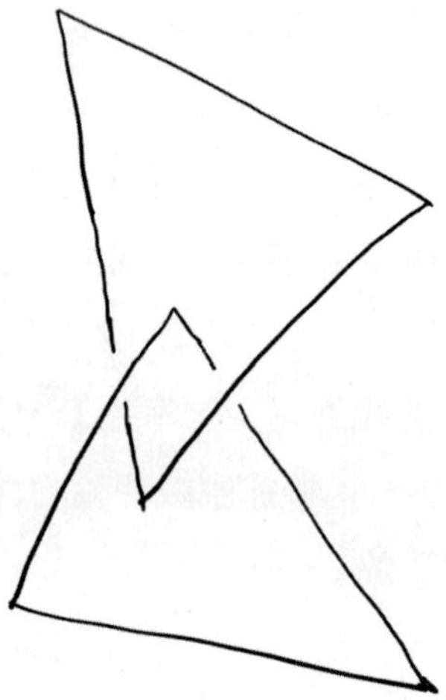

對我而言，也許比這事實本身更迷人的是證明的方法。其實康威和戈登證明的是在區分六個點的十種方法中，能得到連鎖三角形的數

10 布萊恩・伊諾（前述斜槓卡牌的創作者）也是這遊戲的愛好者，他在 1978 年在舊金山的科學博物館看到展示，就「完全上癮」，每次都要盯著圖案流動變化看上數小時。兩年後他共同譜寫出〈一生一次〉，你也許會問自己……

量是奇數。但零是偶數！所以一定至少有一種分法，可以得到連鎖的三角形。用證明一件事存在的數量是奇數來證明一件事存在看來奇怪，但其實這很常見。如果你走進一間有燈光切換開關的房間，而燈光和你離開時的樣子不一樣，你就知道有人動過開關；你**之所**以知道，是因為燈光狀態告訴你它被按動了奇數次。

白人年紀大

不是每個人面臨的 COVID-19 風險都一樣。重症、住院和死亡風險在老年人之中很高，在年輕人和中年人之中就低了許多。在美國，種族和民族之間也有差異。截至 2020 年 7 月，美國 COVID-19 確診病例依種族區分是這樣：

34.6% 西班牙裔
35.3% 非西裔白人
20.8% 黑人

COVID-19 的**死亡**案例分布則不同。

17.7% 西班牙裔
49.5% 非西裔白人
22.9% 黑人

這些數字乍看令人心驚，如果你對美國健康方面的差距略有所知，就會知道幾乎所有健康問題都是有色人種較嚴重，白人在所有 COVID-19 確診病例中僅佔 35%，卻佔 COVID-19 死亡病例的 49.5%。所以在白人次群體中罹患 COVID-19 致死的可能性，遠高於整體群體。為什麼？

我從數學家兼作家麥肯齊（Dana Mackenzie）那裡得知，答案在於年齡。罹患 COVID-19 的白人較有可能死於 COVID-19，是因為罹患 COVID-19 的老人較易死於 COVID-19，而白人整體而言年紀較大。如果將病例依年齡區分，情況就截然不同了。在十八到二十九歲之間的美國人當中，也就是「春假 COVID 派對」（Spring Break COVID Party，大學生會趁春假時出遊聚會，因而群聚染病）組中，白人佔病例的 30%，但僅佔死亡案例的 19%。在八十五歲以上的組別，70% 的 COVID-19 病例及 68% 的死亡案例是白人。事實上，依據美國疾病管制暨預防中心的紀錄，在**每一個**成人年齡組別中，白人染上 COVID-19 後的致死率都低於該年齡的平均值。不過，如果將所有組別加總，疫情似乎對白人影響較大。這種現象叫做**辛普森悖論**（*Simpson's paradox*），如果你研究的現象影響的是異質群（heterogeneous population，即族群中個體的特徵值不一），你就得睜大你的鋼鐵眼小心這個悖論。其實稱之為「悖論」並不正確，因為其中並沒有任何矛盾，只是以兩種不同方式去思考同一份資料，事實上兩種都對。比方說，認為巴基斯坦的 COVID-19 疫情沒有美國嚴重，是因為巴基斯坦的人口較年輕因此較不易染病，這樣正確嗎？或者比較巴基斯坦老年人相對於同齡美國人的 COVID-19 致死率，這樣對嗎？辛普森悖論並不是要教我們該採取哪一種觀點，而是要告誡我們要同時把局部和整體都放在心上。

哪一枚硬幣有梅毒？

有件事大家都認同：若不做檢測，我們肯定會陷入最嚴重的疫情，但想避開這種狀況，就需要做大量的檢測，遠超過我們現在所能做到的。不過我們做的檢測越多，就越能知道 COVID-19 是依循何種進展模式，以及我們現在正處哪一階段。

這裡有另一道數學難題：你有十六枚金幣，其中十五枚是實實在在以一盎斯黃金打造，但其中一枚是偷工減料的偽幣，只有 0.99 盎斯重。你有一個非常精準的秤，但每用一次要花 1 美元，你要如何以最划算的方式找出偽幣？

花 16 美元將金幣一一秤過當然可行，但那樣很貴。事實上是不必要的貴；如果你運氣真的很差，連秤了十五枚金幣都是真的，那你也不用再多花 1 塊錢，因為你知道最後一枚一定是假的。所以最多只需要花 15 美元。

不過你可以有更好的做法。把金幣分為兩組八枚一組，然後只秤第一組。總重不是 7.99 盎斯就是整數 8 盎斯；不管是哪一個，都能告訴你偽幣在哪一組。所以現在範圍縮小到八枚金幣了。把這八枚分成兩組一組四枚然後只秤第一組，你只花 2 美元，就能把範圍縮小到四枚金幣。接著再分兩次，總共只要花 4 美元，你就能確實找到偽幣。

就像許多的文字謎題，這個故事也要了些花招才能行得通；因為在實際生活中，秤東西根本不貴！

但生物檢測很貴，這就讓我們回到傳染病了。假設現在不是十六枚金幣而是十六名新兵，其中一人不是比其他人輕而是染有梅毒。在二次大戰期間，這是一個嚴重的議題。：一篇 1941 年刊登在《紐約時報》上的文章就譴責：「一大群裝甲娼妓在從芝加哥抵達科塔州的公路旅館和小酒館間的機械化單位運作」，為成千上萬感染梅毒或淋病的士兵提供服務：「在逃、未經治療、具傳染性，並對他們的同胞構成威脅。」

你可以透過檢測這些新兵的血液來找出威脅，也就是一個一個做瓦瑟曼檢驗（Wassermann test）。如果是十六名新兵的話還好，一萬六千名的話就不太妙了。「檢查大群體中的個體成員是個昂貴麻煩的過程」，這是羅伯特．道夫曼（Robert Dorfman）的原話。道夫曼是知名的哈佛經濟學教授，他在 1950 與 1960 年代率先將數學模型應用於商業問題。但在 1942 年時他是美國政府的統計學家，大學畢業才六年，他在確認自己心中首選的職業——寫詩——上毫無前途後，決定專心從事數學。上述引言是他的經典論文「檢測大群體中的缺陷成員」（The Detection of Defective Members of Large Populations）中的第一句，這份論文將金幣難題的概念引入流行病學。當然，你不可能用和檢查金幣一模一樣的策略；一萬六千名士兵的一半還是很多人！不過道夫曼建議道，假設你把新兵分成五人一組，把這五個人的血液混在一起注入混合血清中，檢測是否有梅毒抗原。沒有測出梅毒抗原就代表這五人都沒問題；但要是檢測結果是陽性，你就把這五名新兵都找來一一做檢測。

這是不是一個好主意，要看梅毒在群體中的普遍度。如果軍隊有半數都染病，那麼幾乎所有分組的樣本都會測出陽性，你就得再次檢測每一個人；找出缺陷成員就變得比之前更昂貴、更麻煩。但若只有 2% 的新兵有梅毒呢？任一樣本測出陰性的機率就是所測五人都沒有梅毒的機率，也就是

$$98\% \times 98\% \times 98\% \times 98\% \times 98\% = 0.90$$

如果一共有一萬六千名士兵，那就是有 3200 組；其中 2880 組沒事，剩下 320 組共一千六百名士兵必須一一檢測。所以你總共需要做 3200 ＋ 1600 ＝ 4800 次檢測，比一一檢測一萬六千名士兵省多了！不過還有更好的做法，道夫曼算出以 2% 的盛行率，最佳分組人數是八人，這樣你就只需要做 4400 次檢測。

這個概念與新冠病毒的關聯很清楚：如果我們沒辦法一一檢測每個人，也許我們可以抹取七或八個人的鼻腔樣本，全部放在一個容器內一次檢測。

警告：道夫曼的梅毒檢測程序從未被實際應用過。道夫曼甚至不是為軍方工作；他是在價格管制辦公室（Office of Price Control）[11] 任職時，和他的同事羅森巴特（David Rosenblatt）一起想出分組檢測梅毒的想法，前一天羅森巴特剛就職報到並做了瓦瑟曼檢驗。但事實證明這個方法不可行；稀釋樣本會導致難以檢測出殘存的抗原。

新冠病毒則不同，用來檢測的聚合酶鏈反應測試（polymerase chain reaction test），可將微量的病毒 RNA 放大成巨大倍數。這就使團體篩檢變得可行——在疾病盛行率低，而檢測人員及設備短缺的情況下格外吸引人。海法（Haifa，以色列第三大城）和德國醫院都有做團體篩檢，內布拉斯加州一處州立實驗室以五份為一組，在一週內篩檢了一千三百份樣本，將所需進行的檢測數減少了一半。在疫情起源的中國武漢市，

11 美國政府於 1941 年成立的應急單位，意在管制二次大戰爆發後的國內貨幣和租金。

他們使用匯總樣本在幾天內測試了近一千萬人。

對團體篩檢最熟悉的其實是獸醫，因為他們必須迅速準確地在大量密集的牲畜群裡找出小型爆發，有時一次檢測就要評估數百份樣本。一位我認識的獸醫微生物學家告訴我，沒道理他們的做法不能應用在快速檢測人類的新冠病毒上，不過有些措施要加以調整。「你不能把一千個人放在傳送帶上，等他們經過時對每個人進行直腸採樣」，他這麼告訴我——似乎有點遺憾的樣子。

普嚕普嚕

我們現在已經準備好真正深入瞭解羅斯和哈德森的事件理論，並應用於流行病的擴散。首先，我們得擬定一些數字（真正的流行病學家會盡力估計這些數字，隨著大流行的發展，我們對疾病的動態有更多瞭解之後，這個過程會越來越不像「擬定一些數字」）。在我們嘗試繪製病毒進程的第一天，假設州內一百萬人口中有一萬人被感染，而其餘 99% 的人口則是易於感染。所以：

易染（第一天）＝ 990000

感染（第一天）＝ 10000

如果我一直打「易染」（susceptible）和「感染」（infected），這些字就會開始游動而失去意義，所以我改以 S 和 I 代表：S（第一天）＝ 990000，而 I（第一天）＝ 10000。

每天都會有一些新增病例，假設每位感染者平均每五天會對一個人咳嗽，也就是一天 0.2 人，被咳到的人感染的機率就是易染群體的比例，也就是 S/1000000。所以你預期新增的病例數就會是 (0.2) 乘以 I 乘以 S/1000000。

每一例感染都會減少易感人群的數量：

S(明天) ＝ S(今天) － (0.2)× I(今天)× S(今天)/ 1000000

同時增加的感染者人數為：

I(明天) ＝ I(今天) ＋ (0.2)× I(今天)× S(今天)/ 1000000

不過還沒完，因為——幸好！——染病的人會好轉，所以還要再擬定另一個數字。假設感染期會持續十天，所以在任一日，目前感染的人群中有十分之一會痊癒（這代表每個染病者在十天的感染期內應該會傳染給約兩人；所以 R_0 為 2）。所以就是

I(明天) ＝ I(今天) ＋ (0.2)× I(今天)× S(今天)/ 1000000
－ (0.1)× I(今天)

這種規則叫做**差分方程**（*difference equation*），因為它告訴我們的正是明天情況和今天情況的差別。如果我們每天計算，就可以推算出大流行的情況。你可以把這截代數想成一台機器，最好是有很多燈還會噗嚕噗嚕叫的那種。你把今天的情況放入機器裡，它噗嚕噗嚕叫了之後，你就能得到明天的情況，然後你再把明天的情況放進去，就能得

到後天的情況，依此類推。

第二天的新增病例數是：

(0.2) × I(第一天) × S(第二天)/ 1000000 = (0.2) × (10000) × (990000/1000000) = 1980

所以

S(第二天) = S(第一天)–(0.2) × I(第一天) × S(第一天)/ 1000000 = 990000–1980 = 988020

第二天有 1980 個新增病例，但也有十分之一的原病例好轉，即 1000 人。

I(第二天) = I(第一天) + (0.2)×I(第一天)×S(第一天)/1000000–(0.1)×I(第一天) = 10000 + 1980–1000 = 10980

現在我們知道第二天的狀況了；把資料再放進機器，就能得到第三天的預測。

S(第三天) = S(第二天)–(0.2) × I(第二天) × S(第二天)/ 1000000 = 988020–2169.69192 = 985850.30808

I(第三天) = I(第二天) + (0.2) × I(第二天) × S(第二天)/ 1000000–(0.1) × I(第二天) = 10980 + 2169.69192–1098 =

12051.69192

那個 0.69192 個人正好可以提醒我們，我們現在做的只是可能性預測，可以盡可能做出最好的猜測；但我們不該預期這個值精確到小數點後！

只要你願意，想用這機器得出多長的資料都行。每日的病例數會是這樣（取整數，誰有空寫那麼多小數點位數）：

10000, 10980, 12052, 13223, 14501 ⋯⋯

你可以檢查看看，很接近幾何級數，每天增長約 10%。但它不算是幾何級數；這個增長率很緩慢地在下降。10980 比 10000 多 9.8%，但 14501 只比 13223 多 9.7%。這不是取整數造成的偏差，而是易感群體數縮減，使病毒擴散的機會減少所形成的效應。

你應該不會想看到一頁又一頁的 S（這天）和 I（那天），我也不想打了。執行這類龐大但純粹重覆的計算，正是電腦的強項。只要幾行編碼就能跑這台機器，想知道幾天後的預測值都行。我這麼做之後得到這張圖：

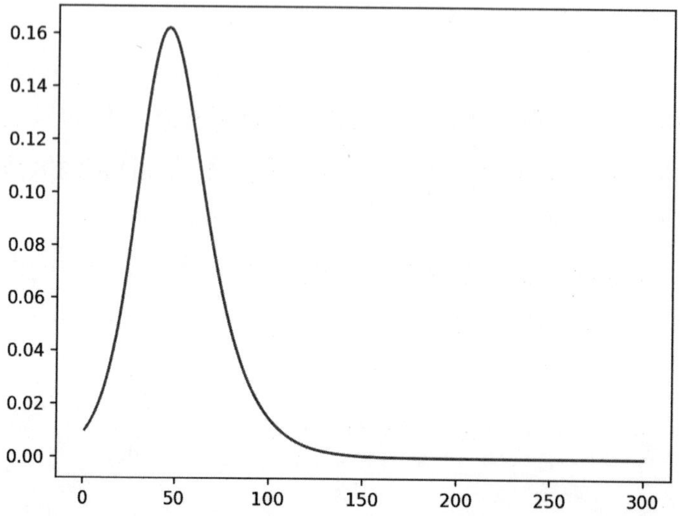

病例數在第四十五天達到高峰，約有 16% 的人口被感染。而那時已有約 34% 的人口染病後康復，[12] 還有約一半的人口為易染群體。所以 R_0 從一開始的 2，被砍了一半變成 1；正好是新增病例數開始回落的門檻。雖然從這張圖看不太出來，但這類模型的回落通常不如上升的幅度那麼陡峭；從感染比例為 1% 到高峰值是四十五天，但要花六十天才能讓感染比例回到 1%。

現在的科學家通常不是將這種疾病模型歸功於羅斯和亨德森，而是柯邁克和麥肯德里克。接獲羅斯所寫關於打開流行病新科學大門之信的人正是麥肯德里克，他和羅斯一樣，是一位有著數學頭腦的蘇格

12 更複雜的模型版本會納入部分受感染者會死亡而非康復的嚴峻現實。值得慶幸的是，COVID-19 的死亡比例夠小，因此初學者仍然可以在不予採計的情況下運行模型。

蘭醫師；他曾在獅子山共和國與羅斯一同共事。柯邁克（William Ogilvy Kermack）則是第三位數學型蘇格蘭醫師，他年輕時因實驗室的柯性鹼意外而失明，但和亨德森一樣，他有絕佳的幾何直覺。他會帶著沉重的木杖四處走動，木杖的敲擊聲在愛丁堡皇家內科醫學院實驗室是熟悉的聲響，不過有時候他心血來潮，就「習慣把手杖掛在臂彎上，悄無聲息地突然出現在他助理身邊，有時真的是不太方便。」柯邁克和麥肯德里克在他們 1927 年的論文中，認可了羅斯和哈德森之前的著作；但他們的論文除了添加新的重要想法之外，內容也更簡單，用較不晦澀的符號書寫，整體而言更加有用。我們稱之為 SIR **模型**——S 和 I 就是我們之前討論的數字，R 則代表「已康復」——指目前已免疫的群體。更複雜的模型會將人口分為更多類別，因此名稱裡的字母也就越多。

正如羅斯所希望的，他所協助建立用來研究疾病傳播的數學底層結構，也能用於理解各種人類事件。現在我們用 SIR 模型來研究其他傳染性事物，比如推特。2011 年 3 月，日本東北地方大地震及隨之而來的海嘯，摧毀了福島核電廠，並造成數千人溺斃。驚慌的人們在推特上分享訊息，但並非全是正確的。有謠言說接觸雨水會有危險，因此有一則廣為散布的推特文寫道：「為了預防輻射的副作用，最好喝含碘的漱口水，並盡可能多吃海帶。」這些謠言即使是從只有少數追蹤者的用戶發出，依然被大量轉發，不過科學權威人士的糾正也迅速跟上。謠言其實很像新冠病毒——你沒有接觸到就不會傳布出去；同時也有某種程度的免疫——你上過一次當，之後再遇到感染源就不太會繼續將它傳布出去。所以也難怪東京的研究人員發現，SIR 模型也可以適用於地震謠言推特的散播模型的建立。你可以稱每個看見一則流言的人平均轉發次數為謠言的 R_0。一個普通有趣的謠言 R_0 值很低，就像流感一樣；繪聲繪影的謠言就比較像麻疹，我們稱後者為謠言「病毒」，但事實上所有謠言都是病毒！只是有些病毒的傳染力比其他的高而已。

輕輕輕輕

差分方程不只能用於疾病建模，還是各式各樣數學序列的基礎。你喜歡算術級數嗎？把差設為固定值就能得到：

S(明天) − S(今天) = 5

如果數列從 1 開始就是

1, 6, 11, 16, 21⋯⋯

如果你想要幾何級數，把差設為與目前值成比例即可，例如：

S(明天) − S(今天) = 2 × S(今天)

也就是

1, 3, 9, 27, 81⋯⋯

在這個數列中，每個數都是前一個數的三倍。你想造出怎樣的差分方程都行！也許出於某個理由，你希望差是目前值的平方：

S(明天) − S(今天) = S(今天)²

那就會得到一個迅速增長的數列：

1, 2, 6, 42, 1806……

這不是柏拉圖所知的幾何級數數列，但整數數列線上大全（On-Line Encyclopedia of Integer Sequences, OEIS）還知道更多種數列，OEIS 除了是一個重要研究工具之外，也是我所認識的所有數學家公認最出色的拖延裝置。[13] 組合數學家斯洛恩（Neal Sloane）[14] 在 1965 年身為研究生時開始這個計畫，之後不斷發展至今，一開始是以打孔卡片的形式呈現，後來是紙本書，現在是線上版本。你給這個機器一串整數，它就會告訴你數學世界對這數列的一切所知。例如，上述數列是 OEIS 中的第 A007018 條數列，我從該條目中得知，這個數列的第 n 項是「『具有出度為 0, 1 ,2 的節點且所有葉子都在級別 n 的有序樹』的數量。」（又是樹！）

如果你想要再精細一點（尤其是想模擬現實的疾病建模，你更應該這麼

13 譯注：應該是指數學家會沈溺其中不可自拔。

14 也是約翰康威的合作者，兩人研究的幾何題目是將極高維的柳橙盡可能緊密地裝入一個極高維的盒子中。

做），你可以設定昨天和今天的差不只是視今天發生的事而定，還要看昨天發生了什麼。試試看

S(明天) − S(今天) = S(昨天)

我們需要兩天的資料才能開始處理。如果今天是1昨天是1，明天就會比1多1，也就是2。一天之後，S（今天）就是2，而S（昨天）是1，所以S（明天）為3。這個數列會是這樣

1, 1, 2, 3, 5, 8, 13, 21……

每一項都是前兩項的和，這是斐波那契數列（Fibonacci sequence），又名A000045，這個數列出名到有一整本數學期刊都在談論它。

我們不太清楚什麼樣的真實世界過程會產生斐波那契數列，這是斐波那契在他1202年的《計算之書》（*Liber Abaci*）中，依一個異想天開的兔子增生生物模型創造出來的。但還有更好、更古老的方式！我是從巴伽瓦（Manjul Bhargava）那裡學到的，他除了是著名數論家之外，也是古典印度音樂及文學的優秀學生。他的塔布拉鼓（tabla）打得極好，對梵文詩歌也很熟稔。如同英語，梵文詩歌的韻律結構是由不同類型的音節控制。在英語詩歌中，我們通常會注意重音和非重音音節的模式，也就是音步（feet）。音步可以是抑揚格（iamb），一個非重音接一個重音（ba-DUM，或者你可能更喜歡 "To BE, or NOT to BE"）或是揚抑抑格（dactyl），一個重音接兩個非重音（JUGG-a-lo，或是 "THIS is the pri-ME-val"）。梵文詩歌的區別是按輕（laghu）和重（guru）音節，重音節是

輕音節的兩倍長。格律（*mātrā-vrrta*）[15]是疊加至固定長度的輕重音序列，例如，長度為二，就只有兩種可能：一對輕音節或一個重音節。

在英語裡，兩個音節可以有四種韻律：抑揚格、揚抑格（trochee）、揚揚格（spondee），或是完全不加重音的，我剛剛才知道這叫做抑抑格（pyrrhus）[16]。如果是三個音節的話，這四種可能又會再各分出兩個，例如揚抑格可以接非重音節形成揚抑抑格（dactyl），或是接重音節，形成英語中極少用的音步**揚抑揚格**（*cretic*）（“Why ask why ？ Try Bud Dry” 也許是當代美國韻文中最知名的例子）。所以三音節格律就有八種可能，四音節就有十六種，五音節就是三十二種，以此類推。

梵文更複雜，長度三就有三種不同格律：

輕輕輕

輕重

重輕

長度四有五種：

---

15 正好提醒我們梵文也屬於印歐語系，和英語及羅曼語系有共同祖先。“Mātrā” 的意思是度量，和英語的 measure 發音相近（更不要說 meter 了）；vrrta 源自原印歐詞根 wert，意思是「轉」，和英語的 verse（韻文）出自同一詞源。laghu 和 guru 則是英語 light 和 grave 的表親。

16 你沒有聽過「抑抑格五音步」的詩，因為沒有人會這樣寫。對工整韻文很拿手的愛倫坡說：「抑抑格理所當然地被摒棄了……堅持保有兩個短音節一音步這種令人困惑又毫無用處的東西，也許是我們的音韻極度不理性且屈從權威的最好證據。」

輕輕輕輕

輕重輕

重輕輕

輕輕重

重重

同樣的問題改成音樂用語：你有多少種方法可以用四分音符和二分音符，不加休止符，填滿一個 4/4 拍小節？

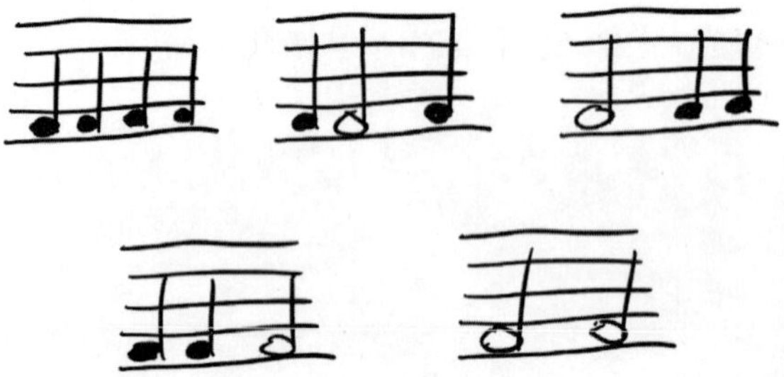

當格律長度為五時又有多少種變化？我在前述所寫可能性的順序應該透露了線索。這個格律可能以輕音節結尾，代表前面有一個長度四的格律；也就是五種。或者這個這個格律可能以重音節結尾，那就會用掉兩個長度單位，因此在它前面的是長度三；也就是三種可能性。總共可能的變化就是 5 + 3 = 8，前述兩項的總和。這就讓我們回到了斐波那契數列，或者是巴伽瓦喜歡的叫法，維拉漢卡數列（Virahanka sequence），維拉漢卡是第一位算出這些數字的偉大文學兼宗教學者，比斐波那契拿它來算兔子還早了五世紀。

事件發生律

SIR 模型讓我們偏離了嚴格的幾何級數，但並未偏離「今天發生的事，明天也會發生」的哲學。我們只是需要以更廣義的方式去解讀。在算術級數中，每天的增長都一樣，在幾何級數中，每天的增長都不同，但如果是以當日數字的**比例**來看就是一樣的；今天和明天算出每日增長的規則是一樣的。依據我們較精細的模型，明天會發生的事，就是噗嚕噗嚕機器把今天發生的事處理之後得到的。每天的增長率也許不同，但**永遠是同一部機器**。

抱持這種觀點，我們就可以算是牛頓的門徒了。他的第一定律主張運動中的物體在沒有外力施加的情況下，會持續以同樣速度朝同樣方向前進。明天的運動和今天的一樣。

但大多數我們關注的移動物體，都不是在毫無摩擦力的真空中沿著無限延長的直線前進。把一顆網球直直往天上拋，它會往上飛一段後到達最高點，然後落下，有點像是感染曲線。這就要提到牛頓**第二**定律，它告訴我們當**有**重力之類的外力施加於物體時，物體會如何動作。

依牛頓定律出現之前的觀點來看，這顆網球的動作一直在改變，但這種改變的本質始終不變！如果我們知道網球往上的速度，它往上的速度在一秒後每秒減少 16 公尺。至於往下的速度正好相反；從現在的下一秒開始，往下的速度會比現在每秒**增加** 16 公尺。

如果你想要一個比較一致的表達方式，你可以（也應該！）把往下的運動想成每秒 20 公尺，而往上的運動是每秒負 20 公尺，一秒後速度會每秒下降 16 公尺，也就是變成每秒負 36 公尺。這個現象會讓剛學負數的人昏頭轉向；當你要將負數減小時，它怎麼感覺變大了！為了說得更清楚，我喜歡用兩組不同的詞：如果一個數字較偏正向，它就是**升高**，較偏負向就是**下降**；如果離零比較遠就是**變大**，離零比較近就是**變小**。正數下降就會變小，但負數下降則會變大。

現在的速度與下一秒的速度之間的差永遠是每秒 16 公尺，因為作用在網球上的力永遠一樣：也就是地球的重力。這又是另一道差分方程！這一秒到下一秒的球速並非恆定，但推測它未來路徑的差分方程永遠不變。在金星上丟網球，你會得到不同的差分方程；[17] 但終究還是有這麼一道差分方程。現在發生的事下一秒也會發生。

除非，你擊中了那顆球！這類模型的本質就是要預測在預設條件下系統會如何表現。使系統遭受衝擊，或者只是輕輕一戳，都會改變條件，使你偏離模型的預測。而真實的系統本來就會受到各種衝擊。當流行病大爆發時，我們**不會**等它自然消退——我們會採取行動！這不代表模型就沒用了。如果我們想知道在我們擊中網球後它會怎樣，我們就要先摸透球在單只有重力的情況下會如何動作。模型無法預測未來，因為它無法預測我們會怎麼做，但它絕對可以幫助我們決定該做什麼，以及何時必須這麼做。

每一點都臨界

COVID-19 資料是一天一天送到我們面前，不是一小時或一分鐘。但球被拋出後的位置可以用比秒更小的單位來測量。我們可以問球速

17 公差是每秒 8.87 公尺，金星表面的重力比地球的略小。

每半秒的變化，或每十分之一秒，或每微微秒（picosecond，10^{-12} 秒）；最有野心的是我們試圖描述速度變化的瞬時速率，也就是速度變化的速度。牛頓把這一點也搞定了。他的流數（fluxions）理論，也就是我們現在所稱的微分學（differential calculus），就在處理這類問題。我們在這裡不會說太深，這麼說吧，差分方程被削為無窮小的時間增量以充分描述連續變化時，就會換一個新名稱：叫做微分方程。任何可以用當前狀態來描述其演變的物理系統都受某個微分方程控制。金星上的網球、流過管線的水、金屬棒散逸的熱、繞著繞太陽轉動的行星的衛星，都有各自的微分方程。有些可以用明確的術語輕易解決，有些則很難，大多數則不可能。

羅斯、亨德森、柯邁克和麥肯德里克在他們的模型中使用的就是微分方程的語言。龐加萊在 1904 年博覽會最後一天演講時，羅斯早已離開聖路易，但他要是在場的話，也許對流行病學的研究能提早十年。那天龐加萊告訴他的聽眾：

> 古人對定律的理解是什麼？對他們來說是一種內在的和諧，彷彿是靜止、不可改變的；或者是一個自然試圖模仿的模型。對我們來說，定律不再是那樣，而是今天的現象和明天的現象之間存在著恆常的關係；總之，它是一個微分方程。

羅斯和亨德森應用在疫病上的微分方程具有「臨界點」（tipping point）行為；有一個免疫門檻，即群體免疫點，將疫病行為分為截然不同的兩個部分。群體免疫力低於這門檻時，疾病會呈指數爆發，至少一開始是如此，但如果群體免疫力高於這個門檻，疾病就會消退。

兩個天體之間的動力學也遵循一條簡單的二分法：它們會以橢圓形軌道穩定地繞行彼此，或是以雙曲線（hyperbolic path）路徑飛離彼此。但從雙體改成三體，就產生了一塊精采的新動力可能性領域。例如龐加萊在其成名作三體問題中與之角力的微分方程，龐加萊所描述的複雜行為，正是一塊新領域的開端，即「混沌動力學」（chaotic dynamics）。只要存在混沌，對一系統現狀的最微小擾動都會造成極端不同的未來。每一點都是臨界點。

龐加萊早就知道羅斯後來學會的事：微分方程是創造牛頓式疾病物理學時的天然語言——或者，以羅斯的企圖心來說，是涵蓋所有事件的物理學。明日發生的事依今日發生的事而定。

第十一章

可怕的增長定律

2020 年 5 月 5 日，白宮經濟顧問委員會（Council of Economic Advisers，CEA）發布美國 5 月初的 COVID-19 死亡案例圖表，以及幾條大致符合迄今資料的潛在「曲線」。

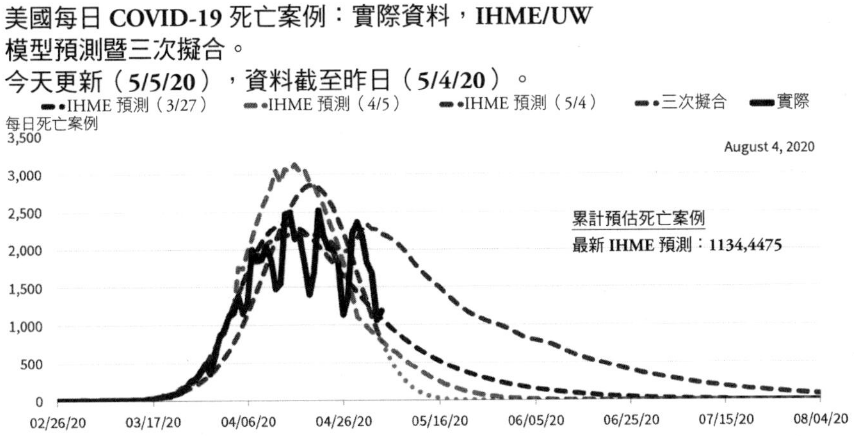

資料來源：健康指標與評估研究所（IHME，Institute for Health Metrics and Evaluation）；紐約時報；經濟顧問委員會計算。

圖表其中一條曲線標示為「三次擬合」（cubic fit），代表極度樂觀的狀況；曲線走向是 COVID-19 死亡案例在短短兩週內就降到幾近於零。這條曲線顯然是捏造的，尤其大家後來才得知這個「三次擬合」是出自白宮顧問哈塞特（Kevin Hassett）之手。哈塞特之前最出名的是他與人合著的《道瓊斯指數三萬六千點》（*Dow 36,000*），這本書於 1999 年 10 月出版，書中指出根據過去趨勢，股市近期會出現大幅上漲。我們現在很清楚那些急著將畢生積蓄投入 Pets.com 的人後來的下場。牛市在哈塞特的書出版不久後就陷入停滯，然後開始回落：又過了五年，道瓊指數才回到 1999 年的高點。

這條「三次擬合」曲線也是同樣的花言巧語。美國從 5 月到 6 月的 COVID-19 死亡人數的確有下降，但離疫情平息還早得很。

這個故事在數學上的有趣之處不是哈塞特犯錯了，而是他怎麼錯的。我們必須弄清緣由才能學到教訓，以避免未來犯下同類型錯誤，而不是只學到簡單的一句「別相信凱文．哈塞特」。要弄清這個三次擬合哪裡出錯，我們得回到 1865 年到 1866 年的英國牛瘟大爆發。

牛瘟是牛隻的疾病，至少曾經是，多虧一項五十年計畫的積累，直到 2011 年牛瘟才終於從地球上絕跡。[1] 水牛和長頸鹿也可能感染牛瘟，這種疾病源自中亞，很可能在有文字歷史記載之前就存在，後來被匈奴人和蒙古人傳布到全世界。有人認為牛瘟就是聖經中降臨在頑固的埃及人身上的第五次瘟疫。在中世紀中期左右，這種疾病的變種跨越物種屏障跳到人類身上，成為我們現在所說的麻疹。牛瘟和麻疹一樣傳染力極強，能以極快的速度橫掃群體。1865 年 5 月 19 日，一

1　這會是很棒的機智問答之夜題目：「唯二從自然中被消滅的病毒，除了天花還有什麼？」不過只有在沒有獸醫流行病學家在場時才有用。

批病牛被運抵東約克夏的赫爾港（port of Hull），到了 10 月底已有將近兩萬頭牛染病。洛威（Robert Lowe）當時是自由黨議員，後來擔任財政大臣及內政大臣，他在 1866 年 2 月 15 日警告下議院，而這些話在 2020 年聽起來是驚人地熟悉：「如果我們不能在 4 月中前控制住疫情，後果將是難以計算的大災難。你已經見到這疫病的雛形。再等下去，你會看到平均數從數千增長到數萬，因為迄今為止盛行的可怕增長定律沒理由從今以後不再盛行。」（洛威擁有數學學士學位，很瞭解幾何級數）。

但法爾（William Farr）抱持不同意見。法爾是 19 世紀中葉英國最著名的內科醫生，他一手締造英國的人口動態統計辦公室，並大力倡導英國人口密集城市的衛生改革。如果你聽過他的名字，可能是與一則早期流行病學的成功故事有關。斯諾（John Snow）在 1854 年倫敦霍亂大爆發時在布勞德大街的抽水機發現霍亂源頭。而法爾代表英國醫學界的錯誤共識，堅信霍亂並非經由活體傳播，而是因泰晤士河的髒水散發出的瘴癘所引起。

1866 年，換成法爾獨排眾議。他寫信給倫敦的《每日新聞》，堅稱牛瘟不會威脅到所有牛隻，而是即將開始自行消退。法爾寫道：「沒人能比洛威先生將一項觀點表達得更清楚，但把觀點說得清楚明白，不代表就是真實無誤……也有可能以數學證明迄今為止盛行的增加定律，指向的並非『平均數從數千增長到數萬』，而是正好相反；因此我們得以預期消退會從 3 月開始。」法爾還直接對接下來五個月的牛瘟病例數做了明確的數字預估。他說在 4 月之前，病例數就會降到 5226，到 6 月之前只剩 16 例。

國會無視法爾的主張，醫學機構更是加以駁斥。《英國醫學期刊》

刊載了一則簡短輕蔑的回應：「我們敢說，法爾博士找不到任一則歷史事實能支持他的結論，即在九個月或十個月後，這種疾病會悄然消失——走完它的自然曲線。」

但他們都錯了！這次對的人是法爾，正如他所預測的，病例數在春夏期間持續下降，到年底之前就完全平息。

法爾把他的「數學證明」降級為一個簡潔的注解，因為他猜到《每日新聞》的讀者並不想看到光禿禿的公式，我們就不用這麼謹慎了。不過要知道法爾做了什麼，我們得把時間再倒轉一些，回到法爾職業生涯的起點。在 1840 年夏天，他提交了一份報告給註冊總署署長（Registrar- General），總結了 1838 年該署統計英格蘭和威爾士死亡 342,529 人的原因和分布情況，他自信滿滿地吹噓道：「這系列的涵蓋範圍之廣，勝過本國或任何國家發表過的任何報告。」報告記錄了各種死因，包括癌症、斑疹傷寒、震顫性譫妄、分娩、飢餓、高齡、自殺、中風、痛風、水腫及病名取得不好的「馬斯格雷夫博士的蠕蟲熱」。他特別指出，女性罹患肺結核（當時稱為耗症〔consumption〕）的比率高於男性，他將此歸咎於女性穿著緊身胸衣。與其說他在引用數據，不如說他在疾呼改革：「每年有 31,090 名英國女性死於這種不治之症！這一令人震驚的事實，是否會促使有地位和有影響力的人導正他們婦女同胞的著衣方式，使她們放棄這種會使身體變形、勒住胸部、導致緊張或其他失調，並且無疑會提高罹患不治之症傾向的做法？女孩並不比男孩更需要人造骨頭和繃帶（法爾在這裡沒有透露——至少沒有直接透露他的妻子三年前死於肺結核）。」

這份報告的最後一段關於 1938 年天花爆發的部分，是這份報告如今如此知名的主因；法爾在這裡首度提及流行病的進展，以法爾的話就是：「突然升起，如同從地面升起的霧氣，在各國之中徒增淒涼——隨後又如同來時一般突兀地或不知不覺地消失。」統計學家法爾的目標是為這種不知不覺的現象找出數字意義，即使流行病的源頭不明（他在注腳中的確提到一個理論，認為流行病的起源是「微型昆蟲透過空氣介質從一個人傳到另一人」，但他擱下了這個假說，因為當時最好的顯微鏡師都沒找到這樣的「微動物」）。

法爾記錄了一個月又一個月天花死亡病例的沉重數據，從中發現天花正緩慢衰退。數字是這樣的：

4365, 4087, 3767, 3416, 2743, 2019, 1632

法爾猜測，如同許多自然過程，這種衰退也會遵循幾何級數，即任前後兩項的比率一樣。第一個比率是 4365/4087 ＝ 1.068，但第二個卻不一樣：4087/3767 是 1.085，這個比率數列如下：

1.068, 1.085, 1.103, 1.245, 1.237

這些比率顯然每次都不一樣也並不相近；看起來像是在增長（至少在最後一項之前是的），這違反了幾何定律。但法爾並不打算放棄尋找幾何級數。萬一這些比率本身雖然頑強地不恆常，但其實是以幾何增長呢？這就有點局中局的感覺，因為我們現在問的是**這些比率**的比率是否始終如一。是嗎？首先是 1.085/1.068 ＝ 1.016，後續的數列如下：

1.016, 1.017, 1.129, 1.092, 0.910

我得誠實地說；在我看來這數列一點也不恆常，不過它也沒有明顯地增加或減少；對法爾來說這樣就夠了。將這個數列稍加調整，他就得到了這串數字

4364, 4147, 3767, 3272, 2716, 2156, 1635

相當符合天花的實際死亡人數，而這裡的比率的比率的確有一個共同值，1.046（調整數據聽起來可疑嗎？其實不然。真實資料通常很雜亂且極少——只要牽涉到人，我就不會說永不——依循數學曲線精確到小數點第幾位，你的目標是找到足夠相近的定律）。法爾主張，這個 1.046 的法則相當符合實際資料，足以被稱為流行病定律。

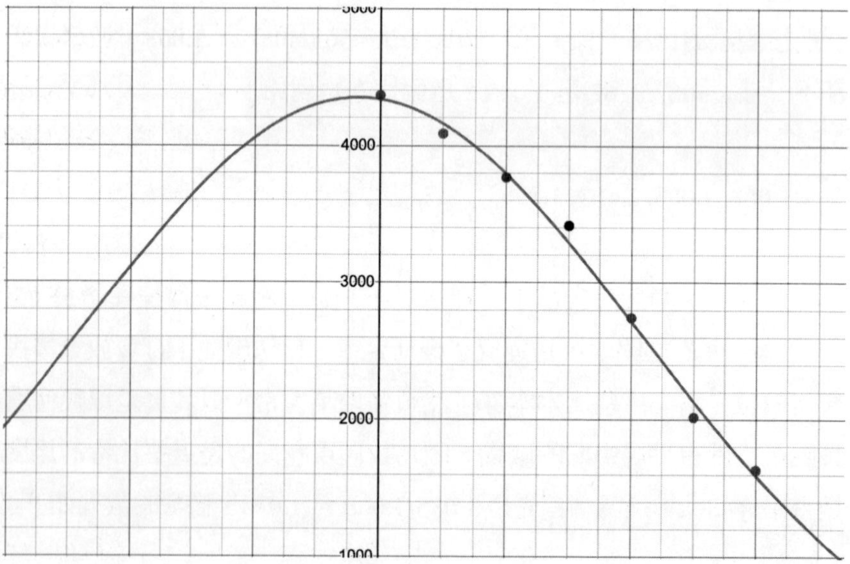

這條曲線是法爾對天花路徑所做的模型，每個點代表各個月份的天花實際死亡人數；而他的曲線相當符合實際資料。

你現在應該能猜到，法爾對牛瘟的資料做了什麼。但你很可能是猜錯了！法爾手上有牛瘟爆發的前四個月的各月病例數列：

1865 年 10 月：9597

1865 年 11 月：18817

1865 年 12 月：33835

1866 年 1 月：47191

他發現各月之間的病例比率是 1.961、1.798 和 1.395。如果這就是洛威警告國會的「可怕的增長定律」，那這三個數字應該相同。但事實上它們卻是在下降，對法爾來說這就是疫情正在衰減的信號。所以他算出比率的比率：

1.961 / 1.798 ＝ 1.091

1.798 / 1.395 ＝ 1.289

但法爾沒有就此停下，這些比率的比率看起來並不恆定；第二個明顯比第一個大。所以他算出了比率的比率的比率！

1.289 / 1.091 ＝ 1.182

現在 1.182 這個比率絕對是一個恆定的數列，因為裡面只有它自己一個數字。而始終自信滿滿的法爾，宣稱這數字就是控制一切的定律，也就是將主導牛瘟發展的比率的比率的比率。既然數列裡最後一個比率是 1.289，那下一個就應該是 1.289×1.182，約為 1.524，所以在漸小的比率數列裡，1.961、1.798、1.395 之後就應該是 1.395 / 1.524，即 0.915。換句話說，牛瘟早已走向衰滅！法爾推論，到 2 月份應該是 0.915 × 47191 也就是約 43000 例新病例。

我想各位可能會對法爾的論點感到些許不適。他怎麼能假設將來比率的比率的比率就會固定在 1.182 不變？我不會說這樣的假設是合理的，不過的確有過歷史前例。首先容我解釋一下我是如何贏得鄰里才藝大賽的。

平方根帥哥

每年 1 月，在威斯康辛州天寒地凍的嚴冬時節，我們鄰里都會舉辦才藝大賽：孩子們拉小提琴，家長畫搞笑插圖。有一年我以平方根帥哥的名號表演心算平方根，結果我贏了！心算平方根是我在大學時學會的派對把戲，雖然在派對中的社交效用不如我的預期，不過我還是教大家一下好了。

比方說你被要求算 29 的平方根，這個把戲要玩得好，首先你要把平方背熟，因為你要能隨口說出 5 的平方是 25，6 的平方是 36。現在有以下數列：

$$\sqrt{25}, \sqrt{26}, \sqrt{27}, \sqrt{28}, \sqrt{29}, \sqrt{30}, \sqrt{31}, \sqrt{32}, \sqrt{33}, \sqrt{34}, \sqrt{35}, \sqrt{36}$$

我們只知道第一和最後一項的答案分別是 5 和 6，而我們要算的是其中的第五項。

現在假設這個數列是一個算術級數。它不是，但假設它是，平方根帥哥容許你這麼做。從第一項到最後一項，跳了十一次，得到 5 到 6。所以若任何兩個連續項之間的差相同，這個差應該是 1/11。所以 29 的平方根，從 5 跳五次，就是 5 又 4/11。噢，我有沒有提到你得稍微會心算除法？你也許知道 1/11 是大約 0.09，所以 4/11 就是約 0.36，或者你知道 5 又 4/11 會比 5 又 4/10 即 5.4 小一點，總之你就可以說「是 5.3 多，將近 5.4」（正確答案是 5.385）。

我希望你可以看出來，這和法爾的主張在概念上的相似性，雖然在這裡我們用的是差而非比率。首先我們就像法爾一樣，憑空決定所有的差都一樣，然後用我們手邊僅有的事實推算出這個公差。這似乎很不合理，但有用！

你很有可能會問：除了想打敗自學演奏「自由墜落」（Free Fallin）的鄰居小孩的內在需求之外，我為什麼要這麼做？我不能按按計算機上的平方根鍵就好嗎？是的，我可以，但威廉・法爾不行。7 世紀時的天文學家也不行。這個想法的歷史就是這麼悠久。為了記錄天體的運動，你需要三角函數的值；這些值被保存在大量的表格中，耗費大量時間精力編纂而成。要編纂這些表格，你需要比我的平方根派對把戲更精確的值。約在西元 600 年，一個新概念出現，在印度是出自古吉拉特邦（kingdom of Gurjaradesa）的天文學家兼數學家婆羅摩笈多（Brahmagupta），在中國是出自隋朝的天文學家兼曆法家劉焯。

我們不想淌皇曆的渾水，所以我還是以平方根為例來解釋他們的方法。這將是這場討論在算術上最困難的部分；你不需要在大學派對上狂灌基斯通牌淡啤酒時還能心算出來。

要執行婆羅摩笈多—劉法，你需要知道三個平方根，而不是兩個：例如$\sqrt{16}=4$，$\sqrt{25}=5$以及$\sqrt{36}=6$，從$\sqrt{16}$到$\sqrt{36}$共二十步，值是從4到6；所以你可以依據平方根帥哥的建議，假設這些平方根是算術級數，因此任一項和後一項的差就是 2/20。我說過這不是真的，證明在此：如果這個數列真的是算術級數，25 的平方根，離$\sqrt{16}$九步的那一項，就應該是 4.9，但事實上是 5。

補救方式在此。我們已知如果想符合我們已知的三個值，就不能再堅持說這些平方根會形成算術級數；也就是，不是所有二十一個差都均等。那麼接下來的重點，就是讓這些差**本身**形成算術級數；也就是說，我們希望這些差之間的差都一樣！就跟法爾的比率的比率這個想法一樣

$\sqrt{16}$ $\sqrt{17}$ $\sqrt{18}$ $\sqrt{19}$ $\sqrt{20}$ $\sqrt{21}$ $\sqrt{22}$ $\sqrt{23}$ $\sqrt{24}$ $\sqrt{25}$ $\sqrt{26}$ $\sqrt{27}$ $\sqrt{28}$ $\sqrt{29}$ $\sqrt{16}$
$\sqrt{30}$ $\sqrt{32}$ $\sqrt{33}$ $\sqrt{34}$ $\sqrt{35}$ $\sqrt{36}$

？？？？？？？？？？？？？？？？？？？？

為了達成目的，我們需要讓第二列為二十個總和為 2 的數字形成的算術級數；同時還要讓數列中的前九個數字的總和，也就是從$\sqrt{16}=4$到$\sqrt{25}=5$，為 1。事實證明，只有一個算術級數符合這些條件。有一個漂亮的方法可以求得。因為前九個數字的總和為 1，它們的平均數就是 1/9，而算術級數的平均數一定是中間項，在這裡就是第五項，所以該項的值為 1/9。

反過來說，最後十一項的總和也是 1，所以它們的平均數也是

1/9，而那必定是最後十一項的中間項，也就是整個數列的第十五項。

$\sqrt{16}\ \sqrt{17}\ \sqrt{18}\ \sqrt{19}\ \sqrt{20}\ \sqrt{21}\ \sqrt{22}\ \sqrt{23}\ \sqrt{24}\ \sqrt{25}\ \sqrt{26}\ \sqrt{27}\ \sqrt{28}\ \sqrt{29}\ \sqrt{30}$

$\sqrt{31}\ \sqrt{32}\ \sqrt{33}\ \sqrt{34}\ \sqrt{35}\ \sqrt{36}$

？？？？1/ 9？？？？？　？？？？1/ 11？？？？

？

這樣就足以判定整個級數了！從第五項到第十五項是十步，而我們需要跨越的距離是從 1/9 減為 1/11，即 2/99，所以每一步都必定是 2/990。這意謂著第一個差，也就是 1/9 往前四步，是 1/9 ＋ 8/990 ＝ 118/990，而最後一項，離 1/11 五步的是 1/11–10/990 ＝ 80/990。[2]

$\sqrt{16}\ \ \sqrt{17}\cdots \qquad\qquad \cdots\sqrt{35}\ \ \sqrt{36}$

$\frac{118}{990} \qquad\qquad\qquad\qquad \frac{80}{990}$

所以根據 7 世紀最先進的天文學，29 的平方根是多少？要從$\sqrt{16}$到$\sqrt{29}$，你需要加總前十三個差：

118/ 990 ＋ 116/ 990 ＋ 114/ 990 ＋ ……＋ 94/ 990

2　沒錯，這些分數沒有約分到最簡形式，所以你的十年級數學老師可能會把它圈起來說是錯的。但這不是錯的！ 80/990 和 8/99 是同一比率的不同名字，如果我們要談的是九百九十分之幾，用前一個名字並無錯處。

再把它加上 4，就是 4 又 1378/ 990，約等於 5.392，比我們一開始預估的 5 又 4/11 接近了三倍。

遞差法（successive differences）從印度傳到阿拉伯世界，在英國又多次被再度發現，其中最知名的是布里格斯（Henry Briggs）。1624 年，布里格斯用這個方法寫出《算術對數》（*Arithmetica Logarithmica*），其中匯編了三萬個數字的對數（logarithm），每一個都到小數點後第十四位（布里格斯是葛雷斯罕幾何學教席的第一任講師，也就是後來卡爾．皮爾森向大眾介紹統計幾何學時擔任的職位）。如同 17 世紀大部分的歐洲數學，這項方法也被牛頓改善規整過，以致現在我們通常稱之為「牛頓內插法」（Newton interpolation）。從法爾的文章中看不出他對這段歷史知情，不過好的數學點子總是會在難題出現時應需求而生。

對對數的需求不是到了布里格斯就終止了，一張表格是有限的，你要找的對數也許沒收納在《算術對數》裡。而差分法最精妙之處就在於，只要運用基本的加減乘除運算，就能推算出複雜函數的值，比如餘弦（cosine）或對數；所以需要時，你可以自行填補紙本未收錄的條目。但就像平方根的例子所示，你得做大量的加減乘除——這還只是你研究的是差的差！為了得到更好的近似值，你也許會想要差的差的差，或是這些三重差的差，或者直到你頭昏為止。

顯然你不會想要徒手計算這些，你也許甚至會想要一台機器來代替你計算，這就要談到巴貝奇（Charles Babbage）了。巴貝奇從小就對自動機械著迷不已，當「一個自稱梅林的男人」[3] 讓巴貝奇進入他的私人工作室，讓這男孩看他最精巧的機械作品：「一個神奇的芭蕾舞者，右手食指上有一隻鳥，它會搖動尾巴，拍動翅膀，張開嘴喙。這位女士的舉止非常迷人，她的眼睛裡充滿了想像，讓人無法抗拒。」

1813年，巴貝奇二十一歲時，他進入劍橋修讀機械系。巴貝奇和他的朋友赫歇爾（John Herschel，此人的學業成績優於巴貝奇，後來發明了藍圖）創立了一個數學協會，藉以諷刺其他熱衷於爭辯聖經如何解讀最適當的眾多學生協會；數學協會的任務是要抬高萊布尼茲（Leibniz，德意志哲學家、數學家，與牛頓先後獨立發明了微積分）的微積分符號地位，讓它勝過家鄉英雄牛頓發展出的類似系統。這個分析學會很快就擺脫了原先諷刺的立意，成為真正的知識沙龍，旨在將法國和德國的新想法，引入自牛頓之後數學領域就有點陷入停滯的英國。

巴貝奇在他的回憶錄中寫道：「有天晚上，我正坐在分析學會在劍橋的房間裡，我昏昏沉沉地垂頭坐在桌前，桌上放著一張對數表。另一個成員走進來，看我好像半夢半醒，就叫說：『巴貝奇，你在做什麼夢？』而我回答：『我在想這些表格（指向對數表）也許可以用機器計算。』」

就像他的啟蒙者梅林一樣，沒多久巴貝奇就把這個夢化為銅工木作。這台機器現在被視為最早的機械計算機，可以藉由差分法算出對數；因此被他稱為「差分機」。

平方根帥哥的做法和法爾的做法之間有一樣重大差別。我們在推算平方根時，要找的值是介於我們已知的平方根之間，這個過程叫做**內插法**。法爾用這種方法來計算病牛數時是想要**外推**（*extrapolate*）——推算一個函數未來的值，超越目前已知值的範圍。外推很難，而且很

3　事實上是約翰・喬瑟夫・梅林（John Joseph Merlin），一位多產的比利時工匠，他還發明了滑輪溜冰鞋。數十年後，巴貝奇在拍賣會上從一家已關閉的博物館買下了這個機械傀儡，並安裝在他的起居室裡。

容易翻車。[4]想想如果把我們的派對把戲用來猜測 49 的平方根會發生什麼事？這個數字大於我們輸入的兩個平方根。記得我們的經驗是每當數字增加 1，它的平方根就會增加 1/11，那麼既然 49 比 25 多 24，它的平方根就應該比 5 多 24/11，也就是 7.18，但實際值應該是 7。那麼 100 呢？它比 25 多 75，所以 100 的平方根應該是 5 ＋ 75/11 ＝ 11.82，但真正的平方根是 10。這把戲不管用了！

這就是外推法的風險，離差所源自的已知資料越遠，可靠性就越低。你越是深入差的差的差，外推所得的結果就越是偏離、怪異。

哈塞特碰到的就是這個問題，雖然他不是 19 世紀的流行病學學生，但他所用的「三次擬合」正是奠基於法爾用來建立牛瘟模型的同一套假設。他的模型是猜測連續資料點的比率的比率的比率在流行病盛行期間會維持恆定（你不用讀古董醫學論文也能採取這項策略，因為現在只要在 Excel 裡按幾個鍵就行了）。哈塞特的曲線大致符合過去資料——美國的 COVID-19 死亡人數的確達到高峰，至少在短期內如此——但在外推時，他對這場流行病持續力的預估大大失誤。

天真的外推也可能帶你走向一條遠離真相的悲觀之路。沃佛斯（Justin Wolfers）是密西根大學的經濟學家，他稱哈塞特的模型為「**純屬瘋狂**」（是他用的粗體字），他在一個月前寫道：「預測七天後的美國，死亡總數會是一萬人，再往後預測一週，會是單日一萬人」。沃佛斯用的外推法比哈塞特的還要簡單，依據不斷上升的幾何級數推估死亡數。而結果也證實外推法有多快翻車。在沃佛斯預測的一週後，

4　我們已經在第七章看到，即使是極為強大的神經網路，在被要求外推至它的訓練資料以外時，是如何丟盡了它所沒有的臉面。

美國的 COVID-19 死亡總人數的確升到了一萬人，但一週後死亡率來到春季高峰，單日兩千人死亡，是沃佛斯盲目外推所得數據的五分之一。

但有些有用

我對我家的青少年兒子解釋法爾的推理時，他說，可是爸，法爾為什麼不等到 2 月底，反正都快過一半了，就能多拿到一個數據點呢？那樣他就會有兩個比率的比率的比率可以運算，而不是只有一個，這樣他就有更紮實的基礎可以主張 1.185 確實是「增加定律」。

問得好，兒子！我猜是因為：法爾的好勝心勝過了理智。如我們所見，法爾是個驕傲的人，他認為感染的高峰會出現在下個月的數據裡，他想在高峰出現之前就加以預測，而不是事後。

事實證明法爾的預測言之過早；2 月的新病例略多於 57,000，還是比前一個月的總數 47,191 稍多。如果他再多等一個資料點進來，就會發現最後的比率是 57000/ 47191 ＝ 1.208，而最後一個比率的比率是 1.395 / 1.208 ＝ 1.155，因此新的比率的比率的比率是 1.155 / 1.289 ＝ 0.896。如果他發現了這樣的不一致，會不會乾脆再去算那兩個比率的比率的比率之間的比率？我們無從得知。

可以確定的是，法爾的時間點雖然錯了，但大方向對了；牛瘟正在接近高峰期而且很快就會衰退。到了 3 月只有 28,000 例牛瘟新病例，之後持續下落，雖然不如法爾預測的那麼快；他的曲線我畫在下方，曲線顯示牛瘟在 6 月底就會結束，但事實上一直到年底才平息。

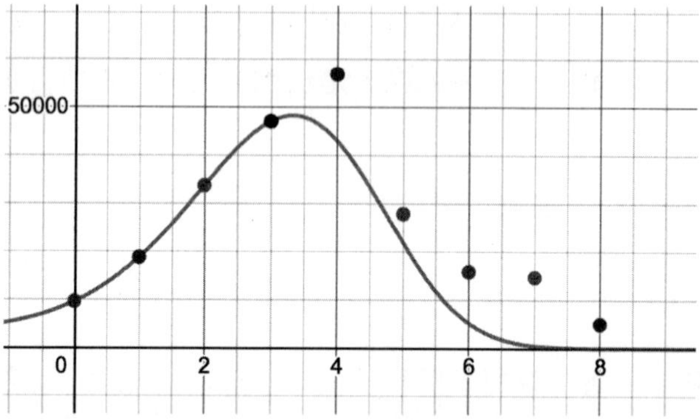

看出外推法的風險了吧。法爾的計算在短期內還算正確（這事很快就會轉向嗎？），長期表現就很糟了（這什麼時候才會結束？）。

牛瘟為何真的平息了？還未完全相信病菌致病論的法爾認為，是因為在牛隻之間傳遞的那個某種有毒物質，在從一頭牛傳到下一頭牛時毒性會慢慢減弱。我們現在知道細菌不是這麼運作的。《英國醫學期刊》在譏諷法爾的來信時，駁斥的並不是他對後果的結論，而是他的推理。這名不耐煩的匿名評論者寫道：「他忘了考慮，現在所有人都很清楚牛瘟的傳染力有多凶猛，因此會採取一切行動加以預防。」法爾預測牛瘟會「自動消退」；而我們只能說它消退了。

法爾的方法被遺忘了數十年，直到流行病學家布朗利（John Brownlee）在20世紀初又把它撿回來。布朗利注意到一件法爾沒注意到的事：如果你以假設比率的比率恆定而建模，就像法爾對天花所做的那樣，就能得到漂亮的對稱曲線，在那裡下落的速度和上升的速度完全一樣。事實上這就是常態分布，即鐘形曲線，這也是機率理論的核心。對數學稍有瞭解的人，對鐘形曲線都有一種拜物教般的崇敬。鐘形曲線的確可以描述眾多不同的自然現象，但流行病的起落不在其中。法爾知道這一點：即使在 1866 年，法爾主張的也是第三比率而非第二，並預測牛瘟的波形是不對稱的，消退速度會比上升快更多。布朗利也認為真實的流行病不太可能完全遵循常態曲線。但「法爾定律」（“Farr’s Law”）卻變成一種信念，相信流行病會遵循鐘形曲線，怎麼上去就怎麼下來，法爾自己都沒笨到這麼想。我傾向於叫它法爾「定律」（Farr’s “Law”）以強調它並非真正的定律——但也許叫它「法爾」「定律」（“Farr’s”“Law”）會更適合。

這類僵化會迎來不當外推的危險。1990 年，布雷格曼（Dennis Bregman）和朗繆爾（Alexander Langmuir），後者是傳奇的流行病學家，推崇「鞋革」（shoe leather，指四處奔波）實地研究更勝純粹的實驗室工作，兩人發表了一篇論文名為「法爾定律應用於愛滋病預測」（Farr’s Law Applied to AIDS Projections），援引法爾對牛瘟的成功預測，他們對美國的愛滋病統計數據做了類似分析。但他們採用了流行病學必定對稱的狹隘觀點，認定愛滋病消退的速度應該和蔓延的速度一樣快。他們的結論是愛滋病已經達到高峰，到了 1995 年美國應該只剩約 900 個病例。

但事實上是 69,000 例。

這又讓我們回到 COVID-19 和 2020 年。許多預測[5]都選擇將各州的 COVID-19 死亡人數建模為完美對稱的鐘形曲線。不是因為他們崇拜鐘形曲線，而是他們發現這種曲線最符合疫情爆發初期零星的可得資料。但 COVID-19 的曲線卻是堅定地不對稱，在各地迅速衝到高點，

5　最為知名也最廣為流傳的模型，是出自華盛頓西雅圖的健康指標與評估研究所（IHME）；之後隨著疫情蔓延，IHME 明智地放棄了對稱假設。平心而論，在武漢初次爆發時，疫情的起落確實大致對稱；現在一般認為能快速下降是因為中國極度嚴厲的壓制措施。

然後以令人煎熬的慢速下降，一路散布病痛和恐懼。這場流行病上去是坐電梯，下來是走樓梯。如果你的預測不是這樣，而是繼續依著鐘形曲線埋頭衝向未來，你的預測只會繼續偏離現實，而且在遇到與其預測衝突的新資料時還會不斷變調。

我們在這裡遇到了所有企圖依現有資料以數學預測未來都會遇到的深層問題：要預測，你就要猜測並控制你所追蹤變數的定律為何。有時候這個定律很簡單，就像是網球的運動，有著美妙的對稱；球扔出到高點的時間，跟球回落到你手中的時間完全相等。而且，如果你仔細測量它每秒離地的距離，並將這些數字寫成數列，你會和法爾一樣發現，在球的拋物線路徑中，差之間的差始終相同。事實上，正是這項性質形成了拋物線，而非半圓形也不是聖路易大拱門那樣的懸鏈線（catenary）。如果你夠幸運，不必瞭解背後機制也能發現這類規律；伽利略透過仔細觀察發現了拋射運動的拋物線定律，比牛頓提出力和加速度理論早了數十年。

但有時候定律沒這麼簡單！如果我們願意納入考慮的定律範圍太窄——比方說，如果我們堅持疫病走的是對稱路徑，即比率的比率是恆定的——想把過於僵化的規則對應到現實上，我們只會跌跌撞撞。這個問題叫做「低度擬合」，就與沒有足夠的調節鈕或調節鈕錯了的機器學習演算法會遇到的狀況一樣。

這讓我想到普洛（Robert Plot），他在 1677 年是第一位發表恐龍骨骼繪圖的人。普洛對於這段骨頭來源的種種猜測範圍不夠廣泛，以至於正確答案不在其中，也就是他正盯著看的其實是一種現在叫巨齒龍（*Megalosaurus*）的巨型爬蟲類的部分股骨。他想過可能是一頭古羅馬象誤入歧途，死在康沃爾，但與現實大象的股骨比對後，他排除了這個可能性。那一定是人類，他心想，所以唯一的問題就是，哪一種人。他的答案是：一個非常高的人。

平心而論，普洛面對的確實是全新的現象，也難怪他無法猜到面前的是什麼東西。真正的低度擬合是更嚴重的誤差，就像如果普洛簡單地建模說埋在地下的骨頭就是人類的，而完全無視有無數例證是地下埋著非人類的骨頭。要是挖出襪帶蛇（garter snake）的骨頭，這個低度擬合的古生物學家會驚呼：天啊，這個小人兒的身段一定十分婀娜！

一個模型的重點不是要告訴我們美國的 COVID-19 死亡總數會不會是 93,526（如眾所矚目的健康指標與評估研究所模型所預測 4 月 1 日的數字），或 60,307（4 月 16 日），或 137,184（5 月 8 日），或 394,693（10 月 15 日），或告訴我們何日何時醫院使用中的病床數會達到高峰。這種工作你要找的是占卜師而不是數學家，但這不代表模型毫無用武之地。圖菲克西（Zeynep Tufekci）不是數學家也不是建模師，而是一位社會學家，他在標題值得分享且完全正確的文章「新冠病毒模型不是要正確無誤」（Coronavirus Models Aren't Supposed to Be Right）裡總結得好，模型更重要的目標是做出更廣泛、更量化的評估：大流行病現在是否已經失控？仍在上升但趨於平緩，還是在消退中？這也是哈塞特和他的三次模型沒達成的目標。

我們很像 AlphaGo，這個程式學會一種近似法則，對棋盤上的每一位置賦予一個分數。這分數不會直接告訴我們這個位置是 W、L 或 D；那超出任何機器的計算能力，不管是裝置在鐵殼裡或我們的腦殼裡的。這個程式的工作並不是要得出完全正確的答案，而是要提供良好的建議，即在眼前的眾多路徑中哪一條最可能通往勝利。

為大流行病建模，在某方面比 AlphaGo 更難；至少在圍棋的整場棋局中規則都維持不變。換成流行病時，你依據特定事實建立模型，像是誰在何時傳給誰，但這些事實可能因為大眾行為或是政府命令而風向突然轉變。你可以利用物理為網球的飛行建模，真正的網球好手能下意識地迅速運用這個物理模型，推測一個拍擊會把球送到哪個位置。但你無法用物理模型來推測誰能贏得一場網球賽；這要看選手對物理學如何反應。真正的建模永遠是可預測的動態與人類不可預測的回應之間二者的共舞。

之前我在新聞上看到一位明尼蘇達州抗議人士的照片，他對政府要求人民待在家裡以防止病毒傳播的命令感到憤怒，也許他是懷疑 COVID-19 是否真有那麼嚴重。他拿著一個寫著「停止封城」的大牌子，還有一個是寫著「這些模型都錯了」。我想他可能不是有意的，但他引用統計學家巴克斯（George Box）的名言，用在 COVID-19 上可說最適合不過。原話是這樣說的：所有模型都是錯的，但有些有用。

曲線擬合者和逆向工程師

要預測未來有兩種方式。你可以試圖摸清楚世界運作的方式，依據這種透徹的瞭解對接下來的可能發生的事做出最佳猜測。或者你可以……不這麼做。

羅斯非常清楚地闡述了這一區別，以此將自己與他意圖取代的前輩如法爾之流區分開來。羅斯為第一類方法立了一個旗幟，你可以稱之為「逆向工程」（reverse engineering）：他從所知關於疾病傳播的事實著手，接著推導出流行病曲線必須滿足的微分方程。法爾則是另一陣營，他不是一名「逆向工程師」，而是「曲線擬合者」。「曲線擬合」

的預測模式是從過去尋找規律，並猜測該模式在未來仍會持續，而不太用費心去想為什麼。「昨天發生的事，今天也會發生」。採取這種方式，你甚至不用知道或試圖瞭解這個系統內部到底發生了什麼事，就可以做出預測，而你的預測還很可能會對！

大多數科學家很自然地會同理羅斯和逆向工程師，畢竟科學家就是喜歡瞭解事物。所以眼看在機器學習浪潮下，曲線擬合者再度興起，對很多人來說都像是被當面被潑了冷水。

你也許已經注意到，現在 Google 可以相當流暢地將文件翻譯成不同語言。當然還沒完美到像真人說話那樣，但靈敏度已是數十年前科幻小說想像的程度了。預測性文字也改善了；你打字時機器會搶在你之前跳出選項，讓你可以按一個鍵就插入機器預測你下一個要打的字詞。機器的預測通常是對的（我個人，則出於驕傲或怨氣，每次機器正確猜出我要說的話，我就會換詞，或者，當我別無選擇只能承認機器猜對時，至少我可以依上帝的意圖，自己一個字母一個字母打出來）。

如果你問羅斯這是怎麼做到的，他也許會說：我們很瞭解英語句子的內部結構——我們之中某個年齡層的人甚至可以將之繪成圖表——對字詞的意義也很清楚，畢竟都記錄在字典裡了。有了這些資訊，一個母語人士對語句機制的瞭解，應該足以猜測出當我打「希望我們下週可以見面，共進……」的下一個字應該是一個名詞，做為動詞「共進」的受詞。而在人們能共進的東西之中，又是人們見面時傾向吃的東西：所以「午餐」或「下午茶」都行，但「物品」或「蕪菁」或「COVID」就不太對了（好吧，也有可能是 COVID）。

但 Google 的語言機器運作如此良好跟這完全沒關係，而是比較像法爾。Google 儲存了數十億條句子，足以觀察出統計學規律，即哪些字詞的結合可以組成有意義的句子而哪些不行。而在所有有意義的句子中，它可以評估哪個句子最可能出現。法爾看的是之前的流行病；Google 看的是之前的電子郵件。在英語的浩瀚歷史中，在你之前的人說過：「希望我們下週可以見面，共進……」，而大多數人都會接「午餐」或「下午茶」。沒人告訴 Google 什麼是名詞或動詞，或什麼是蕪菁，或什麼是午餐。它也不知道這些東西是什麼，代表什麼意義，但它就是會組合。雖然還不如真人作者或譯者，或許永遠也比不上，但已經很不錯了！

即使你打的是完全原創的語句——我們都情願這麼想——這機器還是能運作。2012 年，杭斯基（Noam Chomsky）和 Google 的諾維格有一場知識方面的爭執，杭斯基是可說是創立了語言學現代學術規範，而諾維格則是帶領龐大的工程勢力要避開這項規範。杭斯基在 1950 年代提出一個著名例子，說明人類語言受規範的本質：「無色的綠色想法憤怒地沉睡」（Colorless green ideas sleep furiously）。這種句子英語人士從未見過（至少在杭斯基讓它出名之前是如此），如果做為對真實世界的描述，這個句子無法做有意義的解讀。但你的腦袋很清楚認出這是一個文法正確的句子，甚至還能「瞭解」它——我們可以依據它正確地回答問題，比如「無色的綠色想法在安睡嗎？」也明白（因為我們知道名詞、動詞和形容詞是什麼）「憤怒地沉睡想法綠色無色的」要重新排列文法才正確。但違背杭斯基的理論，現代機器不用學習語言的結構規則也能得出同樣結論。語言程式發展出一種方式，根據與真人產出的語句比對的相似度，將一串字詞評分為「似語句的」和「非似語句的」。就像機器在訓練判別貓和非貓，語言程式也用某種形式的梯度下降，一步步找到一個策略，能良好辨識出比其他字串更像語句的句子。不僅如此，語言程式找到的這個策略（基於連開發者都還不完全清楚的原因），對不在訓練材料內的字串也能良好評斷其似語句性。「無色的綠色想法憤怒地沉睡」的似語句性分數，會比「憤怒地沉睡想法綠色無色的」高很多，即使沒有正規文法模型，即使這兩個句子（如果你用來訓練的資料是在杭斯基之前搜集的話）都不曾出現在資料庫過。即使其零件，如「無色的綠色」相當罕見，或不曾出現過。

諾維格觀察到，就真實世界的機器翻譯或輸入法自動完成而言，統計法的表現明顯優於試圖找出人類語言產出背後機制的任何逆向工程嘗試。[6] 杭斯基回擊道，就算如此，Google 這類方法對語言到底是什麼，依舊無法提供任何洞見，就像伽利略在牛頓找出定律之前就觀察到拋射物體的拋物線一樣。

他倆都是對的。對語言來說是如此，對流行病而說也是如此。你得同時運用某種程度的曲線擬合和逆向工程才行。2020 年最成功的疫情建模師是剛從麻省理工學院畢業的研究生顧悠揚（Youyang Gu），他巧妙地結合了兩種方法，使用專為模擬 COVID-19 已知傳播機制而設計的羅斯式微分方程模型，但又利用機器學習技巧微調模型中的眾多未知參數，以盡量符合至今所觀察到的疫情走向。如果我們想要預測明天會發生什麼事，就要盡可能地將昨天發生的事都一一記錄，但我們永遠不可能有十億次的大流行可參考，如果我們想在下一個新病毒出現前有所準備，我們最好尋找定律。

6　當然，這兩者遇上人類還是只有被碾壓的份，人類能把語言學得比任何 AI 都正確，雖然只有十億分之一的訓練資料輸入。

第十二章

葉中之煙

1977 年，在貝爾格萊德（Belgrade，塞爾維亞首都）舉辦的國際數學奧林匹克競賽上，荷蘭數學團隊成員向英國隊對手提出以下難題：以下序列中的下一個數字是什麼？

1, 11, 21, 1211, 111221, 312211……

如果我告訴你接下來幾項，你會覺得簡單一點嗎？

13112221, 1113213211, 31131211131221, 13211311123113112211……

大多數人都看不懂，至少我第一次看到時就沒看懂。但等你聽到解法，就會覺得它好笑又迷人。這是一個「看並唸」數列。第一項是 1：唸成「一個一（one one）」，所以下一項是 11，也唸成「二個一（two one）」，因此下一項是 21，唸成「一個二，一個一（one two, one one）」，寫成阿拉伯數字就是 1211，唸成「一個一，一個二，二個一（one one, one two, two one）」，以此類推。

這只是娛樂，或至少荷蘭數學隊是這麼認為的。但在 1983 年左右，這個看並唸數列傳到康威耳中，對他而言，把娛樂變成數學（還有把數學變成娛樂）就是他的生活方式。康威指出，看並唸數列永遠不會有大於 3 的數字，且該數列的長期行為是由正好九十二個特殊數位字列（digit strings）的行為所控制，康威稱這些數串為「原子」並以化學元素命名（1113213211 是鉿〔hafnium〕，接著是錫〔tin〕）。此外，位數如果寫成數列，也會以可預測的方式表現。我們目前寫出的看並唸數列的位數長度如下：

1, 2, 2, 4, 6, 6, 8, 10, 14, 20……

要是這也是幾何級數就好了，但它不是。每一項與其前一項的比率為：

2, 1, 2, 1.5, 1, 1.33, 1.25, 1.4, 1.42857……

但再繼續下去的話，一項規律就會浮現。第四十七、第四十八和第四十九個看並唸數字的位數分別為：

403966, 526646, 686646

第二個數字是第一個的 1.3037 倍，第三個是第二個的 1.3038 倍，這個比率似乎穩定下來了。透過巧妙操作九十二個原子藉由看並唸而經歷他所謂的「聽活性衰變」（audioactive decay），康威證明了這些比率確實會趨近固定常數，而他也計算出來了。[1] 看並唸數字的長度沒有形成幾何級數，但它們形成的級數隨著時間演變，的確會越來越趨近於幾何級數。

幾何級數優雅而純淨，但在真實世界中極為罕見，反而是像看並唸數字這種還算類似幾何級數的更為常見。這就要介紹到一個基石般的數學概念，即**固有值**（*eigenvalue*），舉例來說，如果我們想讓羅斯－亨德森的疾病擴散模型略微真實一些，就避不開它們。

達科塔與達科塔

若把羅斯和亨德森的事件發生理論用在疾病上，就必須追蹤目前感染的群體比例。光是到這裡就已經有些模稜兩可了，這個群體是什麼？你的鄰里？你的城市？你的國家？全世界？

用簡單的加法就能看出這個問題的重要性。假設有個新型疾病叫沃爾藥妝流感（Wall Drug Flu，沃爾藥妝店是南達科塔州沃爾鎮知名的大型觀光購物中心），正在上平原州（Upper Plains，包括蒙大拿州、北達科塔州和南達科塔州）肆虐，假設北達科塔州的病例數每週為上週三倍，但毗鄰的南達科塔州，出於某種原因，病例數每週僅為上週兩倍。北達科塔州的病例數是這樣：

1　給代數愛好者：它是某個 71 次多項式的最大根！

10, 30, 90, 270

而南達科塔州是這樣：

30, 60, 120, 240

如果達科塔是一個州，那總病例數就會是：

40, 90, 210, 510

這根本不是幾何級數：連續項之間的比率為 2.25, 2.33, 2.43。如果你把這些達科塔數字看成一個單位，你可能會以為有某種邪惡力量，正在使病毒的傳染力一週比一週更強。你可能會開始恐慌，這個增長率會不會一直增長下去？

別慌張，這個增長率不是幾何級數，但它還算類似，就像看並唸的長度。在我們提到的四週內，總病例數在兩州還算是差不多，但這不會持續太久。接下來四週北達科塔州的病例數是：

810, 2430, 7290, 21870

而南達科塔州只有：

480, 960, 1920, 3840

兩州在第八週的總病例數是 25,710，是前一週 9,210 例的 2.79 倍。這個比率很接近 3，而且會越來越接近。北達科塔州病例數的快速增長淹沒了南達科塔州的數字，病情爆發十週後，將近 95% 的病例會是出自北達科塔州。到了某個時候，你甚至可以完全忽略南達科塔州；病例幾乎集中在北達科塔州，每週為上週的三倍。

這兩個達科塔州的故事提醒我們，要正確分析疫情，除了時間之外還要考慮空間。在基本的 SIR 情況裡，群體內的任兩個人相遇且交換氣息的機率都均等，但我們都知道實情並非如此。南達科塔州居民遇見的人大部分是南達科塔州居民，北達科塔州居民遇見的大部分人是北達科塔州居民。所以不同州，或者同一州不同地區之間的傳播率才有可能不同。將群體統一混合，會使疾病動態均等化，就像熱水加冷水很快就會變成溫水，而不是冷熱漩渦一樣。

再想想更複雜的達科塔州場景。假設南達科塔州居民非常配合各項保持社交距離的措施，以至於南達科塔州居民之間根本沒有傳染事件發生。而北達科塔州居民任意往來，吸進彼此吐出的氣，完全無視於防疫措施。假設每個北達科塔州居民會把病毒傳給該州的另一人，此外北達科塔州居民特別喜歡在州界處晃盪，碰到人就要上前面對面。因此每個染病的北達科塔州居民會傳給一個南達科塔州居民，而每個南達科塔州居民又會傳給一個北達科塔州居民。

看懂了嗎？沒有的話（或即使如此）我們來看看這是怎麼運作的。先從一個染上沃爾藥妝流感的北達科塔州居民開始，而南達科塔州為零。接下來一週，那位北達科塔州居民傳給一名同州居民以及一名南達科塔州居民，而原先無人感染的南達科塔州則無新增病例。為了簡化情況，我們假設流感患者一週就會好，所以到了一週結束時，唯一的病例就是新病例；目前是北達科塔州 1 例，南達科塔州 1 例：

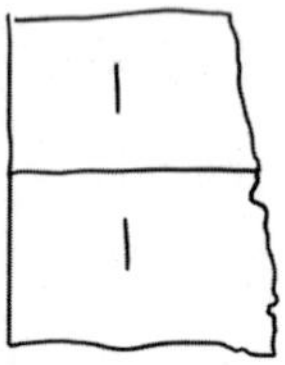

隔週，該名北達科塔州居民又傳染給兩個人，一個在北達科塔州，一個在南達科塔州，而染病的南達科塔州居民傳染給一名靠得太近的北達科塔州居民；所以就是：

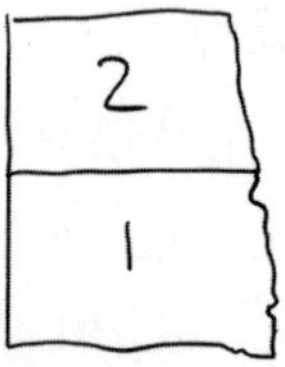

時間繼續往前走，病情擴散得更廣，接下來幾週是：

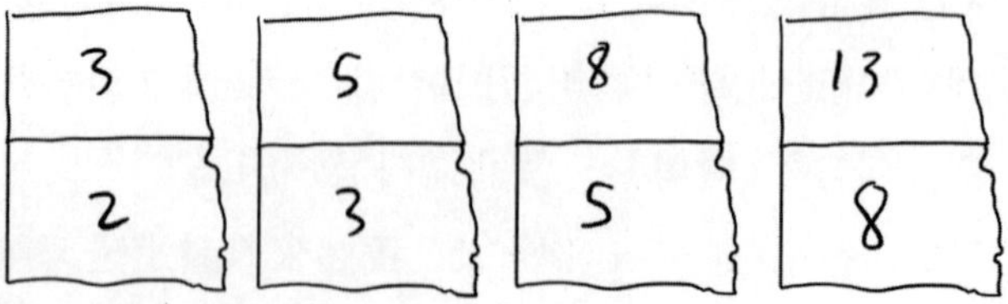

聽到空中傳來的梵文詩了嗎？北達科塔州的 COVID-19 每週病例數：

1, 1, 2, 3, 5, 8, 13……

是維拉漢卡—斐波那契數列。南達科塔州病例數也是如此，只是挪後了一週。我們安排的傳播規則造成結果如下：每週南達科塔州感染沃爾藥妝流感的人數是上週北達科塔州感染的人數，而北達科塔州感染沃爾藥妝流感的人數是上週北達科塔州和南達科塔州病例數的加總，也就是上週北達科塔州病例數與上上週北達科塔州病例數的加總。

斐波那契數列不是幾何級數，兩個連續項的比率會上下浮動：

1, 2, 1.5, 1.66……

但它幾乎可以算是一個幾何級數！尤其是如果我們讓數列再長一點。第十二項斐波那契數字是 144，第十三項是 233，第十四項是它們的總和 377，233/144 的比率約為 1.61806，下一個比率 377/233 約為 1.61803。已經很接近了。如果你注意每週的病例增加數，你會發現當週與下一週的比率穩定到幾乎是同一比率，很接近 1.68034。我們再次遇到不是但幾乎算是指數成長的現象。

斐波那契數列究竟藏著什麼神祕數字？這個數字可不簡單，它有個響亮的名字：**黃金比例**，或者又稱黃金分割或神聖比例或 ϕ[2]（一個數字越有名，通常就有越多名字）。如果你想要一個精確的描述，有一種方法是以 5 的平方根表示；黃金比率是 $(1+\sqrt{5})/2$。

2　這個希臘字母，如果你是數論家的話唸做 fee，如果你在兄弟會的話就唸 fie。

數百年來，人們為了這個數字大驚小怪。在歐幾里得時，這個比例的名字比較平凡，叫「分成極值與平均」（division into the extreme and mean，沒查到正式譯名）。他需要用它來建構正五邊形，因為黃金比例是正五邊形對角線與其邊長的比例。克卜勒（Johannes Kepler）將畢式定理與歐幾里得的這個比例評為古典幾何學的兩大成就：「前者可比做黃金，後者可說是珍寶。」

不知何時起這個比例不再是珍寶而是變成黃金；1717 年的一段文字說道：「古人稱此分割為黃金。」（沒有任何證據有古人真的這麼稱呼，不過把自創的字詞加點模糊的古味，能讓它更具文化魅力）。黃金矩形的長為 ϕ 乘以自身的寬，還有一個有趣的特點，如果你將之切成兩塊而其中一塊為正方形，則另一塊會是較小的黃金矩形。你還可以繼續從小的黃金矩形中切出一個正方形，再得到更小的黃金矩形，之後如法炮製，形成一個正方形組成的螺旋：

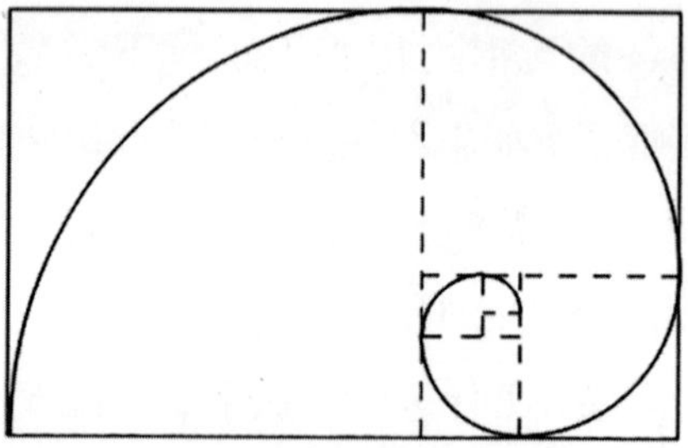

克卜勒欣賞黃金比例的幾何及算術特性；他發現了維拉漢卡—斐波那契數列，同時發現連續項之間的比率會越來越接近黃金比例。如果你寫下一個長和寬是兩個連續斐波那契數的幾近黃金矩形，比如 8 ×13，該數列的幾何和算術之間的關係就會很清楚：

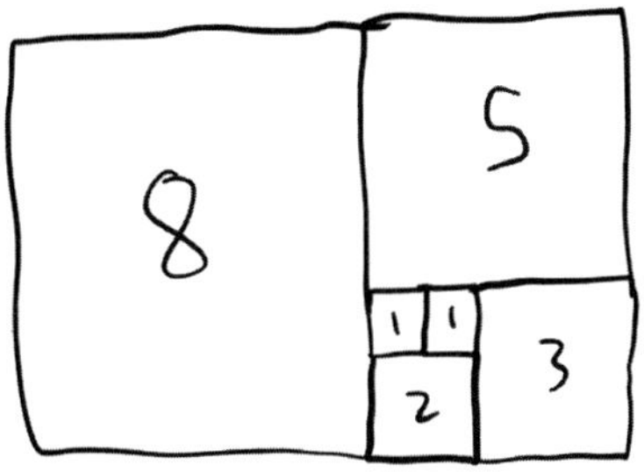

也許你可以稱之為「黃金直到不是」——裁去一個正方形，你得到一個 5×8 的長方形；再裁去一個更小的正方形，就縮小到 3×5。每裁去一次就是斐波那契數列的倒退，最後回到零，正方形螺旋結束，而不是永無止盡。

我最喜歡的黃金比例特性相對來說就沒那麼多人關注，而現在正是大力宣傳的好機會！我之所以要一直打 1.618……加上那個討厭的刪節號，是因為黃金比例是無理數（irrational number）。你無法將它表示為一個整數除以另一整數，這也就意謂著你無法將黃金比例寫成有限長度的小數，或甚至是循環小數，如 1/7 ＝ 0.142857142857142857……

但這不代表它就沒有很接近的有理數了，當然有！畢竟所謂的小數展開（decimal expansion）**就是**寫出接近一個數字的分數的一種方式：

16 / 10 ＝ 1.6（很接近）

161 / 100 ＝ 1.61（更接近）

1618 / 1000 ＝ 1.618（更加接近）

小數展開給你一個分母為 1000 的分數，也就是與黃金比例只差

1/1000；[3] 如果分母是 10000，那就能接近到 1/10000，以此類推。

而且我們能做到比小數更好！記得，斐波那契數字之間的比率，也是越來越接近黃金比例的分數：

8 / 5 ＝ 1.6

13 / 8 ＝ 1.625

21 / 13 ≒ 1.615

再繼續往下你會得到：

233 / 144 ＝ 1.6180555555⋯

與黃金比例只差 2/100000，比起 1618/ 1000 是好很多的近似值，分母小上許多。事實上，與黃金比例的差距不到 1/144 的百分之一。

有些明星無理數可以被取到更近的值。5 世紀中國南齊朝的天文學家祖沖之觀察到，335/113 這個簡單分數十分接近 π，只差約 1 千萬分之 2，他稱之為「密率」（很接近比率）。祖沖之所著的數學方法書已經散軼，我們無從得知他如何得出密率。但這不是簡單的發現；他比印度再次發現此一近似值早了一千年，又過了一百年才為歐洲所知，又再過一百年才被確切證明 π 的確是無理數。

3 事實上，比起直接截斷小數展開，我們還可以透過最後一位數的進位或退位接近到 1/2000 之內；細節留給感興趣的讀者！不過，我們現在不會謹慎到花上兩倍的力氣。

一個無理數能找到多近似的有理數？這是一個算術問題，但我們最好用幾何來想。有一個很神奇的把戲，是在 19 世紀初期由狄利克雷（Peter Gustav Lejeune Dirichlet）所發明。我們發現有一個分數，233/144 與 ϕ 的差不到 1/144 的百分之一，我們能不能找到一個分數 p/q，而它與黃金比例的差不到 1/q 的千分之一？我們可以，狄利克雷對這個「可以」的證明，簡單到我不能不把它呈現出來。[4] 畫一條線段代表 0 到 1 之間的數字，然後把它分成一千等分（我沒辦法畫出一千等分，所以請用想像的）：

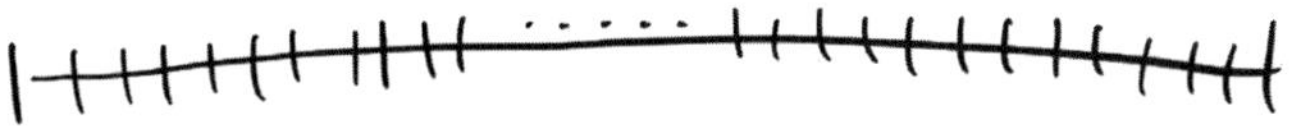

（圖左端無法複製）

現在開始寫下 ϕ 的倍數：

$$\phi = 1.618\cdots\cdots, 2\phi = 3.236\cdots\cdots, 3\phi = 4.854\cdots\cdots, 4\phi = 6.472\cdots\cdots$$

接著把每個數字的**分數部分**——即小數點後的部分——畫在數字線上。如果我把 ϕ 的前三百個倍數的分數部分畫在數字線上，每個值都用直條表示以使它更明顯，我就會得到像「條碼」的東西：

4　這一節提到的是丟番圖逼近（Diophantine approximation）主題的最開端；若你感興趣，可參閱狄利克雷的逼近理論（我們在此處證明的），以及連分數（continued fractions）和劉維定理（Liouville's Theorem）。

每一個直條都落在千分之一格的位置，黃金比例本身落在第 619 格（不是第 618 格，就跟 2000 年開始稱為 21 世紀是同樣道理；第一格對應 0.000 和 0.001 之間的數，第二格是 0.001 到 0.002 的數，請自行繼續）。下一個倍數 2ϕ，落在 237 號格，3ϕ 在 855 格。繼續把這些數字放入格中，如果有任何一個倍數落在第一格，我們就贏了。因為一個 qϕ 的分數部分落在 0 和 0.001 之間，就等於是在說 qϕ 和某個整數 p 之間的差幾近 0.001，因此當你把這兩個數字都除以 q 之後，就等於是在說 ϕ 和分數 p/q 之間的差幾近 1/q 的千分之一。

但一定會有倍數落在第一格嗎？說不定就像地產大亨裡的蘇格蘭㹴犬棋一直繞著棋盤打轉，想走到海濱大道格裡一樣，這些倍數也可能一再經過，卻永遠無法停在關鍵處！

這就是狄利克雷的真知灼見出場的時候了。他把這個稱之為 *Schubfachprinzip*（「抽屜原理」，“chest-of-drawers principle”），不過現在講英語的數學家稱之為「鴿籠原理」（pigeonhole principle）。內容如下：如果你有一堆鴿子和一堆鴿籠，把所有鴿子都放進鴿籠裡，而鴿子數多於鴿籠數，那麼必定有些鴿籠會有兩隻鴿子。

這個陳述簡單到讓人難以相信它會有什麼用，不過有時候很高深的數學就是這樣。

對我們而言，鴿子就是 ϕ 的倍數，而一千個格子就是鴿籠。我們從狄利克雷的抽屜原理得知，如果有一千零一個倍數，至少有兩個會落在同一格。假設 238ϕ 和 576ϕ 就是擠在一起的鴿子。它們不是（這兩個分別棲息在 93 和 988 格），但我們假設它們是。那麼這兩個數之間的差必定是某整數的 1/1000 以內，我們稱該整數為 p；但它們之間的差是 338 ϕ，而它必定落在第一格——或者說落在結尾為 0.999 的數字的最後一格……總之，p/338 就是我們取得的足夠靠近的近似值。

不管落在同一格的是**哪**兩個 ϕ 的倍數；任一對都能給你足夠靠近 ϕ 的一個分數。事實上，第一次的鴿子撞籠出現在 ϕ 和 611 ϕ = 988.6187…之間，後者和 ϕ 共享第 619 格。它們的差是 610 ϕ，約等於 987.00007，所以 987/610 就是 ϕ 很棒的近似值。你也許不會意外，610 和 987 是斐波那契數列中的連續項，剛過我們停止計算的點。

數字 1000 沒什麼特別，如果你想要一個有理數 p/q 與 ϕ 的差不到 1/q 的百萬分之一，你也可以辦到，不過 q 可能會大到百萬。

祖沖之的「密率」355/113 與 π 的差僅為 1/113 的三萬分之一。如果照狄利克雷的做法，你也許得尋求分母至少是 30000 的分數才能找到這麼好的近似值。但不用！密率不只是 π 的良好近似值，而是好得**驚人**的近似值。

我們來看看這在數線上要如何表現。如果我取 1/7 的前三百個倍數，把它們的分數部分像對 ϕ 的倍數一樣畫成長條，畫面看起來就會像是，嗯，七個長條。因為不管我把 1/7 乘以幾，我得到的數都是七分之多少，它們的分數部分不外乎 0、1/7、2/7、3/7、4/7、5/7 或 6/7。

對任何有理數來說都是如此；我們大可看更多倍數，但長條只會是有限的數目，平均落在 0 到 1 之間。

那麼 π 呢？這裡是它的前三百個倍數：

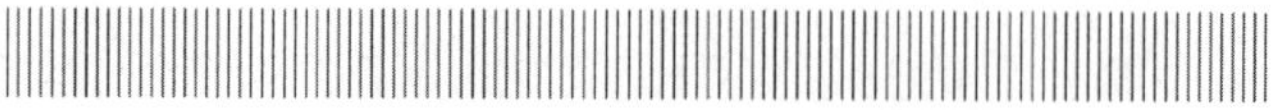

很多長條，但不是 300 條。事實上，如果你數一數，就會知道是正好 113 條。你所看到的正是密率的特徵，因為 π 非常接近 355/113，它的前三個倍數也很接近一百一十三分之幾，也就意謂著這些長條會很接近 0、1/113、2/113（請假裝我寫出所有 113 個可能性了）以及 112/113。因為 π 不是真的與密率相等，所以它的倍數不會正好落在這些分數上。圖裡的長條有些比較胖，其實是好幾條湊得很近，結果看起來就像是一條。

這又讓我們回到黃金比例。ϕ 的前三百個倍數形成的條碼，就是我之前畫過的，分布得很均勻，不像 π 的長條那樣會湊得很近。就算畫出一千個倍數仍然是如此，只是更多長條了：

不管我選了多少 ϕ 的倍數，一千、十億或更多，這些長條永遠不會像有理數的條碼一樣貼著幾個均勻分布的位置排列，或是像 π 的條碼一樣聚集在這些位置**附近**。沒有黃金密率。

有一項美麗的事實，但在這裡有點難以證明：你找不到比斐波那契數列更好的有理數 ϕ 近似值，而且這些近似值也不會比狄利克雷定理找到的更好。事實上，我們可以用很精確的方式——但不是在這裡——證明在所有實數（real number）之中，ϕ 是最難用分數逼近的；它是無理數中**最無理**的那個。對我而言，這就是珍寶。

尋找特定比率

1990 年代的某一天，我和一位朋友的朋友在紐約的銀河餐館（Galaxy Diner）吃晚餐。這位朋友的朋友說他要拍一部關於數學的電影，想找一位圈內人問問數學生活的實際情形。那晚我們吃了乳酪牛肉餅三明治，我告訴他一些故事，然後我就忘了這一回事，時光流逝。這位朋友的朋友叫做艾洛諾夫斯基（Darren Aronofsky），他的電影《死亡密碼》（*Pi*）在 1998 年上映。男主角是名叫麥斯・科恩（Max Cohen）的數論家，他幾乎無時無刻都在思考，而且經常用手指纏繞頭髮。他遇見一名哈西德派（Hasidic）[5] 男子，使他對猶太數祕術（Jewish numerology）產生興趣，也就是所謂的希伯來字母代碼（*gematria*）[6]，透過將一個字包含的猶太字母的數值相加起來，而將一個字轉為數字。哈西德派男子解釋道，希伯來文裡的「東方」數值加起來是 144，而「生命之樹」是 233。這下子麥斯感興趣了，因為這兩個是斐波那契數字。他在報紙上的股市新聞版上塗寫了更多斐波那契數字。「我從沒見過這些。」驚奇的哈西德派男子說道。麥斯狂熱地為他名為歐幾里得的電腦編程並畫出黃金矩形螺旋，然後盯著咖啡裡類似的牛奶螺旋好一會兒。他算出一個 216 位數的數字，那似乎是預測股價的關鍵，也有可能是上帝的祕密之名。他經常和他的論文指導者下圍棋（「停止思考，麥斯。去感覺。用你的直覺」）。他頭疼得厲害，更常纏繞自己的頭髮。公寓裡隔

5　猶太教正統派的一支，受到猶太神祕主義的影響，於 18 世紀在東歐創立，以反對當時的守法主義猶太教。

6　你會以為這個字肯定是希臘字 "geometry"（幾何）的希伯來語化，但這種說法顯然存在爭議。

壁的美女對他很感興趣。我之前忘了說，這部片是黑白片。有人想綁架他，最後他在自己的頭骨上鑽了一個洞，以釋放一些數學壓力，電影來到一個看似圓滿的結局。

我不記得我告訴艾洛諾夫斯基關於數學的什麼，但不是這些。

（完全公開：在《死亡密碼》上映後，當時二十多歲的我會坐在咖啡店裡，把翻舊了的哈特霍恩〔Robin Hartshorne〕所著的《代數幾何》有技巧地放在桌上醒目處，深沉地思考著，一邊纏繞我的頭髮。但從沒人對我感興趣。）

導演艾洛諾夫斯基是在高中的「數學與神祕學」課上學到斐波那契數列，他對這個數列一見如故，因為他家的郵遞區號是 11235。這種對巧合和模式的關注——不管是否有意義——正是黃金數論的特徵。不知何時起，對 1.618……的合理關注，變成了更宏大的主義。數論家馬修斯（George Ballard Mathews）早在 1904 年就在抱怨艾洛諾夫斯基的電影：

> 「神聖比例」或「黃金分割」使無知者讚嘆，不，就連博學如克卜勒都為之傾倒，它如此神祕，使他們幻想起各種天馬行空的象徵。就連希臘人也視其為**那個**分割；他們的哲學家受到東方感染，對原子和正多面體抱持懷疑，如今在我們看來十分可笑，但對他們而言卻是十分嚴肅。總之，第一個發現正五邊形確切構造的人應該為自己的功績感到自豪；至於圍繞神奇五角星（pentagramma mirificum）[7]的種種迷信，只是他

7　為 miraculous pentagram 的拉丁文，指球體上的星形多邊形，由五個大圓弧組成，其內角皆為直角。

名聲的扭曲迴響。

有著黃金比例邊長的圖形，有時被說成美得最為渾然天成。19 世紀的德國心理學家費希納（G. T. Fechner）給受試者一堆長方形，看他們是否認為黃金矩形最美。結果確實如此！它的確是漂亮的長方形，但要說吉薩大金字塔、帕德嫩神廟和〈蒙娜麗莎〉都是依此原則設計，就有點站不住腳（達文西的確有為帕西奧利〔Pacioli〕所著關於義大利人口中的「神聖比例」的書畫插圖，但並無證據支持達文西在自己的藝術創作中也特別關注這個比例）。將黃金比例命名為 ϕ 是 20 世紀的事，用於紀念希臘雕刻家菲迪亞斯（Phidias），據說，但實際上可能不是，菲迪亞斯用黃金比例打造出經典的完美人體石雕。1978 年，《補綴牙科期刊》（*The Journal of Prosthetic Dentistry*）中一極富影響力的論文指出，為了展現最迷人的微笑，一套假牙正中門齒的寬度應該是側門齒的 1.618 倍，而側門齒的寬度應該是犬齒的 1.618 倍。既然可以得到黃金假牙，何必將就於金牙呢？

2003年，丹．布朗（Dan Brown）的超級暢銷小說《達文西密碼》（*The Da Vinci Code*）上市後，黃金數論更是一飛沖天。故事中一名「宗教符號學家」兼哈佛教授，利用斐波那契數列和黃金比例，解開一樁關於聖殿騎士和耶穌現代後人的陰謀。在那之後「加個 ϕ 」就成了行銷手法。你可以買到最能襯托臀部的黃金比例牛仔褲（和你的假牙也很搭！）。還有所謂的「節食密碼」，聲稱達文西會希望你以黃金比例攝取蛋白質和碳水化合物來減重。還有也許是神祕幾何學騷動中最偉大的作品：「**嘆為觀止**」（BREATHTAKING）。阿奈爾集團（Arnell Group）行銷公司以二十七頁來解釋他們在 2008 年新設計的百事「球形」標誌。該行銷手冊聲稱百事與黃金比例是天作之合，因為，你一定知道，「詞彙的真實與簡單是本品牌歷史上反覆出現的現象〔原文如此〕[8]」。該公司的時間表將百事新標誌的揭幕，定位為數千年科學和設計的頂峰，其中包括畢達哥拉斯、歐幾里得、達文西和莫名奇妙出現的莫比烏斯帶。幸好阿奈爾不知道維拉漢卡，[9]不然真不知道他還會在這個大雜燴裡加進什麼偽次大陸哲學。

行銷手冊上宣稱，新的百事標誌將由彼此為黃金比例的圓弧構成，這個比例之後將以「百事比例」而為人所知。看來他們為了重塑品牌真的不遺餘力。接下來就詭異了，在行銷手冊的後續頁面中我們看到所謂「百事能量場」與地球磁層的關係，而下面這張圖則畫出愛因斯坦對引力的看法，以及該品牌在貨架上的吸引力之間的關係：

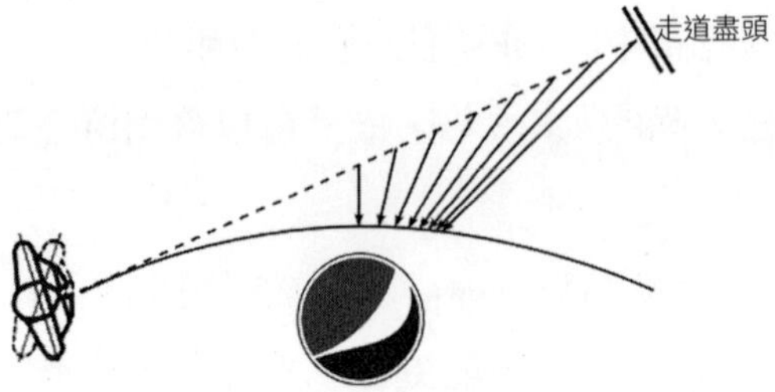

百事可樂的引力

雖然荒謬至此，阿奈爾的百事球形十年後還是掛在瓶身上。所以也許黃金比例真的是所謂美好的天然真權威！也或許人們就是喜歡百

8 原文為 a phenomena，但 phenomena 為複數形，前不應加 a，故作者標注其文法錯誤。

9 第一個提出斐波那契數列的印度數學家。

事可樂。

艾略特（Ralph Nelson Elliott）是出身自堪薩斯州的會計師，他在 20 世紀的前三十年經常往返於美國和中美洲，投入墨西哥的鐵路公司和美國佔領的尼加拉瓜的金融重整工作。1926 年，他感染了嚴重的寄生性阿米巴原蟲，不得不搬回美國。幾年後股市失控，全球經濟陷入蕭條，所以艾略特有大把時間和大把動機，為不再適合簡潔複式簿記的金融世界重建部分秩序。艾略特肯定不知道巴切里爾視股價為隨機漫步的研究，但就算知道，他一定也是不屑一顧。他不願相信股價會隨機顫動，就像液體中懸浮的塵埃。他想要更令人安心的規律，就像是使行星安然在軌道上運行的物理定律。艾略特將自己比做哈雷（Edmond Halley），後者在 17 世紀時指出，看似隨機來去的彗星，其實是遵行著嚴格的時間表。艾略特寫道：「人也不過是如同日月般的自然物體，人的行為有規律可尋，也可以加以分析。」

艾略特鑽研了七十五年來的股票行情，精確到每分鐘的變動，試圖將這些起伏統整出一套道理。而成果就是「艾略特波浪理論」（Elliott Wave Theory），該理論假設股市受環環相扣的一組週期控制，從每數分鐘波動的次微波（subminuette）到「超大循環波」（grand supercycle），第一個超大循環波始於 1857 年，至今仍在持續。

投資者若想賺到錢，就要能推測市場何時會走高或走低，而波浪理論有答案。艾略特相信股市的變動是受可預測的起伏趨勢所控制，而熟知內情的波浪理論家可藉由一項原則預測得知，即目前趨勢與前一趨勢的長度比率傾向為黃金比率：即 1.618 倍長。在這方面，艾略特是《死亡密碼》男主角柯恩的前輩，在股市版面上塗寫斐波那契數字。

1.618 的規則並非絕對；下一波也許會是 61.8% 長，因為這樣前一趨勢就是目前的 1.618 倍長。也有可能是 38.2% 長，因為那是 61.8% 的 61.8%。總之有很多可挪移的空間，你的理論有越多可挪移的空間，你就越能自信地對已發生的事說，**正如我所想！**老實說，外行人很難真正理解艾略特到底預測到了什麼，又沒預測到什麼。如同許多由一個人花費大量時間獨自發展出來的理論，波浪理論中包含了許多怪怪的專有名詞（「**三分之一的第三**〔Third of a Third〕——推動波〔impulse wave〕中強力的中間部分。**推力**〔Thrust〕——三角形完成後的推動波」）艾略特並未滿足於解決了股市，他生命的最後十年都用來寫他真正嘔心瀝血之作《自然法則——宇宙的祕密》（*Nature's Law— The Secret of the Universe*，暫譯）（劇透：是波浪）。

這也許只是金融歷史灰燼中的又一則古怪舊理論，就如同巴森（Roger Babson），他相信股市受牛頓的運動定律控制。他預測了 1929 年的大崩盤，之後又預測大蕭條即將[10]在 1930 年結束。他在麻州創辦了巴森學院，又在堪薩斯州的尤里卡創辦了烏托邦學院（位於美國大陸的地理中心，他認為那裡不會受到原子彈傷害）。以禁酒黨籍候選人身分於 1940 年參選總統，將販售股市消息所賺的錢的大部分花在開發反重力金屬。

不同之處在於，艾略特波浪理論至今仍受關注。美林證券（Merrill Lynch）的「技術分析」指南有一整章都在談波浪理論，重提黃金比例那一套，說「斐波那契概念」：

10 其實沒那麼快。

如同所有其他分析方法，斐波那契關係並非百分之百可靠。但難以解釋的是它經常能預測到重大的轉折點。關於斐波那契比例及其衍生為何不斷出現有種種推測，但事實上，這個神祕比例在自然中屢見不鮮。在文藝復興時期的畫作中無處不在，定義著比例和視角。在古希臘神廟建築中也能找到——那比斐波那契的時代早了許多。

如果你有錢到裝了一個彭博終端機（Bloomberg terminal）的話，它會幫你在股票圖上畫出「斐波那契線」，好讓你知道價格漲到多高就會不由自主重覆前一趨勢的 ϕ 倍，也就是波浪理論者所謂的「斐波那契回調」（Fibonacci retracement）。2020 年 4 月，《華爾街日報》（*The Wall Street Journal*）警告讀者，飽受新冠病毒打擊的標準普爾 500 指數「很可能還要吃更多苦頭」；結果股市自從 3 月下旬觸底之後，價格上漲了 23%，但斐波那契回調預測會再次下跌。兩個月後，標準普爾又上漲了 10%。[11]

我有一位朋友，好吧，是很有錢的朋友，她在投資時運用斐波那契法。她的論點是它是不是「真的」有用並不重要，重要的是有足夠多的人**認為**它有用，以致市場會與艾略特波浪所預測的有些微相關。就像叮噹仙子，艾略特波浪也因為有人真心相信而有了生命。也許我朋友是對的，但她的看法證據薄弱。如果你的投資經理人是斐波那契

11　那再兩個月後呢？說不定斐波那契終究還是對的！嗯，這麼說吧，如果你所謂「我的預測是對的」，是指「未來某一時間點股市會下跌」，那你的預測的確是對的，但也毫無意義。

回調的信奉者，那我只能說——請見諒——他們沒有賺到他們的 ϕ。[12]

再訪達科塔與達科塔

要是我們調整模型，讓北達科塔州居民更可怕一點呢？假設每個北達科塔州居民得病後會傳染給另外**兩個**北達科塔州居民，而不是一個。一開始跟之前一樣，北達科塔州（ND）有一人染病而南達科塔州（SD）無人染病。

(1 ND, 0 SD)

下一代是北達科塔州有兩名新病例而南達科塔州一名：

(2 ND, 1 SD)

然後這兩例北達科塔州病例又傳染給另外四名北達科塔州居民和兩名南達科塔州居民，而原有的那名南達科塔州病例傳染給一名北達科塔州居民：

(5 ND, 2 SD)

北達科塔州的每週病例數是一個數列：

12 音近 fee，費用，指投資經理人收費但其實能力不足。

1, 2, 5, 12, 29……

每一項的數字都是前一項數字的兩倍加上再前一項的數字。這個數列也有名字，它叫做「佩爾數列」（Pell sequence）。它不是幾何級數，但跟斐波那契數列一樣，它也會越來越近似幾何級數。其連續項的比率為：

2 / 1 ＝ 2

5 / 2 ＝ 2.5

12 / 5 ＝ 2.4

29 / 12 ＝ 2.416666……

如果再繼續往下看這個數列，你會發現 33461 後面是 80782；兩者的比率是 2.4142……幾乎就是 $1+\sqrt{2}$。數列越是往後，比率就越接近這個控制常數。

如果每個北達科塔州居民是傳染給該州三個人也是一樣；那個神奇比率會是 $(1/2)(3+\sqrt{13})$，這個數字比 3.3 稍微多一點。或者我們將原始模型擴大到納入內布拉斯加州，並宣稱每個內布拉斯加州居民傳染給一名南達科塔州居民，而一名南達科塔州居民會傳給一名內布拉斯加州居民，但內布拉斯加州居民之間不會互相感染。這三州之間複雜的互動，會得到北達科塔州的病例數列如下：

1, 1, 2, 3, 6, 10, 19, 33……

這個數列沒有名字，[13] 但它和前述數列有類似性質；連續比率會越來越接近 1.7548……，如果你堅持一定要有精確表示法，那就是：

$$\frac{1}{3}\left(2+\sqrt[3]{\frac{25}{2}-\frac{3\sqrt{69}}{2}}+\sqrt[3]{\frac{25}{2}+\frac{3\sqrt{69}}{2}}\right)$$

這種規律性，不單只是黃金比例，其實是自然界隨處可見的基本原理。不管你納入多少州，或是懷俄明州居民平均會傳染給幾個猶他州居民等等，各州病例數永遠會趨近於幾何級數。[14] 柏拉圖終究是對的，幾何級數確實為自然所偏愛。

控制幾何增長率的那個格外複雜的數字被稱為**固有值**。黃金比例只是其中一種可能；其迷人的特徵來自一項事實，即它是一格外簡單系統的固有值。不同系統有不同固有值；事實上，大多數系統有的不只一個。在我們所設想的第一種達科塔場景中，疫情其實是兩處爆發的總合，各以幾何級數增長，一處是每週變三倍，一處是每週變兩倍。隨著時間流逝，增長較快的數字淹沒了另一個，所以總病例數就變成趨近公比（common ratio）為 3 的幾何級數。這就是有兩個固有值的情況。3 和 2，**最大的那個最重要**。

在一個有多個部分互動的系統裡，很難看出要怎麼把整個過程分

13 不過它有出現在 OEIS，是 A028495 條目。我從中得知，第 n 條目就是從精心挑選的位置出發，在 n ＋ 1 步內達成「將軍」（checkmate）的方法數。好怪！

14 至少一開始是如此。這個幾何級數模擬的是流行病的早期階段，病毒還沒開始耗盡易染病宿主。

解成獨立的完美幾何級數。但你可以做到！舉例來說，這裡有一個幾何級數，它的第一項是將近 0.7236，而每一項都是前一項乘以黃金比例：

0.7236……, 1.1708……, 1.8944……, 3.0652……, 4.9596……

然後還有另一個數列，它的第一項是 0.2764，公比是負值，–0.618（其實就是 1 減黃金比例 1.618）。在第二個數列中，它是趨向零的指數衰減而非指數增長，就像 R_0 值小的流行病（嗯，也許不是那麼像，畢竟每隔一個數就變負數）。

0.2764 ……, −0.1708……, 0.1056……, −0.0652……, 0.0403……

把這兩個幾何級數加在一起，就會發生很美妙的事；小數點後的雜亂完全消失，你得到的正正好是斐波那契數列：

1, 1, 2, 3, 5……

換句話說，斐波那契數列不是幾何級數；而是**兩個**幾何級數，一個是受黃金比例控制，另一個則是受 –0.618 所控制。這兩個數字就是兩個固有值，長期來說，只有最大的最重要。

但這兩個數字又是從哪裡來的？又不是有一個北固有值和一個南固有值，各為 1.618 和 –0.618，能表達出這個系統行為深層全面的特質。它不是這個系統任何個別部分的特性，而是從不同部分之間的互動中浮現。代數學家西爾維斯特（James Joseph Sylvester）（很快會進一步介紹他）稱這些數字為「潛在根」（latent roots）——他生動地解釋道「潛在，就像是蒸氣潛在於水，或煙潛在於菸草葉」。可惜說英語的數學家選擇半譯希爾伯特的 *Eigenwert*，也就是德文的「固有值」。[15]

我們不一定要將大流行病以地理區隔；我們想用什麼分類都可以。除了將達科塔州居民分成北和南，我們也可以將他們分成兩個年齡組，或五個年齡組，或是十個，追蹤記錄每個年齡組之中以及之間的互動。如果是十個年齡組，那麼信息量頗大；要加以組織的話你需要 10×10 的數字表，在第三列第七行填入第三年齡組和第七組成員之間的近距離接觸人數（所以這會略嫌多餘，因為你在第七列第三行填入的數字會與第三列第七行的一樣；或者也許你認為年輕人較易傳染給長輩，反之則否，那你就會在這兩格填入不同數字）。像這樣的數字表，西爾維斯特稱之為「矩陣」（matrix），這次他發明的字詞保住了。計算矩陣的固有值——控制數字表所描述的多部分系統增長的潛在數字——如今被視為最基礎的計算。大多數數學家每天都要算固有值。

加入固有值概念後，比起之前討論的基本模型，你會更加清楚大流行病的發展過程，以及它未來可能的狀況。尤其是，如果群體內有某些子群比其他的更容易染病並傳播出去，初始的高 R_0 不代表疫病會均勻擴散至群體內的大多數。也可能是初期的數字會被這個高易染病的子群推高，等病毒滲透了這一整個子群，使其呈現至少是暫時的免疫後，其餘群體間的傳播速度不足以讓疫情繼續擴大。你可以這樣模

15 話說回來，*Eigenwert* 也可能是更早時龐加萊所用的 *nombre characteristique* 的德語版本。

擬，疫病在感染小部分群體後，約 10% 或 20%，就會陷入停頓，即使是有高 R_0。要真正算出這些數字，會牽涉到不同子群之間的固有值糾纏，但透過想像以下這個簡單例子，你可以看出主要概念：群體中僅有 10% 易感染病毒，但他們感染後每個人會接觸到另外二十個人，而群體中的 90% 具免疫力。一開始的增長 R_0 是 2，因為每名病患會接觸到另外二十人，但其中只有兩人易感染。但在那 10% 的人都染病後，病毒就沒有人可感染了。

正如我們所見，幾何級數並非全貌。流行病的 R_0 可能會隨時間改變，因為政府和人民會調整防疫措施。此外，還有羅斯—亨德森—柯邁克—麥肯德里克模型預測的疫情起伏，即病毒在群體中達到飽和，達成群體免疫，然後緩慢痛苦地消退。你可以把群體依空間或人口統計分成子群來分析，此時你所研究的與其說是一種流行病，不如說是一組流行病，彼此間會互相餵養。等你將所有資料整合後，成果就會相當接近現實：不同時間點在不同群體內的爆發與平息。

而在建模時，如果你真的很想弄對，你就要隨機進行，也就是你不能直接給每個個體特定的 R_0——比如你是熱愛派對的二十五歲，那你本週一定會傳給另外六個年輕人和一個老人——而是隨機變數。如果這個隨機變數不是變化得太誇張，那麼問題不大；也許一半的人會傳染給一個人，而另一半傳染給兩人。那麼下週的感染數就是本週的 1.5 倍，以 R_0 為 1.5 來建模沒什麼問題。但萬一 90% 的病患不會傳染給任何人，而其中 9% 每個人會傳給十個人，剩下的 1% 每個人會傳給六十個人呢？這樣一來，每個人還是平均傳染給 1.5 人，但流行病的動態卻截然不同。也許這一小撮人是因為某種生理原因而成為超級感染源，也可能他們是跑去參加大型室內婚禮；這都不要緊，在數學上來說都一樣。超級傳播事件很嚴重但也罕見。在任何地區都有可能好一陣子不會有這類事件，疫情會平穩一陣子，只有零星病例和境外移入病例，沒有爆發。但只要連續出現幾件超級傳播事件，本土病例就會突然爆增，讓你無法確定源頭。當兩地受疫情衝擊的程度大不相同時，這可能是因為其中一地的應對政策更加完善，但也可能只是出於隨機。超級傳播造成的感染程度越高，就越難分析哪些群體更易受害，而哪些群體能倖免於難。

這不代表本地的健康部門應該兩手一攤，燒點祭品，祈求命運的寬容。知道流行病是由超級傳播驅動其實也很有用。如果超級傳播就是病情擴大的原因，只要抑制超級傳播就能抑制病情擴散。例如禁止大型室內婚禮，禁止酒吧，禁止真假音歌唱大賽，也許其他類型的接觸限制輕一些也還可以。

GOOGLE 如何運作，或：長漫步法則

網路可以分為 Google 之前和 Google 之後；1990 年代中期後才初次上網的人，可能說不出 Google 帶來的立即重大改變。突然之間，以前要知道連結序列或自己打網址才能找到特定信息，現在只要……。簡直就像奇蹟，但背後其實是固有值。

要說明這如何運作，我們還是要再回到流行病。假設你現在有一個更為精細的模型，你不只是把群體分成南北達科塔，或是十個年齡組；而是進一步把群體分成更小更小的類別，直到每個人**自成**一格。這時你手上的就是**代理人基模型**（*agent- based model*），這也很好，如果你能設法追蹤記錄——或有意義地近似——每個個體與其他人互動的

龐大資料。這類模型在許多方面都類似羅斯研究的隨機漫步。但在這裡四處移動的不是病蚊，而是病毒本身在隨機漫步，以某種機率從一被感染的個體跳到他接觸到的另一易感染的人身上。同樣的固有值分析依然適用，只不過現在你的數字表超級巨大，行數和列數就是群族的個體數目！

你也許會認為在這類模型中，一個人染病的可能性，端視他與他人接觸事件的數目。就某方面來說，沒錯，但和**誰**互動也很重要。一個人與其配偶可能每天都會進行有染病風險的互動，但如果他們很少和其他人接觸，那這些互動對於整體傳播來說就無關緊要。如果你把你的社交接觸降到最低，只和你最好的朋友碰面，這看起來也許很安全；但如果你的好朋友經常去不戴口罩的倉庫派對，那即使你的接觸次數很低，你依然有高感染風險。

代理人基模型其實並不是 COVID-19 建模的主流，因為事實上我們沒有（也不應該有！）操作上需要的個體接觸完整資料。

但我們現在談的不是 COVID-19 了，我們談的是網路搜尋。網頁之間的連結網路，要比人與人之間的接觸網路來得易於量度，但結構類似。有許多許多單獨頁面，每對頁面之間可能連結也可能沒有。

如果你要搜尋「大流行病」，那你應該不會想看從網路上隨機任選有提到這個詞的網頁，你想要最好的那一個！你也許會很自然地認為，最好的頁面就是最多連結的那一個，但這不太實際。「流行病其實只是公共供水加氟的副作用」小冊的提供者，完全有能力以此主題建立一百個不同的網站，並使它們全部互相連結。因此，若你給「潔齒劑或死亡？！？！」頁面高分，就大錯特錯。

連結的出處也很重要。這些飲水加氟頁面彼此互連卻沒有來自外界的連結，就像那對離群索居的夫婦接觸全在屋內。而有一個經常去派對的朋友，可以類比為你的頁面有來自 CNN 的連結；來自本身具大量連結的頁面的連結更為重要。你可以用隨機漫步模擬網路上的重要性，這就像是大流行病傳播的代理人基模型。試想若你在網路上做隨機漫步，順著每一頁面隨機選取的連結，有哪些頁面你傾向經常造訪，哪些頁面你幾乎沒有碰過？[16]

隨機漫步有個很迷人的特色，因此這個問題有答案。這又要說回馬可夫和長漫步法則：如果一隻蚊子有一組有限的沼澤可以降落，而每個沼澤都連接到一組固定的沼澤，且如果蚊子在任一時刻會從牠當前沼澤可到達的沼澤中隨機選擇一個目的地，則每個沼澤都有一個極限機率。也就是說，每個沼澤都附帶一個百分比，而長期徘徊的蚊子，在那個沼澤中度過的時間很可能幾乎正巧是那個比例。

用地產大亨（大富翁）來說明會清楚一點。這遊戲就是隨機漫步，你的手推車棋依骰子的點數在四十格中前進。艾許（Robert Ash）和畢夏（Richard Bishop）在 1972 年就算出這個漫步的極限機率了。手推車最可能走到的地方是監獄；它平均有 11% 的時間會待在那裡。[17] 但如果你想知道該把房子和旅館蓋在哪裡，也就是你想知道哪一個房地產格子最容易被造訪：答案是伊利諾斯大道，手推車有 3.55% 的時間待在那裡，比四十格都平均出現的 2.5% 要高出許多。當然，你在遊戲時很可能完全錯過這些格子（至少在我依照機率把房子集中蓋在伊利諾斯大道時，

16 萬一你到了一個沒有連結的頁面呢？這就像被困在梯度下降的局部最佳值的問題，適用同樣的修正方法；在隨機地圖重新開始，繼續前進。

17 艾許和畢夏假設你會待在監獄裡三回合，或至少到你擲出雙倍點數，而不是付 50 美元立刻出獄。

我家的幸運小孩是這樣）。但整體而言，如果你把長期下來**所有**遊戲中玩家停下的**所有**位置都記錄下來，長漫步法則說這些會是你逼近的比例。

這四十格都有各自的極限機率，也就意謂著四十個數字；這是我們在之前章節提過的**向量**那類的小工具，這向量不是普通的向量：它叫做**固有向量**（*eigenvector*）。如同固有值，它表達的是系統長期行為中固有的東西，從表面看不出來，如同葉中之煙一樣潛在存在著。

艾許和畢夏對地產大亨所做的，正是 Google 開發者對整個網路所做的。我應該說**正**對整個網路所做的，因為不同於地產大亨，網路一直在不斷衍生出新位置並丟棄舊的位置。一個網站的極限機率就是一個分數，他們稱為網頁排名（PageRank），前所未有地刻劃出網路的真正幾何學。

它的實際運作真的很美。處於網路任一位置的機率，是多個幾何級數的複雜總合，就像兩個達科塔州的總病例數，只不過網路像是數十億個達科塔州而不是兩個。聽起來好像根本不可能分析，但請記得：一個幾何級數可以是指數增長或指數衰減，或是剛好處於這兩種行為的邊界，它可以始終保持恆定。事實證明，在這類隨機漫步中，其中只有一個幾何級數為恆定，而**其他全部**都是指數衰減。隨著時間過去，漫步者不斷前進，指數衰減級數的影響越來越小。即使在簡單的隨機漫步中也能看到這種情形，比如第四章所提在兩個沼澤間亂飛的蚊子。馬可夫的分析顯示，長期而言，蚊子會在第一個沼澤待其生命期的 1/3。但我們可以更精確：如果蚊子從沼澤 1 開始，一天後牠待在沼澤 1 的機率是 0.8，兩天後是 0.66，三天後是 0.562[18]；我們可以把這些寫成數列：

1, 0.8, 0.66, 0.562, 0.493……

隨著時間過去，數值會趨近 1/3，也就是蚊子待在那裡的長期機率。這個數列不是幾何級數，但它是（現在應該不意外了吧，我猜）**兩個**幾何級數的加總；也就是將兩個級數項對項地加起來。其中一個級數是恆定的：

1/3, 1/3, 1/3, 1/3……

另一個則不是，每一項為前一項的 70%。

2/3, 14/30, 98/300……

長期下來，第二個幾何級數無可避免地小到幾近於 0，只剩下恆常重覆的 1/3。

對兩個沼澤是如此，對十億個網站也是如此。隨機漫步的運作使網路中非必要的繁複都化為無形，留下來的就是恆定的幾何級數，一個始終如一的數字，在其他數字都消逝時仍堅守原地，就像按住鋼琴鍵直到諧波消退後留下的純音一樣。留下的這個數字就是頁面排名。

18 這不應該是一望即知的！但是你可以一步一步地手動計算出來，或者，如果你喜歡矩陣，可以透過「轉移矩陣」（transition matrix）自乘 [原文為 by raising a "transition matrix" to a power，這個我不確定對不對]。

和弦中的音符

成千上百個互相關聯的模型，包括幾何級數及其衍生的，重複疊加之後，一開始看起來有點巴洛克風。就像牛頓之前的本輪（epicycles）理論，行星運動被創新成小圓周疊加於大圓周之上運動的複雜結合，是在輪子上滾動的輪子。或者，在這方面，也像艾略特波浪理論中的小波和中波在超二層巨大循環之上扭動。但固有值是真正的數學，而且無處不在。它也是量子力學的核心——**有一個**幾何故事我真的很希望有足夠空間容我講述。但也許我只提一小部分吧，因為這讓我有一個機會能在這一章的最後，做一個實際的數學定義。模糊夠了，動手計算吧！

設想有一無限數列，不僅如此，它還是雙向無限，像這樣：

……1/8, 1/4, 1/2, 1, 2, 4, 8……

這種數列可以向左**移**（shift）一位：

……1/4, 1/2, 1, 2, 4, 8, 16……

在這一例中，一件很美妙的事發生了：左移一位的結果，與將每一項乘兩倍的結果一樣，因為這個數列是幾何級數！如果我用的是連續項間的比率為 3 的幾何級數，左移的結果就等於將數列的每一項乘以 3。但如果我用的不是幾何級數，而是：

……－2, －1, 0, 1, 2……

移位之後變成：

……－1, 0, 1, 2, 3……

就不是原始數列的倍數了。有著移位等於乘以某數這種特質的數列——也就是幾何級數——是移位後數列的固有數列（eigensequence），移位就等於將固有數列的數字乘以固有值。

我們不只可以將數列移位，我們還可以將數列中的各項乘以它的位置；第零項乘以 0，第一項乘以 1，第二項乘以 2，第負一項乘以 –1，以此類推。我們就這種操作叫做升度（pitch）好了，如果我們將幾何級數升度，依照一般習慣，以 1 為數列的第零項，那麼：

1/8, 1/4, 1/2, 1, 4, 8

就會變成：

－3/8, －2/4,-1/2, 0, 2, 8, 24

這不是原始數列的倍數，所以幾何級數不是升度的固有數列，這個升度的固有數列是：

……0, 0, 0, 0, 0, 1, 0……

第 2 項的數字是 1，其他都是 0。將這個數列升度後你會得到：

……0, 0, 0, 0, 0, 2, 0……

是原始數列的兩倍，所以這是升度的固有數列且固有值為 2。事實上，我們可以證明（你能證明嗎？）只有一個非零項的數列是升度的**唯一**固有數列（全為零的數列又如何呢？的確，它的升度和移位都是自身的倍數，但零數列不算數；原因之一是零自身的倍數為何，這一點並沒有明確的定義）。

你也許聽說過，在物理學的最底層，一個粒子通常沒有明確定義的位置（position）或動量（momentum），而是以其一或二者皆一團模糊的狀態存在。你可以把「位置」想成我們對粒子的一種操作，就像移位是對數列的一種操作。更明確地說，粒子有一個「狀態」，記錄了它目前物理狀態的一切，而名為「位置」的操作，會在某方面改變粒子的狀態。就目前的討論而言，狀態是什麼類型的實體並不重要，[19] 重要的是狀態要是像序列一樣可以乘以數字的東西。就像移位的固有數列就是移位後會乘以某數的數列，位置的固有態（eigenstate）就是位置後乘以一個數——固有值——的狀態。事實證明，當粒子處於固有態時，它會表現得像在空間裡有一個明確定義的地點（而這個地點是什麼？你可以從固有值推算出來）。但大多數狀態都不是固有態，就像大多數數列都不是幾何級數。不過如我們之前所見，較一般的數列如維拉

19 如果你一定要知道的話，是在一種名為「希爾伯特空間（Hilbert space）」的特定空間中的一個點——就是我們之前看到在世紀末插手幾何學基礎的那個希爾伯特。

漢卡—斐波那契數列，可以分解為幾何級數的結合；同樣地，不是固有態的狀態也可以分解成固有態的結合，每一個都有自己的固有值。有些固有態出現的強度較高，其餘的則較小，這種變化控制著粒子在任一特定位置被發現的機率。

粒子的動量也是類似情形；動量是狀態的另一種操作，你可以把它想成是升度的類比。有明確定義的動量值而非一團模糊機率的粒子，就是該算子的固有態，類似升度的固有數列。

什麼樣的粒子，位置和動量皆有明確定義？那就像是一個數列同時是移位和升度的固有數列。

但沒這樣的東西！移位的固有數列是幾何級數，升度的固有數列是只有一個非零項的數列。

沒有一個非零數列能同時身為這兩者。

還有一個方法可以證明這項事實，這個就更靠近量子力學了（閱讀本章接下來的部分最好備著紙筆，或者你也可以跳過，我不會批評）。我們首先問的是：要是我們將一個數列既移位又升度會怎麼樣呢？就任選一個數列，例如：

……	4	2	1	–3	2	……

先做移位：

……	4	2	1	–3	2	……

再升度（記得 –3 之前是在第一位置，現在則是在第零位置，而 1 是在負一位置，以此類推……）

……	–12	–4	–1	0	2	……

你可以稱這個結合操作為移位後升度，或簡稱為移位升度。[20] 但我們為何是按照這個順序？要是我們改成升度後移位呢？原始數列升度後變成：

……	–8	–2	0	–3	4	……

接著再做移位就變成：

……	–8	–2	0	–3	4	……

升度移位和移位升度得到的結果不一樣！我們在這裡看到的現象叫做不可換性（*noncommutativity*），這個數學行話是指先做一件事再做另一件不同的事，不一定會跟先做後一件事再做前一件事有同樣的結果。我們在學校學的數學通常是可換的；先乘 2 再乘 3，跟先乘 3 再乘 2 是一樣的。在實體世界有些事也是可換的，比如戴左手和右手的手套，不管你先戴哪一邊，最後都是雙手都戴上手套的情況。但你如果先穿鞋再穿襪，就會遇到不可換性。

可是這些和固有值又有什麼關係？答案在於升度移位和移位升度之間的差。把升度移位減去移位升度

……	–8	–2	0	–3	4	……
……	–12	–4	–1	0	2	……

所得到的數列會是：

20 練習題：你能找出這個移位升度的固有數列嗎？

……	4	2	1	–3	2	……

正好是一開始的數列！（或者，謹慎起見，它的移位版）事實上，不管一開始的數列是什麼，升度移位和移位升度之間的差都會是原始數列的移位。現在假設你不知怎地找到了一個神祕數列 S，它的升度和移位的固有數列都是同一個；也許 S 的移位是 3 乘 S，而 S 的升度是 2 乘 S。這麼一來，S 移位的升度就是 3 乘 S 的升度，那必定是 6 乘 S[21]；但同樣的推理顯示，S 的移位升度也是 6 乘 S，和升度移位一樣。所以 S 的升度移位和 S 的移位升度之間的差，就是全零數列。但這個差又應該是 S 本身（的移位）！所以 S 必定為零，而如同我們之前所述，零數列不算。

固有數列的概念，是為了表達移位和升度這類操作的作用如同乘法般的情況，但乘法具有可換性，而移位和升度沒有。這下情況就緊繃了！這些操作像，也不像。哈密頓也得正面迎戰這種緊繃，才能寫出他鍾愛的四元數。他想把旋轉視為一種數字，但旋轉無法交換；依一軸心旋轉 20 度再依另一軸心旋轉 30 的結果，跟反序進行的結果不會一樣。為了得到模擬旋轉的「數字」，他必須揚棄一項公設，即交換性公設（當然，兩個旋轉也有可能可交換；比方說，如果它們是依同一軸心的話就可交換。值得一提的是，在這種情況下，兩個旋轉都不會改變共軸上的任一點；它同時是兩次旋轉的固有 xx，各自的固有值為 1）。

量子力學的情況也差不多。代表位置動量和動量位置的算子（operators）不可交換，而某粒子狀態的位置動量和動量位置之間的

21 我們這裡運用的升度是線性的，乘以三後升度跟升度後乘以三相等；另一個交換性議題！

差——嗯，也不算是狀態本身，而是該狀態乘以一個叫普朗克常數（Planck's constant）的數字，記為 $\hbar$。特別是，這意味著差不能為零，[22] 這反過來又意味著，就像數列一樣，一個粒子的狀態永遠不可能同時是位置以及動量算子的固有態。換句話說：一個粒子不可能同時具有明確定義的位置又具有明確定義的動量。在量子力學中，我們稱之為海森堡測不準原理（Heisenberg uncertainty principle），它始終披著一件神祕難解的斗篷，但其實只是固有值。

很顯然，我們還有很多沒談到。[23] 我們一直在談有多少有趣的數列可以分解為幾何級數的結合，以及粒子的狀態可以分解為實際固有態的結合。但在實務上，我們要如何執行這種分解？這裡有一個出自古典物理的例子，聲波可以分解為純音，也就是某種操作的固有波；它們的固有值由頻率決定，即它們發出的音調。如果您聽到 C 大調和弦，那是三個固有波的組合，一個固有值為 C，一個固有值為 E，一個固有值為 G。有一種數學機制稱為傅立葉轉換（Fourier transform），可用來將波分離為其組成部分的固有波。這個故事很精采，交織了微積分、幾何和線性代數，而且直到 19 世紀才發展出來。

但就算你不懂微積分，也能聽出和弦中個別的音！這是因為這個花了數學家數百年才發展出來的深度幾何計算，也能透過你耳內一小片捲曲的肉，即耳蝸來進行。在我們知道如何將它撰述為書面定律之前，幾何早已存在於我們的身體中。

---

22 雖然，以我們的感知水準來說，普朗克常數很接近於零。這也就是為什麼在我們直觀看來，物體會是同時位在某一特定位置又以某一特定方式運動。

23 如果你想知道我漏談了什麼，蕭恩・卡羅爾（Sean Carroll）所著的《深藏不露》（*Something Deeply Hidden*）會是關於量子力學背後的數學很棒的非專業性入門書。

第十三章

空間的皺摺

馬可夫隨機漫步理論早期的採用者，像是匈牙利的波利亞（George Pólya）和他的學生埃根伯格（Florian Eggenberger），他們最先想到的例子是在二維空間內傳播的現象。不顧那位憤怒的俄國人對現實世界應用的鄙視，他們將馬可夫過程用來為天花、猩紅熱、出軌和蒸汽鍋爐爆炸建模。埃根伯格將他的論文命名為「機率的傳播」（他的論文是用德文寫的，所以只有一個字：*Die Wahrscheinlichkeitsansteckung*）。

將疾病傳播視為在空間中隨機漫步的方法如下。假設在直線網格上有一個點，如曼哈頓的街道地圖。這個點是感染了病毒的人。一個人會接觸到的是網絡中與他們相鄰的四個人。為了盡可能簡單化，假設每個人每天都感染四個不幸成為他們鄰居的人。

每個人有四個鄰居，因此你可能認為我們會看到 $R_0 = 4$ 呈指數增長的流行病，但事實並非如此。一天後病例數為五：

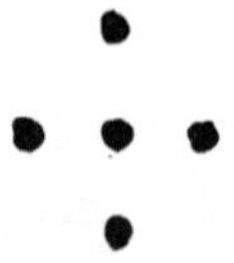

兩天後是十三：

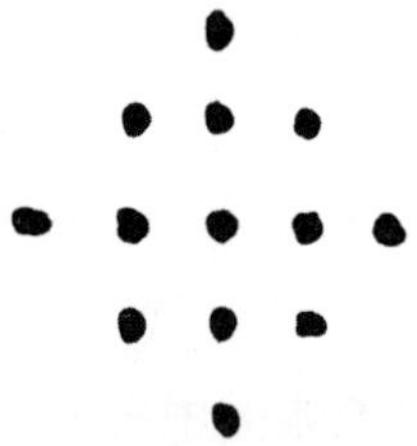

三天後是二十五：

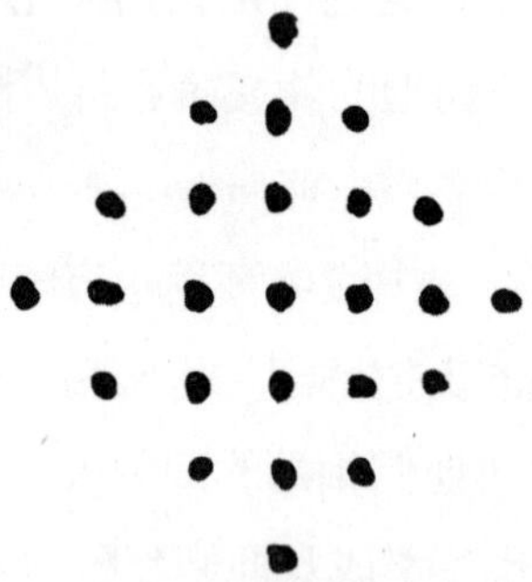

這個數列是：1, 5, 13, 25, 41, 61, 85, 113……成長得比算術級數快（連續項之間的差依次增加），[1] 但比幾何級數又慢得多。一開始每一項是

1　你也許有興趣像威廉・法爾一樣檢查一下，這些差之間的差始終相同，都是 4。

前一項的兩倍多，但比率會逐漸下降：113/85，只有 1.33。

我們一開始建立疾病模型時，感染是呈幾何級數成長，但這個模型不一樣，因為我們考慮的不僅是有多少人被感染，還考慮到他們**在哪裡**，以及他們彼此距離有多遠。也就是我們把幾何納入考量，而這種流行病的幾何圖形是斜向正方形，[2] 中心為病例零，以穩定的速度有條不紊地一天天擴大。與 COVID-19 的情況完全不同，COVID-19 似乎在短短幾週內就延燒全球。

為什麼這個增長如此緩慢？因為你遇到的四個人，不像北達科塔州是從廣大居民中隨機選出四個；他們是在你附近的人，如果你是這個人：

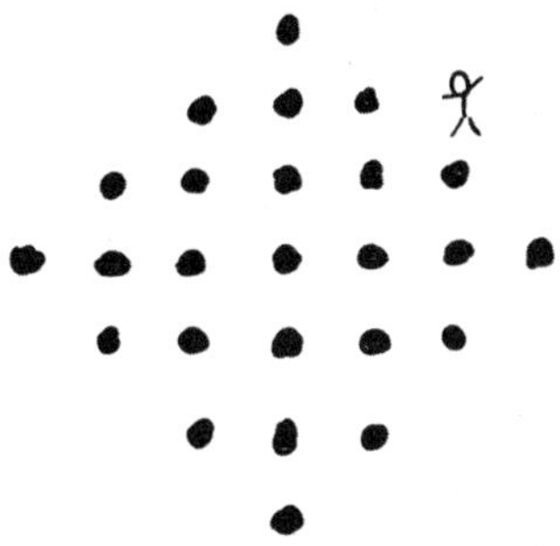

你明天接觸到的四個人中有兩個人早已感染，而在你北邊未感染的人，除了接收你的病毒，同時也會接收到來自他們西邊鄰居的病毒。這個病毒會**冗餘地**傳播，不斷遇到同樣的人。

這應該會讓你想到我們的老朋友，那隻亂飛的蚊子，牠會不斷造

2　不過如我們在第二章所見，就曼哈頓的幾何圖形來說，這個正方形是圓！

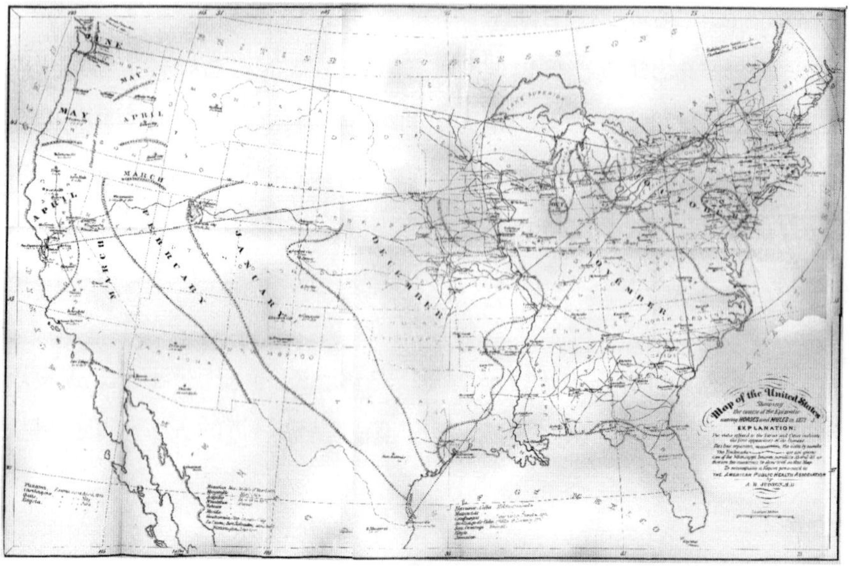

訪又再造訪同一塊街區，以極緩慢的速度挪離牠的出生地。蚊子飛 n 天能造訪的地點總數，不會超過半徑為 n 的菱形中方格的總數，並不算多。不管你是蚊子或病毒，都很難迅速探索完一個幾何網路。

大流行病以前是這麼運作的。黑死病在 1347 年抵達歐洲的馬賽和西西里，然後以穩定的波潮往北席捲歐洲，大概花了一年的時間抵達北法及義大利全境，又一年後跨越德國，再一年後抵達俄國。

到 1872 年時情況就大不相同了，那年北美馬流感獸疫大爆發。這是一種獸疫（epizootic），不是流行病（epidemic），因為 demos 是希臘文的「人」的意思，而人不會得馬流感。[3] 獸疫這個詞現在很少用了，但

3　那麼植物疫病是 “epiphytic”（附生性的〔植物〕）嗎？你會以為應該是這樣，但這個字似乎很少做這種解釋。

1872年的馬流感在美國人的生活留下太深刻的痕跡，以至於這個詞（有時被發音為 episoozick 或 epizootiack）成為俚語，直至 20 世紀，都指無法歸類的疾病，不管是對動物或人。波士頓一名記者當時報導：「本市有至少八分之七的動物深受其害。」而馬流感在 1872 年秋季爆發的起點多倫多，則被稱為「病馬的巨大醫院」。想像一下所有的車輛都染上流感，你就能想像這種衝擊了。

馬流感從多倫多往外擴散至美洲大部分地區，但不是黑死病那樣順利的擴散浪潮。

馬流感在 1872 年 10 月跨越國境抵達水牛城（Buffalo，紐約州西部），到 10 月 21 日時已傳播到波士頓（Boston，麻州東部）和紐約市，一週後出現在巴爾的摩（Baltimore，位於馬里蘭州，在賓州下方）和費城（Philadelphia，位於賓州東南部）。但它直到 10 月初才傳到其實更靠近多倫多的內陸地方，像是斯克蘭頓（Scranton，位於賓州東部，靠近美國東岸）和威廉斯波特（Williamsport，位於賓州中部偏北），而那時南至查爾斯頓（Charleston，位於南卡羅萊納州的濱海城市，屬美國東南方）的馬已經病倒了。西進的進展同樣不平衡；馬流感在 1 月的第二週到達鹽湖城（Salt Lake City，位於猶他州），並於 4 月中旬到達舊金山，但直到 6 月才到達與多倫多直線距離差不多的西雅圖。

那是因為病毒並不是直線前進，而是靠火車運送。橫貫大陸的鐵路當時才剛建好三年，鐵路將馬匹和疾病從美國中心直接運送到舊金山，連接多倫多與沿海大城市和芝加哥的鐵路線也在這些城市播下了早期的疫情。到離鐵路線較遠處的非機械化旅行速度較慢，因此馬流感較晚抵達。

披薩的皺摺

geometry（幾何）在希臘文裡指的是「丈量大地」，而我們正是在這麼做。將一塊地或一群人或一群馬視為幾何，其實就是對任兩點定一個數字，將之視為兩點間的距離。現代幾何學的一個基本見解是，有不同的方法可以做到這點，不同的選擇意味著不同的幾何學。當繪製族譜樹上表親之間的距離時，我們已經看到了這一點。即使是在地圖上取點，我們也有多種幾何形狀可供選擇。有直飛幾何學，即美國兩個城市之間的距離是連接兩者的直線長度。[4] 還有一種幾何，其中兩個城市之間的距離是「1872 年從前者到後者需要多長時間？」，這種就和馬流感相關了。[5] 以這種度量（metric，度量是我們在幾何學中使用的術語，用來代替冗長的「為每對點分配距離」）來說，斯克蘭頓離多倫多比紐約更遠，雖然它與多倫多的直線距離更近。你可以隨心所欲——這是數學，不是學校！也許你的度量是「在美國所有城市依字母順序排列名單之中兩地的距離」——那麼斯克蘭頓就又比較靠近多倫多而不是紐約了。

幾何學不是固定不變，而是可以依我們的意志而改變的這個想法，對數世代以來愛讀書的美國小孩並不陌生，因為下面這張圖：

這是《時間的皺摺》（*A Wrinkle in Time*）中啥太太（Mrs. Whatsit）的幾何證明，啥太太是星際三女巫／天使之一，她們協助三名孩子擊敗

宇宙邪惡。[6]她們如何能比光速更快穿越宇宙？她說：「一有機會我們就走捷徑，就像數學。」

她解釋道，這隻螞蟻離繩子的一端較近，但離另一端很遠。但要是在空間中移動這條繩子：

距離就變得幾乎不存在，讓螞蟻可以直接從一隻跳到另一隻手上。啥太太解釋道：「你看，牠到了，不用長途跋涉，我們就是這樣旅行。」將繩子彎折就是書名所指的皺摺，女巫們稱之為「超立方體」，如果是 1872 年的情境，那就叫「鐵路」。連接芝加哥到舊金山的鐵路改變了北美洲的幾何，度量的改變使這兩地的距離變得比我們直覺以為的更近。或者兩點也可能離得更遠！1872 年的馬流感南至尼加拉瓜，但從未進入南美。那是因為巴拿馬地峽對試圖穿越者來說是「一個幾乎無法通行的沼澤地，其中崎嶇難行的山脈縱橫」。哥倫比亞和尼加拉瓜在地表上很接近，但以馬行度量來說，兩國的距離可說

4　「那地球表面的曲度怎麼辦？」如果你在意這個問題，再等幾頁，我們馬上就會談到！

5　也與畫出我們在第八章所看到的等時線地圖相關。

6　啥太太也可以做為很棒的機智問答題的答案：哪個角色在螢幕上艾爾弗麗・伍達德（Alfre Woodard）和瑞絲・薇斯朋（Reese Witherspoon）都飾演過？

是無限遠。

當代世界更是皺摺得亂七八糟。在我們還不知道有疫情之前，COVID-19 就已經上了飛機往返於中國與義大利、義大利與紐約、紐約與特拉維夫。就算我們不知道飛機是什麼，也能從流行病傳播的性質推測出來。但地球表面的標準幾何還是有影響，美國在 2020 年春季受創最重的地區，不是有國際機場和居民常搭飛機的城市，而是從紐約開車能到的地方。大流行病毒走得有快有慢，有交通工具就搭。

啥太太之後在書中解釋道：「用歐幾里得或老式平面幾何的方式來說，直線不是兩點之間最近的距離。」[7] 但以新式幾何來說，我們可以支持歐幾里得。地球表面兩點之間，比如芝加哥和巴塞隆納（Barcelona，西班牙東部大城）最近的距離是什麼？當然不會是一般意義上的直線，除非你很會挖洞。因為不同於歐幾里得平面，地球表面有曲度，而球體表面沒有直線。

一定有一個最短距離，但可能不是你想的那個。芝加哥和巴塞隆納幾乎處於同一緯度，即北緯 41 度。如果你在地圖上把這兩個城市連起來，會是沿 41 度線平行往東約 4650 哩，但這樣其實是走了遠路！地圖上的實際最短路徑是往北走弧線，從紐芬蘭（Newfoundland）的鱈魚加工小鎮貢什（Conche）離開北美，以大西洋緯度約 51 度處為弧線的最北端，這樣可以縮減超過 200 哩的旅程。

7 為什麼我們總是這麼說，但直線其實並不是「距離」啊？這種奇怪的用語顯然源自 19 世紀時對勒讓德（Legendre）所著幾何教科書的不當翻譯，原文將直線較正確地描述為 “le plus court chemin”（最短路徑）。這位搞砸的譯者是誰？就是歷史學家兼散文家湯瑪斯．卡萊爾（Thomas Carlyle），在聲名大噪前，他在蘇格蘭柯科迪（Kirkcaldy）當過高中數學老師。

沿著緯度線往東或西是「直線」的這想法，是那種表面看似可行，深思後卻不堪一擊的公式。[8] 假設你在離南極 2 公尺處開始往正西走，幾秒內你就會走出一個很小、很冷的圓，你不會覺得自己是在走直線，請相信這個感覺。

球體表面直線的最佳定義其實一直存在於歐幾里德幾何內；我們只要**定義**一條直線為最短路徑（其實應該說是線段，不同於直線，線段才有明確的起點與終點）。事實證明，所有球體上的最短路徑都是「大圓」的片段，之所以叫大圓，是因為這些是你在球體上通過兩個完全相對的點能畫出的最大圓。大圓就是我們所謂球體上的線。赤道是大圓，但其他緯度線就不是那麼大了。一條經線加上它的逆子午經線（antimeridian），也就是它隔著地球正對面的那條經線，就是大圓。所以朝正北或北南旅行確實**是**直線運動。如果南北和東西的不對稱讓你困擾，只要記得它跟我們對經緯度的概念一致就好，子午線會相交，平行線不會。沒有西極。

不過我們大可創造一個！我們想在哪裡放一個極都行。比方說，沒人能阻止我們宣稱其中一個極在烏茲別克斯坦克孜勒庫姆沙漠的正中央，而另一個在地球對面的南太平洋。紐約的一名軟體工程師哈洛德．庫柏（Harold Cooper）就以這種方式做了一幅地圖。為什麼？因為這樣就會有十二條子午線——或者以庫柏的稱法是「大道」，沿著曼哈頓的長度直上直下，而垂直的緯線是跨城街道。這樣你就能把紐約的街道網格擴展到全球。[9] 威斯康辛大學數學系是在 5086 號大道與西

8　請插入你最不喜歡的政治意識型態做為比較。

9　你可以在 extendny.com 將你的地址曼哈頓化。

負3442號街的交叉口附近，也許我們極度市中心的氛圍，就是來自於此吧。

在世界地圖上將緯線畫成直線是承襲自這類地圖的發明人，傑拉杜斯・麥卡托（Gerardus Mercator）。麥卡托原名為傑哈・克雷默（Gerhard Cremer），後來他跟隨當時的科學家風潮，把自己的名字改成拉丁文版：*Mercator*就是拉丁文的「商人」，也就是Cremer在低地德語中的意思（按照這個方法，我會是Jordanus Cubitus，[10]確實還帶有某種意義）。麥卡托向法蘭德斯語（Flemish，比利時北部的主要語言）大師傑瑪・弗里修斯（Gemma Frisius）學習數學和製圖，編寫了一本流行的草書手寫手冊，1544年的大部分時間因懷疑新教而被宗教狂熱者囚禁，為杜伊斯堡的高中生開發和教授幾何課程，並製作了很多很多的地圖。如今他以1569年製作的那幅地圖而聞名，他稱之為*Nova et Aucta Orbis Terrae Descriptio ad Usum Navigantium Emendata*（「水手用校正後的新擴展世界地圖」），我們現在稱之為「麥卡托投影」（Mercator projection）。

麥卡托的地圖對水手來說很好用，因為對水手而言是不是最短路徑不重要；重要的是不要迷失方向。在海上，你可以用羅盤讓自己與北方維持固定角度（至少是磁北，幸好沒有差太遠）。在麥卡托投影中，南北經線是垂直線，緯線是水平線，地圖上的角度都和實際生活中的一樣。所以如果你設定航向為正西，或與北方呈47度角，或什麼都好，然後維持不變，你所走的路徑——稱為斜駛線（loxodrome）或恆向線（rhumb line）——在麥卡托地圖上會是直線。如果你有地圖和量角器，就很容易看出恆向線會帶你在哪裡靠岸。

10 Ellenberg是德語方言的「手肘」，或至少我們家族相傳的故事是這麼說的。

不過麥卡托的地圖弄錯了一件事，但卻是不得不然，因為子午線在地圖上被畫成平行線，所以當然不會相交。但子午線確實會相交——事實上還是兩次，分別在北極和南極。所以當你深入北方或南方時就一定會出錯。的確，麥卡托的平行線並沒有畫到極點，以避免南極和北極過於明顯扭曲。靠近極點的緯線分得越來越開，但在實際生活中它們之間的距離都一樣。這使得極地內的地區顯得比實際來得大，在麥卡托投影中，格陵蘭跟非洲一樣大，但實際上非洲是它的十四倍大。

不能有更好的投影嗎？你可能想讓大圓呈現為直線（即日晷投影〔gnomonic projection〕），你也可能想讓投影的角度正確（即保角投影〔conformal projection〕，麥卡托的屬於這種），但你不可能二者兼得。原因在於高斯證明的披薩定理。高斯沒有叫它披薩定理，但要是他在 19 世紀的哥廷根見過分切好的紐約披薩的話，他一定會這麼命名。不過他倒是把它命名為 Theorem Egregium，大概就是現代英語的「絕妙定理」。我就不用原述來讓你頭痛了，直接畫圖吧：

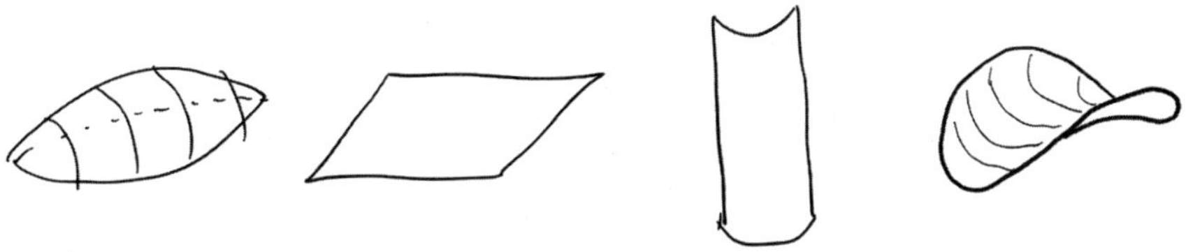

一個光滑曲面，如果我拉得夠近，就會像是這四張圖片之一。左邊是球體的切面，中間分別是平面和圓柱體的一部分；右邊是品客洋芋片。高斯發明了「曲度」（curvature）的數字概念——平面的曲度為 0，圓柱體也是。球體表面的曲度為正，而品客的曲度為負。比較複雜的

表面，像這個

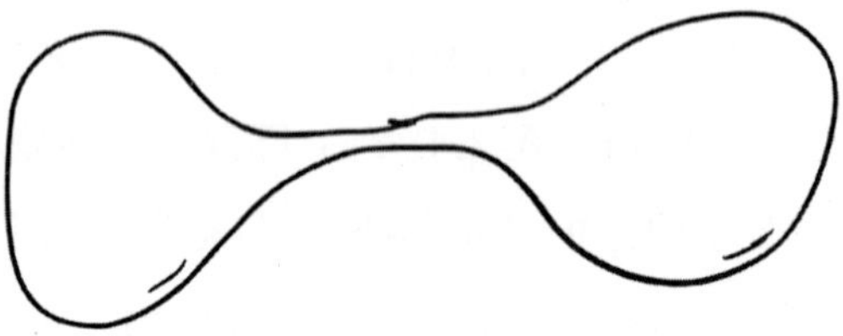

可能一處是正曲度，另一處是負曲度。

事實證明，如果你能以一種保持角度和面積相同的方式將一個表面鏡射到另一個表面，那麼它的度量也會一樣──換句話說，兩個表面的**幾何**是相同的。一個表面上兩點之間的距離與另一表面上對應點之間的距離相同。

而絕妙定理如下：如果你可以用一種保持幾何相同的方式，將一個表面投影到另一個表面上──換句話說，彎折或扭轉但不能**延展**，曲度也必須保持不變。橘子皮是球體的一部分，曲度為正；所以你不能把它攤平成零曲度的表面。一片披薩是從一整片圓形切下來的，曲度為零。它可以讓尖端下垂，彎折成 0 曲度的圓柱狀：

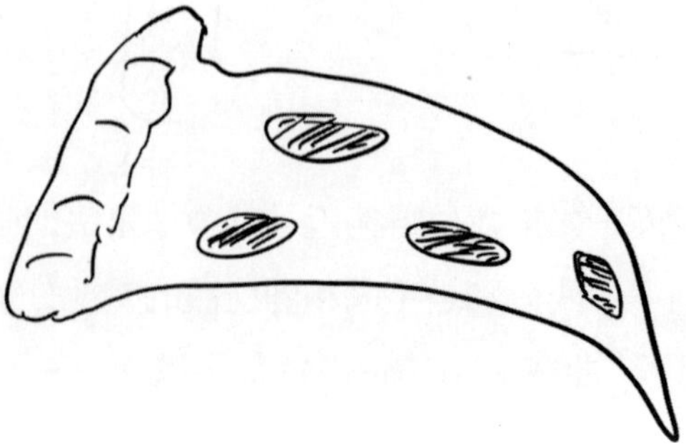

或是將兩邊捲起：

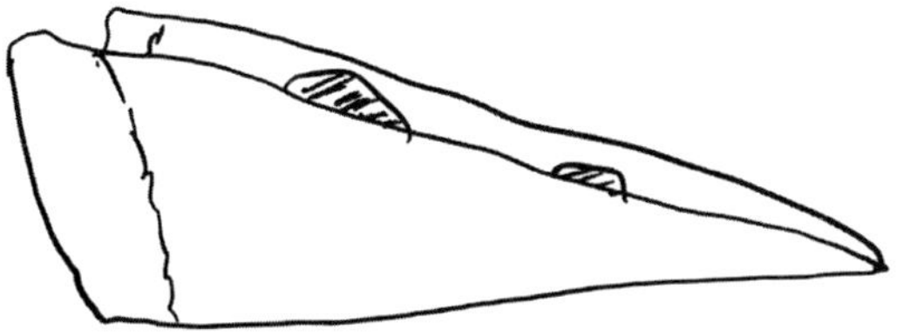

但**不能兩者並行**。因為這樣它就會變成品客。披薩不是品客，也不能變成品客，因為品客的曲度為負，不是零。所以當你拿著外帶披薩走在阿姆斯特丹大道上時，你會把兩邊捲起——因為披薩的零曲度和高斯的定理使得尖端無法下垂，融化的起司就不會滴在你衣服上。

其實你不需要絕妙定理的高見，也能知道你不可能把地球的球狀表面畫成地圖，又滿足你所有的幾何需求。這問題在一個老謎題裡表現得很清楚：有個獵人有天早上起來，爬出帳篷後出發去獵熊。他往南走了 10 哩；沒有熊。往東走了 10 哩；還是沒有熊。往北走了 10 哩，終於遇到熊了，就在他的帳篷前面。

謎題是：熊是什麼顏色？

如果你沒聽過這個謎語，那還有另一個版本。從加彭的自由市（Libreville）出發，差不多正好位於赤道上，往北直走到北極，往右轉 90 度，往南走，在蘇門答臘的巴塔漢鎮（Batahan）再度回到赤道；最後，再次轉一個直角，往正西繞地球四分之一圈，直到你回到自由市。

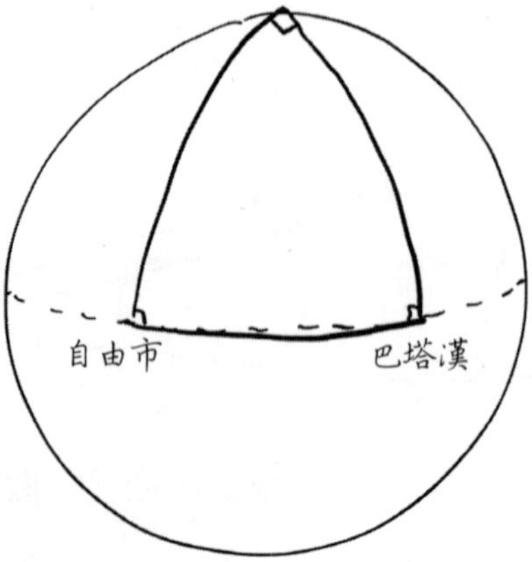

要記得，我們想像中的完美投影，應該是要將大圓以直線表示。我們所循的路徑完全是由大圓的片段所組成，所以在我們想像中的完美地圖上，它應該是三條直線段——一個三角形。但地圖上的角度又必須是在地球上的角度，也就是 90 度。平面上不可能有三個內角都是直角的三角形；所以完美地圖的美夢破碎。噢！對了，那隻熊是白色的，因為獵人的帳篷必定是在北極，所以是北極熊！

（拍膝）

你的艾迪胥—貝肯數是多少？

從平面地圖的幾何到球體的幾何，已牽涉到豐富多樣的數學，但我們想到了與歐幾里得的書背離得更遠的東西。電影明星的幾何呢？不是他們身體的曲線和平面——關於這些已經寫得夠多了——而是電影明星合作形成的網絡。要讓演員擁有幾何，我們就需要一個度量標準，即兩顆星在天空間中相距多遠的概念。因此我們採用「共星距離」（costar distance）。兩個演員之間的**連結**（*link*）是他們都出現過的電影，兩個演員之間的距離是連接他們的最短連接鏈。喬治・李維（George Reeves）和傑克・華登（Jack Warden）合演《亂世忠魂》（*From Here to Eternity*），而傑克・華登與基努・李維（Keanu Reeves）合演《十全大補男》（*The Replacements*）——這也是傑克・華登的最後一部電影。所以喬治・李維和基努・李維之間的距離是 2。或者說，最多是 2；我們還得檢查兩者之間是否有更短的路徑，也就是 1 連結，即一部兩人曾合演的電影。老李維在基努・李維出生前五年就過世了，所以是 2 沒錯。

電影明星沒什麼特別；你可以在任何合作網絡中定義同樣距離。事實上，這個概念在數學圈裡更加古老，1 連結代表兩位數學家合寫一份論文。自從 1969 年卡斯柏・高夫曼（Casper Goffman）在《美國數學月刊》（*American Mathematical Monthly*）寫了一個半頁的小啟「你的艾迪胥數是多少？」（And What Is Your Erdo's Number?），數學家的幾何就成了一個派對遊戲。你的艾迪胥數就是你與數學家保羅・艾迪胥（Paul Erdo's）的距離，他被視為這個網絡的中心，因為他的合作者眾多——至少 511 人。即使在他於 1996 年去世後，偶爾還是會增加新連結，因為有作者將與他談話時得到的想法寫成論文。艾迪胥是出了名的怪人，居無定所，不會或聲稱自己不會下廚或洗衣，[11] 到處借住在不同數學家的家裡，與主人一起證明定理，服用不致過量的苯丙胺（Benzedrine，中樞神經興奮劑，安非他命的一種）（他曾拒絕參加一群數學家的

11 艾迪胥傳奇裡一項令人難以認同的事蹟：這鼓動部分數學家將家務視為地位低下卻又超出我們的能力，可是我們還是吃著食物，穿著乾淨的襯衫。事實是，在洗碗時思考數學對數學和——如果你像大多數數學家一樣容易神遊的話——盤子都有好處。

飯後咖啡之約，並解釋道「我有比咖啡更好的東西」。）

你的艾迪胥數就是你與艾迪胥之間最短連結鏈的長度。如果你是艾迪胥，你的艾迪胥數就是 0；如果你不是艾迪胥但與他合寫過論文，你的艾迪胥數就是 1，如果你沒有和艾迪胥合寫過論文，但你和艾迪胥數為 1 的人合寫論文，你的艾迪胥數就是 2，以此類推。艾迪胥幾乎與所有寫過合作論文的人都有關聯，也就是說幾乎每個數學家都有一個艾迪胥數。西洋棋大師汀思雷的艾迪胥數是 3，我也是。我在 2001 年和克里斯．史金納（Chris Skinner）合寫了一篇關於模形式（modular forms）的論文，而史金納在 1993 年在貝爾實驗室實習時與奧德里茲科（Andrew Odlyzko）合寫了關於 ζ 函數（zeta functions）的論文，而奧德里茲科在 1979 年到 1987 年間，與艾迪胥合寫了三篇論文。汀思雷和我之間的距離是 4，所以我們三個形成一個等腰角形：

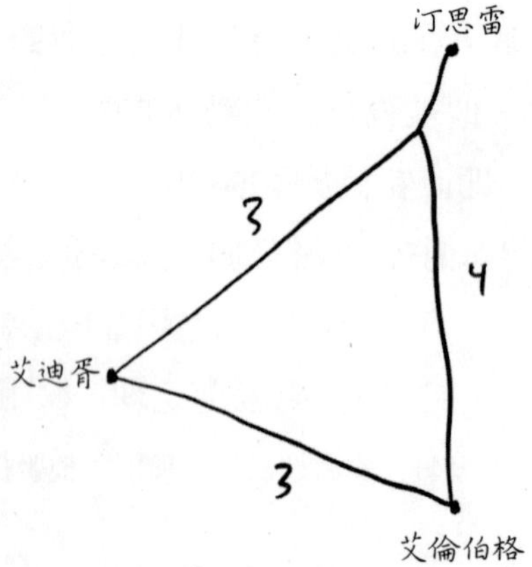

這個三角形看起來有點被捏到，因為汀思雷在他短暫的數學研究生涯中只寫了一篇聯合論文，是與他的學生史丹．潘恩（Stanley Payne）

合著，因此那條連結構成了從汀思雷到艾迪胥線路的一部分，也是從汀思雷到我的線路的一部分。

現在把鏡頭拉遠，讓我們能看到超過 40 萬名曾發表過論文的數學家，再將每一對共同作者連結起來：

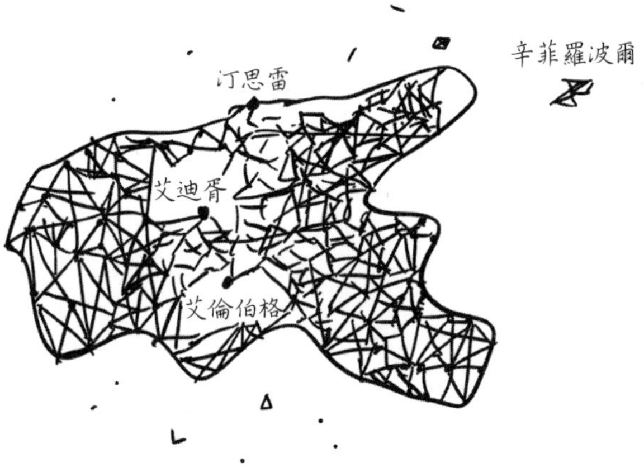

那一大團（或以專業術語的說法是大「連接組件」〔connected component〕）是 268,000 名數學家，他們透過一些連結鏈與艾迪胥相連。看起來像灰塵的東西是一群孤獨的數學家，他們從未與人合著過論文，這樣的人大約有 8 萬人。這個數學群體的其餘部分分散成很小的集群，其中最大的集群由 32 名應用數學家組成，他們大多在烏克蘭的辛菲羅波爾州立大學（Simferopol State University）。大組件中的每一位數學家都透過十三個以內的連結鏈與艾迪胥相連；如果你有艾迪胥數的話，最多是 13。

這張圖看起來也許有點奇怪，圖中的大團與幾乎不與任何人連接的數學獨行俠之間隔著鴻溝，而不是一堆不同大小的團。事實上，這正是事物的常態，我們能知道這項事實也要感謝艾迪胥本人。艾迪胥數的概念不只是在榮耀艾迪胥的社交程度，更是在向艾迪胥的先驅之作公開致敬，即艾迪胥與艾爾迪希・雷尼（Alfred Renyi）[12] 合著關於大型網絡統計學性質的著作。他們證明的結果如下：假設你有一百萬個點（所謂的「一百萬」意思是「我懶得指定的某個大數字」），而你在心裡想了一個數字 R。如果要讓這些點形成網絡，你必須決定網絡中哪幾對點相連而哪些沒有；而且這麼做的時候完全是依機率進行，也就是一對點相連的機率是一百萬分之 R。假設 R 為 5，每一個點可以與其他一百萬個點（好吧，是 999,999 個）相連，但僅有一百萬分之五的機率彼此相連；一百萬個一百萬分之五的機率相加，意謂著每個點至少與其他五個點相連，那麼 R 就是每個點的「合作者」的平均數。

艾迪胥和雷尼發現的是臨界點。如果 R 小於 1，網路幾乎必定會瓦解成無數不相連的碎片。若 R 大於 1，那麼肯定會有一個巨大的團佔據網絡的大部分。在那個團內，每個點都有一條路徑通向其他點，就像幾乎每個數學家都有一條通向艾迪胥的路徑[13]。R 的細微變動——從 0.9999 到 1.0001，就會造成網絡行為的巨大改變。

這種情形我們之前也見過。假設這些點是南達科塔州的人口（確實差不多是一百萬人左右），而人們近距接觸並吸入對方的氣息，就代表兩個點相連。這其實不算是很好的感染傳播模型——沒有考慮到不同人會在不同時間感染——但對於諮詢工作來說已經足夠接近了。一個

12 如果有讀者不懂匈牙利語的話，他們的名字大概是這麼發音的 “Airdish” 和 “Rainy”。

13 萬一 R 正好等於 1 呢？有成千上百篇論文在談這個；正巧位於兩個體系邊界之上的案例，通常也隱藏著最豐富精彩的數學。

感染者感染的平均人數是 R，現在我們終於扯下它的面具，露出它其實是 R_0 的真面目。R 小於 1 ？疾病只會局限在網絡的小部分。R 大於 1 ？疾病會傳遍各地。

艾迪胥另一樣出名的是「天書」的概念，他認為這本書包含所有定理最完美緊湊、優雅、清晰的證明，但只有上帝才能看到這本書。不相信上帝也能相信這本書；艾迪胥本人雖然在猶太家庭長大，但對宗教漠不關心。他稱上帝為「至高無上的法西斯主義者」，曾在訪問巴黎聖母院時說園區很迷人，但加號太多了。但到頭來艾迪胥對數學的看法，與虔誠的亨德森並沒有太大不同，亨德森也相信，一個真正好的證明是與神直接交流的結果。龐加萊既不是信徒也不嘲笑信仰，他對這種啟示持懷疑態度。如果有一個超然的存在知道事物的真實本質，龐加萊寫道：「他也找不到語言來表達。我們不僅無法猜到回應，就算那回應擺在我們面前，我們也無從瞭解。」

圖形與書蟲

電影明星的艾迪胥遊戲是 1990 年代一群無聊的大學生發明的，他們注意到凱文．貝肯（Kevin Bacon）幾乎和所有人都演過電影；他是 1980 和 1990 年代好萊塢的艾迪胥。所以你可以把電影明星的貝肯數，定義為在共星幾何裡與凱文．貝肯的距離。就像幾乎每位數學家都有艾迪胥數，也幾乎每位演員都有貝肯數，我剛好兩種都有。我的貝肯數是 2，這都要感謝我參演的《天才的禮物》裡有奧塔薇亞．史班森（Octavia Spencer），她在 2005 年皇后．拉蒂法（Queen Latifah）主演的《哈啦美容院》（*Beauty Shop*）裡飾演「大客戶」，是凱文．貝肯所飾演的「荷海」的對手。所以我的「艾迪胥—貝肯」數是3＋2，即5。有艾迪胥—貝肯數的人相當少。丹妮卡・麥凱勒（Danica McKellar）十多歲時參演《兩小無猜》（*The Wonder Years*），據我在UCLA教過她的朋友所說，如果她沒有選擇演藝路，她在數學方面大有可為，她的艾迪胥—貝肯數是6。尼克・梅卓波里斯（Nick Metropolis）[14] 開發了隨機漫步的一種重要演算法，並以他的名字命名，該演算法協助實現了波茲曼的夢想，即透過逐一分析分子及其不斷地彼此碰撞，來瞭解氣體、液體和固體的特性。但在那之後很久，也更切合現在的討論的是，他在伍迪艾倫的電影《賢伉儷》（*Husbands and Wives*）中演了一個小角色，因此他以4的艾迪胥—貝肯數擊敗了我的（他與兩者的距離都是2）。[15]

數學家通常不叫這些網絡為網絡，我們稱之為圖形（graph）。這當然很讓人混淆，畢竟它們和你在學校畫的那種函數圖形毫無關聯，這都要怪化學家。烷烴（*paraffin*）是一種只由碳及氫原子構成的分子；其中一種結構相當簡單，只有一個碳原子和四個氫原子的叫甲烷（methane）（「乳牛打嗝導致地球暖化」的那種）。石臘（paraffin wax）這個詞也許會讓你想到它是更大的分子，有數十個碳原子。19世紀的化學家可以透過「化學分析」——其實就是「把它燒一燒，看得到的二氧化碳有多少，水又有多少」的好聽說法——得知化合物裡有多少碳和氫。但他們很快就發現，有些分子有同樣的化學式，但性質卻大不相

14 協同安格斯與艾德華・泰勒（Augusta and Edward Teller），以及艾卓雅與馬歇爾・羅森布魯（Arianna and Marshall Rosenbluth）。

15 艾迪胥有兩位合著者，丹尼爾・克雷曼（Daniel Kleitman）和布魯斯・雷茲尼克（Bruce Reznick），這兩人的艾迪胥—貝肯數都是2，因為他們在電影裡當過臨時演員。這算作弊嗎？這不該由我來說（對，是作弊，得了）。

同。他們發現數量並非全貌，分子有幾何，同樣的原子可能以不同方式排列。

丁烷（Butane）——Zippo 打火機裡裝的那個東西——是 C_4H_{10}：四個碳原子，八個氫原子。這些碳原子可能是連成一直線

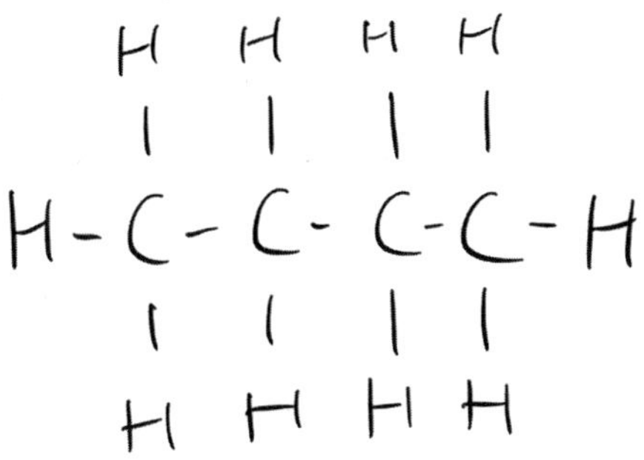

也可能是排成 Y 字，這種分子我們稱為異丁烷（sobutane）

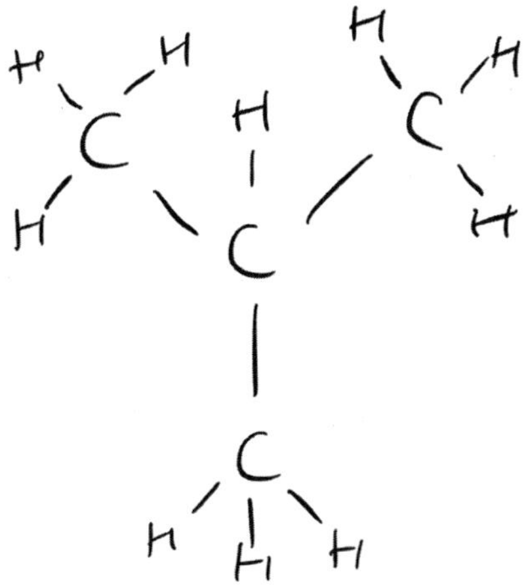

碳原子越多，就能排出越多種不同的幾何形狀。辛烷（Octane）正

如其名，有八個碳原子；標準形式是八個碳原子連成一排。但汽油裡讓你能平順行駛的 C_8H_{18} 是這個：

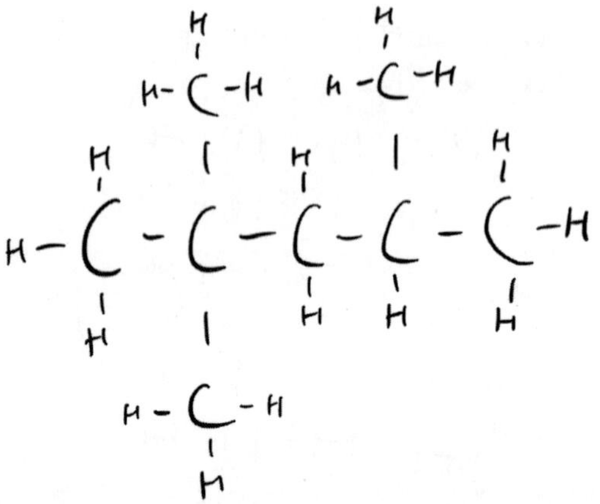

它的學名是 2,2,4—三甲基戊烷（2,2,4-trimethylpentane），難怪他們在加油站標示的不是 2,2,4—三甲基戊烷值，但這種慣行的命名法導致了一個頗為奇怪的事實，即化學家稱為辛烷的東西其實辛烷含量極低。

一個分子就是一個網絡；點是原子，由鍵（bond）連結。在烷烴裡碳原子不能連成封閉的圓；所以碳原子網絡形成樹形，就像西洋棋局裡的位置。

事實證明，一個碳原子必須和另外四個原子鍵接，而氫原子則是一夫一妻制，只和一個原子鍵接；因此，你可以確定上面畫的兩種丁烷結構，是 4C10H 僅有的鍵結方式。至於有五個碳的戊烷（pentane），則有三種方式：

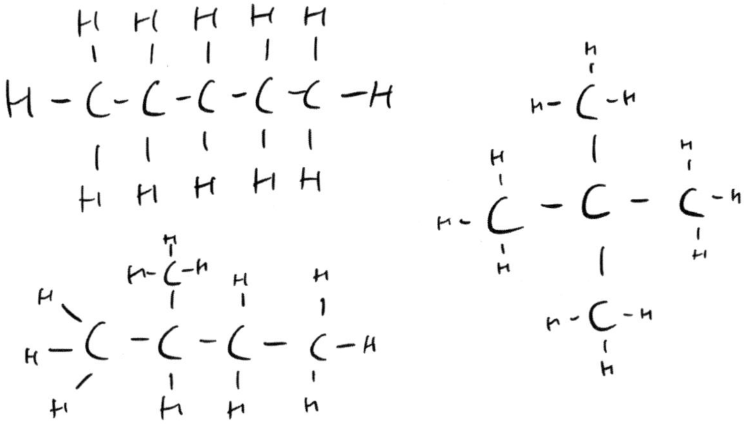

而己烷（hexane）則有五種方式（這次我不畫小小氫原子了）：

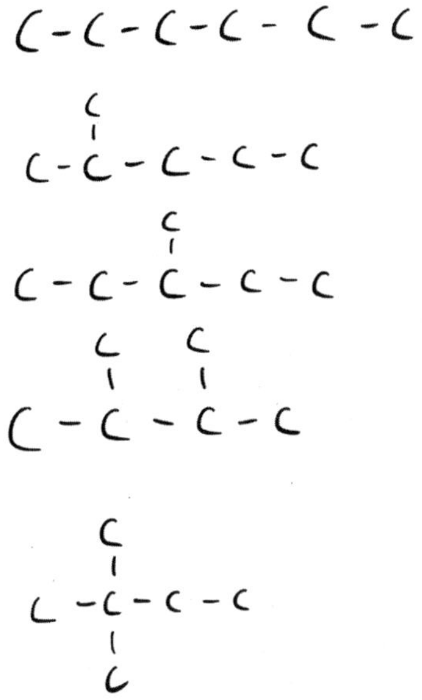

難道又是維拉漢卡—斐波那契數列！可惜不是，七碳原子的是九

種，不是八種。小數字並不多，所以在算小數字問題時，有些數字經常會重覆。這對標準化測驗是種挑戰；我能明白你為什麼會想問學生「數列 1, 1, 2, 3, 5……的下一數字是什麼？」，但如果他們回答「9，因為我以為我們是在算烷烴」，你也不得不給這自作聰明的傢伙全對。[16]

一張好的圖片能讓人茅塞頓開。當化學家開始畫我們剛才畫的那種圖時，他們對分子的理解又前進了一大步，他們稱之為「圖式記法」（*graphic notation*）。化學家發現的新幾何問題也啟發了數學家，他們很快將圖式記法搬運到純數學中。會有多少不同結構？這個野生幾何動物園該如何組織？代數學家詹姆斯．約瑟夫．西爾維斯特率先正視這個問題。他寫道，科學家「對代數學家有加速和啟發作用」。他將之對數學心智的作用，比做詩人從畫作中得到的靈感：

> 在詩歌和代數中，我們通過語言載體闡述表達純粹的思想。在繪畫和化學中，思想被物質包覆，部分端賴手動加工及藝術資源使其終得顯現。

西爾維斯特似乎將「圖式記法」理解為，化學家所畫的原子網絡叫做「圖形」——他在自己的著述中採用這種命名，所以我們也就跟著用了。

西爾維斯特是英國人，但就某種意義來說，他也是第一位美國數學家。身為一名聲譽卓著的年長研究者，他在 1876 年以六十多歲的

16 不同碳原子數目的烷烴結構數數列，當然也收錄在 OEIS：是第 A000602 號數列。

年紀，加入了剛成立不久的約翰霍普金斯大學。那時美國數學家幾乎不存在，學生得遠渡重洋到德國才能真正學到東西。他看起來也像德高望重的老學者。一名與他同時代的人形容他是「體型龐大的侏儒，鬍子垂在寬大的胸口上。幸好他沒有脖子，因為沒有脖子能撐得住那麼巨大的頭。禿頂，但有頭髮形成的倒光環，圍在與寬大肩膀的交界處」。每個人都注意到西爾維斯特的大頭。統計學家兼顱相學愛好者高爾頓，向他的門生皮爾森追憶道：「觀看大圓頂是一種享受。」（高爾頓是寫信抱怨皮爾森發現腦容量與智力成就無關，一反大頭的高爾頓向來的信念）

美國數學家企業原本可以在更早的時候就啟動，因為西爾維斯特在 1841 年就曾受邀到美國維吉尼亞大學教書。這看似是個絕佳的起點，畢竟維吉尼亞是熱愛數學的傑佛遜的母校，而且三項不得協商的入學要求之一就是「展現對歐幾里得的透徹瞭解」。但實際情況從一開始就很糟。如果你身邊有人常在抱怨現在的大學生有多麼無法無天，你應該強烈鼓勵他去讀一讀關於 19 世紀初的美國大學生。1830 年，在耶魯有四十四名學生，包括副總統霍恩（John C. Calhoun）的兒子，因為拒絕參加從可看書變成不可看書的幾何學期末考而被退學，被稱為「圓錐截痕叛亂」（Conic Sections Rebellion）事件。在維吉尼亞，學生騷亂已從課堂上的不服從走向了徹底暴力。學生們聚眾高呼「打倒歐洲教授」，對討厭的教員窗戶扔石頭是家常便飯。1840 年，學生暴徒開槍打死了一名不受歡迎的法學教授。

西爾維斯特不僅是歐洲人，還是猶太人：當地一份報紙抱怨維吉尼亞人是「基督徒，不是無信仰者，更不是穆斯林、猶太人、無神論者或異教徒」，而他們的教授也應該具備同樣的宗教標準。

西爾維斯特的任職被擱置，因為嚴格來說他並沒有學位。這又是另一個宗教問題。劍橋要求畢業生宣誓遵守英格蘭教會的三十九條信綱（Thirty- Nine Articles），而西爾維斯特做不到這一點。幸運的是，必須同時接納新教徒和天主教學生的都柏林聖三一學院不需這樣的誓言，並且在西爾維斯特啟程前往美國前不久授予了他學士學位。

西爾維斯特當時身形並不壯碩（除了頭以外），年紀又不比他教的學生大多少，他試圖維持課堂紀律，學生卻不屑一顧。他想懲戒紐奧良來的巴拉德（William H. Ballard），因為他在課堂上偷看別的書，結果事件升級成必須由全體教職員裁決的糾紛。巴拉德以他所能想到最嚴重的違規行為指控西爾維斯特，巴拉德指控他的教授用路易斯安納州的白人對黑人奴隸說話的方式對他說話。西爾維斯特十分挫敗地發現，他的許多同事都認同巴拉德的看法。不可思議的是之後情況變得更加惡化。同一學期稍晚的時間點，西爾維斯特犯了一個錯誤，當面指出一名學生口試中的錯誤，結果導致這名學生的哥哥為了家族榮譽而報復，往西爾維斯特臉上揍了一拳。西爾維斯特顯然知道那名不受歡迎的法學教授的下場，才隨身帶著手杖劍防身，於是這時他用來回擊。那名學生的哥哥並未受傷，但西爾維斯特在維吉尼亞也走到了盡頭。他又在美國徘徊了幾個月，尋找更適合的工作。他差一點就能拿到哥倫比亞大學的教職，但再次發現他對這工作來說太「舊約」了一點。理事們告訴他——他們也許認為這是一種辯護——他們對外國教授並無偏見，就算是美國猶太人，他們也會認為不適合。這次求職失利也使得西爾維斯特在紐約的求愛行動以失敗告終。

「我的人生現在幾乎是空白的。」西爾維斯特回憶道。他回到英國，寂寞又失業，做不同工作以糊口——當過精算師、律師，以及南丁格爾（Florence Nightingale）的私人數學家教——同時一邊抽空做代數。他花了十年多才回到大學校園。雪上加霜的是，他在維吉尼亞的事蹟流言橫渡了大西洋，許多人都以為他殺了那個孩子，其實他只是拿著武器化的手杖衝過去而已。此外也很可惜的是，西爾維斯特習於陷入學術爭執，你也許能從他 1851 年的這篇論文中看出：「解釋西爾維斯特先生於本刊 12 月號中給出的定理與唐金教授於同一刊物 6 月號中所載者相同之巧合」（An Explanation of the Coincidence of a Theorem Given by Mr. Sylvester in the December Number of This Journal, With One Stated by Professor Donkin in the June Number of the Same），我把內容稍加摘要：「雖然我有時會向貴刊投稿，但我並沒有定期閱讀，所以我沒有注意到唐金較早的論文，其中涉及一個我確實已於九年前證明的定理。但當初我沒有告訴任何人，因為我認為那太容易了，肯定已在其他地方發表過。」最後，他對唐金說了非常微弱的「抱歉不抱歉」——這我只能直接引用，內涵太豐富了——「其崇高、當之無愧的聲譽，更不用說對真理本身無私的熱愛，除個人考量外，激勵著真正的科學信徒更加努力，這些必定使他對身為第一作者或發表該非常簡單（無論多麼重要）之定理而獲得的任何榮譽漠不關心。」他申請了皮爾森後來擔任的幾何學葛雷斯罕講座職，試講了一場，但被拒絕了。他終生未結婚。

在這種種衝突下，他終於還是重回了英國的數學學術機構，並在 19 世紀中期投身於協助開創我們現今所稱的線性代數（linear algebra）。對西爾維斯特而言，線性代數與空間幾何學幾乎是密不可分，而他也不斷回歸到這一主題。線性幾何讓人可以把對三維空間的直覺，擴展到任何維度；[17] 所以我們很自然地會想到，這些較高維度的空間，會不會其實就是我們生活的空間。西爾維斯特喜歡「書蟲」的隱喻，一種住在一張二維紙張中完全平面的生物，沒有思想，也無從形成「世界不只是如此」的念頭。西爾維斯特問道，萬一我們這些三維生物也同樣局限呢？我們的想像力是否能使我們勝過書蟲，將目光超越我們的三維「頁面」以外？西爾維斯特建議道，也許我們的世界「正在四維空間（對我們來說難以想像的空間，就像我們的空間對假設的書蟲而言那樣）中經歷類似書頁被弄皺的變形⋯⋯」這當然就是啥太太所說的同一理論，只是把走繩子的螞蟻換成書蟲。

西爾維斯特曾在一場講座中一開場就先道歉：「依據事物的本質，能言善道的數學家必定如同會說話的魚一般罕見。」但這其實是對自身言辭技巧極為自信者的自謙之詞。的確，如同哈密頓及羅斯一般，西爾維斯特也是詩人。他寫了也許是唯一一首對代數表示式說的十四行詩「致代數公式一組項中缺失的一員」（To a missing member of a family group of terms in an algebraical formula）。[18] 西爾維斯特甚至還更進一步寫了一整本《詩歌法則》（*The Laws of Verse*），旨在將詩歌的技術實踐奠基於嚴謹的數學之上。雖然西爾維斯特不曾表示他研究過梵文音韻，但他在這裡採用的卻是和維拉漢卡在一千三百年前同樣的觀點，即重音音節是非重音節的兩倍長（西爾維斯特用的是音樂術語「四分音符」（crotchet）

---

17 是線數代數提供了機器學習核心的「向量」理論，也給了傑佛瑞．辛頓必要的工具，使他能將十四維空間描述成像三維空間一樣，只是你需要不時對自己大聲說「十四！」

18 丹尼爾．布朗（Daniel Brown）在其逸趣橫生的著作《維多利亞時代科學家的詩歌》（*The Poetry of Victorian Scientists*）中指出，這首詩應解讀為論及西爾維斯特因信仰而被排除於大學系統之事，而西爾維斯特自己就是「缺失的一員」。這位布朗和寫《達文西密碼》的丹．布朗毫無關係，雖然他也非常擅長從歷史上的科學家著作中尋找宗教象徵。

及「八分音符」（quaver），相對於維拉漢卡所說的輕和重）。

我特別留心要將西爾維斯特的目標描述為將詩歌**提升為**一種數學科目，而不是**降低成**，因為這顯然是西爾維斯特的看法。他終其一生都在反對當時流行的看法，即將數學視為透過演繹步驟漫無目標的跋涉。對西爾維斯特而言，數學是碰觸至高現實的一種方式；你受直覺驅動而前往該處，在那激昂的時刻之後，你才再度回歸、建構出邏輯鷹架，以協助他人取得前往的資格。他抨擊當時的制式化教學法，更明確地將其與拒絕給予他學術地位的僵化英國國教傳統主義相聯繫：

> 早期對歐幾里得的研究使我討厭幾何學，如果我之前將它比作教科書時的語氣使這房間裡的任何人感到震驚，還請各位見諒（我知道有些人視歐幾里得的神聖性僅次於聖經，並視其為英國憲法的先進前哨）；儘管這種反感在我深入研究任何數學問題時已成為我的第二天性，但我發現我終於觸及了幾何的底部。

他欣賞德國和美國，在這些地方他感受到迎面而來的智性之風，以在英國不可能的方式吹送。他甚至說（當然是對美國聽眾——他也許心直口快，但並不是笨蛋）雖然實際地理上不是，但美國和德國才像是在同一半球，而英國在另一半。但西爾維斯特還是在 1880 年代重回英國，擔任薩維爾幾何學教授（Savilian Professor of Geometry），這一職的第一任是對數表的發明人布里格斯。也約在此時，西爾維斯特去造訪年輕的龐加萊，而正是龐加萊在 19 世紀末將幾何學從歐幾里得的牢籠中釋放，並堅持其作為一切科學基礎的地位。

> 我最近拜訪了龐加萊在巴黎蓋伊—呂薩克街 (Rue Gay-Lussac) 寬敞明亮的住所……在深不可測的巨大智力寶庫前，我的舌頭起初不聽使喚，我的眼睛四處亂瞄，直到我花了一些時間（可能是兩三分鐘）把那當成是他年輕的外表特徵般加以瀏覽吸收，我才發現自己終於能說話了。

在其漫長而能言善道的人生中，西爾維斯特終於有一次說不出話來的時刻。

西爾維斯特於 1897 年過世，當時皇家學會鑄造了一枚獎章紀念他。龐加萊是這枚獎章的第一位獲頒者，這位年輕的數學家在 1901 年的學會年度晚宴上，發表了一場動人的演說紀念西爾維斯特。西爾維斯特一定會很高興聽到這位偉大的幾何學家將他的數學讚譽為擁有「古希臘的詩意精神」。

那場晚宴在場的還有羅斯爵士。想像一下要是他坐在龐加萊旁邊，而龐加萊恰好又想聊聊，就向他提起他學生巴切里爾關於金融隨機漫步的有趣研究，再想像要是羅斯將那與他還在發展中的蚊子亂飛概念聯繫起來……

遠距讀心術

魔術雜誌《獅身人面像》（*The Sphinx*）在 1916 年 5 月 15 日那一期刊登了如下的廣告：

LONG DISTANCE MIND READING. You mail an ordinary pack of cards to any one, requesting him to shuffle and select a card. He shuffles again and returns only HALF the pack to you, not intimating whether or not it contains his card. By return mail you name the card he selected. **Price $2.50.**

NOTE—On receipt of 50 cents, I will give you an actual demonstration. Then, if you want the secret, remit balance of $2.00.

（遠距讀心術。將一副普通卡牌寄給任一人，請他洗牌後選一張牌，並再次洗牌後只將一半的牌還給你，不透露他選的牌是否在其中。你回信告訴他他選了什麼牌。售價 2.5 美元

注 —— 收到 50 美分後，我會實際演示給你看，之後若你想知道其中祕密，請再補匯 2 美元）

刊登這則廣告的是查理斯·喬頓（Charles Jordan），他在佩塔路馬（Petaluma）養雞，嗜好是建造巨型收音機，同時還有收入可觀的副業，也就是參加報紙上的猜謎比賽（他厲害到報社禁止他連續參加；他就找人幫他把答案寄去，報酬是抽成，這個計謀差點擦槍走火，因為其中一人被叫到報社辦公室進行面對面決賽）。喬頓也是一位多產的卡牌把戲發明家，雖然從未受過我們所認知的正規數學訓練，他卻是把數學帶進魔術的先驅。

我現在要教你怎麼從信裡讀心。我知道，魔術師從不透露戲法的祕密！但我不是魔術師，我是數學老師，而且喬頓戲法的祕密在於洗牌的幾何。

我是從佩爾西·戴康尼斯（Persi Diaconis）那裡學到洗牌幾何，他是我大學論文的指導老師。大部分學術數學家的背景都很好猜，但戴康尼斯不同。他的父母是曼陀林樂手和音樂老師，他在十四歲時逃家到紐約當魔術師，之後進入市立學院學習機率理論，因為同行告訴他那能讓他更會玩牌。之後他遇到加德納（Martin Gardner），一個同樣熱愛

數學和魔術的同好，[19] 加德納在他的推薦信裡寫道：「我對數學懂得不多，但這孩子發明了過去十年最佳卡牌把戲中的兩個，你們應該給他一個機會。」有些大學不為所動，比如普林斯頓；但哈佛的莫斯提勒（Fred Mosteller）是業餘魔術師兼統計學家，所以戴康尼斯就到哈佛成了莫斯提勒的學生。等我進入哈佛時，他已是那裡的教授。

哈佛大學的數學入門研究生課程沒有固定課表；教授可以教他們認為最合適的任何材料。我讀研究所的第一年，秋季學期的代數由我後來的博士指導老師馬祖爾（Barry Mazur）講授，課程完全在談他的研究課題，後來也是我的研究課題，即代數數論。春季是戴康尼斯教的，一整個學期都在講洗牌。

洗牌的幾何跟電影明星和數學家的幾何很像——只不過大了許多許多。我們「空間」裡的點，就是五十二張牌可以排列的方式。那到底有幾種方式？第一張牌可以是五十二張中的任一張，選定之後，下一張就是剩餘五十一張牌中的任一張；不管哪一張牌在上面，都還剩下五十一張沒用到的牌。所以光是前兩張牌就有 52 × 51 = 2652 種選擇。再下一張牌可以是五十張還沒用到的牌中的任一張，總共是 52 × 51 × 50 即 132,600 種選擇。排列數就是 52 到 1 相乘的積，這個數字通常被記為「52!」，唸法是「52 階乘」（factorial），不過 19 世紀有個運動稱之為「52 欽佩」（admiration），以符合令人激動的驚嘆號。

---

19 同時也是 20 世紀普及數學的第一人；舉例來說，就是透過加德納的「科學美國人」專欄，康威的生命遊戲才會舉世皆知。納伯科夫（Nabokov）的《愛達》（*Ada*）裡提到他，山基達教會（Church of Scientology）宣稱他是「壓抑的人」，他曾和達利一起共進午餐討論超立方體。他住的那條街叫歐幾里德大道，他曾在《君子》（*Esquire*）雜誌上發表過關於拓撲學的短篇故事，有趣的傢伙。

52 階乘是一個 67 位數，我就不說確切的值了；不過肯定比數學家或電影明星的數目大上許多。

（當然，就某種天真的意義來說，這個幾何比一條不起眼線段的幾何還小，因為後者可以有無窮多的點。）

要有幾何就需要距離的概念，這時就是洗牌上場的時候了。這裡的「洗牌」指是標準交錯式洗牌（riffle shuffle），先把牌組分成兩邊，依次放下一張牌形成新的一堆，每次都從左邊或右邊放下一張牌，等兩邊的牌都放下了，兩堆就合成新的一堆洗好的牌（不要求兩邊一定要嚴格交錯）。這通常是透過一種叫做「鴿尾」（dovetail）的技巧來達成，就是把兩堆牌緊靠在一起，邊角處微微上揚，然後讓牌互相交錯，一邊發出令人愉悅的嗶哩哩聲。還有很多不同的交錯式洗牌——例如，如果這兩堆中的其中一堆只有一張牌，你可以把這張牌插進另一堆牌裡的任一位置，這也算交錯式洗牌，不過在現實生活中你應該不會想用這一種。只要你能透過交錯洗牌從第一個順序變成第二個順序，我們就稱這兩個順序相連，兩個順序之間的距離就是從一個到另一個所需的洗牌數。

大約有四千五百萬億種交錯式洗牌，這數字很大，但和 52 階乘比起來還是小意思。所以你從紙盒裡拿出來，只洗過一次的牌不會是任意順序；它一定是與原廠順序距離在 1 之內的順序之一。在幾何裡我們給與一特定點距離最多為 1 的一組點取了一個名字；我們稱之為「球」（ball）。[20]

20　不，不是「球形」（sphere）；球形指的是與一已知點距離正好是 1 的一組點。地球的表面是球形（好吧，一個略微扁圓的球體），但地球本身是一個球。這之間的區分和我們之前所說的「圓」和「圓盤」是一樣的。

最小的球就是透過郵件讀心的關鍵。這個把戲的本質是這樣的，我寄給你一副牌，你洗牌，然後把洗過的牌分成兩堆，從其中一堆任選一張牌，小心記下它是什麼，然後再把它插進另一堆裡。現在挑出兩堆中的任一堆，把牌扔在地上，撿起來，以隨意順序將牌裝進信封裡，寄回來給我。我可以立刻讀取你的思緒，說出你挑的卡牌。

怎麼可能？

為了方便寫下來，假設我們現在只用方塊來玩這個把戲。交錯式洗牌寫成書面是這樣的。一開始牌的順序是：

2, 3, 4, 5, 6, 7, 8, 9, 10, J, K, Q, A

你把牌分成兩堆，不必等分：

2, 3, 4, 5, 6　　7, 8, 9, 10, J,Q, K, A

然後是嗶哩哩：

2, 3, 7, 4, 8, 9, 10, 5, J, 6, Q, K, A

牌洗過了，但如果你仔細看，就能看出它們還保有原先順序的部分「記憶」。從2開始，然後跳到你看到下一個數字3的地方；再跳到4；一直跳，直到你必須回頭才能找到下一個數字，也就是到了方塊6的時候。我把你落腳的地方用粗體表示：

2, **3**, 7, **4**, 8, 9, 10, **5**, J, **6**, Q, K, A

現在回到第一張你還沒點到的牌，也就是 7，然後重覆剛才的過程。這次你涵蓋了所有剩餘的卡牌。事實上，你標記的這兩個順序，就是你交錯在一起的兩堆牌。不管你怎麼交錯，牌永遠能分成兩組上升數列。

現在假設你再次把牌分成兩堆

2, 3, 7, 4, 8, 9　　10, 5, J, 6, Q, K, A

將一張牌——就皇后好了——從一堆移動到另一堆

2, 3, 7, Q, 4, 8, 9　　10, 5, J, 6, K, A

然後把其中一堆寄回給我這個讀心師。

這個把戲的原理是這樣的。不管我收到的牌是哪些，我都能把它們排好分成連續的數列，如果你沒有把一張牌從一堆移到另一堆，就應該只有兩個數列，但你移了，所以就可能會有三個數列。如果其中一個數列只有一張牌，那就是被移動的那一張。如果不是，而是少了一張牌，而它恰巧能將兩個數列串起，那就是這一堆少的那張牌。讓我們來看看在本例中是如何進行的。如果你寄來的是第一堆，我把牌由小至大排列：

2, 3, 4, 7, 8, 9, Q

注意這裡有兩串連續的牌（2, 3, 4 和 7, 8, 9）還有一張落單的牌——這張就是被移動的牌，格格不入的皇后。

那要是你寄來的是另一堆呢？這些牌按順序會是

5, 6, 10, J, K, A

如果把它們分成連續的牌順，就是三對：但你看得出來，其實應該是兩個連續數列，只是少了一張牌才使得 10、J 和 K、A 分開：不見的皇后。

別誤會我的意思，這也可能行不通。萬一你是把 10 從第二堆移到第一堆，然後把變大的那堆寄給我呢？那麼你寄給我的就是 2, 3, 4, 7, 8, 9, 10，正好可以分成兩個完整的連續數列：2, 3, 4 和 7, 8, 9, 10，我完全看不出來是哪一張牌不對勁，只有十三張牌的話就很容易遇到這種情況。但如果是整副的五十二張牌，這個把戲幾乎不會失敗。

當然，喬頓寄給別人的牌並不是依原廠順序，那樣就太明顯了；你在家試的時候也別這麼做。但是你**必須**知道牌原來的順序，所以你可以把它排成可以輕易記住的順序。等你收到半副牌時，再將牌依你原先的順序排列，被移動的那張牌應該就會自動現形。

這個把戲之所以能成功，是因為洗過的卡牌順序並非隨機。或者用適當的數學術語來說就是，它的順序不是**一致隨機**（*uniformly random*）：我們以此表達不是每個順序的機率都相等。數學家喜歡把「隨機」這個詞，用在比這裡更廣泛的地方：如果一枚硬幣被加重為正面出現的機率是 2/3，拋擲硬幣的結果仍然是隨機的！但並不一致，因為兩個可能結果中的一個，出現的可能性大於另一個。照我們的標準，就連雙面都是正面的硬幣，擲出的結果也是隨機的！只是恰好這個隨機事件的結果，也就是正面，會百分之百出現而已。你可以堅持這不是真正的「隨機」，因為這結果並不牽涉機率；但對我而言，這就像宣稱 0 不是數字，因為它不指涉任一數量，而是指涉數量的不存在（直到現在這種不當的看法依然殘存在「自然數」這一名詞內，自然數指的是從 1 開始的整數，我痛恨這個概念；沒有比 0 更自然的了，有很多東西都是為零的！）。

你洗牌越多次，它就越接近一致隨機。這感覺很自然（如果不是的話，全世界的二十一點莊家都會很沮喪），但並不容易證明。一個早期的辯證出自我們的老朋友龐加萊所著的書，他暫時脫離幾何，寫了一本機率的專著。這裡牽涉到的數學，與 Google 頁面排名背後的差不多；又是長漫步法則。隨著你在所有順序的空間中隨機漫步，關於原始起點的記憶開始褪去，你可能會任選一處重新開始。頁面排名和卡牌不同之處在於有些頁面明顯比其他的好很多，網路漫遊者平均會花較多時間在這些頁面上，使它們獲得較高的頁面排名。一副牌的順序全部都一樣好，只要你洗牌洗得夠久，變成其中一種順序的機率就會和另一種順序一樣。

如果喬頓的心靈感應術受害者洗牌洗了兩次而不是一次，這個把戲就會失效，或至少用法會和原來不同。這啟發了戴康尼斯和他的合作者大衛・拜爾（Dave Bayer）[21] 去問：至少要洗幾次牌，才能使牌的順

21 拜爾在約翰・奈許（John Nash）的傳記電影《美麗境界》（*A Beautiful Mind*）中擔任羅素・克洛（Russell Crowe）所有黑板場景的手部替身，所以貝肯數是 2，經由艾德・哈里斯（Ed Harris），而拜爾的艾迪胥數是 2，經由戴康尼斯。戴康尼斯與艾迪胥關於最大公約數的論文，是在艾迪胥過世後八年發表。那篇論文又是從艾迪胥到丹妮卡・麥凱勒長度 4 路徑中的第一段連結。

序非常接近一致隨機，以至於無法再用來做任何卡牌把戲？

事實證明，洗牌六次就足以使牌的所有順序都可能出現。你可以說六是個幾何的「半徑」，是從中心往前跑，直到沒路可跑的最大距離。就像13是任何數學家能有的最大艾迪胥數，6是任何卡牌排列所能有的最大洗牌數（你也許能猜到，卡牌的順序正好是原先順序的倒序這種情形，是需要六次完整洗牌才會出現的情形之一）。所以洗牌的幾何很大，但就像這世界有許多洲際直航班機一樣，也可以說很小；有很多不同的地方，但不用太多步就可以從一個位置到另一個。

但即使經過六次洗牌，有些順序還是比其他的更可能出現。事實證明，不管洗牌多少次，都無法使每一順序出現的可能性**正好**相等；但很快地，機率就會極度接近相等，所以不具有意義的差異。不管多高明的魔術師，都看不出來你是否將一張牌從整副中的一處移到了另一處。戴康尼斯和拜爾量化了這種對幾近一致的趨近。數學界稱之為「七次洗牌理論」，因為七次洗牌就能達到打散的合理基準。

戴康尼斯對洗牌感興趣是因為他是魔術師，但龐加萊又是為什麼？這有一部分要歸因於物理。就跟當時所有的科學家一樣，龐加萊對熵（entropy）感到困惑不解。波茲曼的看法很吸引人也很優雅，即物質的行為源自無數依牛頓定律四處碰撞的個別分子聚集之物理特性，但牛頓定律具有時間可逆性；不管正著倒著的作用都一樣。所以依照熱力學第二定律，熵怎麼會一直增加呢？熱湯加冷湯很快就會變成溫的，但溫湯永遠不會自動在碗裡分成冷熱兩邊。

一個答案出自機率。也許不是熵**不能**增加，只是它**極度不可能**增加。洗牌也是一個時間可逆的過程。你大概從來沒有洗牌洗到變成回廠順序，但不是因為不可能——並不是！只是不太可能。同樣地，一段長而柔軟的繩子，像是你的耳機線，被塞在口袋裡時通常會打結——生活經驗以及 2007 年一篇同儕審閱標題令人絕倒的論文「躁動繩子的自動打結」（Spontaneous Knotting of an Agitated String）都贊同這一點——不是因為有一個普遍法則要求打結度一定要增加，而是因為，或多或少，繩子打結的方式多過不打結，所以隨機推擠不太可能造成罕見的不打結狀態。[22]

我們再度回到 1904 年的聖路易博覽會上龐加萊的演講，他提到困擾物理學的多項危機。在 1890 年代，龐加萊堅決反對機率入侵物理學。但他也不是死守意識型態的人，所以他藉由教授這個他不喜歡的理論來與之角力，因此發現了它的好處。他告訴聖路易的聽眾們，如果機率性的看法正確：「那麼，物理定律將呈現出全新面貌；它將不再只是一個微分方程，而是具有統計法則的特徵。」

世界上唯一一位卡迪姆

洗牌和羅斯的蚊子很類似，在這二例中，我們都採取一系列步驟，每一步都是隨機從眾多選擇中擇一。時鐘指針每移動一次，蚊子就會選擇要往東、南、西或北飛；卡牌則是透過某一交錯式洗牌法被打散。

但之後這二者的幾何學就分道揚鑣了。別忘了蚊子飛得很慢，如

22　看到這段的物理學家會明白這是將現代人對熵的概念過度簡化了。比較好的做法，雖然還是過度簡化，是不要把熵想成湯的狀態的度量，而是想成我們對湯的狀態不確定性的度量——隨著時間推移，我們的不確定性增加，而說不確定性最大化就是（非常）粗略地在說所有狀態都同樣可能，只是有更多分子狀態對應於溫湯而非溫度分隔的湯，所以長期來說湯很可能是溫的。

果牠從 20×20 的網格中央出發，要花二十天才有可能飛到最遠的角落；而且正如我們所見，牠的隨機運動從起點偏離的速度還比這要慢上許多，要移動數百次蚊子在網格上的位置才會趨近隨機。至於卡牌，雖然可能的順序數大了許多，但六步就能探索完全部的幾何，七步就能趨近一致。

一個明顯的差別是蚊子有四個方向可以移動，而交錯式洗牌有四十億種不同的方式，但洗牌較快完成不是因為這個。如果你從這四十億種裡挑出四種洗牌法，強迫洗牌的人每次都要隨機從四種中挑一種洗牌，順序還是會很快變得極度隨機。

蚊子的飛行和洗牌有一個真正的結構差異。前者受限於空間的一般幾何，後者沒有，這才是原因。像洗牌這樣的抽象幾何，通常探索起來很快，比實體空間中的幾何快多了。你能抵達的地方數目會隨著你的步數呈指數增長，依循可怕的幾何增長定律，這意謂著你在短短幾步內就能到達幾乎所有地方。魔術方塊有 43×10^{18} 個位置，但你可以在二十步內把其中任一位置轉回原始設定。數十萬發表過論文的數學家全都（除了應用的烏克蘭人和其他孤立者）只和保羅・艾迪胥隔最多十三次合作。

但數學是人類的活動，數學家是人類，若我們誠實的話，最能引起我們興趣的網絡，還是人類之間及其互動的網絡。那也是和疫病傳播有關的網絡。所以它到底是什麼樣的網絡？比較像洗牌，還是比較像羅斯的亂飛瘧蚊？

兩者都有一點。大多數被你咳到的人都與你住得很近，但也有遠距關聯：一個生意人從武漢飛到加州，另一個在北義的滑雪客飛回冰島的家。這些長距傳輸很少，但影響很大。在圖形理論中我們稱這種混合了短和長關聯的網絡為「小世界」，這個語詞出自1960年代的社會心理學家史丹利·米爾格蘭（Stanley Milgram）。米爾格蘭最著名的事蹟，大概是讓受試者在權威勸服下對演員施予假電擊，但在他比較歡快的時刻，他研究的是更正面的人類關聯形式。在人類相識的幾何學裡，只要兩個人彼此認識就是有關聯，米爾格蘭問，兩人是否能經由關聯鏈相連，如果可以的話，要多長才夠？約翰·格爾（John Guare）的戲劇《六度分隔》（*Six Degrees of Separation*），透過劇中一名冷漠的紐約藝術界上流人士之口，總結了米爾格蘭的成果：

> 我在某處讀到，這個星球上的每個人中間都只隔著六個人。六度分隔，在我們和這星球上的其他人之間。美國總統、威尼斯的船夫，隨你填。我覺得這：a) 令人非常欣慰，我們如此親近，以及 b) 我們如此親近到就像中國的水刑。因為你必須找到那六個對的人，才能建立起聯繫。不是什麼大人物，是**任何人**。雨林中的土著、火地島人、愛斯基摩人。

米爾格蘭的發現其實不是這樣，他只研究了美國人，他請內布拉斯加州奧馬哈（Omaha）的人找連到麻州沙隆（Sharon）某位股票經紀人的相識鏈。而且他也沒發現**每個人**都相連；正好相反，只有21%的內布拉斯加州人能找到路徑通往那名沙隆的股票經紀人。完整的路徑通常是四到六人長，但在至少一例中需要十度分隔。格爾扭曲這項研究的發現，使其更適合作為種族焦慮的隱喻——劇中的白人角色希望能說他們是多樣化現代世界的一部分，但意識到雨林「土著」與上東區的距離可能不如他們想像的那麼遠，又讓他們感到痛苦（格爾在米爾格蘭的六度後面加的「分隔」一詞，肯定還接著無聲的「但平等」）。其實米爾格蘭在 1970 年又做了後續研究，請洛杉磯的五百四十名白人找出通往紐約十八名男子的鏈，十八人中有一半是黑人、一半是白人。約有三分之一的白人到白人關聯成功完成；但僅有六分之一的加州白人找到通向黑人的路。

「六度分隔」一詞後來變成了「六度凱文・貝肯」，即在電影明星幾何裡畫出通往凱文・貝肯最短路徑過程的俗稱。這讓我們繞一大圈又回到 COVID-19。凱文・貝肯在 2020 年 3 月發起一項「六度」公關宣傳，呼籲他的影迷保持社交距離。他在分享的一則影片中說道：「我與你實際上只離六度，我待在家，因為這樣可以挽救生命，也是我們能減緩新冠肺炎傳播的唯一方式。」

現在要做六度分隔實驗不用靠人們寄明信片了，即米爾格蘭採用的方式。2011 年，臉書約有七億活躍用戶，每人平均有一百七十名朋友，該公司研究部門的數學家可取得整個超大網絡的資料。從地球上隨機選兩名用戶：事實證明，兩人之間最短臉書朋友鏈的平均值，不過是 4.74（也就是兩名用戶之間通常隔著三或四個中間人）。幾乎所有配對——總數的 99.6%——都在六度以內。臉書是一個小世界（用戶越多，這個世界就越小：到了 2016 年，平均路徑長降了一點，到 4.57）。臉書的無遠弗屆使其網絡超越了地理限制。美國兩名隨機用戶的分隔是 4.34；在兩個隨機瑞典臉書帳戶之間是 3.9，對臉書來說，世界只比瑞典大一點。

分析這個巨大圖形是項艱鉅的計算任務。臉書會告訴你，你有多少朋友，但要算出這個路徑分析，你還得知道你有多少朋友的朋友，以及有多少**那些**朋友的朋友的朋友，依此類推至少再幾次疊代。這會變得很複雜：你不能光是把朋友的朋友數加起來，因為會有很多名字重覆！要在整個名單裡搜尋重覆的名字，需要儲存和讀取數十萬筆紀錄，這會把進度拖得很慢。

快速完成的祕訣是一種叫弗拉若萊—馬丁演算法（Flajolet- Martin algorithm）的處理。我就不詳細解釋其中原理，直接給各位一個簡單版。臉書不會告訴你你有多少朋友的朋友；但它可以讓你搜尋你朋友的朋友中有沒有叫康斯坦斯（Constance）的人。我有二十五個。康斯坦斯不是很常見的名字；在我的社交圈大多數人所屬的年齡層中，每百萬名出生的美國人中有一百到三百人叫這個名字。如果我朋友的朋友取名為康斯坦斯的機率和一般美國人相同，那就代表我有 8.5 萬到 25 萬個朋友的朋友。我又多試了幾個同樣是不常見的名字，這樣要數的名單會比較短：五十個傑若德（Geralds），十八個夏莉提絲（Charitys）。大多數估計值都在 25 萬左右，所以那就是我的估計值。

弗拉若萊—馬丁演算法跟以上過程不是**那麼**像，不過運作的原理相同。它比較像是一個一個檢查朋友的朋友名單，同時記錄目前看到最罕見的名字。只要遇到比之前更罕見的名字，就丟掉你之前存的那個換成新的，不需要大規模儲存了！處理到最後，你應該已經找到一個十分罕見的名字，你的名單越大，這個名字可能就越罕見。接著你就可以回推了，從那最罕見名字的罕見性，你可以估算你朋友的朋友中有多少不同的人！

這方法有時候也會失靈。舉例來說，我有個朋友叫卡迪姆（Kardyhm），他父母是取他們七個摯友名字的首個字母，湊成一個最可能唸出來的字，然後把成果用在他們的寶寶身上。我相信我的朋友是世界上唯一一個卡迪姆。所以卡迪姆朋友的朋友的估計值將會不合理地高，因為這名字過分罕見。真正的弗拉若萊—馬丁演算法用的不是名字，而是另一種叫做**雜湊**（*hash*）的識別碼，對此你會有足夠的控制以避免卡迪姆問題。

關於這些計算的一個小警告：如果你用來算自己的話，你可能會得到傷自尊的結果，即平均而言，你朋友的朋友比你多。我不是在侮辱我典型讀者的社交技巧。一項針對 2011 年臉書網絡的大規模分析發現，92.7% 的用戶朋友數少於他們的平均朋友。你朋友的朋友比你多這極為正常，因為你的朋友，不管是現實的或螢幕的，都不是從人口中隨機選出的樣本。因為與你成為朋友，他們才更可能是有很多朋友的那種人。

塞爾瑪・拉格洛夫的六度

大多數人都會感到很震驚，像臉書這麼龐大的網絡，居然走幾步就能從一端到另一端。但我們現在知道小世界網絡很常見，這都要感謝在1990年代後期鄧肯・沃茨（Duncan Watts）和史蒂芬・斯托加茨（Steven Strogatz）的基礎研究打下的數學地基。沃茨和斯托加茨請你深思下面這種網絡。你先從圍繞著圓排列的一堆點開始，每個點都與它最近的一小群鄰居相連。這種網絡就像蚊子的漫步；你不能移動得太快，如果圓的圓周上有數千個點，你就要花很久才能走完全程。但要是你在這個網絡中加了隨機長距關聯，用來模擬存在於距離遙遠的人們之間的少數關聯呢？

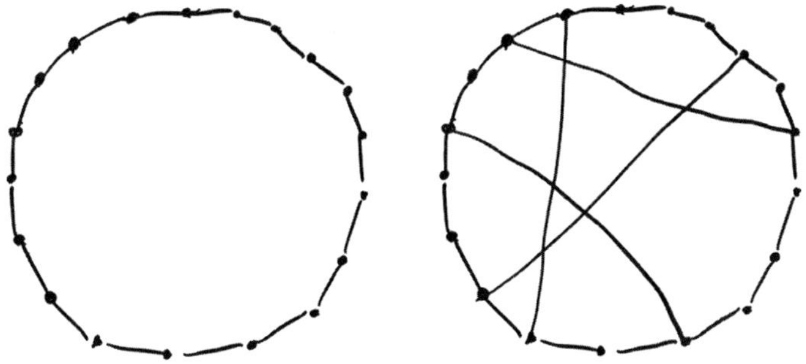

沃茨和斯托加茨發現，只要幾個這樣的新連結，就能把這個網絡變成小世界，也就是每個個體都能以短路徑與其他每個人相連。在一段如今看來宛如警世預言的段落中他們寫道：「傳染性疾病在小世界中將傳播得更輕易而快速；令人心驚且較不明顯的地方在於，需要多少捷徑才會讓世界變小。」數學中小世界網絡的發展證明，米爾格蘭所發現一開始令人驚訝的現象，其實並不那麼令人意外。這正是好的應用數學的本質：它把「怎麼可能是這樣」變成「怎麼可能不是這樣」。

史丹利．米爾格蘭是「六度」理論的代表人物，一部分是因為他所做的實驗，還有一部分是因為他實在很會宣傳自己的研究成果。他第一篇關於明信片研究的報導，在正式科學發表前兩年就刊載於通俗雜誌《今日心理學》（*Psychology Today*）上——事實上，它是第一期的特別報導。但米爾格蘭並不是思索網絡世界有多小的第一人，他的實驗其實是設計用來驗證以前的小世界理論預測，由曼弗雷德．寇亨（Manfred Kochen）及艾西爾．德．索拉．普爾（Ithiel de Sola Pool）提出但從未發表——後者是我大學室友的爺爺，再次展現關聯鏈之短。在那之前，在1950年代初期，雷．所羅門諾夫（Ray Solomonoff）和阿納托爾．

拉波波特（Anatol Rapoport）在生物期刊發表的論文內，就已明白艾迪胥與雷尼後在純數學情境下獨立發現的臨界點；即一旦關聯達到某種密度，疾病就能起於任一處而傳播到每一處。而在那之前，在 1930 年代晚期，社會心理學家莫雷諾（Jacob Moreno）和詹寧斯（Helen Jennings）研究了紐約州女子訓練學校（New York State Training School for Girls）中的社交網絡的「鏈結關係」。

但小世界概念最早出現的地方不是生物學也不是社會學，而是文學。弗里傑斯・卡林迪（Frigyes Karinthy）是匈牙利諷刺文學作家，[23] 他在 1929 年發表了一篇故事〈鏈結〉（*Láncszemek*）：

> 地球從未顯得如此之小。其縮小——當然是相對而言——是因為實體與交流二者的脈動都加快了。這個話題以前出現過，但我們從未如此描述過。我們從未談過以下事實，即地球上的任何人，出於我或任何人的意志，現在可以在數分鐘內知道我想什麼、做什麼，或是我想要什麼、我想做什麼……我們之中有一人建議進行以下實驗，以證明地球人口現今比以往任何時候都還要更靠近，我們可以從地球的十五億人口中隨意挑選一人——任一處的任一人。他向我們保證，在五個人的範圍之內，而其中一人是他認識的人，透過這個人脈網絡，他可以聯繫到我們所選的這個人。例如，「瞧，你認識 XY 先生，請他聯繫他的朋友 QZ 先生，以此類推。」「這

23 艾迪胥和雷尼也是匈牙利人，米爾格蘭的爸爸也是，圖形理論至今仍是匈牙利色彩濃重的科目；請自行聯想吧。

> 主意有意思！」——某人說——「來試試。你要怎麼聯繫塞爾瑪·拉格洛夫（Selma Lagerlöf）[24]？」「塞爾瑪·拉格洛夫嗎？」遊戲的提議者回答道：「這再簡單不過了。」他兩秒內就提出了方案：「塞爾瑪·拉格洛夫剛得到諾貝爾獎，所以她一定認識瑞典國王古斯塔夫（King Gustav of Sweden），畢竟按照規定應該是由他頒獎給她。而我們都知道，古斯塔夫國王喜歡打網球和出席國際網球錦標賽，他和凱爾林（Kehrling）先生打過球，所以他們必定認識。正巧我和凱爾林先生也很熟。」

除了全球總人口數較低，這段文字要是寫在 2020 年也毫無違和。說者感受到的焦慮不安，正是身處全球疫情中的我們所感受到的，也是格爾筆下窩在上東區公寓的角色所感受到的。這種焦慮是關於我們所生活世界的幾何。人類演化能理解的世界是近在身邊的，是可以看到、聽到、摸到的，而我們現在所居住的世界，也是卡林迪在 1920 年代已開始要習慣的世界，幾何不一樣。卡林迪之後在故事中寫道：「19 世紀末著名的世界觀和思想對現今毫無用處，世界的秩序已被摧毀。」

現在的世界幾何更小，更多聯繫，也更容易出現指數擴散。時間中太多皺紋，幾乎全是皺紋了。要把這畫在地圖上不容易，當我們的繪圖能力束手無策時，幾何的抽象堂堂登場。

---

24 譯註：瑞典知名女作家，1909 年獲諾貝爾文學獎，代表作為《騎鵝旅行記》。

第十四章

數學如何破壞民主（又如何加以挽救）

2018 年 11 月 16 日的晚上，威斯康辛州飽受煎熬的民主黨人全都歡欣鼓舞。共和黨籍州長史考特·沃克（Scott Walker）——熬過兩次大選和一次罷免運動，在他入主麥迪遜（Madison，威斯康辛州首府）八年期間，將華盛頓式的兩極化帶進威斯康辛州，還一度可能成該黨總統候選人——終於被打敗了。以些微差距獲勝的是托尼·埃佛斯（Tony Evers），一個喜歡說嘿哇，玩尤克卡牌的高齡前教師，曾經的最高職位是州督學。事實上，民主黨當晚橫掃全州所有的選舉職位。參議員候選人塔米·鮑德溫（Tammy Baldwin）以 11 個百分點的優勢再度獲選，是自 2010 年以來兩黨州候選人中最大幅度的一次勝選。民主黨接替了之前由共和黨人擔任的州檢察長及州財務長。這一切都發生在全國性的親民主黨浪潮之下，使得該黨在眾議院大獲全勝，一舉拿下四十一席。

但對威斯康辛州的民主黨人來說，並非一切都是啤酒和玫瑰。在威斯康辛州議會，即州立法機關的下院，共和黨只丟了一席，保住 63－36 的多數席位。在州參議院，共和黨甚至還多了一席。

為什麼在民主黨大勝的 2018 年，立法選舉的結果卻與 2016 年差不多？當年美國共和黨參議員羅恩．強森 (Ron Johnson) 順利連任，共和黨總統候選人數十年來首次在該州獲勝。你也許會想從政治方面找解釋；也許威斯康辛州投票人認為共和黨比較擅長立法，即使他們選了一個民主黨首長？如果是這樣，那應該會有很多議會選區投給共和黨代表又同時支持埃佛斯當州長。但事實上，如果你把史考特．沃克在每個議會選區的得票數與共和黨議會候選人在該區獲得的票數畫出來，會是這樣[1]：

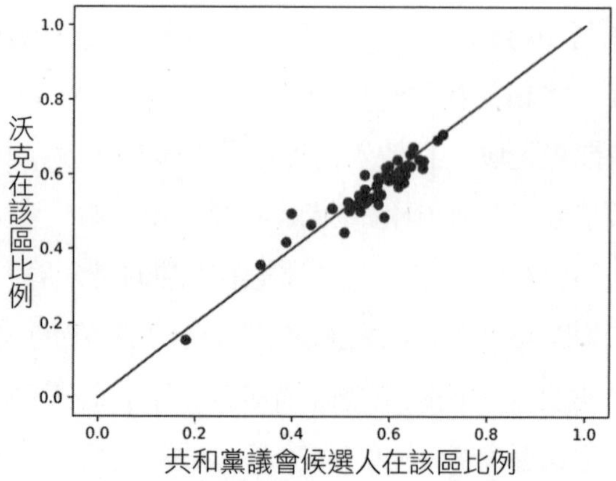

各選區喜歡史考特．沃克的程度，就與他們喜歡共和黨立法候選人的程度一樣。只有兩個由共和黨現任議員連任的選區投票支持埃佛斯，但在議會中支持共和黨。沃克失去了州長職位，但在 99 個議會選

1　細心的讀者會發現，圖上不是九十九個點而是只有六十一個；這是因為我們只呈現兩黨都有推出候選人的六十一個選區。

區中的 63 個選區中獲得了較多選票。2018 年威斯康辛州的大部分**投票人**選擇了民主黨，但威斯康辛州的大部分**選區**選擇了共和黨人。

這看起來像是一個可笑的意外，只不過這不是意外，就算可笑也是抱頭苦笑的那種。威斯康辛州的選區偏向共和黨，這是因為選區線是由共和黨劃分，是精心設計的結果。下面這張圖是沃克在各選區的得票率，選區排依共和黨程度由低至高排序：

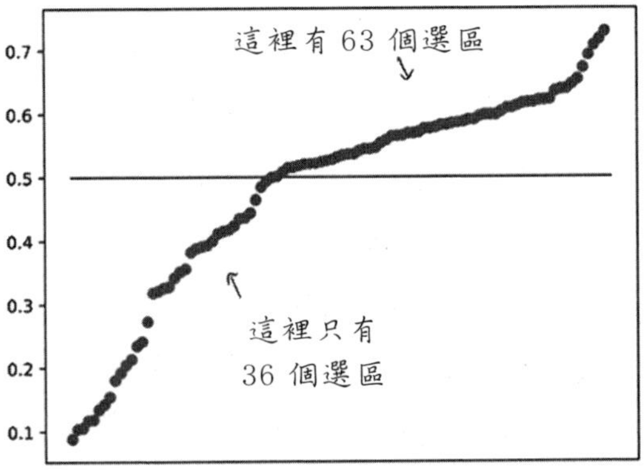

很明顯地不對稱，請注意，沃克勉強過半的選區佔多數。在 99 個選區的 38 個中，沃克的得票率約在 50% 到 60%，他的對手托尼・埃佛斯僅在 11 個選區內得票率約在 50% 到 60%。托尼・埃佛斯在全州能取得微幅領先，是因為在三分之一的選區內大幅領先，而在其餘選區微幅落後。

這張圖有幾個解讀方式。你可以說民主黨在威斯康辛州的勢力是由一小群政治狂熱的地區所驅動，並不代表全州政治。這個自然是威斯康辛州共和黨的看法，該黨的領導人之一羅賓・沃斯（Robin Vos）在選後表示：「如果把麥迪遜和密爾瓦基從州選公式裡剔除，我們就會是絕對多數。」[2] 比較偏民主黨的政治角度會是觀察到，在 18 個選區中，史考特．沃克的票數不到三分之一，而埃佛斯只在 5 個選區表現這麼糟。換句話說（還在偏民主黨），共和黨在全州五分之一的地區不堪一擊，而幾乎每處都有數量可觀的民主黨支持者，包括共和黨取得多數的地區。投給史考特．沃克的 78% 威斯康辛州人在議會有共和黨代表，但只有 48% 的埃佛斯支持者有民主黨議員。

這兩種說法都把曲線的不對稱，當成威斯康辛州政治地理學的自然特性，但並非如此。事實上，這個曲線是打造出來的。在 2011 年春季，在一間有政治背景的麥迪遜法律事務所的上鎖房間內，由為共和黨議員工作的助理和顧問打造而成。這項計畫是一個全國性行動的一部分，共和黨試圖將 2010 年的勝選化為對自己有利的選區劃分。2010 年的最後一位數 0 很重要；那是美國每十年一次人口普查的年度，之後會產生新的官方人口統計資料。由於人口的自然流動，某些現存選區會大於其他選區，這就意謂著需要劃分新選區，而各黨都爭先恐後想成為制定者。在前一普查年度，民主黨和共和黨各自掌控威斯康辛州立法機構的一院或州長職位，所以能立法通過的劃分圖必須讓兩黨都滿意。實際上，這代表任何劃分法都無法通過，最後只能由法院裁決。2010 年共和黨在兩院都過半數，又有了全新的共和黨州長——史考特．沃克，甚至還沒完成量測以做為掩飾，就急於為威斯康辛州的選舉訂下十年規矩。除了自身的道德廉恥外，沒人能阻止他們扒拉出最大的政治利益。

這顯然不是道德廉恥獲勝的故事。

2　就像意第緒語裡的一句諺語：「如果我奶奶有輪子，她就會是一輛馬車。」

喬激進的生平與時代

威斯康辛州的選區地圖製作者必須嚴守祕密。即使是共和黨立法者也只能看到他們自己被提名的地區，且不得與同僚討論看到的內容。民主黨人什麼也沒看到。整個地圖到投票表決前一週都處於保密狀態，後來立法機關按照黨派路線投票[3]將其納入州法，為43號法案。

在上鎖的房間裡，這些地圖製作者工作了數月，以打造對共和黨最有利的地圖。其中一人是喬瑟夫・韓德瑞克（Joseph Handrick），對這一切他並不陌生。他曾告訴採訪者，從青少年起「我生命中每個重大決定的背景，都是想參選州議員」。韓德瑞克在二十歲大學三年級時，於上北區第一次參選議員。在1980年代中期少見的以資料為本的宣傳攻勢中，他製作出逐區圖表，找出受歡迎的民主黨現任議員在哪些區勝過當地的共和黨候選人，然後針對這些選民發動關於加稅和美洲原住民漁權的強烈意識型態宣傳（他兩者都反對）。常識會認為受歡迎的現任議員不會被一個拿試算表的大學生打敗，常識是對的。但這次參選，使得韓德瑞克在威斯康辛州共和黨中一戰成名，之後他當過三任議員。2011年他不再參選，而是為威斯康辛州的立法者擔任顧問。韓德瑞克曾說：「我最喜歡選戰的一點，就是擬定策略和發展作戰計畫。」在那個法律事務所的隱僻房間裡，他沉浸在他最愛的政治活動中。

如果地圖對共和黨很有幫助，地圖小組就將地圖分類為「穩當」，

3　或者該說幾乎是沿黨派路線：藍道爾（Randall，威斯康辛州基諾沙郡的一個城鎮）的薩曼莎.柯克曼（Samantha Kerkman）是州立法機構中唯一投票反對的共和黨成員。

如果對共和黨的幫助不只是很大，那就是「激進」。他們將地圖以繪製者加上這些形容詞來命名。他們最後選用，也是到 2018 年仍在採用的，是出自喬瑟夫．韓德瑞克之手，他們稱之為「喬激進」。

來看一下喬激進到底有多激進。奧克拉荷馬州政治學教授凱思．蓋迪（Keith Gaddie）被請來當顧問，據他估計，即使共和黨在全州的得票率降到 48%，仍能保有議會 54－45 的多數席次。共和黨在全州要輸掉 54－46 的差距，民主黨才有可能取得過半席次。

有個粗略方法可以檢視蓋迪的推測是否正確，一次檢視七年。如果你把 99 個威斯康辛州選區依史考特．沃克在 2018 年的得票率排序，排在中間的是位於溫尼巴哥郡（Winnebago）的第 55 號議會選區，地理位置大約位於麥迪遜與格林貝（Green Bay）之間。沃克在第 55 號選區取得 54.5% 的票數，[4] 約比他的總得票數多出四個百分點。在另外 49 個選區沃克的得票率比這還高，在其餘 49 個區沃克的得票率則比這低；以統計學語言我們就說第 55 號選區是**中位數**（*median*）。如果民主黨贏得第 55 號選區，就有很大機率該黨能贏得超過 49 個選區，因此取得多數；對共和黨來說也同樣如此。第 55 號選區的指標性不只是假設；自從這份地圖實施後，在所有全州選舉中，贏得第 55 號選區的候選人每一次都能贏得大多數的選區。

一個年度要有多順利，民主黨才能在第 55 號選區取勝？在 2018 年，兩名州長候選人的投票數幾近相同，史考特．沃克以 9% 在該區領先。所以你會估計民主黨若想在第 55 號選區打成平手，他們至少要

4 是共和黨和民主黨總和票數的 54.5%；簡單起見，我把較小黨派的票數都去掉了（抱歉，自由意志黨），只採計兩大黨的票數。

在全州領先 9%，拿下 54.5-45.5——與蓋迪在地圖剛畫好時提出的數字一樣。這只是一個經驗法則，不是關於未來選舉的精準預測。不過多少可以讓人感受到，民主黨在現行選區劃分之下，要贏得議會多數需要面對的不利情勢。

另一個觀察 43 號法案地圖效果的方法，是與之前的地圖比較，也就是由聯邦地方法院在 2002 年所劃分的地圖，因為當時兩黨相關倡議者提出的十六份地圖，都有「無法彌補的缺陷」。

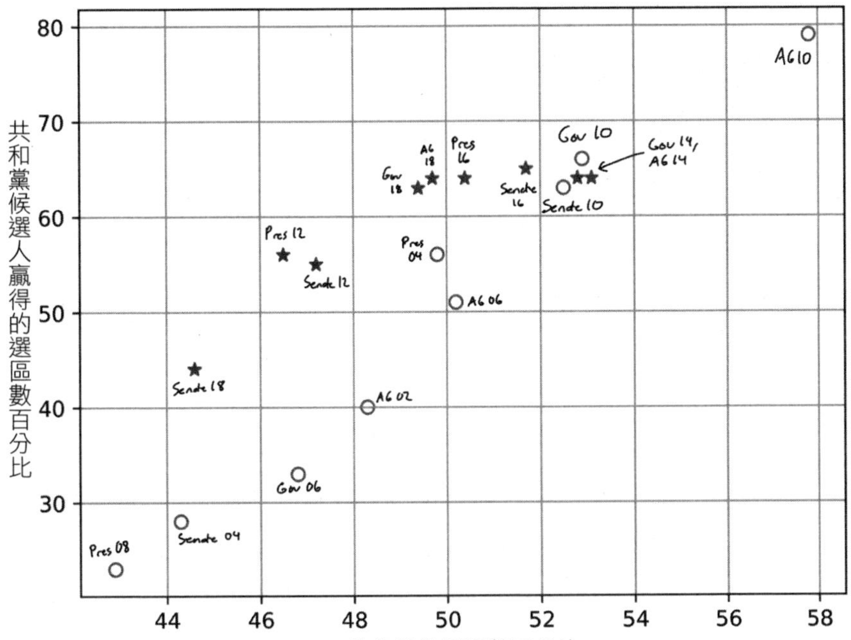

這是 2002 到 2018 年 11 月威斯康辛州全州選舉結果的圖表。水平軸是共和黨候選人在全州的得票率，而垂直軸是 99 個議會選區裡有幾

區投給共和黨的票多過民主黨。

圓點是依 2002 年法院劃分地圖進行的選舉，而星形是喬激進的選舉。注意到什麼了嗎？ 2004 年的總統大選中，約翰・凱瑞（John Kerry）以微幅差距在威斯康辛州領先喬治・布希（George W. Bush），取得兩黨總得票數的 50.2%，但布希在 56 個議會選區中領先。在同樣膠著的 2006 年選舉中，共和黨的范・霍倫（J. B. Van Hol len）擊敗凱斯琳・福爾克（Kathleen Falk）成為威斯康辛州的檢察長，而他贏了 51 個議會選區。共和黨的羅恩・強森在 2010 年參選參議員時表現得更好，取得 52.4% 的票數，擊敗當時現任的拉斯・芬格爾德（Russ Feingold），他在 63 個議會選區中領先。

從 2012 年開始，情況有了變化。唐納・川普在 2016 年和史考特・沃克在 2018 年的選舉都幾近平局，就像布希和范・霍倫；但布希和范・霍倫分別是在 56 和 51 個選區中領先，而川普和沃克卻都贏了 99 個選區中的 63 個，與大勝民主黨對手的羅恩・強森依法院劃分的地圖所贏得的選區數相同。2012 年，43 號法案地圖生效的第一年，共和黨贏得兩黨總票數的 46.5%，但贏了 99 個選區中的 56 個；民主黨的塔米・鮑德溫在參議員選舉中贏得 52.9% 的票數，但只贏了 44 個選區。鮑德溫在 2018 年競選連任時表現得更好了，她以 11% 的差距力壓挑戰者莉亞・沃克米爾（Leah Vukmir），贏了 55 個選區；是多數，沒錯，但在 2004 年，拉斯・芬格爾德以同樣差距為民主黨贏得參議員選舉時，他贏了舊地圖 99 個選區中的 71 個。

我用了這麼大一段話來表達圖中早已透露的重點，即星形高高浮在圓點的上方，這代表同樣的選舉事實，卻能讓共和黨換算成比十年前更多的席次。威斯康辛州的政治情勢在 2010 年到 2012 年沒有任何突然的變化，唯一不同的是地圖。

另一名閉門繪圖者泰德．歐曼（Tad Ottman）告訴共和黨黨團會議：「我們通過的地圖會決定接下來十年誰能上位……我們有機會也有責任劃分出共和黨數十年來未曾有過的地圖。」這用語透露了許多訊息。不只是機會，而是**責任**。這裡暗示的是一個政黨的第一要務是保護自身利益，以免在艱難選戰中受到潛在的不穩定性影響。以劃分選區的方式使自己或同黨人士獲利的這種做法被稱為「傑利蠑螈」（gerrymandering），結果就是在像威斯康辛這樣的搖擺州，共和黨能佔據下議院的絕對多數，比在較保守的州如愛荷華和肯塔基表現好多了。

這樣公平嗎？

簡答：不公平。

長答則需要幾何。

人為區別與三段論

民主政府的建立原則是，每一公民的意見都應在州決策過程中被代表呈現。就像所有的好原則一樣，這是說來容易做來難，而且幾乎不可能以一種完全令人滿意的方式實行。

其一，現代政府**很大**。就算是中型城市也大到不可能把分區、學校課程、公共交通和稅收等決策一一交付公民投票。是有替代辦法。關於刑事案件，我們從帽子裡抽出十二個人的名字，然後讓他們決定。至於城市和州的大部分日常管理事務，則是在政府機構內決策，投票人只有偶爾且不直接的參與意見。但說到立法，這是政府行動的基本框架，我們則使用民選代表系統，由大眾選出一小群人，委託他們代為發聲。

要如何選出這些代表？這時細節就很重要了，而這些細節可以有很多種面貌。菲律賓選民可以投給多達十二名候選人，由總得票數最高的十二人進入參議院。在以色列，每個政黨都會列出提名的立法者名單，選民投票選出一個政黨，而不是個人候選人，然後每個黨派根據選票比例在議會中分配席位，從黨派名單中依次往下，直到達到指定人數。但最常見的設置方式是美國的方式；將人口預先劃分進不同選區，每個選區選出一名代表。

在美國，選區是依據地理劃分，但這並非必然。在紐西蘭，毛利人有自己的選區，疊加於一般選區之上；毛利選民在每次選舉時都可選擇在包含其居住地的毛利選區或一般選區中投票。或者分隔法根本就與地理面向無關。香港的立法會有一席只有教師和學校行政人員可以投票，是由所謂功能界別（functional constituencies）[5]選出的35席之一。羅馬共和國百年議會的選區是按財富等級劃分。在愛爾蘭的上議院，有一個三席的選區是由都柏林三一學院的學生和畢業生組成，還有一個是給愛爾蘭國立大學的校友。猶太人在伊朗議會也擁有專屬席次。

身為美國人，我們被訓練成將美國式選舉當成唯一的方式，能想想美國選民可以怎麼區分，的確是一種思想的解放。如果我們的州立法選區不是依地理劃分，而是分成同樣大小的年齡層呢？誰會跟我有

5 又稱為「功能團體」，即「職業代表制」（Professional representation），1997年之前稱為「功能組別」，位於香港特別行政區內，代表指定的商會或行業在選舉中擁有特別投票權的類別。

更多相同的政治優先考量和價值觀：是一個住在我家十哩外的退休老人，還是一個四十九歲的傢伙，和我一樣還有大把人生可規劃，說不定還有差不多同齡的孩子，但碰巧住在同一州的另一端？立法者是否應該「位在」他們依年份排列的選區裡？（若是這樣，就能巧妙解決懶惰的現任者憑藉慣性而能始終在職的問題；除非代表們的出生日期間隔極度均勻，否則隨著時間推移，現任者自然會因年齡的增長而定期相互對抗）

美國各州就形式來說算是半自治政府，都有各自的利益。從另一方面來說，州內選區只是意義不大的地塊。威斯康辛州第二國會選區，也就是我住的地方，不會有人穿著「威州第二區」的運動衫，也不會有人光看外形就認出這一區。至於我的州立法選區，我還查一下才能確定我沒寫錯號碼。這些選區總得決定出來，但卻沒有任何固有的政治辨識性。得有人把州切成一塊一塊，這個過程叫做選區劃分，非常專門且耗時，牽涉到試算表和地圖。不是良好的電視題材，通常也不太受到大眾注意。

但情況已然改變，因為我們現在明白了以前不清楚的事，一項既是數學又是政治的事實：即劃分州選區的方式，對誰能進入議會制定法律有莫大的影響。也就是手持剪刀的人，對於誰能當選有重大影響。而誰手握這個權力之剪呢？在大多數的州，是立法者自己。原本應該是選民選擇代表，但在許多情況下，是代表們在選擇自己的選民。

就某種程度而言，劃分選區者手握大權這件事很明顯。如果我能完全掌握威斯康辛州的選區劃分，可以隨我的意願區分人口，我便能找一小團想法相近的人，宣布他們每個人自成一區，然後再劃一區給其他所有人。我欽點的候選人會投給自己，肆意立法，最多只會有一個潛在的反對聲音。民主！

這樣顯然不公平。除了那一小團人以外，威斯康辛州的人民肯定會覺得自己在州務決策過程中沒有被充分代表。這也很荒謬；沒有任何民主政府是這麼運作的！當然，除了確實是這樣運作的以外。舉例來說，在英國，所謂的「腐爛市鎮」堅持了數百年，城鎮幾乎萎縮到快沒了還是按時選出國會議員。丹維奇鎮（Dunwich）曾與倫敦一樣大，後來一點一點地陷入北海，到17世紀時幾乎已是空城，但仍送兩名成員進入下議院，直到被輝格黨首相格雷伯爵（Earl Grey）（承認吧，你以為他發明了茶〔Earl Grey，亦指伯爵茶〕）在1832年的改革法案中解散。那時，丹維奇只剩下三十二個選民了。這還不是腐爛市鎮中最腐爛的！歐薩魯姆（Old Sarum）曾是一個繁榮的大教堂城鎮，但當新的索茲斯柏立大教堂（Salisbury Cathedral）建成時，它就失去了存在的理由；該鎮人去樓空，建築在1322年被拆毀。然而五百年來，歐薩魯姆仍有兩名議員，由任何擁有這個無人小石丘的富裕家族選出。即使是傳統之友埃德蒙·伯克（Edmund Burke）也曾抱怨改革的必要性：「代表人數多於選民，唯一的用處就是告訴我們這裡曾有一處商鎮……現在你只能透過玉米的顏色來描繪街道，而且它唯一的製造者是議會成員。」

在殖民地這裡情況比較合理，但也僅此而已。這裡沒有腐爛市鎮，但一樣有些美國人的民意代表多於其他人。傑佛遜抱怨過維吉尼亞州的立法選區大小不一，堅持「政府按比例是共和的，因為組成的每個成員在其關注的方向上都有平等的發言權」。在20世紀，巴爾的摩市被限制只佔馬里蘭州眾議院101席中的24席，即使巴爾的摩居民佔了該州人口的一半。施特勞斯（Isaac Lobe Straus）懇求修改憲法，給予巴爾的摩平等的代表權，他引用傑佛遜和伯克的話，然後又重炮抨擊：「誰能解釋依據哪條正義原則、或倫理、或政治、或哲學、或文學、或宗教、或醫學、或解剖學、或美學、或藝術，讓肯特郡的人得以享有巴爾的摩市的二十九倍代表權？」

（唯恐我讓各位以為施特勞斯是個品德高尚的民主鬥士，事實上他在 1907 年的同一演說中還建議了一條修正案，要求投票前應先通過識字檢定，目標在減緩「思慮不周的投票權之惡，讓投票權落入一大群目不識丁、無責任感的本州投票人手中，他們變成投票人是北邦和南邦之戰的結果，不但不是馬里蘭州人以任何形式求來的，甚至是他們嚴正拒絕聯邦憲法增修條文後硬塞過來的，正是依據那條文這群相關人士才能投票。」也許有不熟悉美國政治慣用暗語的讀者，他指的是黑人。）

美國的不平等代表權時代直到 1964 年才終止，當時最高法院在〈雷諾德 v. 西門斯案〉（*Reynolds v. Sim*），推翻了阿拉巴馬州的立法選區。阿拉巴馬州依郡分配代表席位；當時的方案是朗茲郡 15,417 名居民有一名州參議員，而傑佛遜郡也是一席，但傑佛遜郡下有伯明罕市，人口數超過 60 萬人。為阿拉巴馬辯護的麥克林・皮茲（W. McLean Pitts）警告，推翻選區地圖意謂著「較大、人口密集的郡，在一人一票的基礎上，將在阿拉巴馬立法機構佔據強勢地位，而鄉村地區的人將對自己的政府無權置喙」。法院的看法不同，在八比一的裁決書上寫道，阿拉巴馬違反了第 14 修正案，剝奪了較大郡選民在投票法上的「平等保護」。

平等代表的要求，意謂著我們無法禁止政府擺弄選區以防止傑利蠑螈。這種擺弄是法定的，人口會流動，老一輩去世，新一代誕生，有些地區壯大，有些地區凋零，原本合乎憲法的界線，到了下一次人口普查就不合乎憲法了。所以以 0 結尾的年份才如此關係重大。

而那個麥克林・皮茲原則——「為什麼伯明罕因為人多就可以對

法律有較多話語權？」──現代人聽來會覺得可笑，但其實是美國人的生活現實。每州兩名參議員，不管是小小的懷俄明州或是大大的加州。這個制度從一開始就存在爭議，亞歷山大．漢密爾頓（Alexander Hamilton）在《聯邦黨人》（Federalist）第 22 期中抱怨：

> 每一比例概念及每一公平代表規則都在譴責一項原則，也就是：賦予羅德島的權力與麻州或康乃迪克州或紐約州等重；讓德拉瓦州在國家商議上的發言權，與賓州或維吉尼亞州或北卡羅萊納州持平。這種操作違背了共和政府的基本原理，即以多數人的意見為主……也許會變成這些州裡的大多數其實是美國人中的少數；三分之二的美國人不可能只憑人為區別和三段論巧言就被長久說服，把他們的利益交付三分之一的人管理處置。[6]

歷史已經否定了漢密爾頓憤怒的擔憂；二十六個最小的州，其五十二名代表佔參議院的多數席位，僅代表 18% 的人口發言。[7]

不只是參議院。每一州不管多小，在選舉人團至少都有三票，而選舉人團最終將決定誰當總統。懷俄明州的 57.9 萬人──約等於查

6 嚴格來說，漢密頓在這裡不滿的是〈邦聯條例〉（Articles of Confederation），而不是剛起草的憲法中關於參議員的分配，但他在對該文件發表意見時也說過類似的話：「難道我們要調整這個廣義政府，犧牲個體權利，只為了保護名為州的人造物嗎？」

7 是五十州人口的 18%。如果把住在華盛頓特區、波多黎各或其他美國屬地的美國人也算進去的話，這個佔比會更低，他們在參議院根本沒有代表。

塔努加市（Chattanooga）的人口數——共享三張選舉人票，也就是一張選舉人票代表約 19.3 萬名懷俄明州人。加州約有 4000 萬人，所以其五十五張選舉人票中的每一張代表超過 70 萬名加州人。

正如你的憲法原典派朋友可能經常提醒你的，這一切都是設計出來的。總統應由全國投票之多數決定的這想法，對大多數現代美國人來說再自然不過，就連那些認為有理由支持選舉人團制度的人也是如此。但在開國元勛之間這個想法卻不受歡迎。詹姆斯．麥迪遜（James Madison）是有名的例外，但就連他支持全國普選也只是因為其他方案更糟。小州擔心只有大州的候選人有機會，南方人（麥迪遜除外）不願意讓全國大選削弱他們得來不易的「五分之三妥協」，此法條使他們能因大批被奴役無選舉權的黑人族群而得到額外的國會代表席位。在全國普選多數決制度中，州政府無法從人民那裡獲得權力，除非你讓他們投票。

總統選舉方式成了仇恨分裂的源頭，在 1787 年漫長的立憲夏季拖了又拖。一個又一個方案被提出又遭否決。麻州的埃爾布里奇．傑利提議由州長來選，其票數經州人口數加權；這想法被徹底駁回。其他提議也一樣，像是總統由州立法者來選，或是由國會來選，或是由隨機選出的十五名國會成員組成的委員會來選。團體中的大多數人無法達成意見一致，最後只好將總統選舉及其他歧見事項交付給一群倒楣的十一人團體，稱為「未竟事項委員會」（Committee on Unfinished Parts）。我們現行的制度不該被視為開國元勛們的智慧結晶，而是拖拉磨蹭之下的妥協，因為沒人能提出更好的方案。如果你曾參與過漫長會議，眼看托兒所接送時間不斷逼近，你知道除非會議能產出一份政策文件，讓在座所有人都心不甘情不願地簽字，否則你不能走人；那你應該就很能理解選舉人團是怎麼來的了。

即使你接受深埋於選舉人團制度中的代表權不平等，你也該意識到，情況已變得比剛實行時更加惡化。在 1790 年的人口普查中，最大州維吉尼亞的人口數是最小州羅德島的十一倍；現在懷俄明州和加州的人口比率是 1：68。如果當初羅德島小上六倍，制憲會議還會願意賦予它那麼多的權力指派參議員和選舉人嗎？

也許稀釋選舉人團不平等最簡單的方式，就是擴大眾議院。1912 年一共有 435 位眾議員，現在仍是 435 位，但國家早已大了三倍。各州的選舉人數目是由各州的眾議員加上參議員的數目。如果議院有 1,000 名成員，120 人會出自加州，2 名出自懷俄明州。所以加州會有 122 張選舉人票，一張代表 32.4 萬名加州人，而懷俄明州會有 4 張，一張代表 14.45 萬名懷俄明州人；還是不平等，但沒之前那麼嚴重了。議院擴大意謂著眾議院更具代表性，選舉人團也更能代表選民，又完全沒更動開國元勛們的方案。

現在的選舉人制極度不平等，但曾經更糟過！ 1864 年內華達州被納入聯邦時僅有約 40,000 名居民；紐約州比它大一百倍以上！這種巨大差距並非偶然，林肯和共和黨人急著推動人口稀少的內華達建州，是為了即將舉行的 1864 年選舉；他們擔心三位主要候選人可能會平分選票，以致必須把選舉結果交付眾議院，所以他們需要可靠的共和黨內華達人發聲，即使與其實際人數不成比例。內華達在選舉前數週才成為州，並盡責地將票投給「誠實但必要時也很精明的亞伯」。內華達州終究是變大了，但花了一段時間。1900 年時它仍然只有紐約州的 1/171，且自建州起的三十六年歷史中，它的參議員委派只送了一位民主黨人到華盛頓且只有一任。

像這樣的不成比例，可能會因為有些州看起來很大而被遮掩。偏共和黨的政治人物很喜歡展示著色的美國地圖，中間一大片共和黨紅，而加州則是民主黨重鎮，再上東北沿岸的一小撮藍色。從這個觀點來看，懷俄明州有兩位參議員看起來沒什麼不公平——你看懷俄明州多大啊！

但這當然是製圖方式帶來的成果。參議員代表的是人民，而不是土地面積。我們早已遇過「格陵蘭太大」的問題——麥卡托投影的標準地圖會扭曲面積，使某些區域看起來比它們在地球上佔的實際空間更大。如果有一份地圖是依各州人口數分配空間而非依面積，更能準確表達參議員應該代表的人民呢？幾何學可以做到。這種地圖叫做「比較統計地圖」（cartogram）：

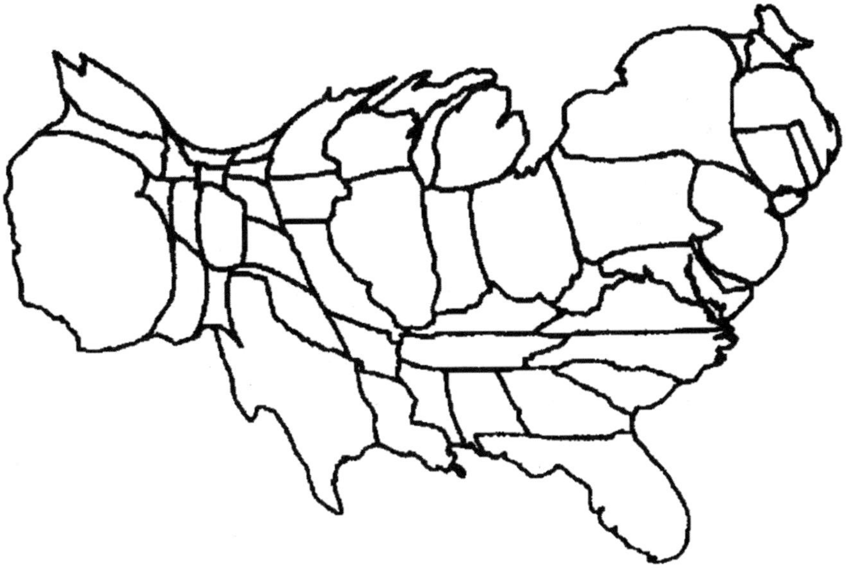

比較統計地圖讓人一眼看出美國有多少人口在原來的東部殖民

十三州，而大平原其實又是多麼纖細的蜂腰。

一名賓州選民對總統大選的影響力也許不及一名新罕布夏爾人，但比起住在波多黎各或北馬利安納群島（Northern Marianas）或關島上的美國人卻是無限多倍（極具公民意識的關島人雖然沒有任何選舉人票，但每年還是會舉辦總統初選和總統選舉；2016 年時他們的投票率是 69%，比美國除了三州以外的所有州都高）。

你可以把參議員和選舉人團視為一種標準化測驗，一種各種事物民意的可量化代理。如同標準化測驗，它只能做粗略的衡量，但可以被取巧，維持固定形式的時間越長，人們取巧的手段就越高明，也讓更多人習慣以為測驗本身才是重點。有時候我會想像一個遙遠的未來，因為氣候變遷和汙染失控，美國全境只剩下一小群百歲以上的半機械人，沉睡在空氣淨化箱裡，每逢偶數年體內的機械部分就會喚醒它們，清醒時間剛好夠讓它們劃記憲法保障的國會代表選票。報紙上仍會有投書稱讚開國元勛們的遠見，盛讚他們設計出這麼經久耐用的自治政府系統。

州界現在幾乎是固定了；我們也不打算用高度合理化機器劃分的方式，將國家分成同樣大小的區域，好讓懷俄明州人和查塔努加市人在立法上有相同的發言權。相對而言，立法選區在雷諾德案後幾乎都是同樣大小。這弱化了選區劃分者的權力，防止他們厚顏無恥地製造出腐爛市鎮以維護自身權力，但無法完全弭平這種可能性。厄爾・華倫大法官（Earl Warren）在他的主要意見書中寫道：「無差別劃分選區，不考慮政治子區或自然或歷史界線，幾乎是在公開邀請政黨操作傑利蠑螈。」

事實證明的確如此。有許多種手段可供——請恕我贅言——具強烈動機欲增進自身黨派利益的立法者操弄。讓我們看看這在繪兒樂（Crayola）州是怎麼運作的。

誰統治繪兒樂？

在繪兒樂州有兩黨在爭權奪利，橘黨和紫黨。該州略有傾斜：100萬人民中有60%支持紫黨。繪兒樂一共有10個立法選區，每一個選區都會送一位參議員到色彩大都會的州議會履行政府的神聖職責。

有四種方法可以把選民分成10個選區：

	方案 1		方案 2		方案 3		方案 4	
	紫黨	橘黨	紫黨	橘黨	紫黨	橘黨	紫黨	橘黨
選區 1	75,000	25,000	45,000	55,000	80,000	20,000	60,000	40,000
選區 2	75,000	25,000	45,000	55,000	70,000	30,000	60,000	40,000
選區 3	75,000	25,000	45,000	55,000	70,000	30,000	60,000	40,000
選區 4	75,000	25,000	45,000	55,000	70,000	30,000	60,000	40,000
選區 5	75,000	25,000	45,000	55,000	65,000	35,000	60,000	40,000
選區 6	75,000	25,000	45,000	55,000	65,000	35,000	60,000	40,000
選區 7	35,000	65,000	85,000	15,000	55,000	45,000	60,000	40,000
選區 8	35,000	65,000	85,000	15,000	45,000	55,000	60,000	40,000
選區 9	40,000	60,000	80,000	20,000	40,000	60,000	60,000	40,000
選區 10	40,000	60,000	80,000	20,000	40,000	60,000	60,000	40,000

這四種劃分法都能將繪兒樂分成同樣大小的選區，每區都是10萬選民。這四種方案加起來都是60萬紫黨選民和40萬橘黨支持者，但產生的立法機構卻是天差地別。在第一個地圖中，紫黨贏得6席而橘

黨 4 席。在第二個地圖中，橘黨取得多數，10 席中佔了 6 席。在第三個地圖中，紫黨守住多數，7 席比 3 席。在最後一個地圖，橘黨全滅，紫黨在立法時不會聽到任何反對聲浪。

哪一個公平？

這不是一個修辭性疑問句，請好好想一分鐘！除非你仔細思考過你認為我們試圖達到什麼目標，否則讀數十頁關於一項棘手社會議題的論述也不具任何意義。

一分鐘過去了……

沒有明顯的答案，這正是我希望你能看出來的。我說過很多場關於選區劃分的演講，我每次都會問這個問題，也聽到各式各樣的回答。幾乎每次，大多數人都最喜歡方案 1。大多數人都認為最不公平的是方案 2，因為支持者明顯是少數的橘黨卻佔了多數席次。但我有一次對一位神派（Unitarians）團體演講，他們認為方案 4 最糟，因為其中一黨完全被剝奪了參與的權利。而抱持這種看法的絕對不只一位神派。

這還是數學問題嗎？它不是非數學題目。但揉入了一縷法律，一縷政治，還有一縷哲學，而且沒有辦法將它們解開。數學家有個歷史悠久且不太令人意外的傳統，是將選區劃分問題視為純幾何學的練習題，問如下列的問題：「要如何以完美直線切分威斯康辛州，以使所得的多邊形區域人口數都相等？」可以做得到——但不該這麼做，因為你得到的選區會跟真實政治事實毫無關聯。這些選區也許有很好的幾何性質，但會將城市和鄰里切成兩半、橫跨郡界，而在威斯康辛州和許多其他州，這都是憲法所不允許的，除非你為了讓選區人口數均等而非這麼做不可。

另一方面，如果律師和政治人物在劃分選區時忽略數學層面，他們的成果也好不到哪裡去；而大致來說，直到不久之前這件事的確都是這麼處理的。要想將選區適當劃分，除了深入數字和形狀外別無他法。

看看繪兒樂四種選區劃分的數字，就能充分明白傑利蠑螈的基本量化原則。如果是由你來劃分選區，你會希望對手的選民都集中在少數幾個選區，讓他們在那裡佔優勢，最好將隔壁原本競爭激烈的選區裡的敵對選民都包進去，讓你的黨派在鄰近選區取得優勢。至於己方的選民，你會希望他們小心地分布在多數選區中，同時在選區中保持合理的安全多數。而這是上述方案 2 的情形：紫黨的主力票數被塞進 4 個橘黨毫無勝算的選區內，而其餘 6 個選區則是以 55—45 的穩固差距向橘黨傾斜。

這也是威斯康辛州的情況。沃基肖郡（Waukesha）和密爾瓦基郡之間的分界，向來是威斯康辛州內最頑強的政治分線。如果你在大選年從麥迪遜往東開想去看釀酒人隊的比賽，只要你一過第 124 街，院子裡的標語立刻從共和紅變成民主藍。直到 2010 年，議會選區線都大致停在郡線上，以西的沃基肖郡是共和黨鐵票選區，偏民主黨的選區在密爾瓦基郡。但 2011 年實行的地圖改變了一切：

選區中的第 13 號、14 號、15 號、22 號和 84 號選區，現在探出郡線將民主黨選民——不太多——混入沃基肖的共和黨後院。[8] 這 5 個選區從創立以來一直到 2018 年，選出的代表一直都是共和黨，直到羅

8　我不是說威斯康辛州憲法不允許打破郡線嗎？嗯，是沒錯；但目前為止，對這份地圖的法庭挑戰（court challenges）已過了聯邦法院，但並未涉及可能違反州憲法的部分。

賓・維寧（Robyn Vining）這位前牧師兼 2017 年威斯康辛州模範母親，以不到半個百分點的差距，為民主黨拿下第 14 選區。[9] 完全位於密爾瓦基郡內的選區數，從舊地圖的十八個降到只剩十五個，而民主黨掌握了其中十一個議會選區。2018 年，共和黨在其中的十個選區時根本就沒有推出候選人，因為毫無勝算。

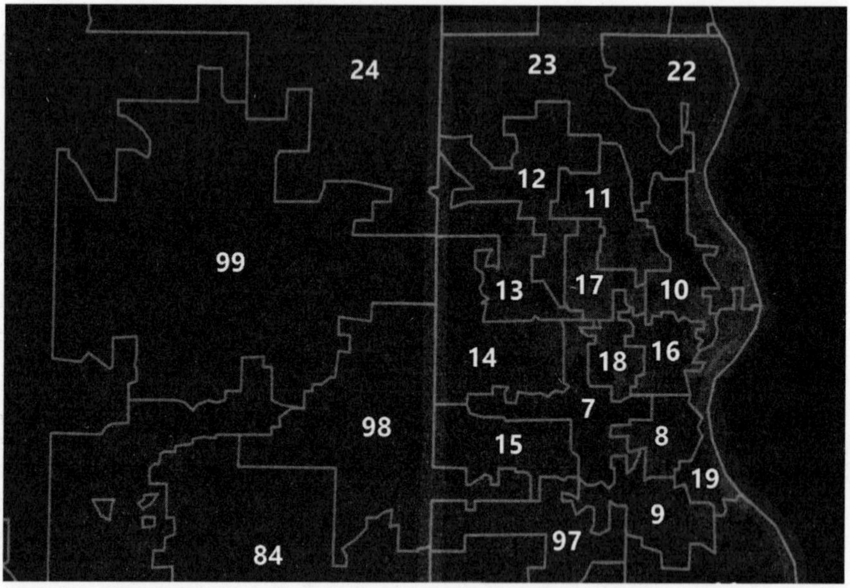

9　補充證明：在 2020 年 11 月，又一個選區，第 13 選區被民主黨翻盤。當時全州的總統票數幾乎持平，如同沃克對埃佛斯的選情一樣，而共和黨依舊以 61—39 保持議會多數。

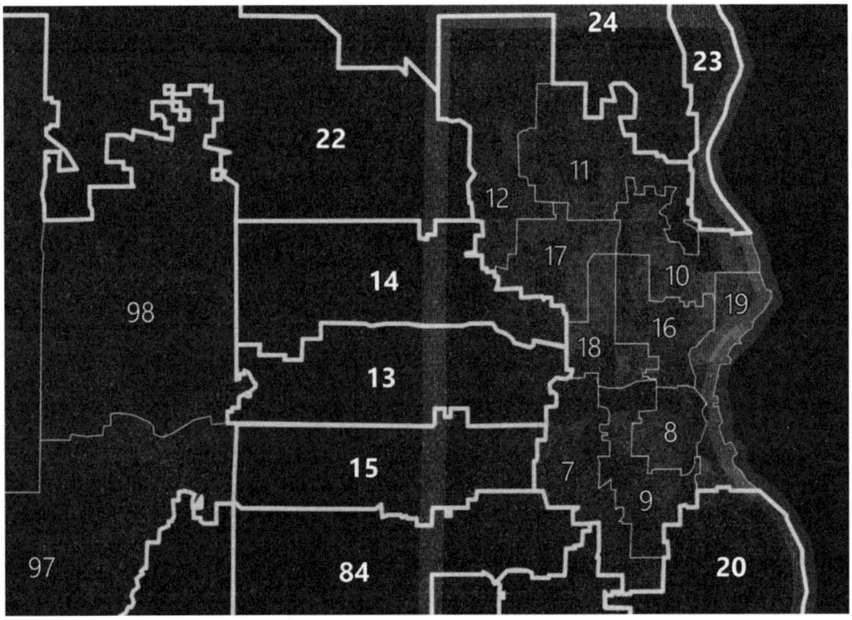

有句話說，政治不是豆豆袋遊戲，就某個觀點來看，沒有所謂的公平。立法有如競賽，領先的人就能出手改變遊戲規則，沒有對錯，只有輸贏。但大多數人都認為傑利蠑螈的做法不妥，而其中一些人是聯邦法官。威斯康辛州的選區幾乎是從史考特．沃克簽署通過立法後就成了法庭挑戰的主題。其中兩個選區在 2012 年經法官調整，以減緩地圖對密爾瓦基郡西班牙裔選民的敵意。裁決書的開頭寫道：「曾經有一段時間，威斯康辛州是以禮節及良好治理的傳統而聞名。」隨後又形容製圖者說他們沒有黨派偏見的說法「幾乎引人發笑」。之後，在 2016 年，威斯康辛州西區美國地方法院的三人法官小組駁回了整張地圖，認定其為政治傑利蠑螈的典型案例，違反美國憲法。這項裁決遭到上訴送往美國最高法院，而最高法院一直在苦尋合理的法律標準，判定多嚴重的傑利蠑螈才叫過度。之後發生的事是數學、政治、法律和動機推理的碰撞，其影響美國政治至今仍在消化。

「少數統治成形」

如果你知道關於傑利蠑螈的事，那可能是被塞進這個詞裡的兩項資訊：第一，這一語詞是由傑利發明，他以州長身分參與 1812 年麻州的選區劃分，以協助民主共和黨對抗聯邦黨。第二，這一語詞指的是選區以突兀曲折的界線劃分，就像麻州的「蠑螈」狀選區，被漫畫家戲稱為「傑利蠑螈」而流傳於世。

但這兩項資訊都是錯的。首先，傑利蠑螈在美國歷史中，早在這個詞語以及傑利之前就出現了。根據格里菲斯（Elmer Cummings Griffith）的權威研究，即他在 1907 年的芝加哥大學歷史博士論文，這種做法至少可以追溯到 1709 年的賓州殖民會議。在美國初建之期，政治性選區劃分最惡名昭彰的例子出自亨利（Patrick Henry）之手——「不自由、毋寧死」的那個亨利。他想將維吉尼亞立法機構緊抓在手的欲望，使得他支持自由的態度鬆動。亨利強烈反對新美國憲法，且決心不讓其主要起草者的詹姆斯．麥迪遜在 1788 年的選舉中進入國會。在亨利的指示下，麥迪遜出身的郡和其他五個反憲法的郡被劃分在同一選區，亨利希望後者會投給麥迪遜的對手，門羅（James Monroe）。這個選區到底有多不公平，這問題直到今日仍受人爭議，但毫無疑問地，麥迪遜和他的盟友都覺得亨利手段骯髒。麥迪遜未能如自己預期般平順地進入國會，反而得從紐約返家在選區四處宣傳數週。他因為嚴重痔瘡而使得旅程格外辛苦，又因為在 1 月時和門羅在戶外於一群路德教派信眾面前辯論而面生凍瘡。傑利蠑螈或沒有傑利蠑螈，麥迪遜還是贏了，部分是因為他以 216 票對 9 票在大本營橘郡（Orange County）大勝。

所以到了傑利操作傑利蠑螈的時候，這不算是新發明了，而是行之有年的政治技術。（史汀格勒定律再次出現！）到了 1891 年，這個做法結合了其他選舉手段，嚴重到促使總統班傑明．哈里森（Benjamin Harrison）[10] 在他的國情咨文中警告道：

> 若要我宣布我們國家的主要危險何在，我將毫不猶豫地說是通過壓製或歪曲普選來推翻多數控制。各位必定同意，此處存在真正的危險；但看出這一點的人，精力主要都耗在將責任歸咎於對黨，而不是努力使任何一黨都無法進行這種做法。現在是否有可能暫停這場永無止境的辯論，讓我們一同邁出朝向改革的步伐，消滅被各方譴責為影響總統選舉人和國會議員選舉的傑利蠑螈？

哈里森對傑利蠑螈之下民主的描述依舊貼切：「一個少數統治已經成形，唯有政治動盪可以推翻。」

這就引發了一個問題。如果三百年來立法者劃分選區時都在迎合自身黨派利益，而民主或多或少還挺住了，為何現在又突然亟需改革？

這有部分是一個科技故事。一名威斯康辛州選舉老手曾告訴我，以前的選區劃分是怎麼做的。首先有一個人，基於數十年參與威斯康

10 順帶一提，他在 1888 年贏得了選舉人團的絕對多數，但普選票數是輸的。

辛州政治的經驗，記住了州內從肯諾莎（Kenosha）到蘇必利爾（Superior）各個地方的投票癖好。這位選區劃分專家會在巨大的會議桌上攤開一張大地圖，凝視一陣，這裡移動一塊，那裡調整一塊，用麥克筆標記出更動部分，然後就完成了。

傑利蠑螈以前是一種藝術，但先進的運算技術使它成為科學。「激進的」喬．韓德瑞克和他的製圖專門團隊試了一個又一個地圖，調整再調整，不是在木桌上，而是在銀幕上。他們通過模擬每個潛在的選區劃分，測試其在各種政治情勢下的表現，直到他們匯集出一張優化的地圖，除非遇到最極端的情況，否則都能保持共和黨的掌控。這個挑選過程不僅更快而且更好。一名參與起訴州政府的律師告訴我，43號法案傑利蠑螈的效果，讓任何老派地圖專家都望塵莫及。

不僅如此，一個在初次選舉中功效良好的傑利蠑螈，在循環後又會為施行傑利蠑螈的黨派製造更多當選者，為傑利蠑螈附加更多利益。對手的贊助者在評估這地圖無法撼動後，會將獻金分配至別處，如此就使得傑利蠑螈更加茁壯。

珊卓拉．戴．歐康納大法官（Jutice Sandra Day O'Connor）在 1986 年的〈戴維斯 v. 班德梅案〉（*Davis v. Bandemer*）中寫下不同意書，主張法院不需要介入選區重劃分的案件。請記得，一個好的傑利蠑螈地圖指的是建造出大量選區讓你的黨派有適度優勢，同時弄少數幾個選區讓你的對手佔絕對優勢。歐康納問，這不是代表傑利蠑螈本就是一種高風險策略嗎？依她的說法，黨派會節制不讓一個州過度傑利蠑螈，不然就是讓他們的現任者置身於政治風向突變時被掃下台的風險之中。她寫道：「有很好的理由認為，政治傑利蠑螈是一個自限性產業。」

在當時她也許是對的，但現在的計算威力已炸飛了該產業的自限性，如同它已衝破的其他許多限制（問問馬里恩．汀思雷）。這些地圖不但可以帶來可觀的黨派利益，還能被篡改成減低現任者的風險。這不只是因為強化版的現代電腦比蘋果二代快，選民也改變了！我們美國人喜歡認為我們能毫無偏見、不帶感情地評估選票，研究每個候選人的政見平台及脾性是否適任該職位，最後將票投給最傑出的人選。但其實我們很好預測，而且越來越容易。大多數人都是投給名字後面的那個字母（即黨派）。所謂的「中間選民」，也就是每次總統選舉都可能會換黨投的選民，人數從 20 世紀中期到 1980 年代都在 10% 左右，現在已經降了一半。人民的選票越是穩定而可預測，一個黨派就越是有可能畫出維持多數的地圖，**既能**保住現任者，**又能**使其效用堅持到下一次人口普查，直到全新地圖由原來的立法多數在原來的上鎖房間裡畫出來。[11]

別再踢唐老鴨

關於傑利蠑螈的一個傳統觀點是，如同波特．史都華大法官（Justice Potter Stewart）在完全不同的司法情況下所說：你看到就知道了。的確，有些立法選區的形狀確實很離奇，就像是伊利諾州的第 4 國會選區「耳罩」，由兩個分立的區域經一條一、兩哩長的公路連接組成，或是賓州的這個傑作，俗稱「高飛踢唐老鴨」。

11　對照埃爾默．卡明斯．格里菲斯對同樣兩極化時代的說法：「到了 1840 年，兩大政黨已安定下來，為爭取政治霸權持續不斷爭鬥。隨著政治總體穩定，成功預測選舉結果的可能性更大。當政黨勢力固定後，選民換黨投票的佔比極小，而選舉的結果在特定明確範圍內可以穩當預測。」

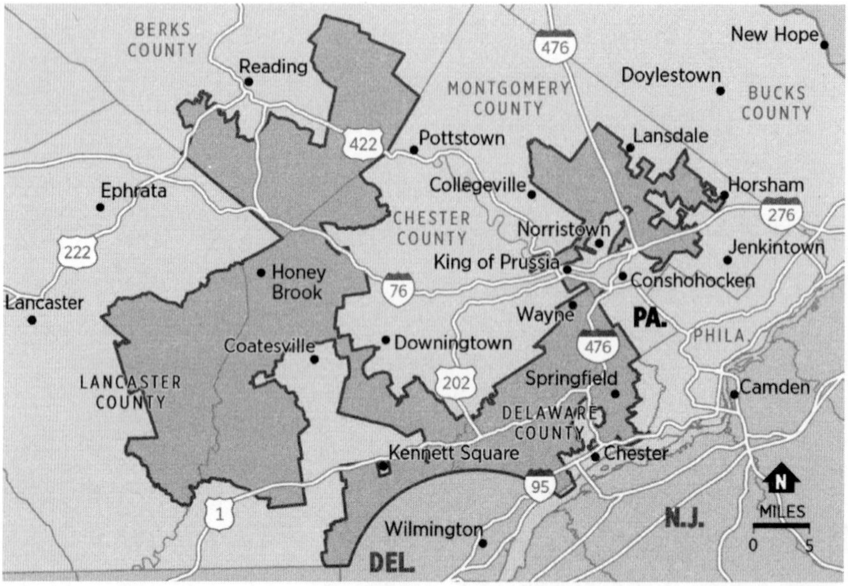

賓州的第 7 選區劃成這副模樣，是為了包進夠多散落的共和黨選民，以形成對共和黨有利的選區。兩個主體僅以一間醫院的佔地連接，就位在高飛踢出的腳尖，高飛的脖子是一個停車場。

該選區在 2018 年被賓州最高法院駁回，視為黨派傑利蠑螈過度的例子：這是公平選舉及粗略圓形的勝利。選區重劃改革的歷史上有一個普遍的信念，那就是如果我們要求選區要有「合理」的形狀，就能防止過度的傑利蠑螈，進而限制立法者暗耍手段。許多州憲法甚至明文指示立法者，避免讓選區形狀像迪士尼大戰；例如威斯康辛州的州憲法就要求選區為「盡可能緊實的形式」。但這是什麼意思？立法者從未就此達成一致同意的標準。而試圖界定哪些形狀是「緊實的」的努力，有時反而讓情況更加混亂。2018 年，密蘇里州的選民經公投通過修改州憲法，要求「緊實的選區是指在自然或政治界線最大程度允許下的正方形、長方形或六邊形」。首先，正方形是長方形的一種，還有，密蘇里州人對三角形、五邊形和非矩形四邊形有什麼意見嗎？（我個人的理論是密蘇里州對身為梯形很在意，所以矯枉過正了。）

幾何學科的確可以提供一些選項，評估一個形狀的「緊實度」。你的直覺可能是，一個非常複雜的形狀圈定面積的方式很沒效率，比如賓州第 7 選區，邊界長而複雜曲折。所以也許我們想要周長和面積比起來不那麼大的形狀。

你的第一個念頭也許是想要用比率：周長每哩有多少面積？分數越高就越好。這個想法有個問題。一個南北向長 4 哩、東西向長 4 哩的小正方形選區，周長是 16，而面積是 4×4 ＝ 16，所以面積對周長的比值就是 16/16 ＝ 1。但如果你把這個正方形選區放大到邊長為 40 哩呢？現在周長是 160 而面積是 1600，這個值就變成 1600/160 或 10。

情況不太妙。一個正方形有多「緊實」，不該看尺寸！也不該看我們用的尺寸是公里、哩或浪（furlong）！我們所用的度量應該是幾何學家所謂的**不變量**；[12] 不管這個區域被移動、或旋轉、或放大、或縮小都不會改變。當我們移動或旋轉一個區域時，它的周長和面積都不會改變，所以這沒問題。但如果我們把它放大十倍，周長會增長成十倍，但面積卻會變成一百倍。這意謂著比較好的比率會是

面積／周長 ^{2}

12　就是第三章討論到的相似性不變量。

這個值不管你把選區放大或縮小都不會改變。對了，記錄這類東西有個很好用的方法，就是不管寫什麼都把度量單位帶上！邊長 40 哩的正方形周長是 160 哩，面積是 1600 **平方**哩；所以面積除以周長後不是 10，而是 10 **哩**，是長度，不是數字。

選區重劃類型稱上述比率為波爾斯比—波普分數（Polsby-Popper score），依在 1990 年代體認到其重要性的兩位律師命名，但這個概念的歷史還要更悠久。半徑為 r 的圓，其周長為 $2\pi r$，面積為 πr^2，所以分數為：

$$(\pi r^2)/(2\pi r)^2 = \pi r^2/\ 4\pi^2 r^2 = 0.079\cdots\cdots$$

請注意，答案根本跟圓的半徑無關！ r 會被消去。這就是不變量的作用。正方形也是一樣；若邊長為 d，則周長為 4d 而面積為 d^2，所以波爾斯比—波普分數為

$$d^2/(4d)^2 = d^2/\ 16d^2 = 1/\ 16 = 0.0625$$

也不會因邊長而改變。正方形的分數不如 $1/4\pi$。事實證明，$1/4\pi$ 是任何形狀所能達到的最高分數！這符合我們對固定周長圖形所能達到最大面積的直覺。在桌上放一圈鬆垮的繩子，盡量塞進東西使其「膨大」；你不覺得它會變成圓形嗎？這項事實在歐幾里德之後約一世紀由贊多魯斯（Zenodorus）所知且證明，這裡所謂的證明是大多數古代數學家證明事物的那種籠統定義。數學家稱之為「等周等式」（isoperimetric equality），直到 19 世紀才有符合現代標準的證明出現。

所以你可以把波爾斯比－波普分數想成是量測一個選區有多「像圓」，像到何種程度你可以開始想這到底是不是一個好主意。圓形選區真的比正方形好嗎？像這樣的長方形：

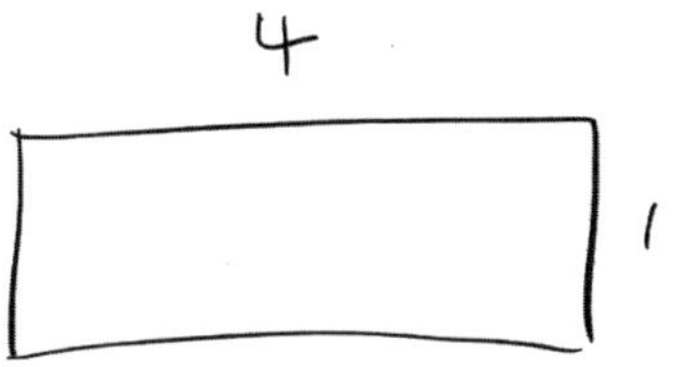

分數是 4/100 ＝ 0.04，真的就那麼差嗎？

再說，我們所謂的周長到底是什麼？現實生活中的選區分界，部分是測量員劃的直線，部分是海岸之類的，本來就破碎扭曲，你量測得越仔細，把每處凹凸都量進去，海岸線就越長。可是選區的特性不該由你的量尺大小來決定！

我們來換個方向。在許多方面來說，最易於量測的幾何圖形是**凸**（*convex*）。籠統來說，凸形就是只往外彎：

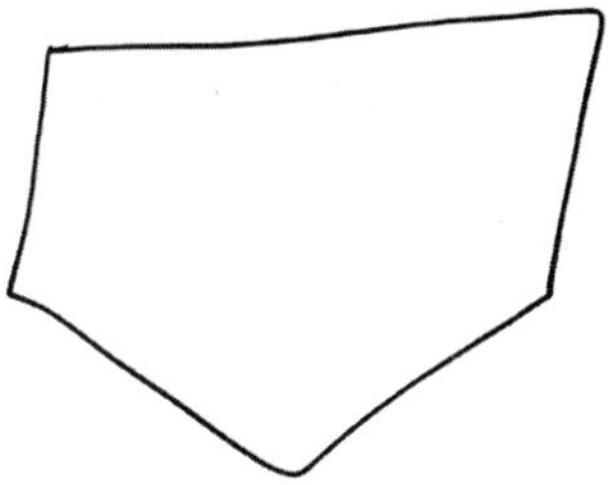

永遠不會往內：

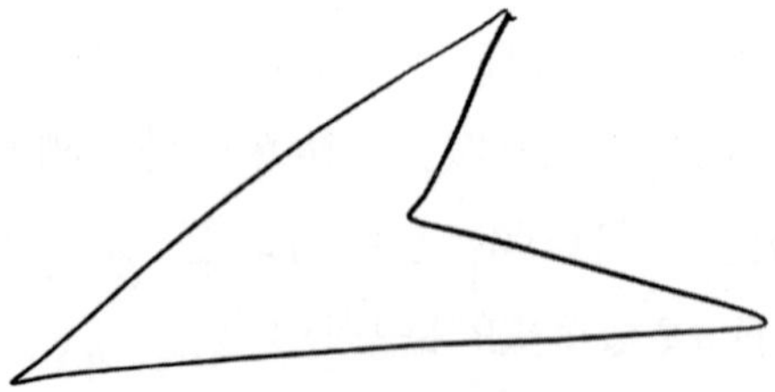

但我們有美妙的官方定義：圖形中任兩點間形成的線段皆在圖形之內者稱為凸（這個定義適用於二維，或三維，或你根本難以想像「往內」或「往外」彎折的更高維度）。你可以看到第二個圖形並未通過線段測試：

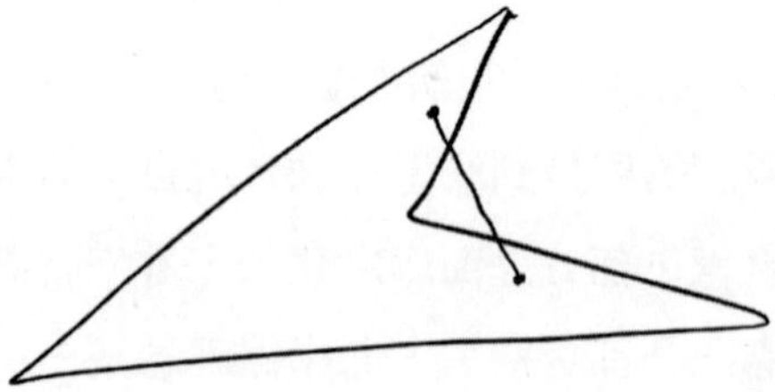

一個形狀的**凸包**（*convex hull*）就是形狀內每一對點之連結線段的聯集。

你可以把它想成是「填補所有不凸之處」，或者更具體的，就是用保鮮膜盡可能地包緊你的形狀。高爾夫球的凸包是球形；小凹洞都

被填平了。如果你把手腳都緊貼身側，你的凸包就會緊緊包覆著你，但如果你把四肢大張，你的凸包就會大上許多。

總之：一個選區的「人口多邊形」分數，就是住在該選區內的人口數與住在其凸包內人口數的比率。高飛和唐老鴨的凸包包括在高飛和唐老鴨**之間**的所有人，所以這個選區的分數會很糟。

人口多邊形要比波爾斯比—波普分數來得好，因為它考量到了人們實際居住的位置。但以要求緊實來遏止傑利蠑螈還有一個更深層的問題，那就是無效。也許在紙本地圖的年代，人們還需要靠奇怪的形狀才能取得他們想要的選民組成，但現在不用了。地圖軟體可以讓你在一下午就同時評估完百萬張地圖，選出形狀漂亮**又**符合你目標的地圖。密爾瓦基的傑利蠑螈選區看起來完全是無害的準長方形，在任何緊實度的量化測量裡都能拿到過關分數。

說到立法選區「外觀的確有關係」，歐康納曾寫道[13]：「蠑螈狀的選區讓人**覺得**有除了民主理想以外的東西在運作。」我個人認為，光是把高飛和唐老鴨換成同樣偏頗只是比較看不出來的地圖，對這些理想並沒有多大助益。我猜希望選區形狀緊實是基於一些好理由——到州代表服務處的平均路程較短，畢竟將其列為政治優先考量的選民比例有相當程度的上升。但要說緊實度能限制明目張膽的傑利蠑螈，那只不過是因為這類圖形是有限的。繪圖者的選擇越少，就越不可能找到嚴重破碎的選項。不是因為大致圓形的選區本質上有何公平之處；只是因為如果要將選區大致分成圓形，能劃分選區的方式就少了許多

13 於種族傑利蠑螈〈蕭 v. 雷諾案〉（*Shaw v. Reno*）——以選區劃分保證，或預防少數民族的代表是全然另一方面的選區劃分故事，本章寫不下了。

而已。

我們現在知道，傳統的緊實度度量並不足以遏足黨派作弊，不比〈雷諾德 v. 西門斯案〉要求的人口均等好多少。當然，你可以把緊實度的度量定得更嚴格，使得限制更加嚴重，或者執行破壞郡界的相關法條，或乾脆發明純粹隨意的規定（「每一選區登記在冊的選民必須為質數」），以限制陷入十年一度傑利蠑螈週期的立法者扭動的空間。但像這樣隨意的規定在政治上並不可行。如果目標是要禁止傑利蠑螈，策略就必須直接針對傑利蠑螈。這意謂著我們需要的地圖量度不是要告訴我們選區的人口有多平均，或是選區有多圓胖，而是選區的**傑利蠑螈程度**。這個又是更難的問題了，但幾何學可以幫助我們。

讓沙石們聚集！

借用孟肯（H. L. Mencken）[14]的話來說，幾乎每個有趣的應用數學問題，都有一個答案是既簡單又優雅，只是不正確。就選區劃分來說，這個答案就是**比例代表**：即一政黨所得之立法席次應等同其候選人所得之普選票數比例。這對選區地圖是否「公平」來說，是很直接了當且可量化的答案，而且十分流行。《華盛頓郵報》報導，在 2016 年威斯康辛州議會選舉中，52% 的票數流向共和黨議會候選人，但共和黨贏得 65% 的席次；該報寫道共和黨「依得票數與所得席次之間的差距看來，似乎得益於傑利蠑螈」。暗指一旦這兩個數字不符，就表示有人暗中搞鬼。

14 美國記者、諷刺作家、文化評論家。

比例代表也是人們通常比較喜歡繪兒樂地圖方案 1 的原因，紫黨得到 60% 的選票，並得到 60% 的席次。

但是如果地圖公平地劃分，結果真的會是比例代表嗎？幾乎絕對不是！以懷俄明州參議院為例。懷俄明州就某些標準來說，是全美國共和黨勢力最強的州。2016 年該州有三分之二的選民投給川普，也以同樣比例在 2018 年州長選舉中投給共和黨人。但是州參議院並不是三分之二為共和黨，讓州有二十七位共和黨參議員，民主黨只有三位。我們真的應該視其為不公嗎？如果該州有三分之二的人口是共和黨，很有可能該州的所有地理區塊大部分都是共和黨。在最極端的例子中，一個完全政治均質的州中，每個城鎮的每個鄰里民主黨和共和黨的比例都相同，那麼佔普選票數多數的政黨會贏得立法機構的所有席次，也就是繪兒樂方案 4 的場景。而一黨獨佔的立法機構不是傑利蠑螈的結果，而是因為該州一致到出奇的選民分布。

愛達荷州在國會有兩名代表，夏威夷也是。過去十年愛達荷州的代表全是共和黨，夏威夷的代表全是民主黨，[15] 我們並不覺得奇怪，即使這兩州投給多數黨的選票比例是接近 50% 而非 100%。我不認為將愛達荷州公平地分為兩個選區，就能得到一名民主黨、一名共和黨的結果。我甚至不認為你**能**劃出一個不荒謬的選區，是覆蓋一半的愛達荷州且具有民主黨多數。

而且自由意志黨的困境又該怎麼辦呢？美國人投給自由意志黨眾議院候選人的比例始終在 1% 左右浮動；該黨從未有任何代表當選過，更別提比例代表所應許的 3 到 5 席了。因為沒有所謂的自由意志黨城

15　公平起見，這兩州自 2008 選舉後各有一位出自小黨的代表擔任一次任期。

市甚至鄰里（不過想像一下挺有趣的）。加拿大的選舉制度和美國很類似，那裡的分歧更加嚴重；在 2019 年的聯邦選舉，新民主黨獲得 16% 的選票，而魁北克政團黨（Bloc Québécois）僅得到 8%，但魁北克政團黨的選民集中在單一省分，因此在國會中佔了更多席次。

順帶一提，加拿大雖然有美國式的立法機構，但沒有傑利蠑螈的問題。不是因為加拿大人比美國人正直，而是因為加拿大自 1964 年起，就將選區（在那裡叫做 "ridings"）的劃分交付給非黨派委員會。在那之前，選區劃分就跟美國一樣充斥黨派動機而骯髒不已。加拿大的第一任總理保守黨的約翰．麥克納爵士（Sir John Macdonald）手握分區筆，不遺餘力地打壓對手自由黨的勢力，自由黨人又被稱為「沙石」（Grits）。1882 年選舉所用的地圖厚顏無恥到激發了《多倫多環球報》（*Toronto Globe*）刊載的這首詩，絕對是以四音步抑揚格做成的最佳傑利蠑螈原則解釋：

因此讓我們重新分配
那些有疑慮的選區
以提升我們的前景；
將沙石們聚集在原本
就強大到無法打敗之地；
強化我們較弱的部分
藉由合併重鎮的援兵
確實這再自然不過
在偉大的保守黨領袖之下！

比例代表是絕對合理的系統，許多國家的立法機構都採用這種制度，但那不是我們的系統，預期美國選舉的結果符合比例代表並不合理。雖然如此，傑利蠑螈者交流時依舊擔憂比例原則。在一場建議共和黨如何劃分出對他們有利的地圖又不致讓法官判定不法的閉門會議中，一名參與者暗中錄音，錄下了共和黨選舉律師漢斯・馮・斯帕科夫斯基（Hans von Spakovsky）警告他的聽眾，可能在法庭上試圖推翻地圖的那些人：

> 他們主張，假設民主黨的總統候選人在總統選舉中得到全州票數的 60%，那為何他們就該擁有 60% 的州立法席次和 60% 的國會席次？

這是錯的，不過我不知道斯帕科夫斯基是否知道這是錯的。比例代表並非改革者所訴求的標準，那麼是什麼呢？

注意差距

2004 年的最高法院的〈文斯 v. 朱貝利爾案〉（*Vieth v. Jubelirer*）使得黨派傑利蠑螈陷入奇怪的法律邊緣地帶。四名大法官覺得以傑利蠑螈使黨派獲利的做法完全不可審理，亦即這是純粹的政治事務，聯邦法院被禁止干涉，另四名大法官覺得那地圖嚴重侮辱代表權到構成違憲的程度。

安東尼・甘乃迪大法官（Anthony Kennedy）在本案中如同在許多其他案一樣為法庭關鍵，他加入多數派支持該案的傑利蠑螈地圖，但不同意多數意見書提交者關於可審理性的關鍵事項。法庭的確有權力也有義務阻止黨派傑利蠑螈，他寫道，只要有合理的標準可供法官用於判定地圖不堪到令憲法作嘔。

我們已看到這個標準不是比例代表，也不是幾何緊實度的度量。所以需要一個新概念。改革者從政治學家麥吉（Eric McGhee）和法學教授斯蒂芬諾普洛斯（Nicholas Stephanopoulos）那裡找到一個，即「效率差距」（efficiency gap）。

請記得：傑利蠑螈奏效的意思是你的黨派在大部分選區小贏，在少數選區大輸。你可以把這想成是把黨派選民「有效率的」分配。透過這層濾鏡來看繪兒樂方案 2，我們可以看到紫黨效率的重大失敗。他們在第 7 選區以 8.5 萬－1.5 萬大勝有什麼好處？如果把其中 1 萬個選民換到第 6 區，將第 6 區的 1 萬個橘黨選民交換到第 7 區，他們還是能以 7.5 萬－2.5 萬的絕對差距贏得第 7 區，而且還能以 5.5 萬－4.5 萬拿下第 6 區，而不是以同樣差距輸掉。

紫黨在第 7 區多出的票數以紫黨觀點而言是浪費了。以斯蒂芬諾普洛斯和麥吉的話來說，「浪費的選票」是

> 投在本黨輸掉的選區的選票；或是
> 在本黨獲勝的選區，超過 50% 門檻的選票

在方案二，紫黨浪費了大量選票，圖表如下：

浪費的	紫黨票數	橘黨票數	浪費的
45,000	45,000	55,000	5,000
45,000	45,000	55,000	5,000
45,000	45,000	55,000	5,000
45,000	45,000	55,000	5,000
45,000	45,000	55,000	5,000
45,000	45,000	55,000	5,000
35,000	85,000	15,000	15,000
35,000	85,000	15,000	15,000
30,000	80,000	20,000	20,000
30,000	80,000	20,000	20,000

在六個輸掉的選區中，紫黨各浪費了 4.5 萬張選票；在第 7 和第 8 選區，超過紫黨佔多數所需的 3.5 萬張選票也浪費了；而在第 9 和第 10 選區，16 萬張紫黨選票中的 6 萬張浪費了。總共加起來就是 6×45000 ＋ 70000 ＋ 60000，亦即 40 萬張浪費的票數。

相反地，橘黨的效率高得驚人。在前六個選區都各自只浪費了 5000 張選票；而在輸掉的選區它都慘輸，在第 7 和第 8 選區只浪費了 3 萬張選票，在第 9 和第 10 選區只浪費了 4 萬張選票，總共浪費了 10 萬張選票，比紫黨少了 30 萬張。

效率差距就是兩黨[16]浪費的票數差距，以總票數的百分比形式表達。在方案二中，差距是 100 萬張中的 30 萬張，即 30%。

這是巨大的效率差距。在真實選舉中這數字通常是個位數。有些

16　兩黨？那萬一……對，我知道，我知道。有兩個以上的黨涉及的量化傑利蠑螈題目大多尚未有人探索，我鼓勵你去想！

律師建議數字如果超過 7%，法院就應該介入仔細調查。

我們為繪兒樂擺出的方案不是差距都這麼大。以下是方案一的圖表，即符合比例代表的地圖：

浪費的	紫黨票數	橘黨票數	浪費的
25,000	75,000	25,000	25,000
25,000	75,000	25,000	25,000
25,000	75,000	25,000	25,000
25,000	75,000	25,000	25,000
25,000	75,000	25,000	25,000
25,000	75,000	25,000	25,000
35,000	35,000	65,000	15,000
35,000	35,000	65,000	15,000
40,000	40,000	60,000	10,000
40,000	40,000	60,000	10,000

紫黨在前六個選區各浪費了 2.5 萬張票，在第 7 和第 8 選區只浪費了 3.5 萬張選票，在第 9 和第 10 選區只浪費了 4 萬張選票，總共浪費了 30 萬張選票。橘黨在前六個選區也浪費了 15 萬張票，但在第 7 和第 8 選區只各浪費了 1.5 萬張選票，在第 9 和第 10 選區只各浪費了 1 萬張選票，總共浪費了 20 萬張選票。所以效率差距降到 100 萬張中的 10 萬張即 10%，仍然對橘黨有利。在方案 4，紫黨佔據所有席次的地圖中，橘黨在每一選區都浪費了 4 萬張票，而紫黨只浪費了 1 萬張；所以同樣是巨大的 30% 效率差距，這次卻對紫黨有利。那麼方案 3 呢？

浪費的	紫黨票數	橘黨票數	浪費的
30,000	80,000	20,000	20,000
20,000	70,000	30,000	30,000
20,000	70,000	30,000	30,000
20,000	70,000	30,000	30,000
15,000	65,000	35,000	35,000
15,000	65,000	35,000	35,000
5,000	55,000	45,000	45,000
45,000	45,000	55,000	5,000
40,000	40,000	60,000	10,000
40,000	40,000	60,000	10,000

現在兩黨浪費的票數都一樣了：25 萬張。這張地圖的效率差距是零；以這個度量的觀點來看，是最公平不過的方案，雖然偏離了比例代表原則。

在我看來，這樣很好！在實務上，由中立裁決人劃分的地圖極少會趨近比例代表，佔席數和得票數都接近 50－50 的情況除外。相反地，佔席數通常會比得票數更大於 50－50。依照效率差距的標準，一場選舉中若一黨獲得 60% 的票數且取得 60% 的立法席次，可能是傑利蠑螈的明證而非反證。

效率差距是一個客觀的度量，易於計算，而且大量經驗證據表明，它在我們已知遭到傑利蠑螈的地圖上會明顯跳出，比如威斯康辛州的地圖，所以迅速成為提告者的最愛。效率差距也是在歷經多年法律糾紛，於 2016 年駁回威斯康辛州地圖的法院訴訟案中的關鍵。

這裡我又要把橄欖球移開一下了。[17] 效率差距幾乎是一流行起來就備受批評了，它有缺點，好幾個。其一，它非常不連續。票數是否浪費的基準是誰贏了該選區，這意謂著選舉結果的微小變化，就會使效率差距大幅改變。如果紫黨以 5.01 萬－4.99 萬贏了一個選區，橘黨在那裡就浪費了 4.99 萬張票，而紫黨只浪費了 100 張票。如果票數微幅變化成橘黨以 5.01 萬－4.99 萬獲勝，浪費的票數就會換邊；現在是紫黨浪費了將近 5 萬張票。這使得效率差距改變了近 10%！一個好的度量不該如此善變。

效率差距的另一個問題比較偏向法律而非數學。要讓法庭駁回一張地圖，或甚至只是讓案件開庭，提告人必須要有資格（standing）；也就是說，原告必須證明個人親身因州地圖而有部分憲法權利受損。當選區大小差異極大時，誰受害很明顯：在巨大選區裡，一個人的選票效力較弱。在傑利蠑螈案裡的資格宣告就混淆不清了，效率差距的幫助也不大。誰的權利受損，或至少被有意義地縮減？不可能是所有票數被計為「浪費」的人——舉例來說，那就包含所有在激戰選區中輸掉那方的所有人，但在競爭最激烈的選區中的選民，顯然看起來不像是投票權受損。資格議題正是威斯康辛州案在美國最高法院觸礁的原因，法院一致認為原告在證明他們「親身」受到傑利蠑螈侵害方面做得不足。案件被發回威斯康辛州補齊，但再也沒能回到最高法院，最高法院決定採用北卡羅萊納州和馬里蘭州案，對傑利蠑螈做出判決。

效率差距也有過度僵化的問題。當每個選區的票數都一樣時，就像我們的繪兒樂範例，事實證明效率差距會是下列兩者的差：

17 史努比四格漫畫中的經典畫面，露西擺好球要讓查理踢球，又突然把球移開，讓查理一腳踢空跌倒。

獲勝政黨所贏得的票數差距

及

獲勝政黨所贏得的席次差距的**一半**

所以一旦所贏得的席次差距正好是所贏得的票數差距的兩倍，效率差距就會是零，越是接近這個標準，效率差距就越小。在繪兒樂州，紫黨贏得的票數差距是 20 點，所以就效率差距而言，「正確」贏得立法席次差距應該是兩倍，即 40 點。這也正是效率差距零的方案 3 的情形，紫黨贏得 70% 的席次。在方案 1 中，紫黨的票數和席次都贏了 20%，所以效率差距是 20%－10% ＝ 10%。

法庭不喜歡特定得票數有單一「正確」席次的系統，那帶有比例代表的意味，即使是像本例一樣公式通常與比例代表不相容時。

我說「通常」不相容，因為只有在一個情況下，效率差距和比例代表（可能你也會）對公平的看法一致，也就是兩黨各得一半選票。也就是你也許會預期，所謂「公平」的地圖應該要滿足基本的對稱。如果州內的人口確實均勻分布，兩黨的立法席次不是應該相等嗎？

威斯康辛州的共和黨會說不是。而不論我對他們在 2011 年春季所做的選區劃分詭計做何感想，我不得不承認他們的確有其道理。

繪兒樂州的地圖 2 將多數席次給了橘黨，即使紫黨的得票數遠勝過他們。但要是州內的紫黨人都集中在幾個深紫的都會區，而大範圍的鄉村地區都是偏橘呢？有可能即使沒有繪圖者的操弄，你也會看到許多這樣的結果。如果是紫黨自己在傑利蠑螈，這樣的不對稱真的不公平嗎？

威斯康辛州的共和黨籍檢察長布拉德．席梅爾（Brad Schimel）在給最高法院的法庭之友訴訟要點（amicus briefs）中主張，威斯康辛州的情形正是如此。我所住的麥迪遜議會選區 AD77，有 28,660 票投給民主黨的托尼．埃佛斯，共和黨的史考特．沃克只得到 3,935 票。在密爾瓦基的第 10 選區，埃佛斯更強勢，以 20,621 對 2,428 大勝。共和黨在任何選區都沒能贏這麼多。這不是因為傑利蠑螈把這幾個距離塞滿了民主黨，而是麥迪遜就是很多民主黨。

席梅爾主張，50–50 的票數就應該產生 50–50 的席次這種表面公平的標準，事實上是對共和黨不利的偏頗，不只是在威斯康辛州，而是在每一個人口密集城市由民主黨選民佔多數的州都是如此——也就是說，幾乎是所有州。

兩黨統計學瀆職

那份訴訟要點裡的觀點並非全都很好。43 號法案地圖具防選民設計，對選民心情的一致性改變具有抗性；若每個選區都以固定比率移向民主黨，需要相當大的幅度才能瓦解共和黨設定好的優勢。席梅爾的責任是否認自身黨派千辛萬苦創造出的地圖效力。而他指出，99 個選區的波動並非全都一致。

有許多全州統計度量可以計算出這些波動的一致性程度，以及 43 號法案地圖在較真實的年度變數模型下，對抵制民主黨獲勝的抗性程度。那會是很有趣也很有用的分析，但席梅爾不是這麼做的。

他反而是挑出一個選區，即州參議員第 10 選區，在一次選舉中共和黨的得票率是 63%，而下一次是 44%，這是 19 點的波動。在這麼短的時間內，州內有可能增加這麼多民主黨人嗎？席梅爾估計，若是這樣的話，民主黨很快就會「*贏得 99 個選區中的 77 個*」（緊湊的斜體是席梅爾用的），我猜傑利蠑螈其實沒那麼嚴重吧！

席梅爾沒說的是，第 10 選區由民主黨的派蒂・沙赫特納（Patty Schachtner，一名育有九子的獵熊奶奶，之前的最高職位是郡法醫）當選，是於 1 月舉行針對一席空缺的特殊選舉，投票率約是一般選舉年的四分之一。在那之前的選舉，獲得 63% 票數的共和黨候選人是連任十六年的現任者。你不能以這個例子來推論威斯康辛州的政治會在十八個月中波動 19 點，除非你很小心地挑選資料來獲得這個結論，而席梅爾正是這麼做。[18]

這種統計上的瀆職行為不僅限於威斯康辛州共和黨人。2018 年威斯康辛州民主黨議員候選人的總票數為 1,306,878，共和黨議員候選人僅獲得 1,103,505 票。也就是民主黨候選人獲得了 53% 的選票——但僅贏得了 99 個席位中的 36 席。背離比例代表制是還好，但不僅僅如此；而是幾近無法否決的多數（veto-proof majority）被獲得較少選票的政黨奪取。這項統計被廣為分享。它出現在瑞秋・梅道（Rachel Maddow）熱門的自由主義電視節目中，並被威斯康辛州民主黨領袖發布在推特上，作為威斯康辛州選區地圖遭操縱的鐵證。

但我沒有提到，請容我加以解釋。傑利蠑螈的主要效用是將民主黨人塞入高度同質的選區中，而共和黨在這類選區中原本就毫無勝

18 附加證明：確實，在 2020 年 11 月，沙赫特納第一次參加正規選舉，結果以 19 點差距競選連任失敗。

算。在民主黨佔上風的年份，比如 2018 年，共和黨根本不用推出候選人。所以 2018 年 99 個選區中有 30 個根本沒有共和黨候選人——當然，我所在的麥迪遜選區也是其中之一——相對而言，只有 8 個選區沒有民主黨候選人。這 30 個沒有對手的競選原本也會給共和黨一些票數，如果有人願意出馬參選的話。但 53% 的得票率讓他們看起來像是毫無共和黨情懷。

席梅爾和梅道的數字都對，但這樣反而更糟！一個錯誤的數字可以被糾正，一個被選來製造錯誤印象的真實數字反而更難對付。人們常抱怨，現在已經沒人喜歡事實、數字、理性和科學了，但身為一個公開談論這些的人，我可以告訴你這並非實情。人們喜愛數字，也對數字印象深刻，有時過了應有的程度。以數學妝點的主張帶著某種權威性，如果你是這樣運用它的人，你特別有責任改正過來。

錯誤的問題

如果就連均等票數應該產生均等席位這種基本原則都不可靠，那還有什麼希望可以定義公平嗎？我們該如果判斷繪兒樂州的四份地圖中哪一份是對的？是符合比例代表，紫黨取得 6 席而橘黨 4 席的方案 1？還是效率差距為零，紫黨以 7—3 獲勝的方案 3？那麼方案 4 呢？讓紫黨取得全部席次感覺是錯的，但如我們所見，如果繪兒樂州恰好在政治上十分均質的話就會發生這種事，不分城市鄉村，不分東南西北，紫黨和橘黨都是 60—40 的比率。在這種情況下，不管你怎麼劃分，每個選區都會以 60—40 傾斜向紫黨，最後你得到的就是單色的立法機構。

威斯康辛州的共和黨會建議，就連方案 2 也不該排除在外；如果紫都的紫黨人夠集中，那麼合理的地圖就是會產生 4 個高票數紫黨選區和 6 個中等橘黨選區。

我們似乎陷入了僵局；沒有明顯的方式能判別這些數字並同意哪張地圖是公平的。這種徒勞無功的感覺正是傑利蠑螈所樂見的，他們希望能不受約束地暗中搞鬼。這也是傑利蠑螈在法庭辯護時所有論點的中心：也許公平，也許不公平，只可惜沒辦法判斷，庭上。

也許不公平。但你和我都不是法官，目前我們都是數學家。我們不受法律的限制；我們可以用手邊的任何工具來探索事情的真相。如果我們運氣好，就能想出能在法庭上站得住腳的東西。

傑利蠑螈的法律攻防戰在 2019 年 3 月達到高潮，美國最高法院聽取兩案的口頭辯論，這兩案有可能關上或打開甘乃迪大法官所留下半開半關的憲法之門。甘乃迪本人並未在場；他在一年前退休了，取代他出庭的是尼爾．戈薩奇 (Neil Gorsuch)。其中一案，〈魯喬 v. 共同志業案〉（Rucho v. Common Cause），出自北卡羅萊納州；另一案，〈拉蒙 v. 貝尼斯克案〉（Lamone v. Benisek），出自馬里蘭州。兩案中的爭議地圖都與美國眾議院選區有關；北卡羅萊納州地圖是遭到共和黨傑利蠑螈，安排成該州的 13 席中由共和黨穩拿 10 席，而馬里蘭州的全民主黨政府則是將共和黨原本尚可的席次砍到剩下八分之一。馬里蘭州繪圖者的顧問是民主黨國會老將兼議院多數黨領袖斯坦利．霍耶（Steny Hoyer），他曾在受訪時說：「我就明白地說吧，我是連續傑利蠑螈者。」諷刺的是，霍耶的政治生涯開端，是他以二十七歲的政治菜鳥之姿贏得 1966 年馬里蘭州參議院的 4C 區席次，而這個席位之所以存在，正是前一年因為在〈雷諾德 v. 西門斯案〉案的餘波下，最高法院駁回馬里蘭州大小不均的參議員選區（可惜艾薩克・洛伯・施特勞斯沒能活著看到這一天）。

這兩起雙胞案給了法院絕佳機會，以不偏袒任一黨的姿態裁決傑利蠑螈。最受矚目的國內傑利蠑螈案，在如北卡羅萊納州、維吉尼亞州和威斯康辛州等地，是由共和黨所劃分，所以選區重劃改革向來看起來是民主黨在抗爭；但有些備受關注的共和黨官員，像是俄亥俄州州長約翰・凱西克（John Kasich）和亞歷桑納州參議員約翰・馬侃（John McCain）也表示反對傑利蠑螈，並提交法庭之友訴訟要點給法院，陳述偏頗繪圖對民主影響的自身慘痛經歷。國內各地的專家也提供他們的訴訟要點，有位歷史學家的訴訟要點引述了至少十一篇不同的《聯邦黨人文集》（*Federalist Papers*）；有一份訴訟要點出自公民權利團體，強調對少數族群權利的衝擊；有一份政治學家的訴訟要點，反駁歐康納大法官關於傑利蠑螈問題會自行解決的觀點；以及，最高法院有史以來頭一次，有一份數學家們的訴訟要點，[19] 我也署名了，再過幾頁我們就會談到其中內容。

數學家就像《魔戒》（*Lord of the Rings*）裡的樹人，我們不喜歡捲入世俗的狀態衝突，因為這與我們緩慢的時間尺度不同步。但有時候（對了，我還在這個樹人的比喻中），人世的事件嚴重侵犯了我們的特定利益，以至於我們不得不涉足。我們的干預在這裡是必要的，因為對問題的本質存在一些根本性的誤解，而我們希望透過我們的訴訟要點加以糾正。從口頭辯論一開始，就很明顯我們還沒有完全成功。戈薩

19 技術上來說是「數學家、法學教授和學生的法庭之友訴訟要點」，不過其中大部分都是數學家。

奇大法官在質疑北卡羅來納州原告的律師埃米特・邦杜蘭特 (Emmet Bondurant) 時，直切他認為的重點：「偏離比例代表多少就足夠決定結果？」

在數學裡，錯誤的答案很糟，但錯誤的問題更糟，而這就是錯誤的問題。如我們所見，在中立劃分的選區中，比例代表並非常態。沒錯，北卡羅萊納州有超過四分之三的選區都牢牢掌握在共和黨手中，即使北卡羅萊納州的選民還不到選舉人團的四分之三，但這並不是原告要求法院修正的真正問題。

大法官們為何希望訴求是這個，原因很顯而易見，因為這會讓他們的工作變得簡單；他們只要說不行就好。〈戴維斯 v. 班德梅案〉已經確立，不符比例代表不會使一張地圖違憲。但〈魯喬案〉的真正議題更為微妙。要解釋的話，就像在數學中遇到卡關情形時通常的做法，我們必須回到問題的開端重來一次。

酒醉選區劃分

我們之前試圖找到一個數字化的「公平」標準，但失敗了。原因在於我們犯了一個基本上的哲學錯誤。傑利蠑螈的對立面不是比例代表，或零效率差距，或應該符合任何特定的數學公式。傑利蠑螈的對立面是非傑利蠑螈。當我們問一個選區地圖是否公平，我們其實想問的是：

這個選區劃分產生的地圖是否近似於中立黨所繪？

我們一下子就踏入會讓律師抓耳撓腮的境界了，因為我們問的是反事實（counterfactural）問題：在更公平的不同世界會怎麼樣？老實說，這聽起來也不太像數學。這個問題必須得知繪圖者的意圖，數學瞭解意圖嗎？

走出這片荊棘密林的道路，最先是由政治學家陳家偉（Jowei Chen，音譯）和喬納森·羅登（Jonathan Rodden）所開闢。他們對傑利蠑螈慣用的度量問題感到困擾，尤其是 50% 得票率應獲得 50% 立法席次的原則。他們很清楚，在城市選區某一黨派選民的集中，會造成他們所謂「非蓄意的傑利蠑螈」，會對鄉村黨有利，即使地圖是由非利益行動者來劃分也是如此。這正是我們在繪兒樂州所看到的；選民集中在少數選區的黨派在獲取席次上處於不對稱的劣勢。但這樣的不對稱足以解釋我們所看到的差距嗎？想知道答案，你就需要中立黨派為你劃分地圖。如果你不認識任何中立黨派，你可以寫程式讓電腦代勞。陳和羅登的想法現在已成為我們思考傑利蠑螈的核心，就是自動產生地圖，而且是大量地以一個對兩黨毫無偏頗的機械過程來產出，不偏頗是因為我們編寫程式時並未要求它偏頗。因此我們可以改寫我們最初的直覺：

> 這個選區劃分產生的地圖是否近似於電腦所繪？

當然了，電腦可以用很多不同方式繪製地圖；所以何不藉由電腦的能力，讓我們遍覽所有可能？於是我們就能再次改寫我們的問題，這次聽起來終於開始像數學了：

> 這個選區劃分產生的地圖是否近似於從所有合法地圖中**隨機選出**的地圖？

這符合我們的直覺，至少一開始是；你可能會想像，一個真正對各黨拿到多少席次漠不關心的繪圖者，對用什麼方式裁切威斯康辛州也會同樣無所謂。如果有一百萬種裁切法，你就丟一個一百萬面的骰子，看看上面的數字，挑出地圖，然後休息到下次人口普查。

但其實這不太對。有些地圖比其他的好，有些則根本就不合法——例如，如果選區不連續，[20] 或是違反了〈選舉權利法〉中要求選區能讓少數族群選出代表，或是選區內的人口數彼此間的差距超過規定。

即使是沒有違反法條的地圖，我們也有偏好。州政府希望反映自然的政治分界，避免切開郡、城市和鄰里。我們希望我們的選區合理地緊實，依此脈絡，我們希望選區的邊界不要太曲折。你可以想像依這些度量面向給每個選區地圖打分數，這些度量的法律術語是「傳統選區劃分標準」，不過我會叫它「靚度」。現在你可以從合法選擇中隨機選一個選區，不過挑選方式是對最靚的地圖有利。

所以讓我們再試一次：

> 這個選區劃分產生的地圖，是否近似於以偏向「靚度」但對政黨結果無偏向的方式，從所有合法地圖中隨機選出的地圖？

20　除了內達華州，只有這一州沒要求連續——留著這概念，我們等一下會用到！

現在問題來了。我們為何不讓電腦再次搜尋，直到找到最靚的地圖，也就是最能尊重郡界且非凸周長最少的地圖？

不這麼做有兩個理由。一個是政治上的，根據我的經驗，實際與州政府打過交道的人一致認為，民選官員和他們的選民痛恨由電腦劃分的這想法。選區是透過應該代表我們利益的官方給予州民的任務，他們不會接受你把這任務交給無法審計的演算法。

如果你不喜歡這理由，還有另一個：因為這無異於大海撈針。電腦可以從 100 張地圖中選出最好的，也能從 100 萬張地圖中選出最好的。但可能的選區劃分數……比那多太多了。記得 52 階乘嗎？那個一副牌可能順序數的天文數字。和把威斯康辛州分成 99 個人口數大致均等的毗連區域的方法數比起來，[21] 那數字都顯得是滄海一粟。這意謂著你無法隨手要求電腦評估每張地圖的靚度，並挑出最好的一張。

相反地，我們只看一些可能的地圖，我所謂的「一些」是指 19,184 張。你會得到如下的圖表：

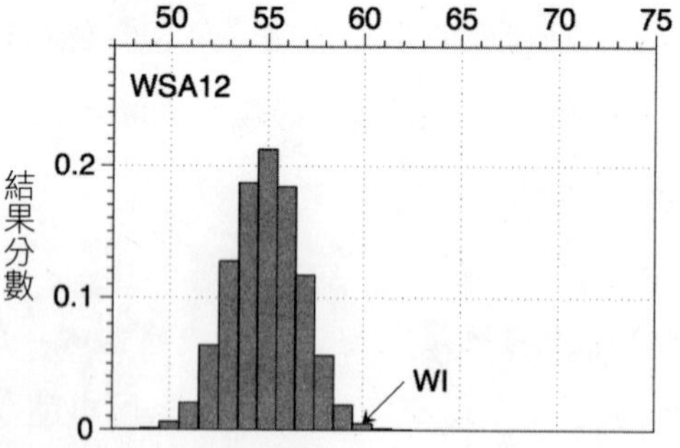

你看到的這個是**集成**（*ensemble*），是由電腦隨機生成的一套地圖。這部特別的電腦是由杜克大學的格雷戈里．赫施拉格（Gregory

Herschlag）、羅伯特・拉維爾（Robert Ravier）和喬納森・馬廷利（Jonathan Mattingly）管理。對於這 19,000 多張隨機生成的地圖中的每一張，他們取 2012 年威斯康辛州議會選舉中實際投給民主黨和共和黨的選票，分配給自動生成的新選區。[22] 計算每張地圖中共和黨獲得較多票數的選區數目，那就是你在上面的條形圖中看到的。最常見的結果，發生在超過五分之一的機器生成地圖中，是共和黨贏得 55 席，頻率稍低的是共和黨贏得 54 席或 56 席，這三種可能性涵蓋了一半以上的模擬。當你從最頻繁出現的結果，[23] 也就是 55 席，向任一方向移動得更遠時，條形圖也漸低；像許多隨機過程一樣，它形成了類似鐘形曲線的樣子，結果與 55 席相差甚遠的可能性很小。套句統計學術語，那些是「離群值」（outliers）。

2012 年將選民分成 60 個選區有較多共和黨人，而只有 39 個有較多民主黨人的選區劃分，就是其中一個離群值。這張地圖顯示共和黨的成果好到可能性極低，在兩百次的電腦試驗裡出現不到一次。或者也可以說——在地圖是由無黨派利益的人或機器隨機選出時，這種地圖出現的可能性極低。反過來說，如果這張地圖是由一群關在上鎖的房間裡一心想將共和黨席次最大化的顧問選出，那就非常有可能了。

---

21 這個數字沒有已知的明確公式，甚至是尚可的近似值。將 9×9 正方形中的 81 個小格分成 9 個大小相等的區域的方法數量，且每個區域都相連——就是可能的「拼圖數獨」的數量，如果你喜歡這種遊戲的話——已經是 706,152,947,468,301。威斯康辛州有 6,672 個小區，而你必須將把它們劃分為 99 個區域。

22 這裡有皺紋，像是那在真實選舉中住在無競爭區的人怎麼辦？你只能盡量猜，要是各黨都有一位候選人，這些選民可能會怎麼投。你可以透過這一區在總統、參議員、眾議員的競爭選舉同時進行時的投票行為來外推。

23 出現頻率最高的變數值——條狀圖的峰值位置——通常被稱為「眾數」（mode），這又是卡爾・皮爾森發明的另一個詞。

這個集成也呈現了威斯康辛州立法機構對其地圖辯護時的謊言。他們說，要是民主黨人自己選擇聚集在城市裡，與他們吃羽衣甘藍的自由派同類在一起，我們也沒辦法；那會讓即使得票數相等，結果也會偏向對共和黨有利。

確實如此！但在集成圖裡，我們可以估計其真實程度。在2012年，如果是一張典型中立劃分的地圖，在民主黨和共和黨幾乎對分全州議會票數的情況下，會讓共和黨取得55-44的多數，比他們實際取得的60-39多數少了許多。六年後，在2018年選舉中，史考特．沃克獲得不到一半的選票；即使如此，一張典型中立的地圖會讓他在57個議會選區中領先，但共和黨劃分的地圖卻創造出63個倒向沃克的選區！威斯康辛州的政治地理有利於共和黨；他們從傑利蠑螈中獲得的超級推進力卻遠遠勝出。

至少，有時候是如此。2014年是中期選舉年，當時全美國民情偏向共和黨。共和黨在威斯康辛州表現得很好，獲得將近52%的全州議會選票，但是他們的議會多數只增加了三席，贏得99席中的63席。用19,184張隨機地圖來過濾同次選舉，它看起來一點也不像離群值；事實證明，在2014年的選舉中，63席共和黨席次正是隨機中立地圖可能出現的結果。

發生了什麼事？傑利蠑螈不到兩年就失去魔力了嗎？那就證明傑利蠑螈不需要司法干預，它會像宿醉一樣自行消退。但事實並非如此，而是比較像福斯汽車（Volkswagen）。幾年前這家車廠被揭露系統化地規避汙染檢測，廠方在其柴油車中安裝軟體，使檢測者以為引擎排放符合標準。運作方式如下：當軟體偵測到汽車正在受檢，此時會開啟防制汙染系統。其他時候，車子都奔馳在路上盡情排放廢氣。

威斯康辛州地圖也是類似的大膽操作，而集成法將它揭露出來；因為集成法不但呈現了州選舉的實情信息，還呈現了如果選情稍有不同可能會發生什麼事。如果我們取 2012 年的議會選舉，將 6,672 個小區朝民主黨或共和黨移動 1% 呢？傑利蠑螈是會低頭還是報廢？這與共和黨設計地圖之初，凱思．蓋迪運用的反事實是同一思路，而這揭露了驚人的事實。在共和黨獲得全州多數選票的選情下，傑利蠑螈不會起太大作用；反正這些選舉共和黨本來就會取得議會多數。只有在選情偏向民主黨時，傑利蠑螈才會真正發揮作用，就像防火牆一樣，在違反主流民意的情況下維持共和黨多數。你可以在 401 頁看到圖表中的防火牆：在共和黨表現好的年份，圓點和星狀相去不遠，但隨著共和黨的得票率降低，星狀距離圓點就越遠，頑固地守在 50 席的線上，讓共和黨取得多數。

杜克大學的團隊透過集成，估算出 43 法案地圖的表現確實如蓋迪所預測的。這張地圖能確保議會落在共和黨手裡，除非民主黨在全州票數領先 8 到 12 個百分點，這種差距在這個幾乎均分的州極難達成。身為數學家，我很驚艷，身為威斯康辛州選民，我感覺不太好。

我還有一件事沒提。還有 600 卡吉里百萬（kajillion，指難以估計的天文數字）張可能的地圖；所以我們無法挑出最好的一張。那我們是怎麼隨機選出 19,000 張的？

這個嘛，我們需要一位幾何學家。孟．杜欽（Moon Duchin）是麻州塔夫茨大學的幾何群論家兼數學教授，她在芝加哥大學的博士論文是關於在泰希米勒空間（Teichmuller space）中的隨機漫步。不用擔心泰希米勒空間是什麼，[24] 重點放在隨機漫步上就好，那是關鍵。我們在圍棋位置上見過它，在洗牌上見過它，甚至在蚊子身上也小規模地見過它：一個隨機漫步，我們的老朋友馬可夫鏈，正是探索無可計數之龐大選項的良方。

請記得——要在選區中隨機漫步，你需要知道你可以從哪一個地圖撞進哪一個地圖，也就是說，你需要知道哪些地圖**靠近**其他哪些地圖。這讓我們回到幾何學，不過是很高層次且概念性的幾何：不是威斯康辛州的幾何，而是將那幾何分為 99 塊的所有方式的幾何。繪圖者正是用這種幾何去找到他們的傑利蠑螈，數學家也必須詳細闡述這種幾何，以呈現傑利蠑螈究竟是何等恐怖的離群值。

關於威斯康辛州本身該用何種幾何這點毫無爭議。麥迪遜鄰近霍雷布山（Mount Horeb），梅庫恩（Mequon）鄰近布朗迪爾（Brown Deer）。至於所有選區劃分空間的高層次幾何就有很多選擇；事實證明這些選擇很重要。我最喜歡的是杜欽連同達里爾·德福特（Daryl DeFord）和賈斯汀·所羅門（Justin Solomon）一同開發的，叫做 ReCom 幾何，是「重組」（recombination）的簡寫。在這個幾何中隨機漫步的運作方式如下。

1.在地圖上隨機選兩個相鄰的選區。

2.把兩個選區結合成一個兩倍大的選區。

3.隨機將兩倍大的選區分成兩半，形成新地圖。

4.檢查新地圖是否違反法律規定；若是，則回到第 3 步驟的另一種分法。

5.回到 1 再來一次。

---

24 若你非要知道，這是一種全二維幾何的幾何，依 20 世紀初期數學界最狂熱的納粹分子命名，但絕非完全由他開發。

第 2 和第 3 步驟的「分與合」（或「重組」），對選區劃分來說就像是洗牌一樣。就跟卡牌一樣，你可以在幾步內探索很多很多不同組態。這是一個小世界。洗牌七次就可以使整副牌成為隨機，但很可惜七次重組還不足以探索選區的劃分空間。十萬次重組似乎就可以了；聽起來很多，但與逐一篩選**所有**選區劃分比起來只是小意思。你可以用筆電在一小時內完成十萬次重組。這樣就有足夠大的中立劃分地圖集成，可以用來比較你懷疑遭到傑利蠑螈的地圖。

集成法的重點不是要完全消滅黨派傑利蠑螈，就像〈雷諾德 v. 西門斯案〉的重點並不是要求選區的人口數要完全均等。繪圖者的每個決策，從保護現任者到推動競爭，都可能有黨派效應。目標不是要執行不可能的絕對中立，而是阻止嚴重的侵害。

回想泰德．歐曼對共和黨立法者所說的，該黨有「責任」抓緊機會鞏固政權。如果你的職責就是取得立法機構的多數，而法律容許你用盡各種骯髒手段，那麼骯髒就是你的責任。削弱傑利蠑螈的威力，確立某種程度的不公是民主無法容忍的，對整個過程會產生健康的效應。如果傑利蠑螈的報酬不是那麼豐厚，政治人物就比較可能做出合理的妥協。如果你不希望小孩順手牽羊，也許就不要把**那麼**多糖果放得**那麼**靠近店門口。

圖形、樹和洞的凱旋

我可以把重組中將兩倍大的選區分成兩半的部分搪塞過去，但我不會，因為談論這個，讓我可以重提先前的兩個角色。首先，選區中的投票小區，就像電影裡的明星或碳氫化合物中的原子，會形成網絡，或是西爾維斯特所稱的圖形：頂點是選區，當兩個對應選區相鄰就代表兩個頂點相連，如果多個小區看起來像這樣：

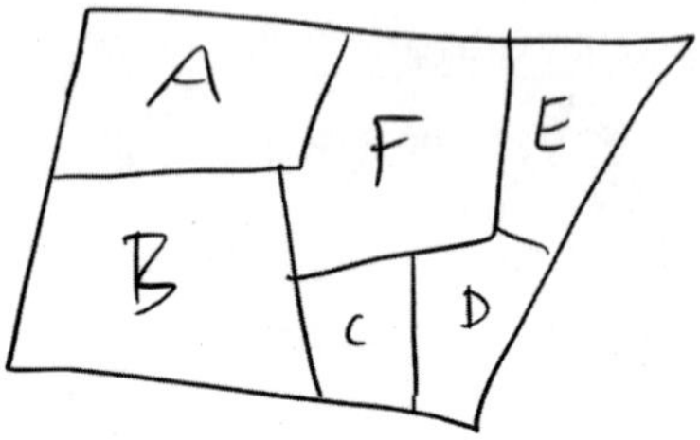

圖形就會是這樣

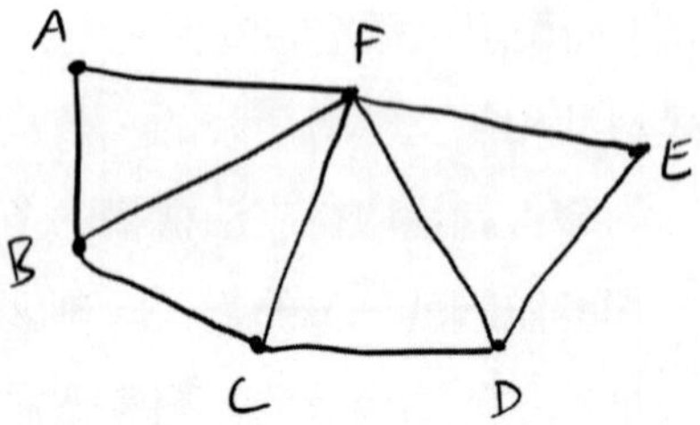

我們需要找到一個方式，將小區分成兩組，同時還要確保各組自成相連的網絡。

把 A、B 和 C 放在一組，而 D、E 和 F 放在另一組可行：

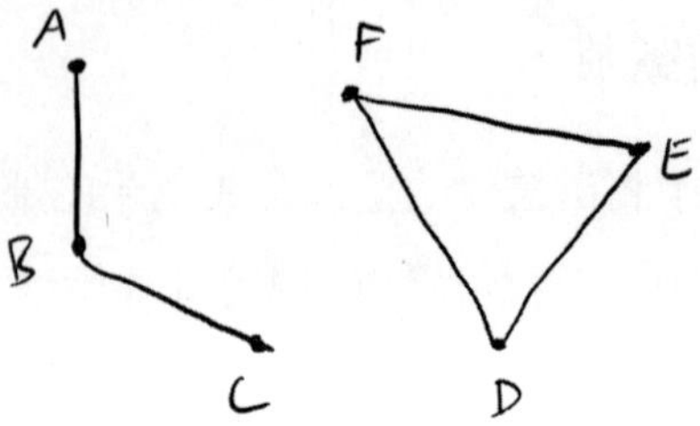

但把 C、D 和 F 放在一組，剩下的 A、B 和 E 就無法形成相連的選區

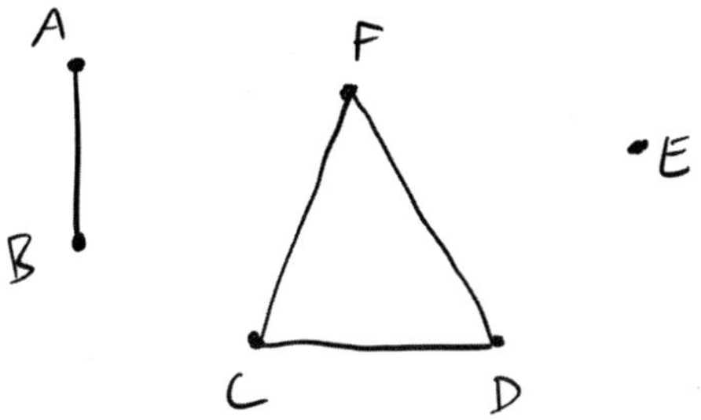

我們正站在圖形論蠢蠢欲動的火山口邊緣。巴爾的摩烏鴉隊的攻擊線鋒約翰．烏爾舍爾（John Urschel）在 2017 年放棄了他的職業美式足球生涯，開始研究這一塊，因為這是他一直以來真正心繫的。他離開美式足球界後的第一篇論文，就是關於如何使用我們在第十二章提到的固有值理論，將圖形分成相連的小塊。

有很多方式可以將圖形分成小塊，像這麼小的圖形，你可以把所有分法都列出來，然後從中隨機選一種。但只要圖形再大一點，要列出所有可能的分法就會複雜許多。要隨機挑選有個祕訣，這就要用到我們其他的老朋友。假設阿卡巴和傑夫在玩遊戲；他們輪流移走網絡的一個邊，誰把它弄成不相連的碎片就輸了。在上方的圖形中，阿卡巴可能會移走 AF 邊，然後傑夫移走 DF，再來阿卡巴可以移走 EF（但不能是 AB，因為那樣 A 會不相連，他就輸了），接著傑夫可以移走 BF，這下阿卡巴就卡住了；不管他消掉哪一邊，都會把圖形變成兩個不相連的小塊。

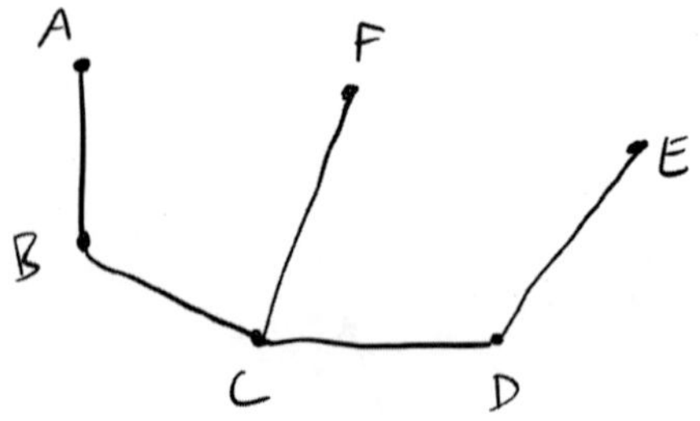

阿卡巴有可能玩得更好且獲勝嗎？不可能，因為這個遊戲有一個祕密特徵：只要沒有玩家出錯而白白讓網絡斷開，那麼不管你怎麼走都沒關係；遊戲永遠會在四步後結束，阿卡巴輸定了。事實上，不論網絡有多大，這種遊戲的步數都是固定的。甚至有一道漂亮的公式，如下：

邊數－頂點數＋1

遊戲一開始時有九個邊連接著六個區，所以是 9 － 6 ＋ 1 ＝ 4。等遊戲結束時只剩五個邊，數字就會降到 0。剩下的網絡是一種很特殊的形式；在圖形中無法描出封閉的圈，就像在原始圖形中可以從 A 到 B 到 F 再回 A 般走一個循環。如果有這樣的圈存在，你就可以移走一邊而不致讓圖形斷開。剩下的圖形完全沒有循環；沒有循環的圖形就是樹。

網絡裡有幾個洞？這本身就是一個令人混淆的問題，就像問吸管或褲子有幾個洞一樣。但就這問題來說，我已經告訴你答案了；就是上面那個數字，邊減頂點加一。每次你剪掉一個圈的邊，就是減掉一個洞。等你剪到不能再剪，剩下的就是沒有洞的圖形：樹。這不只是隱喻，在任何空間中都有一個基礎的不變數，稱為**歐拉示性數**，它能非常非常非常粗略地告訴你空間裡有幾個洞。[25] 我們以前見過它一次，在我們數吸管和褲子的洞數時。吸管有歐拉示性數，網絡也有，二十六維時空繩理論模型也有；這是一個統一的理論，涵蓋了從普通到宇宙的幾何學。

所以我們又回到了樹的幾何。像剪邊遊戲到最後的那種樹，能觸及網絡裡每個頂點，被稱為**生成樹**（*spanning tree*）。這些東西在數學裡隨處可見。你以前可能看過像曼哈頓街道那種正方形格狀網絡的生成樹：它叫做迷宮（在下圖中，白線為邊，若你手邊有鉛筆，可自行確認迷宮是相連的；你可以從一點到任一點畫出一條路徑而不需離開白線。事實上，不後退的話，你只有一條路可以走。這是我的書，我容許你在上面動筆）。

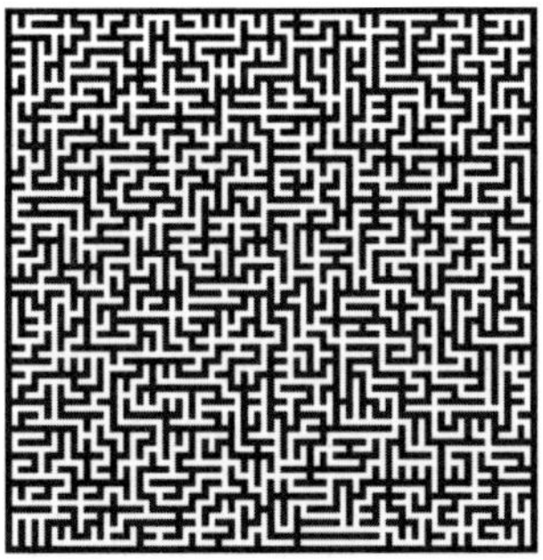

或者你可以把生成樹的頂點畫成圓點，邊畫成線段，就像我們畫選區劃分圖形一樣：

25　只是稍微不那麼粗略一些的話，它比較像是「偶數維度洞數減去奇數維度洞數」。如果你有興趣了解它的真正含義，請參閱戴夫・里奇森（Dave Richeson）所著的《歐拉寶石》（*Euler's Gem*，暫譯）。

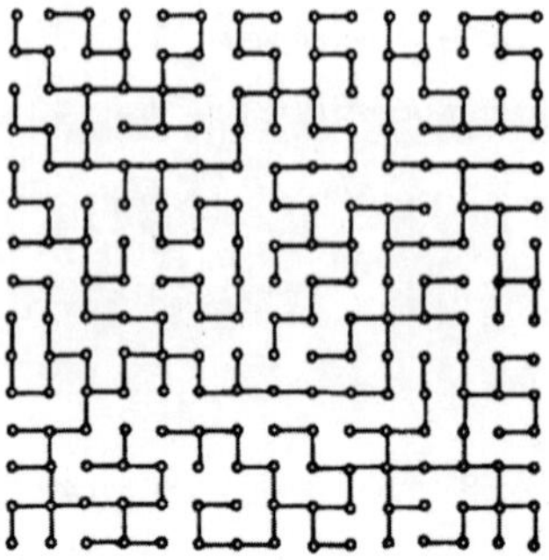

大多數尺寸尚可的圖形都有很多生成樹。19 世紀的物理學家克希荷夫（Gustav Kirchhoff）推出了一道公式可以告訴你到底有多少，但那還不足以回答所有問題，一世紀後這些樹仍然是活躍的研究領域。其中有規律和結構，例如一個隨機迷宮有幾個死路？當然，迷宮越大，死路就越多，但如果我們問迷宮裡囊底巷位置的比例是多少呢？曼納（Manna）、達哈（Dhar）和馬朱恩達（Majumdar）在 1992 年用一項很酷的定理告訴我們，隨著迷宮變大，這個比例不會升到 1 或降到 0——相反地，不知為何，它會越來越接近 $(8/\pi^2)(1-2/\pi)$，即將近 30%。你也許會以為一個隨機圖形的生成樹數量多多少少會是隨機的，但並非如此。我的同事伍德（Melanie Matchett Wood）在 2017 年證明，若你的圖形是隨機選出的，[26] 生成樹的數量是偶數的可能性，比是奇數的可能性微高。更精確地說，生成樹數量是奇數的機率是以下無限式的積

$$(1-1/2)(1-1/8)(1-1/32)(1-1/128)\cdots\cdots$$

26 依第十三章艾迪胥與雷尼的定義。

每個分數的分母是前一項的四倍（又是幾何級數）。積會接近41.9%，距離50/50有一段距離。這種不對稱是所有生成樹集合的深層幾何結構特徵；例如事實證明，當一個生成樹序列形成算術級樹時有一種有意義的說法。

但要解釋的話，我就得深入轉子—路由器過程（rotor- router process）的精采細節，但我們還沒拯救民主，所以我們還是先回到選區吧。

一旦你手邊有了一個生成樹，就有一個簡單的方式可以將網絡分成兩半；只要做出會輸的那一步，剪掉一個邊，讓圖形斷開。你做的任何選擇都會將圖形分成兩半；只要花一點時間，你通常能找到讓這兩半大致相等的邊（如果你找不到，挑另一棵樹，重頭再來一遍）。看起來會像這樣，樹的兩半，一半是我描過的，一半是沒有描的。

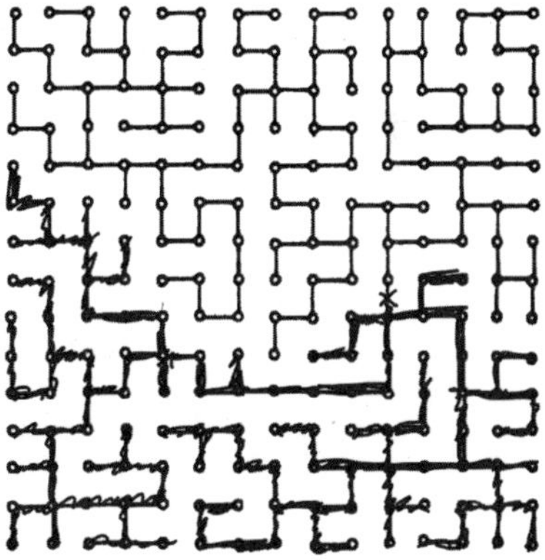

現在你多多少少知道重組是如何操作了。[27] 先取兩倍大的選區，

27　若你想知道更多，請參閱2021年出版的《政治幾何學》（*Political Geometry*），編者為杜欽和阿里·聶（Ari Nieh）及奧莉微亞·瓦區（Olivia Walch）。

隨機隨一棵生成樹——例如，透過以隨機走法玩剪邊遊戲[28]——在樹裡隨機挑一個邊，剪掉，圖形就會俐落地分成兩個新選區。

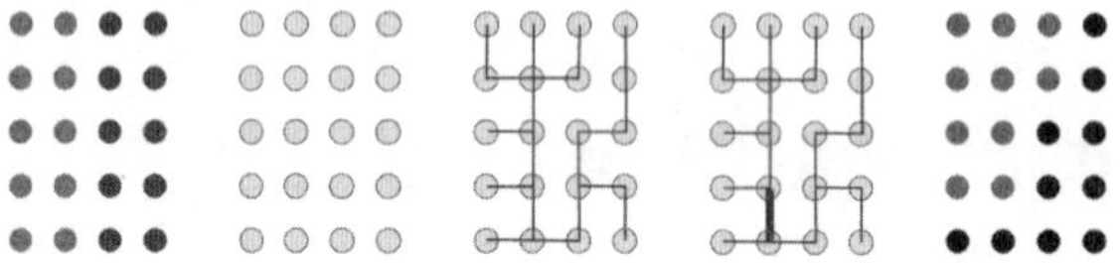

我先停下來提醒一下。在地圖空間上以重組進行隨機漫步，和在卡牌順序空間中以洗牌進行隨機漫步有一重大差異。後者有七次洗牌定理，這裡所謂的定理就是**定理**；數學能證明一特定洗牌數（6!）就足以探索所有可能的順序，不僅如此，只要洗牌幾次（7!），每一個順序的機率就大致相等。

選區劃分則沒有定理，我們對選區劃分幾何的認識遠比對洗牌幾何來得少。比方說，所有選區劃分的空間可能是這樣：

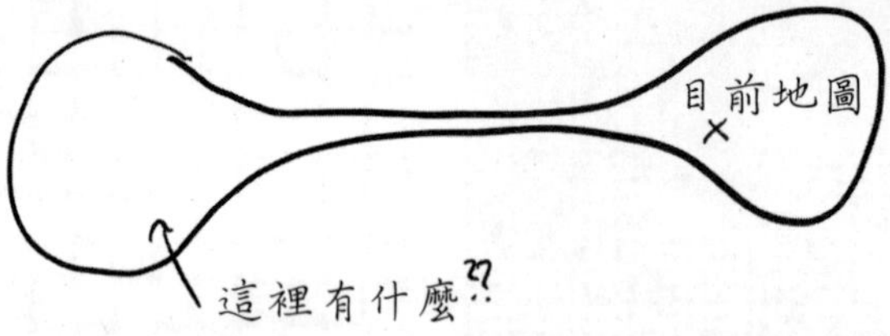

在這種情況下，如果你從一端開始，可以想見你將隨機晃蕩很久

28 不過如果你真的想讓每棵生成樹都有同等的機率，你在選擇要剪哪一個邊的時候就要比較有目的性；或者你可以學德福特、杜欽和所羅門，用「威爾森演算法」（Wilson's algorithm），這也比較快。

才能開始探索峽部另一端。或者，就我們所知，所有選區劃分的空間可能會分成兩個獨立但相連的部分，或者更多。也許有一個未被發現的北卡羅萊納州可能地圖國度，與數學家、電腦或無恥政客設想的截然不同，而在這些地圖之中，共和黨佔 13 席中的 10 席是典型狀況。如果我們無法排除這種可能性，我們還能說目前的傑利蠑螈地圖是離群值嗎？

可以，至少我認為如此。我們也許無法絕對肯定，是否有其他隱藏的替代地圖存在；但我們知道，就實際情況來說，若你從北卡羅萊納州立法機構所定的地圖著手，操作一番，不管你怎麼擺弄，共和黨席次都只會變少。從合理的統計意義上來說，這個實驗提供了強而有力的跡象，指向地圖受到人為操縱。這並非地圖繪製者蓄意操縱選情的證明，再說，地圖繪製者的電子郵件和備忘錄也沒有直說他們試圖操縱選情；畢竟，沒有歐幾里得式的證明能說他們不是本來想打「讓我們開始做正事，繪製能公正表達民意的選區地圖」，結果手滑打成「讓我們使勁在這個州操作傑利蠑螈，讓我們穩贏」。這是法律上的證明，而不是幾何那種證明。

美國 V. 鮪魚起司三明治案

隨機漫步產生的地圖集成，是 2019 年春季最高法院審理傑利蠑螈案的核心。重點不是證明那張地圖是依黨派目的而劃分；這問題沒有爭議。北卡羅萊納州的繪圖者霍夫勒（Thomas Hofeller）早已作證他的目的是「盡可能創造最多的選區讓共和黨候選人能……成功」以及「最小化民主黨……民主黨候選人能當選的選區數」。問題是：這個計畫奏效了嗎？你不能駁回一個只是試圖不公平的地圖，你必須證明它確實不公平。

集成法是我們手邊最好的工具。早期的想法，如效率差距，已幾乎從原告的訴求中消失。他們改為要求法庭認可北卡羅萊納州的地圖是離群值，在中立繪製的同類中格格不入，就像一窩小豬裡出現一隻疣豬一樣。他們主張，這個離群值分析正是法庭在尋找的「可管理標準」。杜克大學的數學家喬納森·馬廷利和製作威斯康辛州議會地圖集成的團隊成員之一，為北卡羅萊納州的國會選區做了一樣的事；他作證在他的 24,518 張地圖集成中，僅有 162 張共和黨贏得 10 席。現有的地圖將北卡羅萊納州的民主黨人塞進三個選區的效率之高，使得三個選區的民主黨得票率分別為 74%、76% 和 79%；24,518 張模擬地圖中沒有任何一張有如此傾斜的選區。

數學家的訴訟要點也提出類似觀點，不過我們的有比較漂亮的圖形。

接著口頭辯論登場，而通過數學鏡頭關注此案的每個人都感到十分失望。就好像多年來對選區劃分的進步和研究從未發生，我們又回到了一個陳舊的問題，即全州 55% 的選票是否應該保證立法機構中 55% 的席位。為北卡羅萊納州地圖辯護的克萊門（Paul Clement）先開始，他對索托瑪約（Sonia Sotomayor）大法官說：「我認為你把矛頭指向友方所認為的問題，也就是缺乏比例代表。」索托瑪約大法官試圖告訴克萊門她的矛頭是指向別處，但他緊咬不放，對布雷耶（Stephen Breyer）大法官說：「你甚至不能籠統地談論異常值或極端，除非你知道它偏離了什麼。我認為，你和索托瑪約大法官的問題都暗指，困擾人們的是對比例代表原則的偏離。」「事實上，」索托瑪約打斷他說：「你一直說這個，但我不認為那是對的。」凱根（Elena Kagan）反駁，但這阻止不了克萊門，他對麻州有話要說。他說道，共和黨在麻州從未有過國會代表，即使共和黨人佔了該州三分之一的人口。「沒人認為這不公平，因為你無法靠選區劃分做到，因為他們均勻分布。對他們來說也許很不幸，但我不認為這不公平。」

事實上，麻州共和黨的慘況，數學家訴訟要點裡也提到了。我們的說法與克萊門的大致符合，但有一處重要細節相異；他所說原告要求執行的，事實上是原告要求禁止的。麻州共和黨沒有獲得比例代表並非不公平。你可以做數千張不因黨派不當意圖劃分的地圖集成，任一張都會送9名民主黨人和0名共和黨人進國會，所以公共志業（原告）並未要求最高法院保障比例代表。比例代表是很糟的公平標準，能產生比例代表的麻州地圖同樣會被指控遭傑利蠑螈；事實上，它傑利蠑螈的程度會與喬激進一樣糟。

但多位大法官堅持將比例代表視為當事人要求裁定的議題。尼爾・戈薩奇擔心，若他的裁決不利於北卡羅萊納州「作為法院強制管轄權的一部分，法院將不得不在每一重新劃分選區的案件中查看證據，看為什麼會偏離比例代表的準則。那是——那是——那就是你們的訴求？」

那不是原告的訴求，但戈薩奇似乎難以接受。在口頭辯論將近尾聲的時候，戈薩奇與代表女性選民聯盟（League of Women Voters）反對傑利蠑螈地圖的艾莉森・里格斯（Allison Riggs）之間有一段令人震驚的對話。里格斯解釋她的當事人要求法庭只要駁回最誇張偏離的傑利蠑螈案，即其黨派表現異於除少數以外的所有中立替代選項。而州方依舊有很多喘息空間，可以從所有地圖的99%中自由選擇，運用他們喜歡的非黨派標準。戈薩奇打斷道：

戈薩奇大法官：——但無——無意無禮，辯護人，恕我打斷，什麼喘息空間？

里格斯女士：喘息自——

戈薩奇大法官：從——多少喘息空間，依什麼標準？那不是——答案你剛不是——我明白你不想給出來，但這裡真正的答案，不是從也許是 7% 的比例代表的喘息空間嗎？

里格斯女士：不是。

在一番激辯後，戈薩奇似乎認了里格斯不會接受他強加的說辭。他說道：「我們需要底限，我還是認為，若這個底線不是比例代表，你要我們用什麼底線？」

他問的問題片刻前，凱根已經回答過了：「不被允許的是，偏離州方在不做這些黨派考慮的情況下可能提出的方案。」

讀這些辯論的文字紀錄，對數學家來說就好像在教一個小型專題討論會，而其中只有一個學生事先預習。凱根大法官懂了。她對她被要求考慮的定量論證做出清晰而簡潔的解釋。然後……其他人就像她什麼也沒說一樣自顧自地說下去。索托瑪約和羅伯茲（John Roberts）說得不多，但他們說的大部分是對的。布雷耶有他自己的傑利蠑螈檢測，而雙方都不太喜歡。而阿利托（Samuel Alito），以及某種程度的卡瓦諾（Brett Kavanaugh），在克萊門的幫助下，合力打造了一個案件的捏造版，說原告訴求法院強制各州執行某種形式的比例代表。

如果你想暫時脫離集成、隨機漫步和離群值的話，讓我們把主題變成點三明治，那口頭辯論的走向就是這樣：

> 里格斯女士：我要火烤起司。
>
> 阿利托大法官：好的，一份鮪魚起司。
>
> 里格斯女士：不是，我說火烤起司。
>
> 卡瓦諾大法官：我聽說鮪魚起司很不錯。
>
> 戈薩奇大法官：你要切開還是蓋上的鮪魚起司？
>
> 里格斯女士：我不要鮪魚起司，我要的是——
>
> 戈薩奇大法官：看起來你不願意直接說出來，但你要的不是鮪魚起司嗎？
>
> 里格斯女士：不是。
>
> 凱根大法官：她要的是火烤起司，那不是鮪魚起司，因為裡面沒有鮪魚。
>
> 戈薩奇大法官：但是，如你所說，如果你不想要鮪魚起司，那你想要什麼？要我們隨便弄一份三明治給你嗎？
>
> 阿利托大法官：你來這裡，要求點一份烤麵包加起司的熱三明治。在我聽來就是要點鮪魚起司。
>
> 布雷耶大法官：從來沒人點過肝醬口味，但他們有給過它機會嗎？
>
> 克萊門先生：制憲者大可為你做一份鮪魚起司，但他們選擇不這麼做。

也許你已經知道結局了，若你不知道的話，或許也猜到了。在 2019 年 6 月 27 日，最高法院以 5-4 裁定，黨派傑利蠑螈是否合乎憲法的裁決超乎聯邦法院職責；以專業術語來說，就是「不可審理」。以外行人用語來說，就是各州可以盡情傑利蠑螈他們的立法地圖了。首席大法官羅伯茲在多數意見書中解釋道：

> 黨派傑利蠑螈主張總是聽似[29]渴望比例代表。如歐康納大法官所說，這樣的主張是基於「一種認定，即偏離比例性越遠，一項分配計畫就越可疑」。

在裁決書的很下方，羅伯茲倒是承認，比例代表並非〈魯喬案〉原告的訴求，但他所寫的內文，大部分都是在反覆重申他反對那非訴求的要求。憲法規定沒有人的投票權應該被稀釋，他堅持他不反對這一點「並不意味每個政黨的影響力必須依其支持者人數的比例」。

不行，我不會做鮪魚起司給你，你知道我們這裡不賣鮪魚起司！

我不是律師，也不會假設我是，更不會假裝這案件裡的憲法議題很簡單，簡單的案件不會送到最高法院。所以我不會在這裡說就法律層面而言多數裁決錯了。若你想看的是這個的話，我推薦凱根大法官的不同意書，內容相當諷刺淒涼，有時好似要傳出陣陣苦笑。

對羅伯茲而言，選區劃分中一定程度的黨派偏頗在過去的法庭中被明確容許，這一點極為關鍵。擺在法庭面前的問題是，在某一時刻，是否存在所謂的過度。〈魯喬案〉的多數意見說沒有：若這樣做是合憲的，那麼過度也是合憲的。或者，更準確地說，如果法院無法在允

29 根據我對律師友人解釋的理解，這裡的聽似（sound in）的意思界於「源自」（derives from）和「等同」（amount to）之間——人們還說數學家都說聽不懂的行話！

許和禁止之間找到一條明確、商定的普遍界限，那麼法院根本就無法斟酌。這是「堆垛悖論」（sorites paradox）的法律版，可追溯到亞里士多德（Aristotle）的鬥嘴老搭檔歐布里德（Eubulides）。堆垛悖論要求我們定義一堆麥垛（即希臘文的 *soros*）裡有多少顆麥子。一顆麥子不是一堆，兩顆當然也不是。事實上，不管桌上有多少小麥，你都無法想像一個情況是你加了一顆麥子到不算一堆的麥子裡，結果它就變成了一堆。所以三顆小麥也不是一堆，四顆也不是，依此類推……這個說法推到極致，就是沒有所謂的麥堆這種東西；但麥堆確實存在。[30]

羅伯茲視傑利蠑螈為逃不開的堆垛問題。他說，在「可接受的傑利蠑螈」與「抱歉，這太過度了」之間的界線將無規則可循，最後會變得複雜而依個案而論（他也許會滿意有一條規則是九十九顆不算一堆而一百顆算，但如果門檻要視是麥子或沙子而定，他就不會滿意了）。

我懂他的觀點，但我一直想到內華達州。在五十個州中只有它沒有對立法選區加諸任何毗鄰要求。理論上，這個偏民主黨的州立法機關大可把共和黨人全塞進 21 個州參議員選區中的 3 個，將其餘選區的黨派組成調配成民主黨人正好佔 60%，以確保自己的絕對安全席次，並將上議會的無法否決 18-3 超級多數收入袋中，即使該州微微向右搖擺，選出一個共和黨州長亦無可動搖。按照〈魯喬案〉的推理，沒有明確的方法可以判定這樣的方案「過度」。有時候法律推理——即使聽起來很法學——卻偏離了常識。

最後多數判決集中在一個技術性觀點——黨派傑利蠑螈是「政治問題」，也就是即使違憲，最高法院也不得干預。傑利蠑螈的結果「合

30 請讀者注意其與歸納證明概念的相似性，我們在談拈時有提到。

理地看似不公平」——其實「不符合民主原則」——並無爭議；這些都是多數意見書中的原話！而傑利蠑螈者那些難以令人信服的抗辯，說他們的地圖鎖定選舉利益的威力其實沒那麼厲害，在意見書中幾乎完全沒提到。但僅僅因為有件事不公平、不符合民主原則且極其有效，羅伯茲大法官寫道，不代表法院有權找出違憲之處。傑利蠑螈是很腐臭，但沒有臭到憲法能聞到。

你可以察覺到裁決書中透露的不自在：他們不僅是對傑利蠑螈阻礙民主表示讓步，還積極表達希望除了最高法院的大法官以外的某人能做點什麼。也許州憲法內可以找到條文禁止傑利蠑螈，羅伯茲寫道。或者，要是沒有的話，受害州的選民可以挺身以公投挑戰這個系統，如果他們住的那州剛好議院無法立即推翻這類投票結果的話。也許美國國會會做點什麼，誰知道呢？

我想像羅伯茲是一個工人，他在傍晚五點五分走出工廠，正在下班途中，這時他注意到工廠著火了。牆上就有滅火器——他可以抓起滅火器撲滅火源，但等等，事關一項重要原則。現在已經超過五點，他已經下班了，工會規定得很清楚，他不應該無償加班。要是他滅了這場火，他就開了先例；難道每次下班哨音響起後失火他都得幫忙嗎？應該有其他人還在上班期間，他們可以來滅火。再說還有消防隊呢——他們才是該滅火的人！當然了，誰也不知道他們多久才能趕到現場，事實上，大家都知道鎮上的消防隊向來懶得露面。但總之——那是他們的責任，不是他的。

「唯只有政治動盪可以推翻」

對傑利蠑螈的反對者來說，最高法院的裁決不是眾望所歸的快樂結局。但可以是一個快樂的開場，畢竟羅伯茲大法官說得沒錯，還有其他可能的改革途徑。在〈魯喬案〉裁決後一年內，北卡羅萊納州國會選區被州法官小組以違反北卡羅萊納州憲法而駁回。賓州最高法院在 2018 年也做出同樣裁決（當時州長請來開發重組演算法的杜欽，請她幫忙構建更公平的新地圖）。眾議院已通過一項法案，但目前被參議院領導層擋下，該法案將設立無黨派委員，負責劃分美國眾議院選區（但不是州立法選區，國會對此無權）。

而情節嚴重的案件更使大眾驚覺傑利蠑螈的存在。HBO 的時事喜劇節目《上週今夜》（*Last Week Tonight*）安排了整整二十分鐘關於選區劃分的橋段。德州嚴重扭曲的第 10 國會選區裡有一名高中生做了他們自己的傑利蠑螈桌遊「繪圖者」，經過傑利蠑螈的死仇阿諾・史瓦辛格（Arnold Schwarzenegger）在社交媒體力推後，已經售出數千份。現在知道傑利蠑螈的人更多了，人們知道後並不高興。威斯康辛州 72 個郡中的 55 個，有些是偏民主黨，有些是共和黨，都通過決議要求無黨派的選區劃分。

密西根州和猶他州的選民透過公投同意新的無黨派選區劃分委員會。在立法地圖遭共和黨傑利蠑螈的維吉尼亞州，立法機構裡的兩黨團體設法通過了一條憲法修正案，將選區劃分的控制權交給獨立委員會。但美國民情左傾得太快，在 2019 年民主黨打破傑利蠑螈魔咒掌握了參眾兩院，許多新出爐的多數黨成員，身處執掌下一次人口普查的位置時，對於改革突然就沒那麼起勁了。

凱根大法官的不同意書中主張，不能對政治過程寄予厚望。政治過程正是傑利蠑螈想要掌控的，例如馬里蘭州的國會傑利蠑螈依舊牢不可破，即使已經換上共和黨州長；民主黨在該州的立法機構佔據無法否決的多數，預料將維持該地圖不變。

威斯康辛州該如何獲得更公平的地圖？威斯康辛州憲法對於選區邊界著墨甚少（僅有的條文則是被徹底漠視），很難想像對現有地圖發起法庭挑戰會有成功的機會。[31] 威斯康辛州人也無法將選票提案交付公投，除非先由立法機關提案，而立法機關對現狀十分滿意。威斯康辛州可以選一位肯定會否決共和黨傑利蠑螈地圖的新州長——在 2018 年也確實做到了。有謠言說立法機構計畫要求州法院宣布選區劃分是立法機構的職責，也僅屬於立法機構的職責，不需要州長簽署，而他們可能會得到州法院的同意。果真如此，很難想像威斯康辛州人對這件事還有任何置喙餘地。

在密西根州，獨立選區劃分委員會自從該州 61% 選民投票通過法案成立後，就陷在該州共和黨人提起的法律挑戰中。在阿肯色州，選區劃分改革團體「阿肯色選民優先」（Arkansas Voters First）在疫情期間收集到超過十萬份連署，要求對 11 月投票做憲法修正；該州州務卿宣布請願無效，因為關於收費拉票員受刑事案底調查的證明在相關文件中寫錯字了。州政治裡到處都有否決點，所以想保護地盤的黨派有許多方法防堵民意。

31 不過有一次我對一位退休的威斯康辛州法官說，我看不出威斯康辛州憲法條文足以支持法律挑戰。他用一種厭世的眼神盯著我說：「看得出來你不是訴訟律師。」

對於這一切，我是個樂觀主義者。美國人以前對各種奇形怪狀的選區習以為常，說遊戲就是這樣玩的；現在我問過的大多數人都對這種做法居然被允許而感到震驚。人們天生就不喜歡不公平的事，而我們對於公平的概念從未完全脫離數學思考。與人們談傑利蠑螈的陰暗藝術，也是一種教導數學的形式，數學對人的心智有一種本質的附著力，尤其是與其他我們深切在意的事交織在一起時：權力、政治和代表。傑利蠑螈在密門後進行時能獲得巨大成功，我願意相信它在明亮開放的教室中再無容身之地。

結語

我證明了一個定理
然後房子擴大了

英國建築師哈伯特．貝克（Herbert Baker）是印度殖民首都新德里的設計者，他主張這座新城市應依新古典方案打造。偏向印度風格的建築不符合帝國目標，他寫道：「雖然這種風格能傳達出印度的迷人魅力，但是，它沒有體現英國執政在混亂中產生的法律和秩序理念所必需的建設和幾何特質。」幾何可以被推崇為「無庸置疑，因為無可質疑」的權威隱喻，就像自然秩序的數學類比以國王、父親或殖民執政者為中心。法國君主耗費巨資打造形式花園，其完美的線條匯聚於宮殿，代表了他們認為是公理的不變秩序。

也許這種觀點最純粹的例證就是短篇小說《平面國》（*Flatland*），由英國教師亞伯特（Edwin Abbott）於 1884 年所著。故事的敘述者是一個正方形（第一版是以假名出版，作者是「正方形」[1]）。故事場景是一個二

1 可能是數學雙關語——亞伯特的全名是艾德溫．亞伯特．亞伯特（Edwin Abbott Abbott），所以他的縮寫 EAA 可以寫成代數式的「EA 平方」（square，正方形，亦指平方）。

維世界，裡面的居民，如同西爾維斯特的書蟲，無法想像不是由東南西北擴展的任何方向。這個平面裡的人民是幾何圖形，他們的形狀決定了在社會中的地位。邊越多的地位越高，最崇高的多邊形邊多到幾近圓形。等腰三角形是大眾，社會地位與其中心角的大小成正比。極為狹長的三角形，帶有危險的銳角，是士兵；唯一在他們之下的是女性，她們只是線段，在小說中被呈現為可怕的生物，幾乎沒有頭腦，致命地尖細，從正面看不見（非等腰三角形呢？它們被認為是畸型缺陷，被安置在遠離正常社會的地方，或者，如果實在太不對稱，會被仁慈地安樂死）。

正方形在夢中遊歷至「線國」，那裡驕傲的一維國王無法理解來客所說在其國土之外的平面宇宙。醒來後，正方形被不知從何而來的聲音嚇到，原來聲音出自不知怎麼進入他屋內的小小圓形。這個圓形時大時小；但這當然是因為它其實不是圓而是球形，它的截面在我們敘述者的宇宙中會增大縮小，是因為球形依著第三維移動。球形試著向正方形解釋自己是什麼，但眼看言語無用，球形一把將正方形拉出平面，讓他調整角度看看自己之前只能推測的形狀世界。受到啟示後的正方形回到平面，試圖告訴別人他所看見的。可想而知，他被監禁了，這就是他在小說中的結局：身陷牢獄，他的啟示無人在意。

《平面國》出版後收到的反響綜合了困惑與不屑。《紐約時報》說：「這是一本非常令人費解的書，也是一本非常令人憂心的書，在美國和加拿大大概只有六個人，至多七個人，會喜歡它。」但它卻成為喜歡幾何的少年們的最愛，多次被改編成電影並不斷再版。我小時候讀了一遍又一遍。

但我小時候不明白這本書是在諷刺，是在譴責而不是擁抱在平面國佔主導地位的過時社會階級觀念。亞伯特絕不是將女性視為腦袋空空的死針，而是在倡導教育平等。他曾在女子公立日校公司（Girls' Public Day School Company）的理事會任職，該公司資助女性的中等教育。因為我不知道亞伯特是一位英國國教牧師，而且除了這部小說以外，他的出版著作主要都是神學性質的，所以我當然沒有體會到故事中擬人化的基督教寓言；對於那些能接受外面世界現實的人來說，與強加壓迫性的社會秩序相去甚遠的幾何原理，是一種脫身方法。

在這個故事裡，幾何學的威力在於，一個二維生物可以透過純粹的思考，推理出他無法直接觀察到的高層次世界性質。透過類比他所知的正方形，他得以推測出一個正方體必定有八個角和六個面，而每個面都是和他一樣的正方形。這時候，關於基督教的類比不是崩壞了就是變得極度顛覆，因為正方形進一步問球形，他對可以依此類推的四維知道多少？球形告訴他，太荒謬了，根本沒有四維這種東西，你怎麼會提起這麼蠢的事？

我們所知的幾何可以為過去慣用的行事背書，但我們還未知的幾何卻是威脅。在 17 世紀的義大利，數學家意圖發展嚴謹的無窮小數理論，計算原本無法計算的圖形面積及體積，結果被耶穌會鎮壓；超出歐幾里得的都是可疑的。在英國，牛頓的微積分理論遭到教會的猛烈攻擊，不得不由如朱林（James Jurin）的《幾何學非不忠之友》（*Geometry No Friend to Infidelity*）等書籍提出辯護。但是，幾何學的確有點是不忠的朋友，如果你的信仰放錯位置的話！幾何學，尤其是新幾何學，提供了一個權威場域讓人挑戰既定秩序。就此而言，它可以是破壞穩定的力量，也是激進的措施。

事實的靈魂

瑞塔·多芙（Rita Dove）是贏得普立茲獎的詩人，前美國桂冠詩人，也是維吉尼亞大學的英語聯邦教授（Commonwealth Professor of English），維吉尼亞大學正是湯瑪斯·傑佛遜和詹姆斯·約瑟夫·西爾維斯特當年曾經思索過深奧數學思想的地方；但在1960年代早期，她還只是俄亥俄州亞克朗的一個小書呆子。她父親是一名工業化學家，是固特異輪胎的第一位黑人研究化學家。多芙記得：

> 我哥哥和我會湊在一起做數學作業。我們寧願花數個小時自己想辦法解一道數學難題，實在沒辦法了才會找父親幫忙。因為，嗯，他是一個**真正的**數學天才。如果我們的問題是關於代數，他會說：「嗯，要是用對數比較好解。」我們會抗議：「但我們又不懂對數！」但計算尺（slide rule）出場了，兩個小時後我們學會代數，整個晚上都泡湯了。

這段回憶化為一首詩，〈閃卡〉（Flash Cards）：

〈閃卡〉
在數學上我是神童，
柳橙和蘋果的保管人。**你不明白的，**
精熟，我父親說；我越快
回答，他們來得越快。

我看到老師的天竺葵上有一個芽，
一隻透明蜜蜂對著潮濕的玻璃蹣跚飛撲。
大雨過後鵝掌楸樹總是垂頭喪氣
所以我的靴子啪啪踏上回家路時，我低下了頭。

我父親下班後抬高了腳
拿一杯高球和《林肯生平》放鬆。
晚飯後，我們演練，我攀登黑暗

睡前，在一個細弱的聲音嘶聲
說出數字之前我在滾輪上奔跑。我得猜測。
十，我一直說，**我才十歲**。

〈閃卡〉將算術描繪成由上施加的權威（雙重地——有嚴格的父親，還有熱愛數學的林肯以書的形式出現）。詩中也透著關愛：如多芙所說：「你也明白他們愛你，畢竟他們把時間都花在你身上。那時我父親很嚴厲；這些閃卡在睡前一定會出現。那時我很痛恨，現在就很慶幸。」但到頭來，你還是於黑暗中在滾輪上奔跑，盡可能地答得又快又好。許多學童體驗到的數學就是這樣。

大多數偉大的詩人從未寫過關於數學的詩，但多芙寫了兩首，這是另一首：

〈幾何學〉
我證明了一個定理然後房子擴大了：[2]

窗戶抽身飛到天花板附近，
天花板嘆息一聲飄然而去。

牆面將自己清理得乾乾淨淨
只餘透明，康乃馨葉的香氣
殘留。我走到屋外

上方窗戶已鉸成蝴蝶，
陽光在它們相交的地方閃閃發光。
他們將前往某些真實而未經證明的點。

差異真大！算術是苦差事，幾何學卻是一種解放。洞見的威力大到將牆面震開（或是變成隱形——這是詩，我想我們不必太計較場景的精確物理狀況），空間中平面的交會變成能振翅飛走的活物，美麗地現形，即使你無法將它們釘在二維的書頁中。當一道證明像這樣現身時，心智活動絕不會是邏輯的艱難跋涉。

幾何學有其特殊之處，值得為它寫詩。在其他的學校課程中，說到誰打了法國和印度戰爭或葡萄牙主要物產是什麼，你到最後還是得聽從老師或教科書的權威。在幾何學裡，你打造自己的知識，權力在你自己手中。

當然，這正是平面國人和義大利耶穌會將幾何學視為危險的原因；

2　我不認為多芙在暗指擴充眾議院以使代表人團更具平等代表性，不過詩句總是藏著多重含意，所以如果你希望是這樣的話，那就當是這樣吧。

它代表了另一種權威的來源。畢式定理之所以為真，不是因為畢達哥拉斯說它是真的；它為真是因為我們自己可以**證明**它為真。看啊！

但真實與證明並非同一件事。所以多芙的詩最後一句才會是「真實而未經證明的點」。龐加萊在堅持直覺的必要時，也在同樣的地方停筆。他寫道：

> 我剛才所說的已經足以表明，試圖用任何形式的機械過程來取代數學家的自由主動性是多麼徒勞。要想得到有實際價值的結果，光靠計算，或者有能理出秩序的機器是不夠的：不僅是秩序，還有意想不到的秩序，才是有價值的。機器可以掌握赤裸的事實，但事實的靈魂總是會逃開。

我們運用形式證明做為鷹架，延展直覺所能觸及的範圍。但如果我們不能用它來攀登至我們不知為何可以看到的點，那麼這一切也只是徒勞，無用之梯。

我們數學家呈現給外界的形象是，我們的知識永恆而無懈可擊，因為我們證明。證明是我們不可或缺的工具——是確定性的度量，就像林肯認為的那樣。但重點不在這裡，重點是去瞭解事物。我們要的不只是事實，而是事實的靈魂。就在瞭解的那一刻，牆面變得透明，天花板飛走，而我們在做幾何。

幾年前，有一位名叫裴瑞爾曼（Grigori Perelman）的俄羅斯數學家證明了龐加萊猜想（Poincare Conjecture）。這不是龐加萊唯一的猜想，但只有這一個還留著他的名字，因為它很難，也因為試圖解開它的努力往往會引發有趣的新想法；可以說，一個真正精妙的猜想就是這樣自證自身。

我不打算詳述龐加萊猜想，它是關於三維空間，但不一定就是我們所居住的這一個；相反地，龐加萊問的是幾何性更豐富一些的三維空間，可能本身就會彎曲和彎折的空間。[3] 想像如果正方形被他的三維訪客拉出平面國時，發現他居住的平面居然是球形的表面，[4] 或者是某種複雜甜甜圈的表面，然後他對他的三維新朋友說，萬一你的三維世界其實也是只能從四維空間看到的某種複雜形狀呢？你有辦法分辨嗎？

有一個方法可以分辨你是否住在甜甜圈或是球形上。在甜甜圈的表面上，你可以用略有彈性的繩子圍成一個封閉的圈

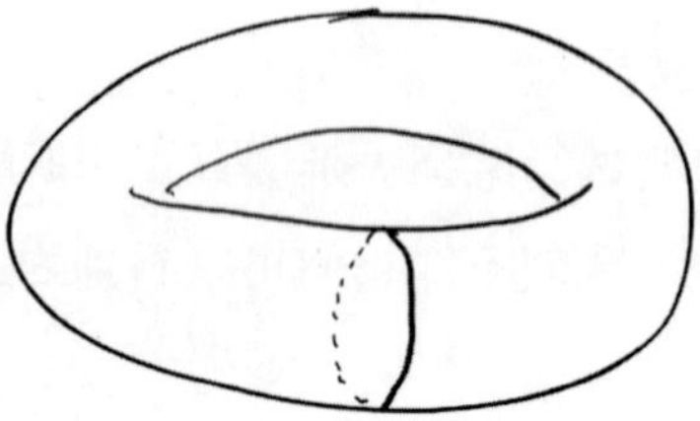

不管你沿著甜甜圈的表面繞多遠，都不可能將圈閉合。球形就不同了；套在它表面上的任一繩圈都可以收縮成一個點。

3 等等，愛因斯坦不是說我們的空間就是這樣嗎？算是，不過相對來說，我們做的幾何學，角度都是不變量，而龐加萊的問題則牽涉定義較寬鬆的幾何學，我們稱之為拓撲學（因為它一直是這麼被稱呼）的那種，在拓撲學裡，圓、正方形和三角形都一樣。

4 事實上這是《平面國》續集的劇情，由荷蘭教師狄奧尼・伯格（Dionys Burger）於 1950 年代所著，正式書名是《球形國》（*Sphereland*），書裡的社會因為發現超大三角形的內角合超過 180 度而動盪。

要把我們自己的三維世界想像成這樣有點難，但何不一試？你能握在手裡的繩圈，當然不必離開宇宙就能縮成一點，但如果從地球出發的太空船航行了 109 秒差距（gigaparsecs）後，卻發現自己回家了呢？如果你把它的路徑想成太空中一個長長的圈，你能清楚判斷是否能將它拉成一點嗎？宇宙的大規模幾何是我們無法直接觀察的，如同電子內部的小規模異象。

龐加萊看出這個圈可閉合和不可閉合的概念十分基礎，他的猜想是只有一種三維空間沒有不可閉合的圈，就是我們最熟悉的那個。要是所有的圈都能被閉合，你就知道了空間形狀的性質。

老實說，龐加萊並沒有實際做出這個猜想。他只是在 1904 博覽會那一年的一份論文中問道，是否是如此，並未表明偏向哪一邊。也許是保守的脾性使他不願明說；也或者是因為四年前他發表過同一脈絡的不同猜想，而他在 1904 年的論文中表明那完全錯誤。這比你想像的更為常見。即使是偉大的數學家也會做出許多錯誤的猜測。如果你從未猜測錯誤，那你猜測的事物還不夠難。

一百年後，裴瑞爾曼運用老一輩數學家難以想像的方法，回答了龐加萊的問題。他的證明更上一層樓，利用所有幾何的幾何學，讓一個神祕無圈的三維空間流經所有空間的空間，直到它成為我們所熟知和喜愛的標準三維空間。

這不是簡單的證明。

但裴瑞爾曼的研究中的新意，觸發了一大波關於抽象流的研究——大大擴展了數學家對幾何學可能樣貌的瞭解，裴瑞爾曼本人卻未參與其中。在投下知識震撼彈後，他退回在聖彼得堡小公寓的隱居生活，拒絕了克雷基金會（Clay Foundation）針對該問題提供的領域獎章

（Fields Medal）和一百萬美元獎金。

我來提一個思考實驗。如果龐加萊猜想不是由一位內向的俄羅斯幾何學家證明，而是機器呢？就說是 Chinook 的孫代的孫代好了，不但能解西洋棋，還能解這種三維幾何學。再假設這個證明如同 Chinook 對西洋棋的完美策略，對人類心智來說是不可理解的，是一串數字或形式符號，我們能確定是正確的，但卻無法解讀其意義。

那麼我會說，即使幾何學中最著名的猜想之一已被解開，確切地證明現在直到永遠都正確，我也不在乎。我會不屑一顧！因為重點不是知道對錯，真假沒那麼有趣，它們只是沒有靈魂的事實。威廉．瑟斯頓（Willam "Bill" Thurston）是當代非歐三維幾何學最偉大的領航人，他設計出一套絕妙策略用來分類所有幾何，裴瑞爾曼的研究因此得以成功完成。他對將數學視為真實工廠的工業想法嗤之以鼻：「我們不是要達成定義、定理和證明的抽象生產額度，我們成功的丈量在於是否能讓人們瞭解並更清楚有效地思考數學。」數學家大衛．布萊克威爾（David Blackwell）說得更直接了當：「基本上，我不是對做研究有興趣，從來不是。」他說道：「我有興趣的是瞭解，這是不一樣的事。」

幾何學是人造的。它感覺起來是普遍且永恆的，在曾存在的所有人類群體中都以差不多的形式顯現；但它也在這裡，位於時間與空間之中，在人類之間。幾何學在這裡教導我們事情——讓房子變大。

布萊克威爾是機率學家，對馬可夫鏈做了大量研究，但如同林肯，如同多芙，如同羅納德．羅斯，他也在歐幾里德的平面中找到靈感。他說，幾何學是「能讓我覺得數學真的很美且充滿想法的唯一路徑」。他回憶起一則證明，也許甚至是驢橋定理的證明：「我還記得輔助線（helping line）的概念。有一道看起來很神祕的命題，某人畫了一條線，突然一切都變得明顯。真是太美了。」

我的孩子打敗了我！

有一則著名的塔木德經故事：阿克奈（Akhnai）的烤爐。一群拉比正激烈爭辯，拉比們聚在一起時就是這樣。這次爭執的主題是一個切成數塊再重新砌合的烤爐，是否如同以未切分過的原石製成的烤爐，受同樣的儀式潔淨律法管轄。其實他們在爭辯什麼並不重要，只是其中一位拉比，埃利澤・本・海爾卡努斯（Eliezer ben Hyrcanus），一力堅持與眾人相反的意見。情況越演越烈。塔木德經寫道，埃利澤拉比提出「世上所有證明」，但他的對手們不為所動。埃利澤轉而用更激烈的證明形式，他說：「如果我對妥拉書（Torah）的解讀正確，就讓長角豆樹證明！」附近的一棵長角豆樹立刻連根而起，跳到 100 庫比特（cubit，古代長度單位）之外。反對者中的領袖約書亞拉比說，無關緊要，長角豆樹不算證明。埃利澤拉比說，好吧，如果我是對的，就讓河流證明！於是河流開始逆流。拉比們說，誰在乎呢，河流也不算證明。埃利澤說，如果我是對的，就讓學院的牆證明！於是牆面都彎折了，即使如此，反對的拉比們依舊不信。

但埃利澤還有最後一張王牌，他說：「如果我對妥拉律法所說的是對的，就讓天國證明我是對的！」這時上帝的聲音從天上傳來，說：「你們為何要這樣為難埃利澤拉比？你們知道在這些事上他一直是對的。」

這時約書亞拉比起身說：「上帝的聲音也不算證明！妥拉書已不在天國，而是在地上書寫而出，給予我們清楚的規則；即裁決結果要依多數人的意見，而多數人反對埃利澤拉比的觀點。」

上帝笑了。「我的孩子打敗了我！我的孩子打敗了我！」天上的聲音愉悅地宣布，然後不再說話。

這則關於歧見的故事產生了許多歧見。有些人視約書亞為英雄，因為他如同普羅米修斯般從上帝那裡盜取權威。他是這則故事裡的鄉下律師，我想林肯會站在他那邊。如同林肯的合夥人亨頓對他的描述：「他對事實和原則的分析毫不留情。在追根究柢之後，他會形成一個想法並表達；絕不可能快上一分鐘。他沒有信仰，對『說是這樣』也毫無敬意，不管是出自傳統或權威。」

其他人則偏向埃利澤，因為他為自己的信念挺身對抗一致反對的眾人。埃利澤・魏瑟爾（Eliezer «Elie» Wiesel）[5]說起取自拉比的名字：「我也喜歡埃利澤，因為他的孤獨……他就是他自己，永不妥協，他始終忠於自己的信念，不管其他人怎麼說。他準備好獨自一人。」這也呼應了格羅滕迪克（Alexander Grothendieck），他在 1960 年代從零改造了幾何學，不過他的研究我們直到書末都沒能提到——嗯，也許下次吧——他回想起早年在巴黎當學生的日子：

> 在那關鍵的幾年中，我學會了獨處……以我自己的方式接觸我想學習的東西，而不是依賴公開或默契的共識概念，出自我發現自己是其中一員的類似延伸部落，或者出自其他因任何聲稱的理由被視為權威者。這無聲的共識告訴我，無論是在高中還是在大學，人們都不用費心去想使用「體積」這樣

5　譯註：作家、教師、活躍政治家、諾貝爾獎得主與猶太人大屠殺的倖存者。

的術語時到底意味著什麼，因為那「顯然不證自明」「眾所周知」「不成問題」。而我越過了他們……正是在這種「超越」的姿態中，成為自己，而不是共識的棋子，拒絕留在別人劃定的僵化圈子裡——正是在這種孤獨的行動中，一個人找到了真正的創造力，隨之而來的一切也就理所當然了。

不過格羅滕迪克之所以能成為格羅滕迪克，仍是因為法國幾何學的沃土滋養了他的想法，以及巴黎圈的其他數十名數學家立刻接納了他的創意。

當我們思考，真正深入地思考，關於幾何的事時——不管我們是試圖繪製出流行病的進程，或在控制遊戲的策略樹上漫步，或為民主代表制開發可行的協定，或者瞭解哪樣東西感覺起來較接近另一樣東西，或者，像林肯那樣，嚴格地批判自身的信念和假設——就某方面來說，我們是孤獨的。但我們是和地球上的每個人一起孤獨。每個人做的幾何都不同，但每個人都在做。正如其名，幾何是我們丈量世界的方式，因此（只有在幾何裡我們才會說「因此」）也是我們丈量自己的方式。

誌謝

我的經紀人 Jay Mandel，他的助理 Sian-Ashleigh Edwards 以及 William Morris Endeavor 的每個人，在本書初期不斷給予支持鼓勵。很高興能再度與我在 Penguin Press 的編輯 Scott Moyers 合作。他們始終致力於出版作者想寫的書，而不是要作者寫他們想賣的書。感謝整個出版團隊，特別是 Mia Council、Liz Calamari 以及 Shina Patel，也要感謝 Penguin UK 的 Laura Stickney，以及做出超美封面的 Stephanie Ross。

感謝 Malone 去年夏天寫信問我需不需要研究助理，將我拖出憂鬱——我確實需要！本書多有賴她花費大量時間，為我的古怪問題尋找答案，核對事實，質疑我的用語。責任編輯 Greg Villepique 熟練地以奈米齒梳梳理整份手稿，使我免於犯下幾個尷尬的事實錯誤，包括我自己的成年禮年份。

我很幸運能仰賴朋友、熟人和不相識者，來回答問題、激盪出想法以及耐心地向我解釋憲法和量子物理。其中一些幫助過我的人是Amir Alexander、Martha Alibali、David Bailey、Tom Banchoff、

MiraBernstein、Ben Blum- Smith、Barry Burden、David Carlton、Rita Dove、Charles Franklin、Andrew Gelman、Lisa Goldberg、 Margaret Graver、Elisenda Grigsby、Patrick Honner、Katherine Horgan、Mark Hughes、Patrick Iber、Lalit Jain、Kellie Jeffris、John Johnson、Malia Jones、DerekKaufman Emmanuel Kowalski、Adam Kucharski、Greg Kuperberg、JustinLevitt、London School of Hygiene andTropical Medicine 的檔案保管員Wanlin Li、Jeff Mandell、Jonathan Mattingly、Ken Mayer、LorenzoNajt、Jennifer Nelson、Rob Nowak、Cathy O'Neil、Ben Orlin、Charles Pence、Wes Pegden、Douglas Poland、Ben Recht、Jonathan Schaeffer、Tom Scocca、Ajay Sethi、Lior Silberman、Jim Stein、Steve Strogatz、Jean- Luc Thiffeault、Charles Walker、Travis Warwick、Amie Wilkinson、Rob Yablon、 Tehshik Yoon、Tim Yu以及Ajai Zutshi。

特別感謝以下幾位實際讀過部分未完成的粗陋手稿，使其更能見　人：Carl Bergstrom、Meredith Broussard、Stephanie Alec Davies、Lalit Jain、Adam Kucharski、Greg Kuperberg、Poland、Ben Recht、Lior Silberman、Steve Strogatz 以及最重要的超級編輯 Michelle Shih，她讀完了大部分，並幫助我相信別人能看懂。

感謝杜欽讓我知道傑利蠑螈不只是政治上的嚴重問題，同時也包含有趣深度的數學。感謝 Gregory Herschlag 為 2018 年的威斯康辛州選舉資料做出額外分析。

我向來深感幸運，能在威斯康辛大學麥迪遜校區工作，學校始終支持我的寫作工作。像我們這樣的校園，最適宜寫作這樣一本範圍廣泛的書；走路就能找到每一門的專家，還有很多地方可以喝到咖啡。

第一位教我幾何學的人是 Eric Walstein，他在 2020 年 11 月因

COVID-19 逝世，真希望他能教更多孩子數學。

我還要承認的另一件事是，能寫進關於幾何的書中有很棒的題材，但本書沒有，因為我的時間和空間都不夠用。我本來想寫關於「統合派與分割派」（lumpers and splitters）以及叢集理論（theory of clustering）；Judea Pearl 和有向非循環圖在因果關係研究中的應用；馬紹爾群島航海圖；剝削與探索和多武裝土匪；螳螂幼蟲的雙眼視覺；N×N 網格子集的最大尺寸，其中沒有任三個點能形成等腰三角形（如果你真的解開了這個問題，請告訴我）；更多關於動力學的內容，從龐加萊開始，到撞球、西奈（Sinai）和米爾扎哈尼（Mirzakhani）；更多關於笛卡爾的內容，他發起了代數和幾何的統一，但不知何故在本書中幾近缺席；以及更多關於格羅滕迪克的內容，他將這種統一推動到笛卡爾難以想像的遠方，而不知為何也是同上；災變理論；生命之樹。在現實世界中做幾何，總是要將現實和理想同時看在眼裡，寫書也是如此；這本書的理想版本，你和我都只能想像，我希望你看過後覺得你手中的實物是一份夠好的草稿。

這本書出自全家人的共同努力。兒子 CJ 梳理分析了威斯康辛州多年的選舉資料，女兒 AB 畫了部分插圖。家裡的每個人都很容忍我不時發作的症狀，為何我覺得針對有可觀比例的人認為自己痛恨的題目寫一整本書會是個好主意？還有譚雅（Tanya Schlam），一如以往，是我最堅實的倚靠，也是書上每個字的第一位也是最後一位讀者，她使粗糙的句子變得流暢，使彆扭的段落變得平順，使晦澀的解釋變得清晰。沒有她，這一切都不會存在。

注釋

前言：物體的位置及其樣貌

012　**當南美……：**From p. 10 of Benny Shanon's "Ayahuasca Visualizations: A Structural Typology," *Journal of Consciousness Studies* 9, no. 2 (2002): 3– 30,以免各位以為我是依據個人經驗發言。

012　**你可以給……：**Jillian E. Lauer and Stella F. Lourenco, "Spatial Processing in Infancy Predicts Both Spatial and Mathematical Aptitude in Childhood," *Psychological Science* 27, no. 10 (2016): 1291– 98.

013　**「那些男士都有……」：**Margalit Fox, "Katherine Johnson Dies at 101; Mathematician Broke Barriers at NASA," *New York Times*, Feb. 24, 2020, sourced to a 2010 interview with the *Fayetteville (NC) Observer.*

014　**「憂困不堪意象煩擾之心……」：**As quoted, for instance, in Newton P. Stallknecht, "On Poetry and Geometric Truth." The Kenyon Review 18, no. 1 (1956): 2。華茲沃斯曾多次修改〈序曲〉，部分版本在此處以"herself "取代"itself "。

014-015　**「如此我通常……」：**John Newton, *An Authentic Narrative of Some Remarkable and Interesting Particulars in the Life of John Newton*, 4th ed (Printed for J. Johnson, 1775), 75–82.

015　**「華茲沃斯深深仰慕……」：**: Thomas De Quincey, *The Works of Thomas De Quincey*, vol. 3– 4 (Cambridge, MA: Houghton, Mifflin, and Co.; The Riverside Press, 1881), 325.

015　**華茲沃斯在學校時數學很糟：**請見1791年6月26日詩人的姊姊Dorothy Wordsworth寫給Jane Pollard的信。*(Letters of the Wordsworth Family From 1787 to 1855*, ed. William Knight, vol. 1 (Cambridge: Ginn and Company, 1907), 28。其中提及華茲沃斯未能拿到獎學金上劍橋大學，都是因為他沒有逼自己學數學。「他讀義大利文、西班牙文、法文、希臘文、拉丁文和英文，但從沒翻開過一本數學書。」

015　**有些人認為……：**: Joan Baum, "On the Importance of Mathematics to Wordsworth," *Modern Language Quarterly* 46, no. 4 (1985): 392.

015　**哈密頓從小就對……著迷：**: Letter from Hamilton to his cousin Arthur, Sep. 4, 1822, reproduced in Robert Perceval Graves, *Life of Sir William Rowan Hamilton*, vol. 1 (Dublin: Hodges Figgis, 1882), 111.

015　**「光榮離場」：**至少Robert Perceval Graves在*Dublin University Magazine* 19 (1842): 95中的哈密頓小傳是這麼寫的，該文於他的友人哈密頓仍在世時所寫，Robert在其所著*Life of Sir William Rowan Hamilton*（請見前一條目）一書的78頁也再度提及此事。該事蹟出現在所有較近期的哈密頓傳記中，但據我所知全都是引用Robert的著作。哈密頓曾在信件中提到他在1820年見過科爾本，且「目睹」科爾本展現算術本事，但我始終未能找到有任何信件提及這場比賽。科爾本在其自傳（請見下一條目）中從未提及這場比賽，也從未提到他曾見過哈密頓。科爾本倒是頗為自豪地提起他見過的其他天才兒童，因為他覺得自己比他們更優秀。真的有這場比賽嗎？

015 **科爾本請了一名倫敦外科醫師⋯⋯：**: Zerah Colburn, *A Memoir of Zerah Colburn: Written by Himself. Containing an Account of the First Discovery of His Remarkable Powers; His Travels in America and Residence in Europe; a History of the Various Plans Devised for His Patronage; His Return to this Country, and the Causes which Led Him to His Present Profession; with His Peculiar Methods of Calculation* (Springfield, MA: G. and C. Merriam, 1833), 72.

016 **科爾本對自己的⋯⋯一知半解：**: Graves, *Life of Sir William Rowan Hamilton*, 78– 79.

016 **「午夜漫步」：**Letter from WRH to Eliza Hamilton, Sep. 16, 1827, quoted in Graves, *Life of Sir William Rowan Hamilton,* 261.

016 **在⋯⋯一次晚宴上：**: Tom Taylor, *The Life of Benjamin Robert Haydon*, vol. 1 (London: Longman, Brown, Green, and Longmans, 1853), 385.

第一章：「我投歐幾里得一票」

019 **林肯說，源頭就在⋯⋯：**"Mr. Lincoln's Early Life: How He Educated Himself," *New York Times*, Sep. 4, 1864: 5。當然，此處「引述」林肯的話，是出自格里佛的回億，不可視為林肯的實際言論記載。

021 **「有人告訴過我⋯⋯」：**Herndon's recollection quoted in Jesse William Weik, *The Real Lincoln; a Portrait* (Boston: Houghton Mifflin, 1922), 240. I learned the story from Dave Richeson's wonderful book *Tales of Impossibility* (Princeton: Princeton University Press, 2019)，關於化圓為方、三等分角之類的題目，你想知道的一切都可以在這本書裡找到。

021 **「就像幾何學家⋯⋯」：**: Casual translation mine. The translation of "misurar lo cerchio" as "square the circle" is convincingly justified by R. B. Herzman and G. W. Towsley in "Squaring the Circle: Paradiso 33 and the Poetics of Geometry," *Traditio* 49 (1994): 95–125.

022 **「在某位紳士的圖書館裡⋯⋯」：**John Aubrey, 'Brief Lives,' *Chiefly of Contemporaries, Set down by John Aubrey, between the Years 1669 & 1696*, ed. Andrew Clark, vol. 1 (Oxford: Oxford University Press, 2016), 332. https://www.gutenberg.org/files/47787/47787-h/47787-h.htm.

022 **霍布斯回擊說⋯⋯：**F. Cajori, "Controversies in Mathematics Between Hobbes, Wallis, and Barrow," *Mathematics Teacher* 22, No. 3 (March 1929): 150.

022 **「他們知道的⋯⋯」：***Review of Geometry without Axioms*, from *Quarterly Journal of Education* XIII (1833): 105.

023 **「命題」：**This insight comes from A. Kucharski, "Euclid as Founding Father," *Nautilus*, Oct. 13, 2016. http://dev.nautil.us/issue/41/selection/euclid-as-founding- father.

023 **「一個人可以對自己很有信心⋯⋯」：**Abraham Lincoln, *The Collected Works of Abraham Lincoln*, ed. Roy P. Basler et al., vol. 3 (New Brunswick, NJ: Rutgers University Press, 1953), 375. Accessed at http://name.umdl.umich.edu/lincoln3.

024 **「不過是奢侈品⋯⋯」：**Thomas Jefferson, *The Essential Jefferson*, ed. Jean M. Yarbrough (Indianapolis: Hackett Publishing, 2006), 193.

024 **「我放棄了報紙⋯⋯」：**Thomas Jefferson, *The Papers of Thomas Jefferson, Retirement Series*, ed. J. Jefferson Looney, vol. 4 (Princeton: Princeton University Press, 2008), 429.

Accessed at https://press.princeton.edu/books/ebook/9780691184623/the- papers-of-thomas-jefferson-retirement-series-volume-4.

025 **不同於傑佛遜，對林肯來說……：**關於傑佛遜和林肯對於幾何學及其適合對象的觀點歧異，請見Drew R. McCoy, “An ‘Old- Fashioned’ Nationalism: Lincoln, Jefferson, and the Classical Tradition,” *Journal of the Abraham Lincoln Association 23*, no. 1 (2002): 55–67.

026 **「許多年輕人……」：**The same writer, and the same review, quoted on circle- squarers earlier: *Quarterly Journal of Education,* vol. XIII (1833): 105. That anonymous reviewer was extremely quotable!

027 **「將一個立方體……」：**William George Spencer, *Inventional Geometry: A Series of Problems, Intended to Familiarize the Pupil with Geometrical Conceptions, and to Exercise His Inventive Faculty* (New York: D. Appleton, 1877), 16. The British edition appeared in 1860.

028 **「對於幾何學的活潑興趣……」：**James J. Sylvester, “A Plea for the Mathematician,” *Nature* 1 (1870): 261– 63.

029 **一份針對……的調查：**Kenneth E. Brown, “Why Teach Geometry?” *Mathematics Teacher* 43, no. 3 (1950): 103– 06. Accessed at https:// www.jstor.org/ stable/ 27953519.

029 **「我曾多次目睹……」：**H. C. Whitney, Lincoln the Citizen (Baker & Taylor, 1908), 177。惠特尼在這之後引述的謬論例證涉及的問題是公司是否具有靈魂，老實說，我覺得這不太像是演繹邏輯有誤。

030 **「在道德上是不可能的……」：**Whitney, *Lincoln the Citizen,* 178.

031 **「證明就是……」：**The Orlin material is from his Oct. 16, 2013, “Two- Column Proofs That Two-Column Proofs Are Terrible,” *Math with Bad Drawings* (blog), mathwithbaddrawings.com/2013/10/16/two-column-proofs-that-two-column-proofs are-terrible/.

031 **最典型的是兩欄式證明……：**十大委員會的資料及兩欄式證明的歷史出自P. G. Herbst, “Establishing a Custom of Proving in American School Geometry: Evolution of the Two- Column Proof in the Early Twentieth Century,” *Educational Studies in Mathematics 49*, no. 3 (2002): 283– 312.

033 **自信的梯度：**Ben Blum-Smith, “Uhm Sayin,” *Research in Practice* (blog), research inpractice.wordpress.com/2015/08/01/uhm-sayin/.

036 **他對自己發現的圖形甚為自豪：**Bill Casselman, “On the Dissecting Table,” *Plus Magazine*, Dec. 1, 2000. https://plus.maths.org/content/dissecting-table.

037 **「你一定見過……」：**Henri Poincaré, *The Value of Science*, trans. G. B. Halsted (New York: The Science Press, 1907), 23.

043 **至少有一項研究指出……：**M. J. Nathan, et al, “Actions Speak Louder with Words: The Roles of Action and Pedagogical Language for Grounding Mathematical Proof,” *Learning and Instruction* 33 (2014): 182– 93.

043-044 **每當需要……：**Jeremy Gray, *Henri Poincaré: A Scientific Biography* (Princeton: Princeton University Press, 2012), 26.

第二章：一根吸管有幾個洞？

047 **1970年的一份論文……：**David Lewis and Stephanie Lewis, “Holes,” *Australasian Journal of Philosophy 48*, no. 2 (1970): 206– 12.

048 **2014年，這問題以……形式再次出現：** https://forum.bodybuilding.com/showthread.php?t=162056763&page=1

048 **一隻Snapchat影片開始流傳：** The video has been reproduced in many online locations: for example, at metro.co.uk/2017/11/17/how-many-holes-does-a-straw-have-debate-drives-internetinsane-7088560/.

048 **拍攝了另一支影片：** www.youtube.com/watch?v=W0tYRVQvKbM.

048 **不，而是先揉出長條形麵糰：** 老實說，有些貝果師傅是搓長條後接在一起，有些人是揉成球狀後從中央開口，但絕對沒有人是把貝果烤好後再從中間挖洞。

052 **「我印象最深的是……」：** Galina Weinstein, "A Biography of Henri Poincaré—2012 Centenary of the Death of Poincaré," ArXiv preprint server, July 3, 2012, 6. Accessed at https://arxiv.org/pdf/1207.0759.pdf.

053 **失去阿爾薩斯和洛林：** Gray, *Henri Poincaré*, 18- 19.

053 **1889年，他以……獲得瑞典國王奧斯卡頒發的最佳論文獎：** June Barrow-Green, "Oscar II's Prize Competition and the Error in Poincaré's Memoir on the Three Body Problem," *Archive for History of Exact Sciences* 48, no. 2 (1994): 107– 31.

053 **精確習慣：** Weinstein, "A Biography of Henri Poincaré," 20.

054 **巴黎圈子流傳的笑話：** Tobias Dantzig, Henri Poincaré: Critic of Crisis (New York: Charles Scribner's Sons, 1954), 3.

054 **他不僅是當時……：** Gray, *Henri Poincaré,* 67.

054 **「幾何學是從畫得很糟……的完善推理」：** "La Géométrie est l'art de bien raisonner sur des figures mal faites." Henri Poincaré, "Analysis situs," *Journal de l'École Polytechnique ser. 2*, no. 1 (1895): 2.]

055 **「他在黑板上畫的圓……」：** Dantzig, *Henri Poincaré,* 3.

060 **諾特的壯心之處在於……：** 為了對龐加萊公平起見，見證拓樸學興起，後於2002年以一百一十歲高齡去世的Leopold Vietoris表示，龐加萊知道洞會形成空間，但出於「品味」而未曾在其著作中表明。我比較喜歡諾特的品味。(Saunders Mac Lane, "Topology Becomes Algebraic with Vietoris and Noether," *Journal of Pure and Applied Algebra 39* (1986): 305– 07.) Vietoris本人在未受諾特影響下，約在同時也發展出同一概念。但在當時，維也納的數學發展通常未能立刻流傳到哥丁根，反之亦然。

061 **「現在這種趨勢……」：** "Diese Tendenz scheint heute selbstverstandlich; sie war es vor acht Jahren nicht; es bedurfte der Energie und des Temperamentes von Emmy Noether, um sie zum Allgemeingut der Topologen zu machen und sie in der Topologie, ihren Fragestellungen und ihren Methoden, diejenige Rolle spielen zu lassen, die sie heute spielt." Paul Alexandroff and Heinz Hopf, *Topologie I: Erster Band. Grundbegriffe der Mengentheoretischen Topologie Topologie der Komplexe· Topologische Invarianzsätze und Anschliessende Begriffsbildungen · Verschlingungen im n- Dimensionalen Euklidischen Raum Stetige Abbildungen von Polyedern* (Berlin: Springer- Verlag, 1935), ix. Thanks to Andreas Seeger for helping me translate this paragraph.

062 **「小眾普世主義主之一」：** Biographical material about Listing is all drawn from Ernst Breitenberger, "Johann Benedikt Listing," *History of Topology*, ed. I. M. James (Amsterdam: North- Holland, 1999), 909– 24.

063 **「現在無人質疑……」：** Poincaré, "Analysis situs," 1.

第三章：不同事物、相同名字

075 **「他可以使A氏為奴」**：From private notes written prior to the Civil War. Michael Burlingame, *Abraham Lincoln: A Life* (Baltimore: Johns Hopkins University Press, 2013), 510.

077 **1904年的聖路易市**：Information about the Exposition is mostly from D. R. Francis, *The Universal Exposition of 1904*, vol. 1 (St. Louis: Louisiana Purchase Exposition Company, 1913).

078 **「有些徵兆……」**：Henri Poincaré, "The Present and the Future of Mathematical Physics," trans. J. W. Young, *Bulletin of the American Mathematical Society 37*, no. 1 (Dec. 1999): 25.

079 **「……毫髮無損地勝利而歸」**：Poincaré, "The Present and the Future," 38.

081 **「垃圾」**：In German, "Mist." Colin McLarty, "Emmy Noether's first great mathematics and the culmination of first- phase logicism, formalism, and intuitionism." *Archive for History of Exact Sciences* 65, no. 1 (2011); 113.

081 **「她發現的方法……」**："Professor Einstein Writes in Appreciation of a Fellow-Mathematician," *New York Times*, May 4, 1935, 12.

第四章：人面獅身像的碎片

083 **「蚊子俠來了」**：*St. Louis Post-Dispatch*, Sep. 17, 1904, 3.

083 **羅斯在9月21日下午……**：The time of Ross's lecture can be found in Hugo Munsterberg, *Congress of Arts and Science, Universal Exposition, St. Louis, 1904: Scientific Plan of the Congress* (Boston: Houghton, Mifflin, 1905), 68.

083 **同一時間在……另一處**：D. R. Francis, *The Universal Exposition of 1904*, vol. 1 (St. Louis: Louisiana Purchase Exposition Company, 1913), 285.

084 **「完整數學分析……」**：Ronald Ross, "The Logical Basis of the Sanitary Policy of Mosquito Reduction," *Science 22*, no. 570 (1905): 689– 99.

091 **一項2018年的研究發現……**：Houshmand Shirani- Mehr et al., " Disentangling Bias and Variance in Election Polls," *Journal of the American Statistical Association 113*, no. 522 (2018): 607–14. 作者之一是哥倫比亞大學的統計學家Andrew Gelman，其部落格是統計學尖酸評論的網路一級戰場。請見另兩位作者對此篇論文的熱門評論：David Rothschild and Sharad Goel, "When You Hear the Margin of Error Is Plus or Minus 3 Percent, Think 7 Instead," *New York Times*, Oct. 5, 2016.

092 **「就在上週……」**：A. Prokop, "Nate Silver's Model Gives Trump an Unusually High Chance of Winning. Could He Be Right?," Vox, Nov. 3, 2016. https://www.vox.com/2016/11/3/13147678/nate-silver-fivethirtyeight-trump- forecast.

094 **「2016年之後……」**：*The New Republic*, Dec. 14, 2016.

096 **「皮爾森先生想讓……」**：Egon S. Pearson, "Karl Pearson: An Appreciation of Some Aspects of His Life and Work," *Biometrika* 28, no. 3/ 4 (Dec. 1936): 206. Egon S. Pearson is Karl Pearson's son.

096 **他的個人魅力使他……**：Except as noted, the biographical data on Pearson in these two paragraphs is from M. Eileen Magnello, "Karl Pearson and the Establishment of Mathematical Statistics," *International Statistical Review 77*, no. 1 (2009): 3– 29.

096 **「像我這樣瞭解卡爾……」**：Letter of June 9, 1884, quoted in Pearson, "Karl Pearson," 207.

097 **「要是我有……」**：Letter of Nov. 12, 1884, cited in M. Eileen Magnello, "Karl Pearson and the Origins of Modern Statistics: An Elastician Becomes a Statistician," *New Zealand Journal for the History and Philosophy of Science and Technology 1* (2005). Accessed at http://www.rutherfordjournal.org/article010107.html.

097 **有一次他在地上撒了……**：M. Eileen Magnello, "Karl Pearson's Gresham Lectures: W. F. R. Weldon, Speciation and the Origins of Pearsonian Statistics," *British Journal for the History of Science 29*, no. 1 (Mar. 1996): 47–48.

097 **「我相信……」**：Pearson, "Karl Pearson," 213.

098 **「很可惜……」**：Pearson, "Karl Pearson," 228.

098 **「又來了，一如既往……」**：Letter of Feb. 11, 1895, quoted in Stephen M. Stigler, *The History of Statistics* (Cambridge: The Belknap Press of Harvard University Press, 1986), 337.

098 **「我超害怕……」**：Letter of Mar. 6, 1895, quoted in Stigler, *History of Statistics*, 337.

099 **數學論述**："Karl Pearson and Sir Ronald Ross," *Library and Archives Service Blog*, blogs.lshtm.ac.uk/library/2015/03/27/karl-pearson-and-sir-ronald-ross.

100 **「瑞利爵士的解法告訴我們……」**：Karl Pearson, "The Problem of the Random Walk," *Nature* 72 (August 1905), 342.

101 **他每次考試都很艱難……**：At least, so says Bernard Bru in Murad S. Taqqu, "Bachelier and His Times: A Conversation with Bernard Bru," *Finance and Stochastics* 5, no. 1 (2001): 5, from which most of this account is drawn. Jean- Michel Courtault et al., in "Louis Bachelier on the Centenary of *Theorie de la Speculation," Mathematical Finance 10*, no. 3 (July 2000): 341–53, says on p. 343 that Bachelier's grades were quite good.

102 **斯佛里斯還是被定罪了**：All material on Poincaré and the Dreyfus affair is from Gray, *Henri Poincaré*, 166–69.

102 **「可能有人會擔心……」**：Courtault et al., "Louis Bachelier on the Centenary of *Théorie de la Spéculation,*" 348.

103 **巴切里爾最後在……**：The story of Bachelier is drawn from Taqqu, "Bachelier and His Times," 3–32.

104 **「獅身人面像的碎片」**：Robert Brown, "XXVII. A Brief Account of Microscopical Observations Made in the Months of June, July and August 1827, on the Particles Contained in the Pollen of Plants; and on the General Existence of Active Molecules in Organic and Inorganic Bodies," *Philosophical Magazine 4*, no. 21 (1828): 167.

105 **這個學院讀……**：Material on the Olympia Academy is from Maurice Solovine's introduction to Albert Einstein, *Letters to Solovine,* 1906–1955 (New York: Philosophical Library/Open Road, 2011). Solovine refers to an unspecified "scientific work by Karl Pearson" as the first item read, but other sources identify this as *The Grammar of Science.*

106 **「涅克拉索夫強烈反對……」**：Facts and quote about Nekrasov are from E. Seneta, "The Central Limit Problem and Linear Least Squares in Pre- Revolutionary Russia: The Background," *Math Scientist 9* (1984): 40.

106 **成為……首任校長**：E. Seneta, "Statistical Regularity and Free Will: L. A. J. Quetelet and P. A. Nekrasov," *International Statistical Review/Revue Internationale de Statistique 71*, no. 2 (Aug. 2003): 325.

106 **為抗議……：**G. P. Basharin, A. N. Langville, and V. A. Naumov, "The Life and Work of A. A. Markov," *Linear Algebra and Its Applications 386* (2004): 8.

107 **「堅定而努力地……」：**Seneta, " Statistical Regularity and Free Will," 331.

107 **「終於，我收到了……」：**The story of the shoes is from Basharin et al., "The Life and Work of A. A. Markov," 8. The relation of KUBU, the shoe- senders, with the party is from N. Krementsov, "Big Revolution, Little Revolution: Science and Politics in Bolshevik Russia," *Social Research 73*, no. 4 (Baltimore: Johns Hopkins University Press, 2006): 1173-1204.

108 **針對人類行為……的統計：**Seneta, "Statistical Regularity and Free Will," 322– 23.

113 **「當然，我看過……」：**Basharin et al., "The Life and Work of A. A. Markov," 13.

114 **彼得・諾維格是……一名研究主管：**P. Norvig, "English Letter Frequency Counts: Mayzner Revisited, or ETAOIN SRHLDCU," 2013, available at norvig.com/mayzner.html. Some of the bigram and trigram frequencies are taken from Norvig's earlier "Natural Language Corpus Data," in T. Segaran and J. Hammerbacher, eds., *Beautiful Data* (Sebastopol, CA: O'Reilly, 2009).

117 **下面是我用……產生的文本：**All the Markov- chain- generated text here was carried out by Brian Hayes's incredibly fun "Drivel Generator," available at http://bit-player.org/ wp-content/extras/drivel/drivel.html, using public baby-name data from the U.S. Social Security Administration. 用馬可夫鏈為嬰兒取名更嚴謹的作法是依名字的使用頻率加權，但我純粹只取用整份名單，完全無視個別名字的流行程度。See Brian Hayes, "First Links in the Markov Chain," *American Scientist 101*, no. 2 (2013): 252, which covers some of the same ground as this section and has really nice pictures.

第五章：「他的風格是無敵」

121 **「她每次吃我的棋就會咯咯笑……」：**L. Renner, "Crown Him, His Name Is Marion Tinsley," *Orlando Sentine*l, Apr. 27, 1985.

121 **從1944年起……：**G. Belsky, "A Checkered Career," *Sports Illustrated*, Dec. 28, 1992.

122 **1975年，他在……之前，只輸給……：**The biographical material on Tinsley's early life is mostly from Jonathan Shaeffer, *One Jump Ahead* (New York: Springer- Verlag, 1997), 127– 33.

122 **「他的風格是無敵」：**Renner, "Crown Him, His Name Is Marion Tinsley."

122 **「我沒有任何壓力……」：**Schaeffer, *One Jump Ahead,* 1.

123 **但在二十三步之後：**Schaeffer, *One Jump Ahead,* 194.

123 **「沒有人覺得高興……」：**Quoted in J. Propp, "Chinook," *American Chess Journal, November 1997*, available at http://www.chabris.com/pub/acj/extra/Propp/Propp01.html.

124 **我們就請阿卡巴和傑夫來玩……：**Matt Groening, *Life in Hell,* 1977– 2012.

129 **人體內的血管樹形：**This is figure 6 of Ronald S. Chamberlain, "Essential Functional Hepatic and Biliary Anatomy for the Surgeon," IntechOpen, Feb. 13, 2013. https://www.intechopen.com/books/hepatic-surgery/essential-functional-hepatic-and-biliary-anatomy-for-the-surgeon.

130 **來看左邊的惡習之樹：**From the Walters Art Gallery, http://www.thedigitalwalters.org/Data/WaltersManuscripts/W72/data/W.72/sap/W72_000056_sap.jpg.

135 **每個整數……：**Ahmet G. Agargün and Colin R. Fletcher, "Al-Farisı and the Fundamental Theorem of Arithmetic," *Historia Mathematica 21*, no. 2 (1994): 162–73.

142 拈首次被記載是在……：L. Rougetet, "A Prehistory of Nim," *College Mathematics Journal* 45, no. 5 (2014): 358–363.

144 那種堅忍不拔的微生物孢子：W. Fajardo-Cavazos et al., "Bacillus Subtilis Spores on Artificial Meteorites Survive Hypervelocity Atmospheric Entry: Implications for Lithopanspermia," *Astrobiology 5*, no. 6 (Dec. 2005): 726–36. www.ncbi.nlm.nih.gov/pubmed/16379527.

150 「病態性的抑鬱」：Jessica Wang, "Science, Security, and the Cold War: The Case of E. U. Condon," *Isis 83,* no. 2 (1992): 243.

151 「新奇的是……」："Fair's Ticket Sale Is 'Huge Success,' with Late Rush On," *New York Times,* May 6, 1940, 9. The material on Mr. Nimatron is followed by an announcement that Elsie, "the star bovine performer of Borden's Dairy World of Tomorrow," is starting her residency at the fair, displayed in "a special glass boudoir."

151 「它大多數的敗績……」：E. U. Condon, "The Nimatron," *American Mathematical Monthly 49,* no. 5 (1942): 331.

151 負責……電腦的圖寧：S. Barry Cooper and J. Van Leeuwen, *Alan Turing* (Amsterdam: Elsevier Science & Technology, 2013), 626.

152 「讀者可能會問……」：Cooper and Van Leeuwen, *Alan Turing.*

154 耗時最久的計時錦標賽事：關於理論上西洋棋一局可以多長似乎存在爭議，但最常被提出的數字是5898步。這場269步的棋局是1989年於貝爾格萊德進行，由Ivan Nikolic' 對戰Goran Arsovic' 。依一般的西洋棋用語，所謂的「一步」指的是下棋雙方各走一步，所以對應那場比賽的西洋棋樹其實是有538個分枝之長。

155 以詩表達在……：Robert Lowell, "For the Union Dead" (1960) from his 1964 book of the same title. You can read the poem at https://www.poetryfoundation.org/poems/57035/for-the-union-dead.

155 四子棋：Proved in 1988, almost simultaneously, by James D. Allen and Victor Allis. See Allis's masters thesis. Victor Allis. 1988. "A Knowledge-based Approach of Connect-Four—The Game is Solved: White Wins." Masters thesis. Vrije Universiteit, Amsterdam.

155 第一份認真看待機器西洋棋的論文：Claude E. Shannon, "XXII. Programming a Computer for Playing Chess," *London, Edinburgh, and Dublin Philosophical Magazine and Journal of Science 41,* no. 314 (1950): 256–75.

158 你可以把這張表放在手邊：Image from C. J. Mendelsohn, "Blaise de Vigenère and the Chiffre Carré," *Proceedings of the American Philosophical Society 82*, no. 2 (Mar. 22, 1940): 107.

160 史汀格勒定律，史汀格勒這麼說：Stephen M. Stigler, "Stigler's Law of Eponymy," *Transactions of the New York Academy of Sciences* 39 (1980): 147– 58.

160 維吉尼爾……交遊廣闊：The information about Vigenère here is all taken from Mendelsohn, "Blaise de Vigenère and the Chiffre Carré."

160 在1553年……所創：A. Buonafalce, "Bellaso's Reciprocal Ciphers," *Cryptologia* 30, no. 1 (2006):40-47.

161 「如此精妙絕倫……」：Mendelsohn, "Blaise de Vigenère and the Chiffre Carré," 120.

161 沒有可靠的方法：C. Flaut et al., "From Old Ciphers to Modern Communications," *Advances in Military Technology* 14, no. 1 (2019): 81.

161 **"By which you may"**：William Rattle Plum, *The Military Telegraph During the Civil War*

in the United States: With an Exposition of Ancient and Modern Means of Communication, and of the Federal and Confederate Cipher Systems; Also a Running Account of the War Between the States, vol. 1 (Chicago: Jansen, McClurg, 1882), 37.

163 **直到1990年代⋯⋯：**Nigel Smart, "Dr Clifford Cocks CB," honorary doctorate citation, University of Bristol, Feb. 19, 2008. Accessed at http://www.bristol.ac.uk/graduation/honorary-degrees/hondeg08/cocks.html.

165 **「青少年伯尼・韋伯」：**出自2012年的小說*Pryme Knumber*，作者是作家兼威斯康辛州州長候選人Matt Flynn。在2017年的續集中，主角伯尼證明了黎曼猜想，結果被中國情報人員追捕而不得不逃跑。這之所以好笑是因為你不可能分解質數——它們是質數！

166 **而其中二十八局⋯⋯：**Brian Christian, *The Most Human Human* (New York: Doubleday, 2011), 124. Christian和其他多個來源都表示是40局，其中21局一模一樣，但西洋跳棋論壇上的許多人現在都認為是50局中的28局才對。

167 **「基本上我是⋯⋯」：**Jim Propp, "Chinook," *American Chess Journal* (1997), originally published on the ACJ website. Accessed at http://www.chabris.com/pub/acj/extra/ Propp/Propp01.html.

167 **「我的程式設計師比它的好」：**quoted in *The Independent,* Aug. 17, 1992; from Schaeffer, *One Jump Ahead*, 285.

170 **「即使我成為第一⋯⋯」：**"Go Master Lee Says He Quits Unable to Win Over AI Go Players," Yonhap News Agency, Nov.27, 2019, en.yna.co.kr/view/AEN20191127004800315.

170 **它在⋯⋯關閉：**"Checkers Group Founder Pleads Guilty to Money Laundering Charges," Associated Press State & Local Wire, June 30, 2005. Accessed at https://advance-lexis-com/api/document?collection=news&id=urn:contentItem:4GHN-NTJ0-009F-S3XV-00000-00&context=1516831.

171 **「我的確非常不喜歡輸⋯⋯」：**"King Him Checkers? Child's Play. Unless You're Thinking 30 Moves Ahead. Like a Mathematician. This Mathematician," *Orlando Sentinel*, Apr. 7, 1985.

171 **「我不把電腦當成對手⋯⋯」：**Martin Sandbu, "Lunch with the FT: Magnus Carlsen," *Financial Times*, Dec. 7, 2012.

171 **「人類西洋棋⋯⋯」：***Quoted in Conversations with Tyle*r (podcast), episode 22, May 2017.

171 **「我對這種幾何之美深深驚嘆！」：***Quoted in Conversations with Tyler* (podcast), episode 22, May 2017.

第六章：試誤的神祕力量

181 **他在1640寫給⋯⋯的信中：**Colin R. Fletcher, "A Reconstruction of the Frénicle- Fermat Correspondence of 1640," *Historia Mathematica* 18 (1991): 344–51.

181 **「要不是怕太長的話⋯⋯」：**André Weil, *Number Theory: An Approach Through History from Hammurabi to Legendre* (Boston: Birkhäuser, 1984), 56.

181 **關於⋯⋯的猜想：**A. J. Van Der Poorten, *Notes on Fermat's Last Theorem* (New York: Wiley, 1996), 187.

182 **「現在幾乎已無庸置疑」：**Weil, *Number Theory*, 104.

182 **那如山的信件：**韋伊認為這兩人互相隱瞞了自己最出色的理論，甚至故意寫下誤導的言論，以免讓對方佔了上風。Weil, *Number Theory*, 63.

184 **一個根深蒂固的錯誤認知：**Qi Han and Man- Keung Siu, "On the Myth of an Ancient Chinese Theorem About Primality," *Taiwanese Journal of Mathematics* 12, no. 4 (July 2008): 941–49.

185 **似乎是源自於……：**J. H. Jeans, "The Converse of Fermat's Theorem," *Messenger of Mathematics* 27 (1898): 174.

186 **躲在裡面操作：**土耳其棋士機器的故事廣為流傳，例如在Tom Standage的著作中即有詳盡描述。*The Turk: The Life and Times of the Famous Eighteenth-Century Chess-Playing Machine* (New York: Berkley, 2002). The best story about the Turk, told by Alan Turing in the paper "Digital Computers Applied to Games," in Faster Than Thought, ed. B. V. Bowden (London: Sir Isaac Pitman & Sons, 1932)，故事中最精采的部分是：這場騙局之所以被視破，是因為在下棋時有人大喊「失火了！」結果躲在機器裡的人在眾目睽睽之下慌忙跑出來。但這說法實在令人難以置信，所以只能降級放在注釋裡了。

189 **結果是……：**關於賭徒破產問題，以及帕斯卡和費馬之間相關的通信全部出自A. W. F. Edwards, "Pascal's Problem: The 'Gambler's Ruin,' " *International Statistical Review/Revue Internationale de Statistique* 51, no. 1 (Apr. 1983): 73– 74.

191 **最終，在24日傍晚……：**Alexandre Sokolowski, "June 24, 2010: The Day Marathon Men Isner and Mahut Completed the Longest Match in History," *Tennis Majors*, June 24, 2010. https://www.tennismajors.com/our-features/on-this-day/june-24-2010-the-day-marathon-men-isner-and-mahut-completed-the-longest-match-in-history-267343.html.

191 **「這種事再也不會發生了！」：**Greg Bishop, "Isner and Mahut Wimbledon Match, Still Going, Breaks Records," *New York Times*, June 23, 2010.

191 **大多數錦標賽的賽制……：**The material on alternate World Series formats is adapted from J. Ellenberg, "Building a Better World Series," *Slate*, Oct. 29, 2004. https://slate.com/human-interest/2004/10/a-better-way-to-pick-the-best-team-in-baseball.html.

196 **圍棋電腦程式：**S. Gelly et al., "The Grand Challenge of Computer Go: Monte Carlo Tree Search and Extensions," *Communications of the ACM* 55, no. 3 (2012): 106–13.

第七章：人工智能登山學

197 **我的朋友梅瑞狄斯・布魯薩德：**MSNBC, *Velshi & Ruhle*, Feb. 11, 2019. Available at www.msnbc.com/velshi-ruhle/watch/trump-to-sign-an-executive-order-launching-an-ai-initiative-1440778307720.

199 **同樣是有趣的幾何學：**僅供微積分迷參考：如果f(x,y)是我們要最大化的函數，則隱函數的導數公式告訴我們曲線f(x,y)=c的切線（也就是地形圖上的線） 具有斜率——(df/dx) / (df/dy)，而梯度是與此正交的向量(df/dx, df/dy)。

212 **「由心理學家弗蘭克・羅森布拉特提出……」：**Frank Rosenblatt, "The perceptron: a probabilistic model for information storage and organization in the brain." Psychological Review 65, no. 6 (1958): 386. 羅森布拉特的感知器是歸納普及自另一較為粗略的神經處理數學模型，該模型於1940年代由Warren McCulloch及Walter Pitts開發。

215 **「視覺劃一個三維空間……」：**Lecture 2c of Geoffrey Hinton's notes for"Neural Networks for Machine Learning." Available at www.cs.toronto.edu/~tijmen/ csc321/slides/

lecture_slides_lec2.pdf.

215 **他的曾祖父：**For the familial relation between the two Hintons, see K. Onstad, "Mr. Robot," *Toronto Life,* Jan. 28, 2018.

第八章：你是你自己的負一層表親及其他地圖

225 **和弦幾何：**Dmitri Tymoczko, A Geometry of Music (New York: Oxford University Press, 2010).

226 **1968年：**Seymour Rosenberg, Carnot Nelson, and P. S. Vivekananthan, "A Multidimensional Approach to the Structure of Personality Impressions," *Journal of Personality and Social Psychology* 9, no. 4 (1968): 283. But I read about it as a kid in Joseph Kruskal's chapter "The Meaning of Words," in *Statistics: A Guide to the Unknown*, ed. Judith Tanur (Oakland: Holden-Day, 1972), a great work of mathematical exposition whose lessons remain fresh today and that should be more widely read.

228 **你可以將……排成一條線；**此處所指的是DW提名分數（DW-Nominate scores），由Keith Poole和Howard Rosenthal所開發，在voteview.com可以取得。產生這些分數的方法其實不是多維尺度法（multidimensional scaling），嚴格來說也不涉及立法者之間的「距離」概念。詳情請見Keith T. Poole and Howard Rosenthal, "DNominate After 10 Years: A Comparative Update to Congress: A Political-Economic History of Roll-Call Voting," *Legislative Studies Quarterly* 26, no. 1 (Feb. 2001): 5–29.]

233 **男性版的「凱倫」：**這些都出自我的筆記型電腦，Word2vec所產生的文字向量可自由下載，各位可以自行用Python程式語言盡情實驗。

第九章：三年的星期日

235 **如果老師誠實說出……：**What I say about "looking stupid" is largely inspired by a Twitter thread posted by my colleague Sami Schalk (@DrSamiSchalk) on May 8, 2019.

236 **「在1903年的……大會上」："**: Andrew Granville, *Number Theory Revealed: An Introduction* (Pawtucket, RI: American Mathematical Society, 2019), 194.

236 **我剛……分解出它的因數：**Using the ntheory.factorint command in the Python package SymPy, should you want to see for yourself how fast it is.

239 **演算法並不知道……：**Andrew Trask et al., "Neural Arithmetic Logic Units," *Advances in Neural Information Processing Systems* 31, NeurIPS Proceedings 2018, ed. S. Bengio et al. Accessed at https://arxiv.org/abs/1808.00508. The introduction explains how traditional neural network architectures fail on this **particular problem, and the main body of the paper suggests a possible fix.**

240 **「我相信在我的有生之年……」：**CBS. "The Thinking Machine" (1961). YouTube video. July 16, 2018. David Wayne and Jerome Wiesner at 1:40 to 1:50 of the video compilation. Available at www.youtube.com/watch? time_continue=154&v=cvOTKFXpvKA& feature=emb_title.

240 **解出了一道長久以來的幾何問題：**Lisa Piccirillo, "The Conway Knot Is Not Slice," *Annals of Mathematics* 191, no. 2 (2020): 581–91. For a nontechnical account of Piccirillo's discovery, see E. Klarreich, "Graduate Student Solves Decades-Old Conway Knot Problem," Quanta, May 19, 2020. https://www.quantamagazine.org/graduate-student-solves-decades-old-conway-knot-problem-20200519.

240 **我自己最常被引用的成果……：**Jordan S. Ellenberg and Dion Gijswijt, "On Large Subsets of F n/q with No Three-Term Arithmetic Progression," *Annals of Mathematics* (2017): 339– 43.

240 **拓樸學家休斯：**Mark C. Hughes, "A Neural Network Approach to Predicting and Computing Knot Invariants," *Journal of Knot Theory and Its Ramifications* 29, no. 3 (2020): 2050005.

第十章：今天發生的事明天也會發生

243 **「我其實應該是……」：**Ronald Ross, *Memoirs, with a Full Account of the Great Malaria Problem and Its Solution* (London: J. Murray, 1923), 491.

244 **「本業的某些成員……」：**E. Magnello, *The Road to Medical Statistics* (Leiden, Netherlands: Brill, 2002), 111.

244 **「羅斯爵士留下了……」：**Gibson, M. E. "Sir Ronald Ross and His Contemporaries." *Journal of the Royal Society of Medicine*, vol. 71, no. 8 (1978): 611.

244 **他在聖路易的演講……：**E. Nye and M. Gibson, *Ronald Ross: Malariologist and Polymath: A Biography* (Berlin: Springer, 1997), 117.

245 **「說到數學……」：**Ross, *Memoirs*, 23– 24.

246 **「直到……的結尾」：**Ross, Memoirs, 49.

246 **「教育必須主要……」：**Almost identical with "the only true education is self-education," from William Spencer's *Inventional Geometry*—could Ross have read it?

246 **「它是一種美學」：**Ross, *Memoirs,* 50.

247 **「幾乎所有科學上的點子……」：**Ross, *Memoirs*, 8.

247 **「我們最終應該會……」：**This quote, and much of the rest of the material on Ross, Hudson, and the theory of happenings, owes much to Adam Kucharski's The Rules of Contagion (New York: Basic Books, 2020).

247-248 **她的第一篇發表著作……：**Hilda P. Hudson, "Simple Proof of Euclid II, 9 and 10," *Nature* 45 (1891): 189–90.

249 **尺規作圖：**Hilda P. Hudson, *Ruler & Compasses* (London: Longmans, Green, 1916).

250 **「我們可以在代數課堂上練習……」：**Hilda P. Hudson, "Mathematics and Eternity," *Mathematical Gazette* 12, no. 174 (1925): 265–70.

250 **「純數學的思想……」：**Hudson, "Mathematics and Eternity"

252 **據說他認為……：**Luc Brisson and Salomon Ofman, "The Khora and the Two-Triangle Universe of Plato's Timaeus" (preprint, 2020), arXiv:2008.11947, 6.

253 **「如今最好的聯結……」：**Plato, *Timaeus*, trans. Donald J. Zeyl (Indianapolis: Hackett Publishing, 2000), 17.

255 **在1918年春季：**R0 values are from P. van den Driessche, "Reproduction Numbers of Infectious Disease Models," *Infectious Disease Modelling* 2, no. 3 (Aug. 2017): 288–303.

256 **疫情不斷分裂出新分枝……：**這些圖片是由自有見解的統計學家兼網絡理論家Cosma Shalizi所繪，見於他的流行病學演講講義，Available at www.stat.cmu.edu/~cshalizi/dm/20/lectures/special/epidemics.html#(16).

258 **77兆人感染：**M. I. Meltzer, I. Damon, J. W. LeDuc, and J. D. Millar, "Modelling Potential Responses to Smallpox as a Bioterrorist Weapon," *Emerging Infectious Diseases* 7, no. 6 (2001): 959–69.

258 **「有時會失去對他電腦的控制……」**：M. Stobbe, "CDC's Top Modeler Courts Controversy with Disease Estimate," Associated Press, Aug. 1, 2015.

260 **他是一位幾何學家**：Some material in this section is adapted from J. Ellenberg, "A Fellow of Infinite Jest," *Wall Street Journal*, Aug. 14, 2015.

261 **「謀殺武器」**：István Hargittai, "John Conway—Mathematician of Symmetry and Everything Else," *Mathematical Intelligencer* 23, no. 2 (2001): 8–9.

261 **他是一個強迫性的遊戲發明家**：R. H. Guy, "John Horton Conway: Mathematical Magus," *Two-Year College Mathematics Journal* 13, no. 5 (Nov. 1982): 290–99.

261 **……開始創造數字**：Donald Knuth, *Surreal Numbers: How Two Ex-Students Turned on to Pure Mathematics and Found Total Happiness* (Boston: Addison- Wesley, 1974). The Knuth book introduces Conway's novel number system, but the connection of these numbers with games comes in Conway's 1976 book On Numbers and Games.

262 **他和戈登一起證明的……**：John H. Conway and C. McA. Gordon, "Knots and Links in Spatial Graphs," *Journal of Graph Theory* 7, no. 4 (1983): 445–53. 這篇論文提及數項定理，包括本書所提及的定理，該定理亦為Horst Sachs所證明。

263 **截至2020年7月……**：All the statistics in this section are from Dana Mackenzie, "Race, COVID Mortality, and Simpson's Paradox," *Causal Analysis in Theory and Practice* (blog), causality.cs.ucla.edu/blog/index.php/2020/07/06/race-covid-mortality-and-simpsons-paradox-by-dana-mackenzie. 在我寫到這裡時（2020年9月）數字已經有所變動，但仍呈現相同的辛普森悖論效應。

265 **哪一枚硬幣有梅毒**：This section is adapted from J. Ellenberg, "Five People. One Test. This Is How You Get There," *New York Times*, May 7, 2020.

265 **一篇1941年刊登在《紐約時報》上的……**：P. de Kruif, "Venereal Disease," New York Times, Nov. 23, 1941, 74.

266 **但在1942年時……**：Biographical information about Dorfman and the history of group testing is from "Economist Dies at 85," *Harvard Gazette*, July 18, 2002, and Dingzhu Du and Frank K. Hwang, *Combinatorial Group Testing and Its Applications,* vol. 12 (Singapore: World Scientific, 2000), 1–4.

266 **「檢測……」**：R. Dorfman, "The Detection of Defective Members of Large Populations," *Annals of Mathematical Statistics* 14, no. 4 (Dec. 1943): 436-40.

267 **稀釋樣本**：Du and Hwang, *Combinatorial Group Testing,* 3.

267 **德國醫院**：K. Bennhold, "A German Exception? Why the Country's Coronavirus Death Rate Is Low," *New York Times*, Apr. 5, 2020.

267 **州立實驗室**：Ellenberg, "Five People. One Test. This Is How You Get There."

267 **武漢市**：BBC report, June 8, 2000, at www.bbc.com/news/world-asia-china-52651651.

273 **「習慣把手杖掛在臂彎上……」**：James Norman Davidson, "William Ogilvy Kermack, 1898–1970," *Biographical Memoirs of Fellows of the Royal Society* 17 (1971), 413–14.

273 **SIR模型**：M. Takayasu et al., "Rumor Diffusion and Convergence During the 3.11 Earthquake: A Twitter Case Study," PLoS ONE 10, no. 4 (2015): 1-18. M. Cinelli et al., 2020年的一份預印本, "The COVID-19 Social Media Infodemic,"，主張應該對COVID-19疫情爆發時的訊息傳播做類似分析，而IG上的謠言R0明顯高於推特。

276 **梵文詩歌**：Material on Indian prosody is from Parmanand Singh, "The So-Called Fibonacci Numbers in Ancient and Medieval India," *Historia Mathematica* 12, no. 3 (1985):

229–44.

281 **「古人對定律的理解⋯⋯」**：Henri Poincaré, "The Present and the Future of Mathematical Physics," trans. J. W. Young, *Bulletin of the American Mathematical Society* 37, no. 1 (1999): 26.

第十一章：可怕的增長定律

284 **在中世紀中期左右**：Y. Furuse, A. Suzuki, and H. Oshitani, "Origin of Measles Virus: Divergence from Rinderpest Virus Between the 11th and 12th Centuries, *Virology Journal* 7, no. 52 (2010), doi.org/10.1186/1743-422X-7-52.

284 **1865年5月19日**：S. Matthews, "The Cattle Plague in Cheshire, 1865–1866," *Northern History* 38, no. 1 (2001): 107–19, doi.org/10.1179/nhi.2001.38.1.107.

285 **到了10月底⋯⋯**：A. B. Erickson, "The Cattle Plague in England, 1865–1867," *Agricultural History* 35, no. 2 (Apr. 1961): 97.

285 **但法爾抱持不同意見**：斯諾、法爾和霍亂的故事廣為人知，此處說法出自：N. Paneth et al., "A Rivalry of Foulness: Official and Unofficial Investigations of the London Cholera Epidemic of 1854," *American Journal of Public Health* 88, no. 10 (Oct. 1998): 1545-1553.

286 **「我們敢說⋯⋯」**：British Medical Association, *British Medical Journal* 1, no. 269 (1866): 207.

286 **「⋯⋯涵蓋範圍之廣」**：General Register Office, *Second Annual Report of the Registrar-General of Births, Deaths, and Marriages in England* (London: W. Clowes and Sons, 1840), 71.

287 **「突然升起⋯⋯」**：*Second Annual Report of the Registrar-General*, 91.

287 **「微型昆蟲」**：*Second Annual Report of the Registrar-General,* 95.

291 **將近5.4**：法爾式「閉上眼睛假裝它是算術級數」的方法並非唯一選擇，有一個類似方法叫做牛頓法（如其名所示，出自微積分），在此例中會得到一個近似值為5.4，和5又4/11不相上下，對平方根值幾近整數的數字表現更是好得多。要當上平方根帥哥，你得多準備幾招。

294 **約在西元600年**：Information on the early history of interpolation is from E. Meijering, "A Chronology of Interpolation: From Ancient Astronomy to Modern Signal and Image Processing," *Proceedings of the IEEE* 90, no. 3 (2002): 319–42.

295 **「一個神奇的芭蕾舞者⋯⋯」**：Charles Babbage, *Passages from the Life of a Philosopher* (London: Longman, Green, 1864), 17.

295 **「有天晚上⋯⋯」**：Babbage, *Passages from the Life of a Philosopher,* 42.

296 **正是⋯⋯建立牛瘟模型的同一套假設**：至少據我猜測是如此。哈塞特除了在曲線上方標示「三次擬合」之外，並未提供其確切算法。但依照法爾的做法，將三次多項式擬合目標數字的對數後，所得的曲線和新聞稿上的十分貼合。

296 **「預測七天後的美國⋯⋯」**：Justin Wolfers (@JustinWolfers), Twitter, Mar. 28, 2020, 2:30 p.m.

298 **「他忘了考慮⋯⋯」**：British Medical Association, *British Medical Journal* 1, no. 269 (1866): 206– 07.

300 **聖路易大拱門**：Though it turns out the Gateway Arch, despite being called a catenary by its architect, Eero Saarinen, is actually a "flattened catenary." See R. Osserman, "How the

Gateway Arch Got Its Shape," *Nexus Network Journal* 12, no. 2 (2010): 167-189.

301 **他的答案是……**：Robert Plot and Michael Burghers, *The Natural History of Oxford-Shire: Being an Essay Towards the Natural History of England.* (Printed at the Theater in Oxford, 1677): 136-139. Biodiversoty Heritage Library, https://www.biodiversitylibrary.org/item/186210#page/11/mode/1up.

301 **「新冠病毒模型」**：Z. Tufekci, "Don't Believe the COVID-19 Models," *Atlantic* (Apr. 2, 2020). https://www.theatlantic.com/technology/archive/2020/04/coronavirus-models-arent-supposed-be-right/609271.

302 **抗議人士的照片**：Photo by Jim Mone/Associated Press, journaltimes.com/news/national/photos-protesters-rally-against-coronavirus-restrictions-in-gatherings-across-us/collection_b0cd8847-b8f4-5fe0-b2c3-583fac7ec53a.html#48.

304 **一場知識方面的爭執**：Y. Katz, "Noam Chomsky on Where Artificial Intellgence Went Wrong," Atlantic (Nov. 1, 2012), https://www.theatlantic.com/technology/archive/2012/11/noam-chomsky-on-where-artificial-intelligence-went-wrong/261637/, and the combative but very informative P. Norvig, "On Chomsky and the Two Cultures of Statistical Learning," available at norvig.com/ chomsky.html.

第十二章：葉中之煙

308 **康威指出……**：J. Conway, "The Weird and Wonderful Chemistry of Audioactive Decay," *Eureka* 46 (Jan. 1986).

314 **「前者可比做黃金……」**：Karl Fink, *A Brief History of Mathematics: An Authorized Translation of Dr. Karl Fink's Geschichte der Elementarmathematik,* 2nd ed., trans. Wooster Woodruff Beman and David Eugene Smith (Chicago: Open Court Publishing, 1903), 223.

314 **「古人稱此……」**：H. Becker, "An Even Earlier (1717) Usage of the Expression "Golden Section," *Historia Mathematica* 49 (Nov. 2019): 82–83.

316 **5世紀中國南齊朝的天文學家祖沖之**：Information on Zu Chongzi and milü from L. Lay- Yong and A. Tian-Se, "Circle Measurements in Ancient China," *Historia Mathematica* 13 (1986): 325–340.

322 **「神聖比例」**：From a review of *Geschichter der Elementär- Mathematik in Systematischer Darstellung, Nature* 69, no. 1792 (1904): 409-10; the review is signed just GBM, but Mathews is the obvious member of the Royal Society at the time to have written this. Thanks to Jennifer Nelson for detective work here.

323 **但並無證據支持**：Mario Livio's book *The Golden Ratio* (New York: Broadway Books, 2002) is fairly definitive on the long history of claims that canonical works of art are secretly golden in nature.

323 **1978年……極富影響力的論文**：E. I. Levin, "Dental Esthetics and the Golden Proportion," *Journal of Prosthetic Dentistry* 40, no. 3 (1978): 244–52.

323 **假牙**：Julie J. Rehmeyer, "A Golden Sales Pitch," Math Trek, Science News, June 28, 2007. https://www.sciencenews.org/article/golden-sales-pitch.

323 **有所謂的「節食密碼」**：S. Lanzalotta, *The Diet Code* (New York: Grand Central, 2006.) The actual recommendations of the book are not purely golden ratio, but also involves the number 28, which "variously represents the lunar cycle, a yogic age of spiritual unfolding, one of the Egyptian cubit measures, and a fundamental Mayan calculational coordinate."

http://www.diet-code.com/f_thecode/right_proportions.htm.

323 **「嘆為觀止」：**Available all over the internet, e.g. at www.goldennumber.net/wp-content/uploads/pepsi-arnell-021109.pdf.

325 **幾年後……：**艾略特的生平資料出自書中正文前附長達64頁的生平傳記：*R. N. Elliott's Masterworks: The Definitive Collection*, ed. Robert R. Prechter Jr. (Gainesville, GA: New Classics Library, 1994).

325 **「人也不過是如同……」：**R. N. Elliott, *The Wave Principle* (self- published, 1938), 1.

326 **巴森，他相信……：**All material on Babson is from Martin Gardner, *Fads and Fallacies in the Name of Science* (Mineola, NY: Dover Publications, 1957), chapter 8.巴森對重力的仇視，似乎源自童年時造成他姊姊溺斃的意外事件，巴森曾詳述於其文章 "Gravity—Our Enemy Number One."

327 **「如同所有其他……」：**Merrill Lynch, *A Handbook of the Basics: Market Analysis Technical Handbook* (2007), 48.

327 **警告讀者……：**Paul Vigna, "How to Make Sense of This Crazy Market? Look to the Numbers," *Wall Street Journal*, Apr. 13, 2020.

332 **「就像是……」：**J. J. Sylvester, "The Equation to the Secular Inequalities in the Planetary Theory," *Philosophical Magazine* 16, no. 100 (1883): 267.

333 **你可以這樣模擬……：**There are lots of papers on this, but a particularly influential one is the preprint by M. G. M. Gomes et al., "Individual Variation in Susceptibility or Exposure to SARS-CoV-2 Lowers the Herd Immunity Threshold," medarXiv (2020). https://doi.org/10.1101/2020.04.27.20081893.

336 **極限機率：**Robert B. Ash and Richard L. Bishop, "Monopoly as a Markov Process," *Mathematics Magazine* 45, no. 1 (1972): 26–29.較晚的一篇論文執行同一計算，但得到的數字略有不同，箇中原因我未能完全瞭解，但同意伊利諾斯大道是最常被造訪的房地產格：Paul R. Murrell, "The Statistics of Monopoly," *Chance* 12, no. 4 (1999): 36–40.

344 **就如同我們之前所述……：**我初次得知這類主張不是在量子物理學領域，而是在Tom Nevins的非交換幾何（noncommutative geometry）研討會上。Tom Nevins是一位傑出的幾何學家，也是伊利諾斯大學的獲獎教師，於2020年2月1日辭世，年僅四十八歲。

346 **耳蝸：**See, for instance, Robert Fettiplace, "Diverse Mechanisms of Sound Frequency Discrimination in the Vertebrate Cochlea," *Trends in Neurosciences* 43, no. 2 (2020): 88–102.

第十三章：空間的皺摺

347 **他們將馬可夫過程用來……：**David Link, "Chains to the West: Markov's Theory of Connected Events and Its Transmission to Western Europe," *Science in Context* 19, no. 4 (2006): 561–89. The Eggenberger-Pólya paper referred to is Florian Eggenberger and George Pólya, "Über die statistik verketteter vorgänge," *ZAMM—Journal of Applied Mathematics and Mechanics/Zeitschrift für Angewandte Mathematik und Mechanik* 3, no. 4 (1923): 279–89.

351 **無法歸類的疾病：**J. Warren, "Feeling Flulike? It's the Epizootic," Baltimore Sun, Jan. 17, 1998. See also the entry for "epizootic" in the *Dictionary of American Regional English.*

351 **「至少八分之七……」：**A. B. Judson, "History and Course of the Epizoötic Among

Horses upon the North American Continent in 1872–73," *Public Health Papers and Reports* 1 (1873): 88–109.

351 **「巨大醫院」**：Sean Kheraj, "The Great Epizootic of 1872–73: Networks of Animal Disease in North American Urban Environments," *Environmental History* 23, no. 3 (2018): 495–521, doi.org/10.1093/envhis/emy010.

351 **播下了早期的疫情**：Kheraj, "The Great Epizootic," 497.

353 **「一個幾乎無法通行的沼澤地……」**：Judson, "History and Course of the Epizoötic," 108.

354 **「用歐幾里得……的方式來說」**：See J. H. Webb, "A Straight Line Is the Shortest Distance Between Two Points," *Mathematical Gazette* 58, no. 404 (June 1974): 137–38.

356 **麥卡托(Gerardus Mercator)**：Biographical details on Mercator from Mark Monmonier, *Rhumb Lines and Map Wars: A Social History of the Mercator Projection* (Chicago: University of Chicago Press, 2004), chapter 3.

359 **但不能兩者並行**：我女兒／事實檢核者，堅持道，如果你稍加努力，是可以讓披薩下折的，所以也許改說U型拿法使得披薩的尖端較難下彎，會比較好。關於披薩理論的完整闡述，請見A. Bhatia, "How a 19th Century Math Genius Taught Us the Best Way to Hold a Pizza Slice," *Wired*, Sep. 5, 2014.

362 **「我有比咖啡更好的東西」**：S. Krantz, review of Paul Hoffman's *The Man Who Loved Only Numbers, College Mathematics Journal* 32, no. 3 (May 2001): 232–37.

362 **汀斯雷和我之間的距離……**：All these distances are computed with the Collaboration Distance tool, provided by the American Mathematical Society and available at mathscinet.ams.org/mathscinet/freeTools.html.

365 **曾在訪問巴黎聖母院時說……**：Melvin Henriksen, "Reminiscences of Paul Erdös (1913–1996)," *Humanistic Mathematics Network Journal* 1, no. 15 (1997): 7.

365 **「他也找不到語言來表達……」**：Henri Poincaré, *The Value of Science*, trans. George Bruce Halsted (New York: The Science Press, 1907), 138.

365 **幾乎和所有人都演過電影**：Brandon Griggs, "Kevin Bacon on 'Six Degrees' Game: 'I Was Horrified'," CNN, Mar. 12, 2014. https://www.cnn.com/2014/03/08/tech/web/kevin-bacon-six-degrees-sxsw/index.html.

370 **「……有加速和啟發作用」**：J. J. Sylvester, "On an Application of the New Atomic Theory to the Graphical Representation of the Invariants and Covariants of Binary Quantics, with Three Appendices [Continued]." *American Journal of Mathematics* 1, no. 2 (1878): 109.

370 **「在詩歌和代數中……」**：Sylvester, "On an Application."

370 **「圖式記法」**：Material on the origin of the term "graph" is from N. Biggs, E. Lloyd, R. Wilson, *Graph Theory 1736– 1936* (Oxford: Oxford University Press, 1999), 64–67.

371 **「體型龐大的侏儒」**：The speaker is Sylvester's first PhD student, George Bruce Halsted, 引述自 quoted on p. 137 of E. E. Slosson, *Major Prophets of To-Day* (New York: Little, Brown, 1914). Halsted似乎繼承了他指導老師的爭強好勝，因為批評行政接連被多所大學開除，最後淪為家中商店的電工，同時持續發表非歐幾何學的研究。

371 **「……是一種享受」**：Letter from F. Galton to K. Pearson, Dec. 31, 1901, in *The Life, Letters, and Labours of Francis Galton*, vol. 1, ed. K. Pearson (Cambridge: Cambridge University Press, 1924).

371 **「展現對歐幾里得的透徹瞭解」**：D. R. McCoy, "An "Old- Fashioned" Nationalism:

Lincoln, Jefferson, and the Classical Tradition," *Journal of the Abraham Lincoln Association* 23, no. 1 (Winter 2002): 60. The other two requirements were to be able to read classical authors and to translate English into Latin.

371 **1830年，在耶魯……：** Clarence Deming, "Yale Wars of the Conic Sections," *The Independent . . .Devoted to the Consideration of Politics, Social and Economic Tendencies, History, Literature, and the Arts* (1848–1921) 56, no. 2886 (Mar. 24, 1904): 667.

371 **1840年，學生暴徒開槍……：** Lewis Samuel Feuer, *America's First Jewish Professor: James Joseph Sylvester at the University of Virginia* (Cincinnati: American Jewish Archives, 1984), 174–76.

372 **他回到英國……：** Biographical material on Sylvester is from Karen. H. Parshall, *James Joseph Sylvester: Jewish Mathematician in a Victorian World* (Baltimore: Johns Hopkins University Press, 2006), 66–80.西爾維斯特突然離開維吉尼亞大學的實情存在爭議。西爾維斯特是因為與巴拉德的恩怨而離開，還是因為手劍杖事件？Feuer, *America's First Jewish Professor*, argues for the latter.

373 **他申請了……葛雷斯罕講座職：** Alexander Macfarlane, "James Joseph Sylvester (1814–1897)," *Lectures on Ten British Mathematicians of the Nineteenth Century* (New York: John Wiley & Sons, 1916), 109. https://projecteuclid.org/euclid.chmm/1428680549.

374 **「正在四維空間……」：** J. J. Sylvester, "Inaugural Presidential Address to the Mathematical and Physical Section of the British Association," reprinted in *The Laws of Verse: Or Principles of Versification Exemplified in Metrical Translations* (London: Longmans, Green, 1870), 113.

374 **「能言善道的數學家」：** J. J. Sylvester, "Address on Commemoration Day at Johns Hopkins University, Feb. 22, 1877. Collected in *The Collected Mathematical Papers of JamesJoseph Sylvester: Volume III* (Cambridge: Cambridge University Press, 1909), 72–73.

375 **「早期對歐幾里得的研究……」：** J. J. Sylvester, "Mathematics and Physics," *Report of the Meeting of the British Association for the Advancement of Science* (London: J. Murray, 1870), 8.

375 **雖然實際地理上不是：** Sylvester, "Address on Commemoration Day," 81.

376 **「我最近拜訪了……」：** James Joseph Sylvester, *The Collected Mathematical Papers of James Joseph Sylveste*r, vol. 4 (Chelsea Publishing, 1973), 280.

376 **那場晚宴在場的還有……：** Poincaré's remarks at the November 30, 1901, dinner of the Royal Society, and Ross's presence there, are from *The Times*, Dec. 2, 1901, p. 13, a reference I obtained from G. Cantor, "Creating the Royal Society's Sylvester Medal," *British Journal for the History of Science* 37, no. 1 (Mar. 2004): 75–92. *The Times*僅提及"Major Ross"在場，但羅斯當年獲選為皇家學會院士（Fellow of the Royal Society），後更擔任副會長，在其他當代文獻中被稱為"Major Ross"，所以我很確定這位就是我們的蚊子俠。

377 **他厲害到……：** All biographical info on Jordan and the mind- reading trick is from Persi Diaconis and Ron Graham, *Magical Mathematics* (Princeton: Princeton University Press, 2015), 190–91.

378 **這個數字通常被記為……：** Florian Cajori, "History of Symbols for N Factorial," *Isis* 3, no. 3 (1921): 416.

383 **一個早期的辯證出自……：** Oscar B. Sheynin, "H. Poincaré's Work on Probability,"

Archive for History of Exact Sciences 42, no. 2 (1991): 159–60.

384 **七次洗牌就能達到⋯⋯：**The keyword for the measure of mixed-upness used here is"total variation distance from the uniform distribution."

385 **「躁動繩子的自動打結」：**Dorian M. Raymer and Douglas E. Smith, "Spontaneous Knotting of an Agitated String," *Proceedings of the National Academy of Sciences* 104, no. 42 (2007): 16432–37.

385 **「那麼，物理定律將呈現出⋯⋯」：**Poincaré, *The Value of Science*, 110–11.

386 **假如你從⋯⋯挑出四種洗牌法：**I am here paraphrasing a recent theorem of Harald Helfgott, Akos Seress, and Andrzej Zuk ("Random generators of the symmetric group: diameter, mixing time and spectral gap," *Journal of Algebra* 421 (2015): 349-368) and not exactly accurately, either, but the right idea is conveyed, I think.

386 **魔術方塊：**Clay Dillow, "God's Number Revealed: 20 Moves Proven Enough to Solve Any Rubik's Cube Position," *Popular Science*, Aug. 10, 2010.

388 **1970年又做了後續研究：**C. Korte and S. Milgram, "Acquaintance Networks Between Racial Groups: Application of the Small World Method," *Journal of Personality and Social Psychology* 15, no. 2 (1970): 101–08.

388 **「我與你實際上只離六度⋯⋯」：**A. Legaspi, "Kevin Bacon Advocates for Social Distancing with 'Six Degrees' Initiative," *Rolling Stone*, Mar. 18. 2020, www.rollingstone.com/movies/movie-news/kevin-bacon-social-distancing-six-degrees-initiative-969516.

388 **臉書是一個小世界：**Information about the Facebook graph is from Lars Backstrom et al., "Four Degrees of Separation," *Proceedings of the 4th Annual ACM Web Science Conference* (June 22–24, 2012): 33–42, and Johan Ugander et al., "The Anatomy of the Facebook Social Graph" (preprint, 2011), https://arxiv.org/abs/1111.4503.

388 **這世界就越小⋯⋯：**Described on the Facebook research blog, research.fb.com/blog/2016/02/three-and-a-half-degrees-of-separation.

390 **一項針對⋯⋯的大規模分析：**Ugander et al., "The Anatomy of the Facebook Social Graph." The socalled "Friendship paradox" was first described in Scott L. Feld, "Why Your Friends Have More Friends Than You Do," *American Journal of Sociology* 96, no. 6 (1991): 1464–77.

390 **沃茨（Duncan Watts）和斯托加茨（Steven Strogatz）：**Duncan J. Watts and Steven H. Strogatz, "Collective Dynamics of 'Small-World' Networks," *Nature* 393, no. 6684 (1998): 440–42.

391 **史丹利・米爾格蘭是⋯⋯的代表人物：**See Judith S. Kleinfeld, "The Small World Problem," Society 39, no. 2 (2002): 61–66, for an informative depiction, using extensive research in Milgram's archives, of the gap between Milgram's scientific findings and the way he presented them in the popular press.

391 **網絡世界有多小：**For the history of research on small-world networks I am indebted to Duncan Watts, *Small Worlds: The Dynamics of Networks Between Order and Randomness* (Princeton: Princeton University Press, 2003), and Albert-László Barabási, Mark Newman, and Duncan Watts, *The Structure and Dynamics of Networks* (Princeton: Princeton University Press, 2006).

392 **研究了⋯⋯社交網絡的「鏈結關係」：**Jacob L. Moreno and Helen H. Jennings, "Statistics of Social Configurations," *Sociometry* 1, no. 3/4 (1938): 342–74.

392 **「鏈結」**：The translation used here is by Adam Makkai and appears in Barabási, Newman, and Watts, *The Structure and Dynamics of Networks*, 21–26.

第十四章：數學如何破壞民主（又如何加以挽救）

396 **只有兩個……選區**：Districts 49 and 51.感謝Marquette University的John Johnson提供這項事實及上方散點圖的背後資料。

397 **「如果把麥迪遜……剔除」**：Molly Beck, "A Blue Wave Hit Statewide Races, but Did Wisconsin GOP Gerrymandering Limit Dem Legislative Inroads?," *Milwaukee Journal Sentinel*, Nov. 8, 2018.

398 **全國性行動**：As documented in Dave Daley's book *Ratf**ked* (New York: Liveright, 2016), or, if you prefer the horse's mouth, Karl Rove, "The GOP Targets State Legislatures: He Who Controls Redistricting Can Control Congress," *Wall Street Journa*l, Mar. 4, 2010.

399 **但這次參選，使得……**：Biographical information about and quotes from Joe Handrick are from R. Keith Gaddie, *Born to Run: Origins of the Political Career* (Lanham, MD: Rowman & Littlefield, 2003), 43– 55.

400 **他們稱之為「喬激進」**：Information on the "Joe Aggressive" map is from pp. 14–15 of the Nov. 21, 2016, decision in Whitford v. Gill, available at www.scotusblog.com/wp-content/uploads/2017/04/16-1161-op-bel-dist-ct-wisc.pdf. To be precise, "Joe Aggressive" was one of several very similar maps, all of which were in turn very similar if not exactly identical to the map enacted by Act 43; see footnotes 56 and 57 of the Whitford v. Gill decision.

400 **贏得大多數的選區……**：威斯康辛州有公布各區的過去選舉結果資料。如果你看到類似數字沒有標明出處，那代表是我或我那勤勞的兒子／資料助理，親手操作試算表算出這些數字。

401 **「無法彌補的缺陷」**：Baumgart v. Wendelberger, case nos. 01-C-0121, 02-C-0366 (E.D. Wis., May 30, 2002), 6.

403 **「我們通過的地圖……」**：Matthew DeFour, "Democrats' Short- Lived 2012 Recall Victory Led to Key Evidence in Partisan Gerrymandering Case," *Wisconsin State Journa*l, July 23, 2017.

404 **在紐西蘭……**：全球各地選區劃分資料及本章其他部分資料取材自：J. Ellenberg, "Gerrymandering, Inference, Complexity, and Democracy," *Bulletin of the American Mathematical Society* 58, no. 1 (2021), 57–77.

406 **丹維奇鎮（Dunwich）**：C. Lynch, "The Lost East Anglian City of Dunwich Is a Reminder of the Destruction Climate Change Can Wreak," *New Statesman*, Oct. 2, 2019.

406 **「政府按比例是共和的……」**："Proposals to Revise the Virginia Constitution: I. Thomas Jefferson to 'Henry Tompkinson'(Samuel Kercheval), 12 July 1816," Founders Online, National Archives. https://founders.archives.gov/documents/Jefferson/03-10-02-0128-0002.

406 **在20世紀……**：I. L. Smith, "Some Suggested Changes in the Constitution of Maryland," July 4, 1907, published in *the Report of the Twelfth Annual Meeting of the Maryland State Bar Association* (1907), 175.

406 **「誰能解釋……」**：Smith, "Some Suggested Changes," 181.

407 **「較大、人口密集的……」**：Reynolds v. Sims.案口頭辯論，我不知道這場口頭辯論的文字稿是否可取得，此處的引言出自我對錄音檔的抄寫，想有更深刻的體會，一定要親耳聽聽充滿南方怒火的原音重現，錄音檔在此：https://www.oyez.org/cases/1963/23.

412 **極具公民意識的關島人……：**A. Balsamo- Gallina and A. Hall, "Guam's Voters Tend to Predict the Presidency—but They Have No Say in the Electoral College," Public Radio International, The World, Nov. 8, 2016. Accessed at https://www.pri.org/stories/2016-11-08/presidential-votes-are-guam-they-wont-count.

414 **而在威斯康辛州和許多其他州……：**Opinion of Robert Warren, attorney general of Wisconsin, 58 OAG 88 (1969).

415 **探出郡線：**Information about the creation of these wards and their gerrymanderish properties is from Malia Jones, "Packing, Cracking and the Art of Gerrymandering Around Milwaukee," *WisContext*, June 8, 2018, www.wiscontext.org/packing-cracking-and-art-gerrymandering-around-milwaukee.

417 **「曾經有一段時間……」：***Baldus v. Members of the Wis. Gov't Accountability Bd.*, 843 F. Supp. 2d 955 (E.D. Wis. 2012).

418 **1907年的芝加哥大學歷史博士論文……：**E. C. Griffith, *The Rise and Development of the Gerrymander* (Chicago: Scott, Foresman, 1907).

418 **這種做法至少可以……：**Griffith, *The Rise and Development of the Gerrymander*, 26–27.

419 **麥迪遜還是贏了……：**The Henry maybe-gerrymander is treated in Griffith, *The Rise and Development of the Gerrymander*, 31–42, and in more modern terms in T. R. Hunter, "The First Gerrymander? Patrick Henry, James Madison, James Monroe, and Virginia's 1788 Congressional Districting," *Early American Studies* 9, no. 3 (Fall 2011): 781–820.

419 **「一個少數統治已經成形……」：**United States Department of State, *Papers Relating to the Foreign Relations of the United States* (Washington, DC: Government Printing Office, 1872), xvii.

421 **所謂的「中間選民」：**C. D. Smidt, "Polarization and the Decline of the American Floating Voter," *American Journal of Political Science* 61, no. 2 (April 2017): 365–81.

422 **高飛的脖子：**T. Gabriel, "In a Comically Drawn Pennsylvania District, the Voters Are Not Amused," *New York Times*, Jan. 26, 2018.

425 **……符合現代標準的證明出現：**A thorough account of the history can be found in V. Blasjo, "The Isoperimetric Problem," *American Mathematical Monthly* 112, no. 6 (June- July 2005): 526–566.

427 **密爾瓦基的傑利蠑螈選區：**我沒有計算43法案中威斯康辛州選區的緊實分數，不過對該地圖發起的法庭挑戰顯然也不是針對它的緊實度，所以我就大膽假設這方面沒問題，反正從地圖上看起來是還可以。

428 **「似乎得益於……」：**P. Bump, "The Several Layers of Republican Power- Grabbing in Wisconsin," *Washington Post*, Dec. 4, 2018.

429 **該黨從未有任何代表當選過：**不過密西根州的Justin Amash在當選時是共和黨人，後來在任內退出共和黨，成為民主黨員。換黨後他拒絕競選連任。

431 **加拿大的第一任……：**Anthony J. Gaughan, "To End Gerrymandering: The Canadian Model for Reforming the Congressional Redistricting Process in the United States," *Capital University Law Review* 41, no. 4 (2013): 1050.

430 **「因此讓我們重新分配……」：**R. MacGregor Dawson, "The Gerrymander of 1882,"

Canadian Journal of Economics and Political Science/Revue Canadienne D'Economique et De Science Politique 1, no. 2 (1935): 197.

431 **「他們主張……」**：“The Full Transcript of ALEC's ‘How to Survive Redistricting’ Meeting,” *Slate*, Oct. 2, 2019, https://slate.com/news-and-politics/2019/10/full-transcript-alec-gerrymandering-summit.html.

436 **就像我們的繪兒樂範例**：而且如果每一區的投票率都不同又會如何呢？在這種更普遍的情況下，效率差距和總投票數之間的關係請見：in Ellen Veomett, “Efficiency Gap, Voter Turnout, and the Efficiency Principle,” *Election Law Journal: Rules, Politics, and Policy* 17, no. 4 (2018): 249-263.

438 **訴訟要點**：Brief for the State of Wisconsin as Amicus Curiae, *Benisek v. Lamone*, 585 U.S. (2018).

441 **傑利蠑螈的法律攻防戰**：Some of the material about Rucho v. Common Cause is adapted from J. Ellenberg, “The Supreme Court's Math Problem,” *Slate*, March 29, 2019, https://slate.com/news-and-politics/2019/03/scotus-gerrymandering-case-mathematicians-brief-elena-kagan.html.

441 **「我就明白地說吧……」**：O. Wiggins, “Battles Continue in Annapolis over the Use of Bail and Redistricting,” *Washington Post*, March 21, 2017.

441-2 **馬里蘭州大小不均**：*In the case of Maryland Committee for Fair Representation v. Tawes*, 377 U.S. 656 (1964).

442 **樹人**：J. R. R. Tolkien, *The Two Towers* (London: George Allen & Unwin, 1954), book 3, ch. 4.

446 **毗連區域的方法數……**：The number 706,152,947,468,301 was computed by Bob Harris in his 2010 preprint “Counting Nonomino Tilings and Other Things of That Ilk.”

446 **這部特別的電腦……**：Gregory Herschlag, Robert Ravier, and Jonathan C. Mattingly, “Evaluating Partisan Gerrymandering in Wisconsin” (preprint, 2017), arXiv:1709.01596.

448 **六年後……**：Herschlag et al., “Evaluating Partisan Gerrymandering in Wisconsin,”中的分析僅囊括至2016年的選舉，但很感謝格雷戈里・赫施拉格幫我額外針對2018年的州長競選做了類似分析。

448 **獲得將近52%的全州議會選票……**：更準確來說，依據赫施拉格等人的估計，在每一議會選區的選情都更激烈的情況下，52%是共和黨能取得的全州得票率。

448 **在2014年的選舉中……**：Herschlag et al., “Evaluating Partisan Gerrymandering in Wisconsin,” data summarized in figure 3, p. 3.

449 **身為威斯康辛州選民……**：Material on this page is adapted from J. Ellenberg, “How Computers Turned Gerrymandering into a Science,” *New York Times*, Oct. 6, 2017.

450 **ReCom幾何**：Daryl DeFord, Moon Duchin, and Justin Solomon, “Recombination: A Family of Markov Chains for Redistricting” (preprint, 2019), https://arxiv.org/abs/1911.05725.

453 **他……的第一篇論文**：John C. Urschel, “Nodal Decompositions of Graphs,” *Linear Algebra and Its Applications* 539 (2018): 60–71.我訪談了約翰，並將他十分精彩又意外典型的數學之路刊載在線上雜誌*Hmm Daily* (“John Urschel Goes Pro,” Sep. 28, 2018). Available at https://hmmdaily.com/2018/09/28/john-urschel-goes-pro.

455 **在下圖中……**：Taken from Russ Lyons's web page at pages.iu.edu/~rdlyons/ maze/maze-bostock.html, Russ made this using an implementation of Wilson's algorithm by Mike

Bostock.

456 **曼納（Manna）、達哈（Dhar）和馬朱恩達（Majumdar）在1992年……：** Subhrangshu S. Manna, Deepak Dhar, and Satya N. Majumdar, "Spanning Trees in Two Dimensions," *Physical Review A* 46, no. 8 (1992): R4471- R4474.

456 **在2017年證明……：** Melanie Matchett Wood, "The Distribution of Sandpile Groups of Random Graphs," *Journal of the American Mathematical Society* 30, no. 4 (2017): 915–58.

457 **當一個生成樹序列……：** Alexander E. Holroyd et al., "Chip- Firing and Rotor-Routing on Directed Graphs," *In and Out of Equilibrium* 2, ed. Vladas Sidoravicius and Maria Eulália Vares (Basel, Switzerland: Birkhäuser, 2008), 331– 64.

459 **「盡可能創造最多的……」：** The Hofeller testimony is quoted in the majority decision by Judge James Wynn in *Rucho v. Common Cause,* 318 F. Supp. 3d 777, 799 (M.D.N.C., 2018), 803.

460 **他們改為要求……：** Brief for Common Cause Appellees, *Rucho v. Common Cause.*

461 **9名民主黨人和0名共和黨人……：** M. Duchin et al., "Locating the Representational Baseline: Republicans in Massachusetts," *Election Law Journal: Rules, Politics, and Policy* 18, no. 4 (2019): 388– 401.

467 **眾議院已通過一項法案：** H.R. 1, 116th Congress, "For the People Act of 2019," especially title II, subtitle E.

467 **國會對此無權：** At least, that's the conventional wisdom; but Peter Kallis, "The Boerne-Rucho Conundrum: Nonjusticiability, Section 5, and Partisan Gerrymandering," *15 Harvard Law and Policy Review* (forthcoming) argues that the decision in Rucho can be read to give the U.S. Congress the power to oversee state districting as well.

467 **威斯康辛州72個郡中的55個……：** Editorial, "11 More Wisconsin Counties Should Vote 'Yes' to End Gerrymandering," *Wisconsin State Journal,* Sep. 12, 2020.

468 **收費拉票員受……的證明：** M. R. Wickline, "3 Ballot Petitions in State Ruled Insufficient," *Arkansas Democrat-Gazette,* July 15, 2020. For the number of signatures gathered, J. Lynch, "Backers of Change in Arkansas' Vote Districting Sue in U.S. Court," *Arkansas Democrat-Gazette,* Sep. 3, 2020. The referendum did not appear on the Arkansas November ballot.

結語：我證明了一個定理然後房子擴大了

471 **形式花園，其完美的線條……：** The quote from Baker and this interpretation of French formal gardens are from Amir Alexander's book *Proof! How the World Became Geometrical* (New York: Scientific American/Farrar, Straus and Giroux, 2019.). Worth noting: while Baker sees strict geometric construction as an assertion of British colonial authority, an earlier Englishman, Anthony Trollope, saw the rectilinear layouts of nineteenth- century U.S. cities as strikingly un- British, remarking on the "parallelogramic fever" of Philadelphia and upper Manhattan.

472 **「這是一本非常令人費解的書……」：** *New York Times,* Feb. 23, 1885.

473 **他曾在……的理事會任職：** Edwin Abbott Abbott, W. Lindgren, and T. Banchoff, *Flatland: An Edition with Notes and Commentary* (Cambridge: Cambridge University Press, 2010), 262.

473 **在17世紀的義大利：** For this story, see the first part of Amir Alexander, Infinitesimal (New

York: Scientific American/ Farrar, Straus and Giroux, 2014).

474 **第一個黑人研究化學家：**"Comprehensive Biography of Rita Dove," University of Virginia, people.virginia.edu/~rfd4b/compbio.html.

474 **「我哥哥和我……」：**"A Chorus of Voices: An Interview with Rita Dove," *Agni* 54 (2001), 175.

475 **「你也明白……」：**"A Chorus of Voices," 175.

477 **「我剛才所說的……」：**Henri Poincaré, "The Future of Mathematics" (1908), trans. F. Maitland, appearing in *Science and Method* (Mineola, NY: Dover Publications, 2003), 32.

479 **裴瑞爾本人……：**Luke Harding, "Grigory Perelman, the Maths Genius Who Said No to $1m," *Guardian,* Mar. 23, 2010.

480 **「我們不是要達成……」：**William P. Thurston, "On Proof and Progress in Mathematics," *Bulletin of the American Mathematical Society* 30 no. 2 (1994): 161–77.

480 **「基本上，我不是對做研究有興趣……」：**William Grimes, "David Blackwell, Scholar of Probability, Dies at 91," *New York Times,* July 17, 2010.

480 **「我還記得輔助線的概念……」：**Donald J. Albers and Gerald L. Alexanderson, *Mathematical People: Profiles and Interviews* (Boca Raton, FL: CRC Press, 2008), 15.

481 **著名的塔木德故事：**Bava Metzia 59a- b. See D. Luban, "The Coiled Serpent of Argument: Reason, Authority, and Law in a Talmudic Tale" *Chicago-Kent Law Review* 79, no. 3 (2004), https://scholarship.kentlaw.iit.edu/cklawreview/vol79/iss3/33 for commentary onthis story and its relevance to contemporary legal thinking. The moment where a proof bends the walls of the building is echoed in Dove's "Geometry"— coincidence?

482 **「他對……毫不留情」：**William Henry Herndon and Jesse William Weik, *Herndon's Lincoln,* ed. Douglas L. Wilson and Rodney O. Davis (Champaign, IL: University of Illinois Press, 2006), 354.

482 **「我也喜歡埃利澤……」：**Wiesel quoted in "Wiesel: 'Art of Listening' Means Understanding Others' Views," *Daily Free Press,* Nov. 15, 2011, https://dailyfreepress.com/2011/11/15/wiesel-art-of-listening-means-understanding-others-views.

482 **「在那關鍵的幾年中……」：**From A. Grothendieck, *Recollte et Semailles*, trans. Roy Lisker, available in Ferment Magazine at https://www.fermentmagazine.org/rands/promenade2.html.

圖片來源

P63 J. B. Listing, *Vorstudien zur Topologie* (Go″ttingen: Vandenhoeck und Ruprecht, 1848), 56.

P74 H. S. M. Coxeter and S. L. Greitzer, *Geometry Revisited* (Washington, D.C.: The Mathematical Association of America, 1967), 101, genealogical tree illustration. © 1967 held by the American Mathematical Society.

P84: R. Ross, "The Logical Basis of the Sanitary of Mosquito Reduction," *Science* (new series) 22, no. 570 (December 1, 1905): 693.

P103 L. Bacchelier, "Théorie, orie de la Spéculation," *Annales Scientifiques de l'E. N. S.* 3e série, tome 17 (1900): 34.

P130 *Speculum Virginum*, folio 25v, digital reproduction from the Walters Virginum, folio 25v, digital reproduction from the Walters Art Museum, https://thedigitalwalters.org/Data/WaltersManuscripts/W72/data/W.72/sap/W72_000056_sap.jpg

P132 Image from New York and Erie Railroad Company, 1855. Digital reproduction from the Library of Congress at, https://www.loc.gov/item/2017586274.

P150 top: Edward U. Condon, Gereld L. Tawney, and Willard A. Derr. Machine to Play Game of Nim. U.S. Patent 2215544, filed June 26, 1940, and issued September 24, 1940. Digital reproduction by Google Patents.

P222 Digital image from the Manchester Archive.

P227 Seymour Rosenberg, Carnot Nelson, and P. S. Vivekananthan. "A Multidimensional Approach to the Structure of Personality Impressions." *Journal of Personality and Social Psychology* 9, no.4 (1968):283, copyright American Psychological Society.

P256-7 Images used by permission of Cosma Shalizi.

P350 Adoniram B. Judson, "History and Course of the Epizootic Among Horses upon the North American Continent in1872–73," *American Public Health Association Reports* 1 (1873).

P352-3 Excerpts from *A Wrinkle in Time* by Madeleine L'Engle. Copyright © 1962 by Madeleine L'Engle. Reprinted by permission of Farrar, Straus and Giroux Books for Young Readers. AllRights Reserved.

P377 *The Sphinx*, May 15, 1916. Digitally reproduced by Lybrary.com.

P422 From *The Philadelphia Inquirer.* © 2018 Philadelphia Inquirer, LLC. All rights reserved. Used under license.

P455-6 top: Digital image used with permission of Russell Lyons.

鷹之眼 05

形狀——
資訊、生物、策略、民主和所有事物背後隱藏的幾何學

Shape: The Hidden Geometry of Information, Biology, Strategy, Democracy, and Everything Else

作　　者　喬丹・艾倫伯格 Jordan Ellenberg
編　　者　蔡丹婷

副總編輯　成怡夏
責任編輯　成怡夏
行銷總監　蔡慧華
封面設計　莊謹銘
內頁排版　宸遠彩藝

社　　長　郭重興
發行人暨出版總監　曾大福
出　　版　遠足文化事業股份有限公司 鷹出版
發　　行　遠足文化事業股份有限公司
231 新北市新店區民權路 108 之 2 號 9 樓
電　　話　02-2218-1417
傳　　真　02-8661-1891
客服專線　0800-221-029

法律顧問　華洋法律事務所 蘇文生律師
印　　刷　成陽印刷股份有限公司

初　　版　2022 年 6 月
定　　價　620 元

ISBN　9786269597642（平裝）
9786269597628（PDF）
9786269597635（EPUB）

國家圖書館出版品預行編目 (CIP) 資料

形狀：資訊、生物、策略、民主和所有事物背後隱藏的幾何學 / 喬丹 . 艾倫伯格 (Jordan Ellenberg) 作；蔡丹婷譯 . -- 初版 . -- 新北市：遠足文化事業股份有限公司鷹出版：遠足文化事業股份有限公司發行 , 2022.06
面；　公分 . -- (鷹之眼 ; 5)
譯自：Shape : the hidden geometry of information, biology, strategy, democracy, and everything else.
ISBN 978-626-95976-4-2(平裝)
1. 幾何
316　　111005023